纺织服装高等教育“十三五”部委级规划教材



# 服装工业制板技术

# INDUSTRIAL PATTERN-MAKING TECHNOLOGY OF GARMENT

主　编：邹　平　朴江玉　吴世刚
副主编：冯　莉

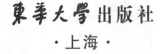

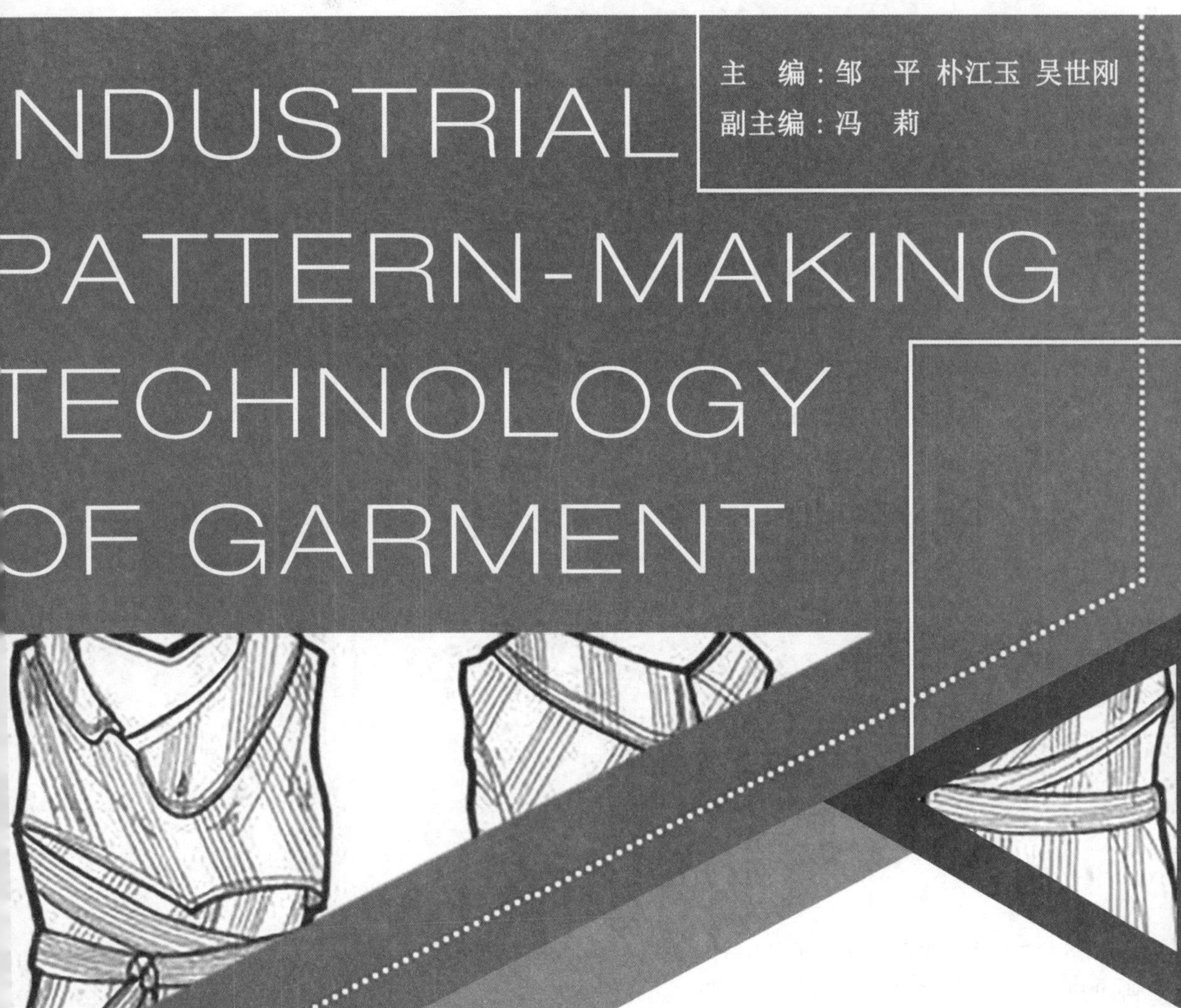

東華大學出版社
·上海·

## 内 容 提 要

这是一本学习服装工业制板的专业性技术用书。本书共分三章，主要内容包括服装工业制板技术，制板工具及材料，服装工业制板的准备，服装制板技术要求，服装成品规格设计，服装工业样板推放技术，工业样板推放的基本原理、方法，裙装、裤装、女装、男装工业样板推放，服装工业样板排料技术，排料的技术要求和工艺技巧，女装、男装、童装典型款式排料技术。全书配有多幅图表，图文并茂，记录了作者研究和实践的过程。其讲解规范，理论透彻，内容由浅入深，丰富翔实，完整系统，重点突出。全书将服装工业制板技术理论与技术有机地结合起来，具有很强的实用性和实践性。本书是服装专业院校师生、服装设计制作专业技术人员以及服装设计制作爱好者重要的学习与参考用书。

**图书在版编目(CIP)数据**

服装工业制板技术 / 邹平，朴江玉，吴世刚主编. —上海：东华大学出版社，2016.1

ISBN 978-7-5669-0940-4

Ⅰ.①服… Ⅱ.①邹…②朴…③吴… Ⅲ.①服装量裁 Ⅳ.①TS941.631

中国版本图书馆 CIP 数据核字(2015)第 256228 号

责任编辑 谭 英

封面制作 鲍文萱

服装工业制板技术

Fuzhuang Gongye Zhiban Jishu

主　　编　邹　平　朴江玉　吴世刚

副 主 编　冯　莉

出　　版：东华大学出版社(地址：上海市延安西路 1882 号　邮政编码：200051)

本社网址：http://www.dhupress.net

天猫旗舰店：http://dhdx.tmall.com

营销中心：021-62193056　62373056　62379558

电子邮箱：425055486@qq.com

印　　刷：苏州望电印刷有限公司

开　　本：889 mm×1194 mm　1/16

印　　张：15.5

字　　数：545 千字

版　　次：2016 年 1 月第 1 版

印　　次：2016 年 1 月第 1 次印刷

书　　号：ISBN 978-7-5669-0940-4/TS·661

定　　价：39.00 元

# 前　言

我国是全世界最大的服装消费国和生产国。不断发展的服装行业需求大量理论与实践较好结合的高素质服装人才，要求他们具备将所学理论知识转化为实际的分析和解决问题的工作能力。由此，掌握服装工业制板技术尤为重要。

服装工业制板技术是服装生产企业的技术支柱，是最重要的技术性生产环节之一。服装工业制板是服装生产企业十分关键的职业岗位，是连接订单与生产成衣的纽带，在服装款式造型设计、结构设计、成衣制造的三大构成环节中，起承上启下的作用。服装工业纸样是成衣加工企业有计划、有步骤、保质保量地进行生产的保证。服装生产企业如果没有好的工业制板人员，那么也就不会生产出造型合体、视觉美观的服装成品。服装工业制板技术水准将直接关系到服装成品的品质和它的商品性。服装工业制板是服装生产企业最具科技含量的工作，同时又是知识与技能结合较为完美的岗位。

为了适应我国现代高等服装教育的发展，适应高等院校服装专业课程体系的改革，在近三十年的教学实践、生产实践、社会实践的基础上，我们撰写了《服装工业制板技术》。这是一本比较系统介绍服装工业制板专业性技术用书。共分三章，主要内容包括服装工业制板技术，制板工具及材料，服装工业制板的准备，服装制板技术要求，服装成品规格设计，服装工业样板推放技术，工业样板推放的基本原理、方法，裙装、裤装、女装、男装工业样板推放，服装工业样板排料技术，排料的技术要求和工艺技巧，女装、男装、童装典型款式排料技术。全书配有大量图表，图文并茂，记录了作者研究和实践的过程。其讲解规范，理论透彻，内容由浅入深，丰富翔实，完整系统，重点突出。全书将服装工业制板技术理论与技术有机地结合起来，具有很强的实用性和实践性。本书是作者在积累多年从事服装专业教学经验和吸取当今国内外先进的服装工业制板理论与实践的基础上，并结合作者长期潜心研究的成果。在教材编写中我们既注重国内外的有益经验，更注重同我国服装产业的有机结合。

本书的作者长期以来工作在服装结构与设计教育第一线。全书在教学及生产实践的基础上，经多次修改、多次易稿而成。本书第一章、第二章第二节由邹平撰写；第二章第一节由冯莉撰写；第二章第三节～第六节由朴江玉撰写；第三章由吴世刚撰写。全书由邹平统稿。

借本书出版之际，对给予我们各方面无私帮助的所有同仁们致以深深的谢意！鉴于作者水平有限，书中尚有不妥之处，恳请同行、专家们给予指正。

作者

# 目录

# 第一章　服装工业制板技术

服装工业制板技术是服装生产企业的技术支柱，是最重要的技术性生产环节之一。服装业的发展与科技进步、经济文化的繁荣以及人们生活方式的变化密切相关，制衣业从往昔量体裁衣式的手工操作发展到大批量的工业化生产，形成了服装的系列化、标准化和商品化。当今时装流行的周期越来越短，这就促使服装业要不断改变现状，向现代化的成衣设计生产发展。科技的突飞猛进、高科技成果在服装工业中的应用，使我们对传统的服装工业制板技术有了新的认识，必须要对传统的设计进行改进、更新，用现代的思维和科学手段来完善它、发展它。

## 第一节　服装工业制板概述

服装作为商品的主要生产形式是服装工业化生产，为适应消费群体需要，必须是生产一组规格从小到大的系列服装。所谓工业样板，广义上是指包括成衣制造企业生产所使用的一切服装样板，服装工业样板通常指一挂套从小号型到大号型的系列化样板。服装工业制板是服装生产企业必不可少的、十分重要的技术性生产环节，也是能否准确实现服装款式造型目的之根本。服装生产企业如果没有良好的工业制板人员，那么也就不会生产出造型合体、视觉美观的服装成品，服装工业制板技术水准将直接关系到服装成品的品质和它的商品性。

### 一、服装工业制板基本概念

#### 1. 服装工业样板

服装工业样板广义上是指包括成衣制造企业生产所使用的一切服装样板；狭义上常常指一套从小号到大号的系列化样板，是企业从事服装生产所使用的一种模板。它是将服装的立体形态按照一定的结构形式分解成的平面型板。服装工业样板在排料、画样、裁剪、缝制过程中起着模板、模具的作用，能够高效而准确地进行服装的工业化生产，同时也是检验产品形状、规格、质量的依据。服装工业化大生产的显著特点是批量大，且分工细致、明确。这就要求贯穿于服装工业生产全过程的样板必须达到全面、系统、准确、标准。工业样板由于使用次数较多而常采用质地较硬、耐磨性较好的纸板。服装工业样板见图 1-1 所示。

#### 2. 服装工业制板

服装工业制板是由分解立体形态产生平面制图到加放缝份产生样板的过程。为服装工业化生产提供一整套合乎款式要求、面料要求、规格尺寸与成衣工艺要求的且利于裁剪、缝制、后整理的生产样板的过程；它是成衣生产企业有组织、有计划、有步骤、保质保量地进行生产的保证。主要包含打板（打母板）、推板（推档放缩）以及样板制作这三个主要部分。服装工业制板是一项认真细致的技术工作，它能够体现企业的生产水平和产品档次。

#### 3. 服装工业推板

服装成衣生产的首要条件是同一款式的服装能够满足不同消费者的要求，这就要求服装企业要按照国家或国际技术标准制定产品的规格系列，全套的或部分的裁剪样板。由于不同消费者的年龄、体型特征、穿衣习惯不同，所以同一款式的服装需要制作系列规格不同的号型。服装工业推板是在基础样板的基础上，兼顾各个规

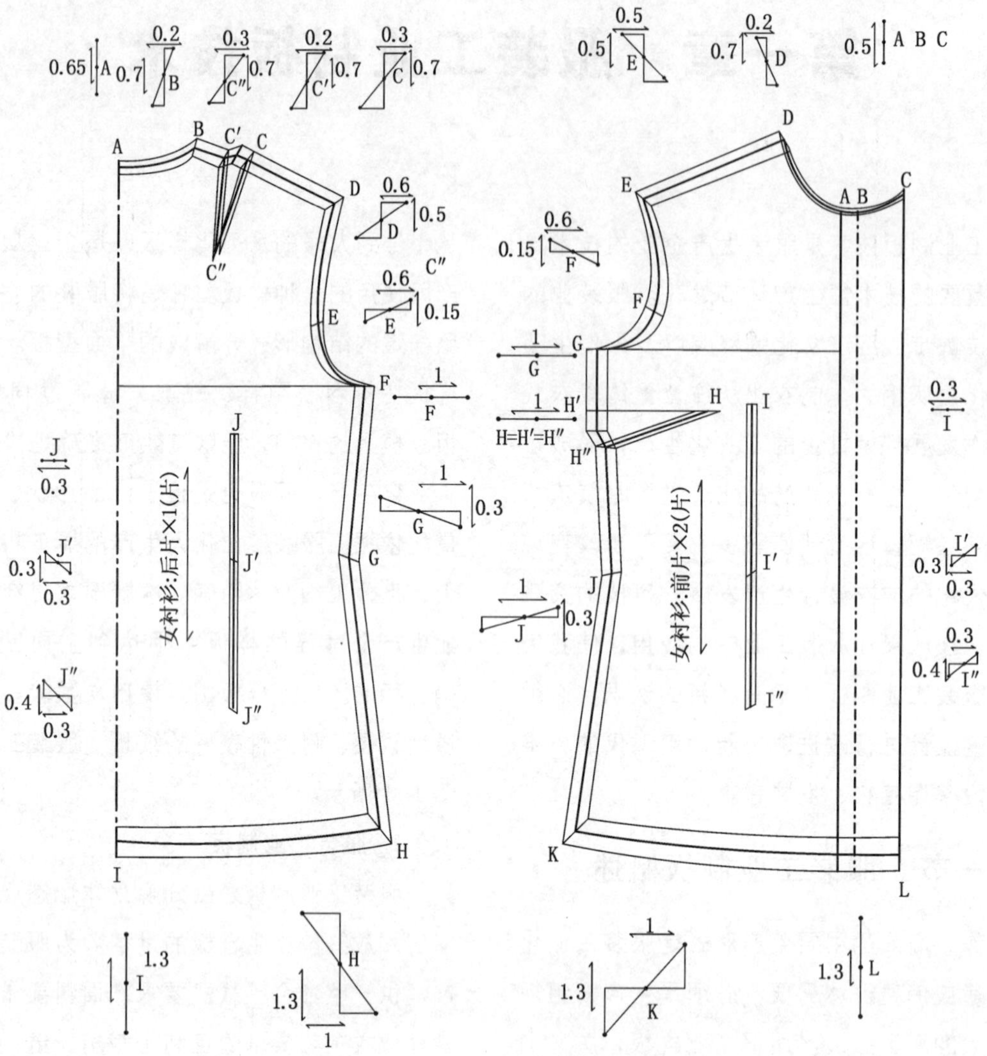


图 1-1　服装工业样板图

格号型系列之间的关系，通过科学地计算，正确合理地分配尺寸，经过按比例缩放而得到的，绘制出各规格号型系列的裁剪用样板的方法，工厂将推放一整套不同规格样板的过程称为“推板或放码”。

**4. 成衣**

成衣（国际简称 RTW），是以标准尺寸批量化工业生产的服装。成衣是指按一定规格、号型标准批量生产的成品衣服，是近代机器大规模生产时出现的新概念，是相对于量体裁衣式的订做和自制的衣服而出现的一个概念。一般在服装品牌店、服装商城、商场、服装连锁店、精品店出售的都是成衣。

**5. 样板**

样板就是为制做服装而制定的结构平面图，俗称服装纸样。广义上是指为制做服装而剪裁好的各种结构设计纸样。样板又分为净样板和毛样板，净样板就是不包括缝份儿的样板，毛样板是包括缝份儿、缩水等在内的服装样板。将 1∶1 结构图按一定缝制工艺要求、内外结构关系，分解为多片不重叠结构的图形，并加入适当的缝份及贴边的量，就形成了样板，也称纸样。用于家庭个人使用的一般称“纸样”，通常为单一规格尺寸。用于工业批量化生产使用的一般称“样板”，通常为系列规格尺寸。绘制样板的过程在工业生产中称为“打板”（图 1-2）。

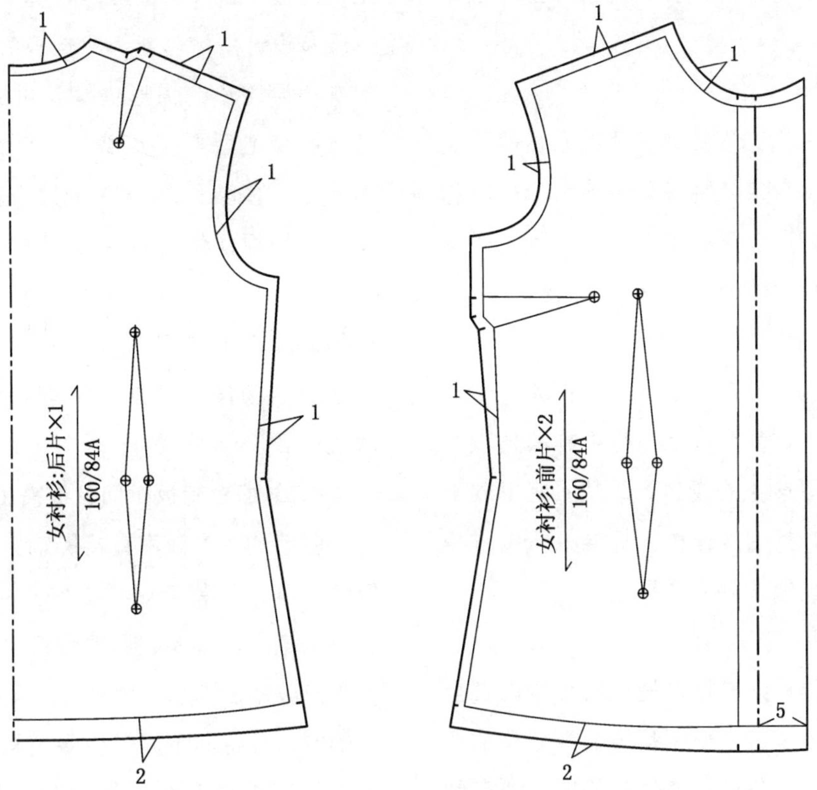


图 1-2　样板图

**6. 母板**

母板是指推板时所用的标准板型。是根据款式要求进行正确的、剪好的结构设计纸板，并已使用该样板进行了实际的放缩板，产生了系列样板。所有的推板规格都要以母板为标准进行规范放缩。一般来讲，不进行推板的标准样板不能叫做母板，只能叫标准样板，但习惯上将母板和标准样板的概念合二为一。

**7. 标准板**

标准板是指在实际生产中使用的、正确的结构纸样，它一般是作为母板使用的，所以习惯中有时也称标准板为母板。

**8. 样衣**

样衣也称“样”，就是服装厂为成衣生产而选定一个代表性规格制作的成品服装，以实现某款式为目的而制做的样品衣或包含新内容的成品服装。是成衣样板确定、修改和确认必须的必要环节。

**9. 打样**

打样也称“封样”，就是缝制样衣的过程。

**10. 款式样**

款式样是指公司接到订单以后，提供图、样板或者参考实样，以便供设计师观察款式效果。打款式样的时候，面料用相似的面料，性能基本一致做工一致，整个服装看起来与原样相似。

**11. 批办样**

款式样完成以后送到客人手里经过修改，同时对工厂的做工提出相应的变动。根据客人的建议和款式样及样品规格表中具体要求，用正式主辅料制作的样衣为批办样。

**12. 产前样**

产前样也称“传样”，针对大批量服装加工的程序，是指服装厂为保证较大批量服装生产的顺利进行，在大批量投产前，按正常设计的流水工序和工艺预先制作少量的服装产品，其目的是检验大批量生产的可操作性和工厂各个工序的衔接合理性。

**13. 船样**

工厂生产的客人订货服装必须在出货船运之前，按一定的比例（每色每码）抽取大货样衣称为船样，并且要把此船样寄给客人，等到客人确认产品符合要求后才能装船发货。

**14. 驳样**

驳样是指“拷贝”某服装款式。例如：①买一件服装，然后以该款为标准进行纸样摹仿设计和实际制做出酷似该款的成品。②从服装书刊上确定某一款服装，然后以该款为标准进行纸样模仿和实际制做出酷似该款的成品等。

**15. 整体推板**

整体推板又称规则推板，是指将结构内容全部进行缩放，也就是每个部位都要随着号型的变化而缩放。例如，一条裤子整体推板时，所有围度、长度、口袋、以及省道等都要进行相应的推板。

**16. 局部推板**

局部推板又称不规则推板，它是相对于整体推板而言的，是指某一款式在推板时只推某个或几个部位，而不进行全方位缩放的一种方法。例如，女式牛仔裤推板时，同一款式的腰围、臀围、腿围相同而只有长度不同，那么该款式就是进行了局部推板。

**17. 制板**

制板即服装结构纸样设计，为制作服装而制定的各种结构样板。它包括纸样设计、标准板的绘制和系列推板设计等。

## 二、服装工业制板的作用

### （一）板型严谨，变化灵活

服装工业样板是建立在严谨的制图方法和科学的计算之上的，在工业样板的制作过程中始终以人体及服装的立体造型为依据，经过反复修正、比较、试样，最终确定标准的工业样板，符合服装设计所需。以工业样板为标准模板裁剪出的衣片误差小、保形性高，由此制成的服装板型及服装造型严谨。现代服装生产向着小批量、高品味、多品种、个性化的方向发展，利用服装工业样板能够对服装的结构及外观进行灵活多样的变化，并且在变化过程中会免除一些烦琐的计算而节约了时间，通过对样板的剪接产生新的结构设计及外观造型，使服装制成后与款式一致。

### （二）缩短制板时间及提高生产效率

服装的生产效率直接影响企业的生产成本及经济效益，服装工业样板作为工业生产的模板，应用于裁剪、缝制、后整理各个工序中，对于提高生产效率发挥着巨大的作用。通过服装工业样板的制作，每套不同规格服装号型的结构制板不用再从基础线及结构线画起，直接推画出轮廓线，能大大缩短制板时间，从而提高生产效率。可以说，如果没有服装工业样板，就没有今天的服装工业化大生产。服装工业样板已经成为衡量企业技术资产的一项主要依据。因此，作为一名服装设计师，若想使自己的设计作品适应市场及生产的需要，熟练掌握服装工业样板的制作技术是非常必要的。

### （三）降低成本，提高面料利用率

降低服装及生产成本能充分达到企业利益的最大化，服装排料是降低服装及生产成本的关键，利用服装工业样板进行排料，能够最大限度地节约用料，降低服装及生产成本，提高生产效益。在排料过程中，将不同款式或不同规格号型的样板紧密套排在一起，使衣片能够最大限度地穿插，从而达到提高面料利用率的目的，降低成本。

### （四）提高产品质量

在现代服装工业化生产中，服装样板几乎贯穿于每一个环节，从排料、裁剪、修正、缝制、定形、对位到后整理，始终起着规范和限定作用。因此，从工业流水线上生产出的服装，标准统一、规格规范、工艺水平高、质量有保证。

## 三、服装工业样板的种类

在服装工厂里，每一款服装产品投产前，先应由服装制板人员分析服装整体造型和局部款式变化，设计出服装结构设计图，再经试制样衣，修正结构，确定合格的结构设计图。其后再依据服装商品需求选定的规格系列进行推放系列服装工业样板。服装工业样板在整个生产过程中都要使用，不同的工序使用的样板种类也不同。一套规格从小到大的系列化工业样板应在保证款式设计及结构设计的原则下，结合面料特性、裁剪、缝制、整烫等工艺条件，做到既科学又标准。服装工业样板不仅要求号型齐全，而且要结合面料特性、裁剪、缝制、整烫等工艺要求，制作出适应生产每一环节的样板，工业样板按其用途不同可分为裁剪样板和工艺样板两大类。

### (一) 裁剪样板

裁剪样板主要用于服装工业化生产批量裁剪中排料、画样等工序的样板。成衣生产中裁剪用的样板主要是确保批量生产中同一规格的裁片大小一致，使得该规格所有的服装在生产结束后各部位的尺寸和规格表上的尺寸相同（允许有符合标准的公差），相互之间的款型一样。裁剪样板又分为面料裁剪样板、里料裁剪样板、衬里裁剪样板、衬料裁剪样板、部件裁剪样板、内衬裁剪样板及辅助裁剪样板。裁剪样板均为毛粉。

#### 1. 面料裁剪样板

面料裁剪样板用于面料裁剪的样板。一般是加有缝份、贴边和折边量的毛样板。面料裁剪样板通常是指衣身、衣袖、衣领、裤身、裙身等样板，如前衣片、后衣片、大小袖片、领片、挂面、前裤片、后裤片、前裙片、后裙衣片、各种分割片及其他小部件样板，如袖头（克夫）、袋盖、袋垫布、袢带、腰带、裤腰、裙腰等。这些样板要求结构准确，样板上标识正确清晰，为了便于排料，最好在样板的正反两面都做好完整的标识，如布纹方向、倒顺毛方向、号型、名称、数量等。

#### 2. 里料裁剪样板

用于里料裁剪的样板。里料裁剪样板一般没有分割，如果衣片分割线中含有较大的省量，则同面料衣片进行分割。有前衣片、后衣片、袖片和片数不多的小部件，如里袋布等。里料裁剪样板是根据面料特点及生产工艺要求制作的，一般比面料样板的缝份大 0.5～1.5 cm，留出缝制过程中的修剪量，在有折边的部位，里子的长度要比衣身样板少 1～1.5 cm。里料裁剪样板多数部位边是毛板，少数部位边是净板。如果里子上还缝有内衬，里子的样板比没有内衬的里子裁剪样板要大些。

#### 3. 衬里裁剪样板

衬里裁剪样板与面料裁剪样板一样大，在车缝或敷衬前，把它直接放在大身下面，用于遮住有网眼的面料，以防透过薄面料可看见里面的结构，如省道和缝份。通常面料与衬里一起缝合。衬里常使用薄的里子面料，衬里样板为毛板样板。

#### 4. 衬料裁剪样板

衬布有织造和非织造织物衬、可缝或可黏之分。根据不同的面料、不同的衬料、不同的使用部位，有着不同的作用与效果，服装生产中经常结合工艺要求有选择地使用衬料。如果面料有弹性，则也选择有弹性的衬布。衬料裁剪样板的形状及属性是由生产工艺所决定的，衬料样板有时使用毛板，有时又使用净板。

#### 5. 部件裁剪样板

部件裁剪样板用于服装中除衣片、袖片、领子之外的小部件的裁剪样板，如袋布、袋盖、袖头等，一般为毛样板。

6. 内衬裁剪样板

内衬介于大身与里子之间，主要起到保暖的作用。毛织物、絮料、起绒布、法兰绒等常用作内村，由于它通常缝辑在里子上，所以内衬样板比里子样板稍大些，前片内衬样板由前片里子和过面两部分组成。

7. 辅助裁剪样板

辅助裁剪样板比较少，它只是起到辅助裁剪的作用，如在夹克中经常要使用橡筋，由于它的宽度已定，松紧长度则需要计算，根据计算的长度，绘制一样板作为橡筋的长度即可。辅助样板多数使用毛板。

（二）工艺样板

工艺样板为服装工业化生产提供工艺制作使用的样板，有毛样板、净样板、毛净相结合的样板。一切有利于成衣工艺顺利快速方便进行的裁剪、缝制、后整理中需要使用的辅助性样板总称，对衣片或半成品进行修正、定位、定形等的样板。工艺样板可以使服装加工顺利进行，保证产品规格一致，提高产品质量。工艺样板按不同用途又可分为修正样板、定形（扣烫）样板、定位样板及定量样板。

1. 修正样板

修正样板用于裁片修正的模板，是为了避免裁剪过程中衣片变形而采用的一种补正措施。修正样板为标准的衣片裁剪样板，主要用于面料烫缩后，确定衣片大小、丝缕、对条格、标准大小以及净准和校正裁片形状使用（多用于正装的前衣身）。如缝制西服之前，裁片经过高温加压黏衬后，会发生热缩等变形现象，导致左、右两片的不对称，这就需要用标准的样板修剪裁片。修正样板保持与裁剪样板的形状一样。有时也用于某些局部修正，如领圈、袖窿等。有些面料质地疏松容易变形，因此在画样裁剪中需要在衣片四周加大缝份的余量，在缝制前再用修正样板覆在衣片上作修正。局部修正则放大相应部位，再用局部修正样板修正。修正样板可以是毛样板也可以是净样板，一般情况下以毛样板居多。

2. 定形样板

定形样板一般采用不加放缝份的净样板，它属于净模板，主要用于缝制过程中，确定服装相关部件、小部件的外观形状及大小等，如袋盖板、衣领、驳头、口袋形状及小袢部件等零部件。定形（扣烫）样板为了保证某些关键部件外形规范、规格符合标准，在缝制过程中采用定形样板，对外形有严格控制的一种工艺模板。定形样板按不同的使用方法又可分为画线模板、缉线模板和扣边模板。

（1）画线模板：常用于画某部件边缘轮廓所用的准确位置线。如图 1-3 所示，按定形样板勾画部件边缘轮廓净线，可作为缉线的线路，保证部件的形状规范统一，又称画线模板。如衣领在缉领外围线前先用定形样板勾画净线，就能使衣服的造型与样板基本保持一致。画线模板一般采用黄版纸或卡纸制作。

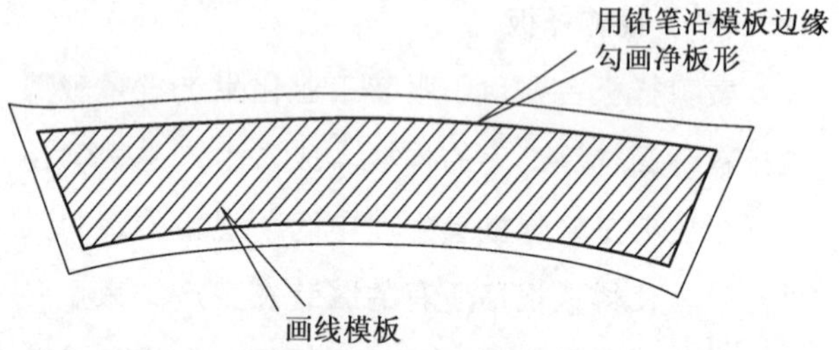


图 1-3 画线模板

（2）缉线模板：即直接覆于缉线部位，放在部件的几层之上，用手压紧，然后沿模板外边侧缉线。按定形样板缉线，既省略了画线，又使缉线与样板的符合率大大提高，如下摆的圆角部位、袋盖部件等。注意缉线定形样板应采用砂布等材料制作，目的是为了增加样板与面料之间的附着力，以免在缝制中移动。

（3）扣边模板：扣边定形板用于某些部件边缘轮廓止口，多用于缉明线不缉暗线的零部件，如贴袋、弧形育克等。使用时将扣边定形板放在衣片的反面，轮廓周边留出缝份，然后用熨斗将这些缝份向定形板方向扣倒并烫平，注意圆弧部位要圆顺不能有棱角，直线部位要直顺，保证部件的规格、外形与净样板一致。扣边定形板应采用坚韧耐用且不易变形的薄铁片或薄铜片制成，扣边定形样板以净板居多。扣边模板如图 1-4 所示。

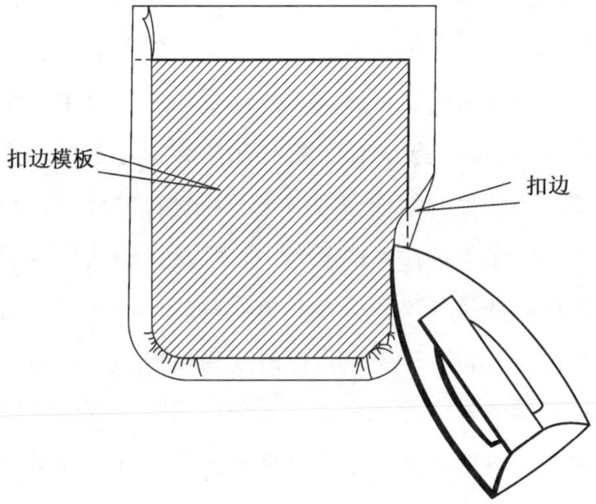


图 1-4　扣边模板

### 3. 定位样板

定位样板主要用于缝制中或成形后，确定某部位、部件的正确位置，如门襟眼位、扣位、省道定位、口袋位置、绣花装饰等。定位样板为了保证某些重要位置的对称性和一致性，在批量生产中常采用定位样板。定位样板多是以邻近相关部位为基准进行定位，一般取自于裁剪样板上的某一个局部。对于衣片或半成品的定位往往采用毛样样板，如袋位的定位等。对于成品中的定位则往往采用净样样板，如扣眼位等。定位样板一般采用白卡纸或黄版纸制作。服装定位样板如图 1-5 所示。

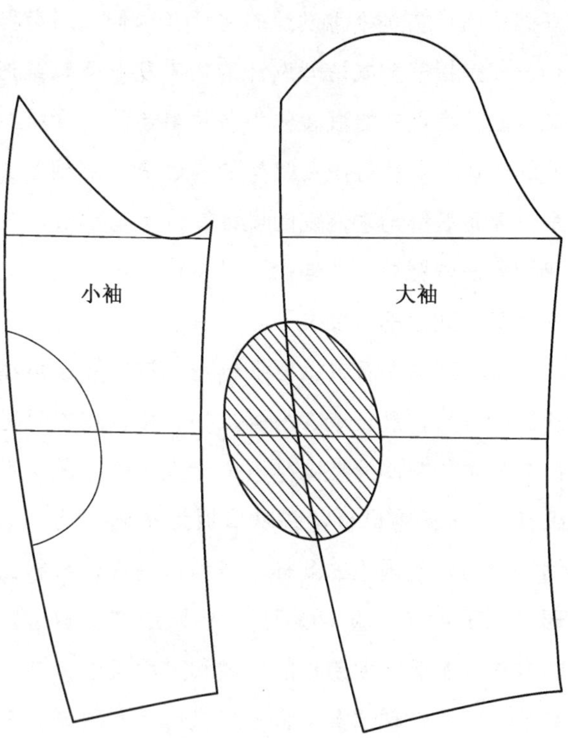


图 1-5　服装定位样板

### 4. 定量样板

服装定量样板主要用于衣片边口部位确定折边宽度的小型模具，常用于衣片边口处的折边部位。如各种上衣的底摆边、袖口折边、女裙底摆边、裤脚口折边等，通过定量样板可以快速画出衣片的折边量。服装定量样板如图 1-6 所示。

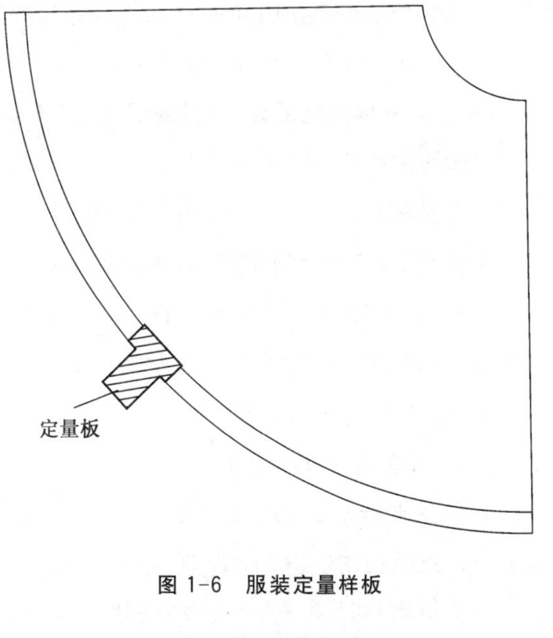


图 1-6　服装定量样板

## 四、服装工业制板的方式和过程

掌握服装结构设计是服装工业制板的重要前提条件，必须学好服装结构设计基础，精通服装结构设计原理和方法，才能进行服装工业制板，才能把推板技术学好。故服装结构设计是推板的基础，而推板是结构设计的继续及延伸。服装结构设计是指将款式造型设计的构思及形象思维形成的立体造型的服装转化为多片组合的平面结构图的工作，是研究服装结构的内涵及各部相互关系，兼备装饰与功能性的设计、分解与构成的规律和方法的服装专业理论，是将造型设计的构思变为实物成品的主要过程。

服装工业制板或工业纸样是先进行服装款型的结构分析，确定成衣系列规格，依据规格尺寸绘制基本的中间标准纸样（或最大、最小的标准纸样)，即打制母板，并以母板为基础按比例放缩推导出其他规格的纸样，得到系列规格样板图形（一图全档或直接板型)。按照成衣工业生产的方式，服装工业制板的方式和过程可以分成三种情况，第一种情况是客户提供样品和订单，第二种情况是客户只提供订单和款式图而没有样品，第三种情况是无其他任何资料但仅有样品。另外，把设计师提供的服装设计效果图正面和背面、纸样结构图以及该服装的补充资料经过处理和归纳后，也认定为过程中的另一种情况。

**(一) 第一种情况是客户提供样品和订单**

我国服装生产企业大多是加工型企业，通常由客户提供样品和订单，尤其在外贸加工型企业中经常遇到。客户提供样品和订单比较规范，为技术部门、生产部门、质量检验部门以及供销部门提供技术标准。而对于绘制工业纸样的技术部门，必须按照以下过程实施。

**1. 分析客户订单和样品**

客户订单和样品在某种程度上反映产品的市场定位，对服装的规格设计及样板制作有直接的影响。分析客户订单一是分析产品款式设计图，是指产品的款型设计图，运用形式美设计方法对服装的品类、造型、款式、结构、色彩、材料等作形象表现，是对服装总体构思的展示，服饰标样则是具体的实物样品。只有对款式进行仔细的分析和准确的把握，才能使样板的设计制作体现出款式特点。二是服装规格设计，人体基本尺寸与款式造型特点及年龄、职业等多种因素有机结合的产物。随着成衣工业化的飞速发展，服装产品在国际范围内的流通日趋扩大。由于不同的国家、不同的地域、不同的民族、不同的年龄与性别，其体型特征差异较大，所以在进行服装制板之前，必须认真分析订单所针对的人群状况，体型特征、穿衣习惯、号型的覆盖率等因素，根据订单销售地区的人体体型特点及人群着装习惯来设计产品规格，为服装工业制板的制作提供科学的数据。三是要详细分析样品的结构分割线的位置、小部件的组成、各种里子和材料的分布、袖子和领子与前后片的配合、锁眼及钉扣的位置确定等。四是面料分析，分析面料成分、花型、组织结构等，各部位使用衬的规格，根据大身面料和穿着的季节选用合适的里子，同时注意面料缩水率、热缩率及倒顺毛对格对条等。五是辅料分析，包括拉链的规格和用处，扣子、铆钉、吊牌等的合理选用，橡筋的弹性、宽窄、长短及使用的部位、缝纫线的规格等。六是工艺分析，包括裁剪工艺、缝制工艺、整烫工艺、锁眼钉扣工艺等。七是包装装箱分析，包括单色单码（一箱中的服装不仅是同一种颜色而且是同一种规格)、单色混码（同一颜色不同规格装箱)、混色混码(不同颜色不同规格装箱)、平面包装、立体包装等。

**2. 分析设计图或样衣**

客户提供的设计图或样衣，在进行服装工业样板制作之前要全面审视，充分理解设计图中所传达的造型、结构、装饰、配色特点及作用，认真研究服装的整体风格、局部结构和工艺特点。如果客户提供样衣，要对样衣每一个局部的形态、规格以及各部位之间的相对位置进行认真测量，从样品中充分掌握服装的结构、分割线的位置、服装各部件间的组合关系、制作工艺、小部件的组合、里料和衬料的分布、测量尺寸的大小和方法等，面、里、衬的结构配置，工艺加工方式等，以便在进行“扒板”（即对样衣做仿型结构展开设计制图）时参考。针对这一规格进行各部位尺寸分析，了解它们之间的相互关系，有的尺寸还要细分，从中发现规律。在完成上述一系列技术工作之后，还需将合理的逻辑分析与创造性的形象思维有机地结合起来，综合考虑多方面的因素，这样才能使制作出的服装样板具有准确性、合理性和实用性。

**3. 确定中间号型规格**

在服装工业制板中，在系列规格中一般选用中间规格制作服装基础母样板，再通过此板推出上下各裆样板。如果系列规格中有五个规格，则第 3 裆作为中间规格制出母板；如果系列规格中有九个规格，则制出第 3 裆和第 7 裆作为中间规格制出中间母板。选用中间规格制作，是因为由中间规格向两边推板，要比从一端向另一端推板所经过的距离短，在推板过程中最大限度地减少误差量，减少推板过程中制板形态及数据误差。

我国服装号型标准中规定，成年女子中间体标准为：总体高 160 cm，胸围 84 cm，腰围 68 cm，体型特征为“A”型（即上衣 160/84A、下装 160/68A）。成年男子中间体标准为：总体高 170 cm，胸围 88 cm，腰围 76 cm，体型特征为“A”型（即上衣 170/88A、下装 170/76A）。根据国家服装号型标准中所规定的中间体的有关数据，结合服装的款式特点及产品定向，加放相应的松量后便可获得中间号型规格。从事外贸加工业务的企业，可以从客户提供的规格系列中筛选出有代表性的服装中间号型规格。

**4. 确定制板方案**

根据款式的特点和订单要求，确定服装制板是用比例法，还是原型法，立体裁剪法，或其他的结构设计方法。比例法是根据人体结构特征及运动规律，结合测量与试验，经过数学论证产生一系列的计算公式求出服装制图中所需要的控制点，最后用各种形状的线条连接控制点构成服装制图。原型法是以人体主要控制部位的基本数据为依据，按照一定的比例计算出相关部位的数据并绘制出原型，然后根据服装的造型特点及工艺要求，对原型进行加放、分割、移位、变形、展开、省裥变化等加工处理，使之成为体现服装造型特征的结构制图。立体裁剪法是在模特上直接造型，操作者根据设计意图，按照一定的操作步骤，将白坯布用大头针别在人体模型上面，使款式具体化。在立体裁剪的过程中，要始终考虑款式的造型特征、面料的物理性能等因素。将立体裁剪所形成的结构线用记号笔做好标记，然后将每一布片展开熨平，在纸上沿布边绘制出各衣片制图。立体裁剪所使用的白坯布，如果实际面料较厚与白坯布相差较大，要把布的厚度以及与厚薄有关的部位的松量追加到制图中去。

**5. 绘制中间规格的结构图**

绘制服装结构图是一项严谨的操作技艺，要学习和掌握好这门技艺，不但要理解制图原理，还要按照一定的制图规则进行实践。绘制中间规格结构图应根据中间号型规格，结合款式特点确定相应的结构形式，运用公式计算出服装相关部位的控制点，用不同形状的线条连接这些控制点构成衣片。结构图的绘制要求数据准确，横、直、斜、弧线线条画得规范，弧线连接部位要圆顺，这样绘制出的结构制图才是高质量的、符合工艺要求的。绘制中间规格结构图是一项具有工程性、艺术性和技术性的工作。服装结构制图工程性是指导服装裁制和生产的主要依据，特别对批量生产来说，更对整个服装组合生产过程产生的规格、质量负有首要责任。结构制图依据各部位的结构关系、定点画线和构成的衣片外形几何轮廓等，都必须非常严谨、规范和准确的，达到合乎工程性的要求。服装结构制图艺术性是服装的某些部位或部件形态、轮廓的确认，并不单是以运算所得或数据推导而成，而是要凭艺术的感觉，靠形象的美感确立，全靠制图者的审美眼光和艺术修养，使之构成的形象和衣片轮廓，能符合艺术性的要求。服装结构制图技术性要求制图者熟悉各类衣料的性能特点，要掌握服装缝纫的工艺技巧，要了解整件服装的流水生产全过程和各类专用机械设备的情况，要有较全面的服装缝制生产技术知识，在结构制图和衣片放缝或制作裁剪样板时能恰到好处。如能做到以上几点，制出的服装结构图不仅能有利于服装的缝制加工，还能达到造型设计所要求的预想效果。

**6. 产生中间规格基础样板**

依照结构图的轮廓线，将所有的衣片及部件分别压印在较厚的样板纸上，在净样线的周边加放缝份或折边，绘制出毛样板。由结构制图中分离出的第一套中间规格样板称为基础样板，基础样板是制作样衣的模板。中间规格基础样板又称为“封样纸样”，客户或设计人员要对按照这份纸样缝制成的服装进行检验并提出修改意见，确保在投产前产品合格。

**7. 制作样衣**

为了检验基础样板的准确性，需要根据基础样板进行排料、裁剪并严格按照工艺要求制作出样衣。这一过程除了作为基础样板的检验手段之外，还将计算出面料、里料、辅料的单件用量，计算出加工过程中每一道工序的耗时量，为生产及技术管理提供有效数据。

**8. 修正基础样板**

根据基础样板制出样衣后，对样衣进行试穿补正，依据封样意见共同分析和会诊，从中找出产生问题的原因。在进行全面的审视后，找出与设计要求或订单不相符合，或者与人体结构及运动特征不相适应的地方，进行及时修正，对于各部件间的配合方式和配合关系不够严谨的部分，以及结构形式与面料性能不适应的部分作适当的调整，进而修改中间规格的纸样，最后确定投产用的中间标准号型纸样。经过修正与调整后的基础样板称为标准样板。标准样板是推板的母板。

**9. 服装工业推板**

根据中间标准号型（或最大、最小号型）纸样推导出其他规格的服装工业用纸样。在基础样板的基础上，兼顾各个规格号型系列之间的关系，通过科学地计算，正确合理地分配尺寸，经过按比例缩放，绘制出各规格号型系列的裁剪用样板。

**10. 检查全套样板是否齐全**

在裁剪车间裁剪面料前，一定先检查全套样板是否齐全。一个品种的批量裁剪铺料少则几十层、多则上百层，而且面料可能还存在色差。如果缺少某些样板裁片就开裁面料，待裁剪结束后，再找同样颜色的面料来补裁就比较困难，因为同色而不同匹的面料往往有色差，既浪费了人力物力，效果也不好。

**11. 制定工艺说明书和绘制排料图**

最后制定工艺说明书和绘制一定比例的排料图。服装工艺说明书是缝制应遵循和注意的必备资料，是保证生产顺利进行的必要条件，也是质量检验的标准。而排料图是裁剪车间画样、排料的技术依据，它可以控制面料的耗量，对节约面料、降低成本起着积极的指导作用。

以上步骤全面概括了服装工业制板的整个过程，这仅是广义上的服装工业制板的过程，只有不断地实践，丰富知识，积累经验，才能真正掌握其内涵。

**（二）第二种情况是客户没拿样品只提供订单和款式图**

在服装工业制板中，如果客户没拿样品，只提供订单和款式图（或结构图），增加了制板的难度，一般常见于比较简单的典型款式，如西服、衬衫、裙子、裤子等。要绘制出合格的纸样，不但需要积累大量的类似服装的款式和结构组成的素材，而且还应有丰富的制板经验。其主要过程有：

**1. 详细分析订单**

客户如果只提供订单和款式图没拿样品，这就需要制板人员详细分析订单，包括订单上的简单工艺说明、款式特点、面料的使用及特性、各部位的测量方法及尺寸大小、尺寸之间的相互配合等，将订单分析的越透彻、越详细、越全面，会为下一步服装工业制板提供重要的技术准备。

**2. 详细分析订单上的款式或示意图**

详细分析客户提供的订单上的款式或示意图，从示意图上了解服装款式的大致结构，里外层结构关系，结合自己以前遇到的类似款式进行比较，对于有些不合理的结构，按照常规在绘制纸样时作适当的调整和修改。

客户只提供订单和款式图没拿样品，也可以参照第一种情况中讲述的 11 个步骤进行制板，不明之处多一定向客户咨询，不断修改，最终达成共识。总之，绝对不能在有疑问的情况下就匆忙投产。

**（三）第三种情况是客户仅提供样品而无其他任何资料**

有些客户仅提供样品而没有其他任何资料，这时就要对样品进行详细全面审视，充分理解设计图中所传达的造型、结构、装饰、配色特点及作用，认真研究服装的整体风格、局部结构和工艺特点。对样衣每一个局部的形态、规格以及各部位之间的相对位置进行认真测量，进行服装工业样板制作。

**1. 样品的结构分析及订单的制订**

详细分析样品的款式及结构、分析款式特点及分割线的位置、折裥的形式、抽褶的位置、部件的组成及形态、各种里子和材料的结构及分布、袖子和领子的造型及与前后衣片的组合、锁眼及钉扣的位置确定等，关键部位的尺寸测量和分析、各小部件位置的确定和尺寸处理、各缝口的工艺加工方法、熨烫及包装的方法等。最后与客户共同制订合理的订单。

**2. 服装面料分析**

对于客户提供的样品，需要进行面料分析。服装面料是指体现服装主体特征的材料，这里是指大身面料的成分、花型、组织结构等，各部位使用衬的规格，根据大身面料和穿着的季节选用合适的里子，针对特殊的要求（如透明的面料）需加与之匹配的衬里。有些保暖服装（如滑雪服）需加保暖的内衬等材料。常用服装面料如下：

（1）棉型织物：是指以棉纱线或棉与棉型化纤混纺纱线织成的织品。其透气性好，吸湿性好，穿着舒适，是实用性强的大众化面料。可分为纯棉制品、棉的混纺两大类。

（2）麻型织物：由麻纤维纺织而成的纯麻织物及麻与其他纤维混纺或交织的织物统称为麻型织物。麻型织物的共同特点是质地坚硬韧、粗犷硬挺、凉爽舒适、吸湿性好，是理想的夏季服装面料，麻型织物可分为纯纺和混纺两类。

（3）丝型织物：是纺织品中的高档品种。主要指由桑蚕丝、柞蚕丝、人造丝、合成纤维长丝为主要原料的织品。它具有薄轻、柔软、滑爽、高雅、华丽、舒适的优点。

（4）毛型织物：是以羊毛、兔毛、骆驼毛、毛型化纤为主要原料制成的织品，一般以羊毛为主，它是一年四季的高档服装面料，具有弹性好、抗皱、挺括、耐穿耐磨、保暖性强、舒适美观、色泽纯正等优点，深受消费者的欢迎。

（5）纯化纤织物：化纤面料以其牢度大、弹性好、挺括、耐磨耐洗、易保管收藏而受到人们的喜爱。纯化纤织物是由纯化学纤维纺织而成的面料，其特性由其化学纤维本身的特性来决定。化学纤维可根据不同的需要，加工成一定的长度，并按不同的工艺织成仿丝、仿棉、仿麻、弹力仿毛、中长仿毛等织物。

**3. 服装辅料分析**

对于客户提供的样品，还需要进行服装辅料

分析。辅料分析包括里料、填料、衬垫料、缝纫线材料、扣紧材料、装饰材料、拉链、钮扣、织带、垫肩、花边、衬布、里布、衣架、吊牌、饰品嵌条、钩扣皮毛、商标、线绳、填充物、塑料配件、金属配件、包装盒袋、印标条码、铆钉、吊牌及其它相关等的合理选用。详细分析如拉链的规格和用处，橡筋的弹性、宽窄、长短及使用的部位、缝纫线的规格等，都要认真仔细分析。

对于客户仅提供样品而无其他任何资料，还可以参照第一种情况中的各个步骤进行制板、裁剪、仿制（俗称“扒板”）。对于宽松服装，做到与样品一致比较容易；对于贴体服装，可以多次修改纸样、多次试样，反复修改要有耐心就能够做到与样品一致；而对于使用特殊的裁剪方法（如立体裁剪法）缝制的服装，要做到与样品形似神似，一般的裁剪方法就很难实现。

## 第二节 制板工具及材料

### 一、制板工具

在服装工业制板中，虽然没有对制板工具作严格的规定，但制板人员必须有熟练掌握使用工具的能力，并得到较佳的使用效果，对一个样板师来讲非常重要。在服装工业生产中，必须要严格按照工艺规格和品质标准进行生产，样板标准化是达到这个目的的重要保证，因此制板工具非常重要。常用的工具有剪刀、打板纸、尺、笔及辅助工具。

**1. 剪刀**

对于服装制板人员首先拥有的工具就是裁剪样板专用剪刀，用来作裁剪样板等，剪刀应该保持锋利。常用的规格有 22.9 cm（9 英寸）、25.4 cm（10 英寸）、27.9 cm（11 英寸）和 30.5 cm（12 英寸）等数种规格，其他种类的剪刀根据各人的习惯爱好可灵活运用。另外，还有花齿剪，其刀口呈锯齿形，用于裁剪面料小样的边口，使其不易毛边、破损。

**2. 直尺**

直尺用于制板。用有机玻璃制的直尺，用作画制直线条。因为这种直尺刻度清晰、准确、不易磨损。直尺的长度通常有 30 cm，60 cm，100 cm 和 120 cm 四种。

**3. 三角尺**

三角尺使用 45°和 30°两种角度的直角三角板，长度为 30～40 cm，一般用于画垂直线和校正垂直线，或某些部位的 90°角等，也可以用来画短线。这些尺以有机玻璃的尺子为佳。

**4. 曲线板**

20～30 cm 曲线板 1 把，用做画制弧线。

**5. 弯尺**

50～60 cm 有机玻璃或木质弯尺 1 把，用作画制长距离的弧线，用于裤子的侧缝、上衣的摆缝等。有机玻璃弯尺顺直，不易磨损。

**6. 曲线尺**

曲线尺的种类很多，需备有大小规格不同的整套曲线尺和变形尺，用来画曲线和弧线，特别是画袖窿弧线和画裤子浪线（前后片的裆弧线）等。这里再介绍一种人们称为“蛇尺”，内芯是扁形的金属条这种尺最大的特点是可以任意弯曲成各种曲线而且韧性较大，不仅可量取曲线的弧长，还能沿已弯曲的曲线形状绘制该曲线，它的长度有多种，以 60cm 为好。对于曲线尺在制板中不推荐使用，因为它对曲线的造型并不能很好地控制。建议用直线尺来拟合曲线，它可以使曲线光滑并富有弹性，对于初学者一定要加强这方面的训练，从而打下扎实的基本功。

**7. 软尺**

软尺有厘米、市寸及英寸之分，工业制板中使用一面是厘米制另一面是英寸制的软尺。另外，选择有防止热胀冷缩特性的软尺。如果选用塑料软尺，用过一段时间要进行校尺，保证其长度准确性。

**8. 量角器**

量角器一般用来测量或绘制各种角度。

**9. 擂盘**

擂盘又称齿轮刀、点线器，在纸样和衣料上做标记的工具，是用来做复层擂印、画线定位或做板的折线用。

**10. 锥子**

锥子用在样板上扎眼儿定位，作定位标记用。

**11. 钻子**

钻子用在样板上打孔定位用，作定位标记用。

**12. 细砂布或水砂纸**

细砂布或水砂纸用来修板边、打磨板型，也可用作小模板。

**13. 胶带**

胶带用作包住样板四周的边缘，防止样板在使用中磨损。胶带应选用薄而有韧性的、透明的，以减少厚度。

**14. 号码图章**

号码图章为样板编号所用，用作样板上标明型号、货号、款式号等。

**15. 英文字母橡皮图章**

用作样板上标明款式，大、中、小号规格等，橡皮图章标出的字体大小一致，清晰、规范。

**16. 样板边章**

样板边章是用于经复核定型后的样板在其周边加盖的一种专用图章，以标明样板已复核准确，不得更改。

**17. 冲子**

冲子用以样板打孔，其直径为 10～15 mm 之内。15 mm 冲头用作打钻眼，10 mm 冲头用作打串样板用的孔。

**18. 笔**

制板中可使用的笔很多，常用的有铅笔、蜡笔、碳素笔或圆珠笔。初学者绘制基本纸样时，较多地使用铅笔，铅笔一般采用 2H、HB、2B 铅笔，要求画线细而清晰，2H 铅笔用作画样板的辅助线，HB、2B 铅笔用作画样板的轮廓线，因为 2H 铅笔较硬，画出线条较细，HB、2B 铅笔较软，画出的线条较粗；蜡笔则主要用于裁片的编号和定位，如把纸样上的袋位复制在裁片上；碳素笔或圆珠笔多用于绘制裁剪线和推板。

**19. 橡皮**

即使是专业样板师，有时也会画错线，备一块橡皮十分必要。一般用白橡皮，最好是白色香橡皮。香橡皮用作擦去画错的线条、标错写错的文字字母。香橡皮去铅笔痕迹较强，并且擦过后纸面清洁，不污染样板。

**20. 压料铁**

压料铁是压料子、纸样及样板用的工具。

**21. 钉书机**

钉书机 1 个，用作样板制作中样板与图纸的钉合。

**22. 夹子**

铁皮夹子若干个，用作固定多层样板，防止样板移动，夹子应选用夹力较紧的。

**23. 人体模台**

人体模台为半身的人体胸架，主要用于试穿确认样，以便更好地校正基准样板。

**24. 辅助工具**

在服装工业制板中，使用较多的辅助工具有针管笔、花齿剪、对位剪（剪口剪）、描线器（滚轮器）、分规、大头针、工作台等。

## 二、制板材料

服装工业制板材料主要是打板纸。由于工业化生产的特点，打板纸使用的纸张一般都是专用纸板，要求纸面平整、伸缩性小、平整、光洁、纸质坚韧及不宜变形。因为在裁剪和后整理时，纸样的使用频率较高，而且有些纸样需要在半成品中使用，如口袋净样板用于扣烫口袋裁片。另外纸样的保存时间较长，以后有可能还要继续使用，所以纸样的保形很重要。制板用纸必须有一定的厚度，有较强的韧性、耐磨性、防缩水性和防热缩性。服装制板材料一般有下面几种：

### （一）裁剪样板材料

服装工业制板常用的裁剪样板纸有软性样纸、硬样板纸、硬性材料和服装 CAD 中样纸。

#### 1. 软性样纸

软性样纸包括大白纸（主要作为过渡性用纸）、牛皮纸（主要作为批量小、画样次数少的时装裁剪样板材料）。牛皮纸应选用 100～130g 的，这种纸用来制作小批量、变化大的服装样板。牛皮纸薄，韧性好，裁剪容易，但硬度不足。

#### 2. 硬样板纸

硬样板纸有一定厚度的纸，包括裱卡纸和黄版纸。裱卡纸主要作为批量大、画样次数多的时装裁剪样板材料，或短期的工艺样板材料；黄版纸主要作为定型产品或长线产品的裁剪样板材料，或较长期性的工艺样板材料。裱卡纸应选用 250 g/$m^2$ 左右的，这种纸纸面细洁，纸张韧性较好，厚度适中，用来制作一般服装样板。黄版纸一般可选用 400～600 g/$m^2$，用来制作长期使用、固定产品的样板，这种纸张厚实、硬挺，不易磨损，适合长期使用。

#### 3. 硬性材料

小样板（净样板）因使用频繁容易磨损、变形，要求更耐磨结实。应根据使用场合的不同，除了选用质地坚硬的纸板外，有时还需用水砂布、铜片、薄白铁片等硬性材料制作，所以衬衣领子、袖克夫辑暗线的样板可以用薄白铁皮来制作。

#### 4. 服装 CAD 中样纸

在服装 CAD 中样纸以文件方式保存在计算机中，存取非常方便，对纸张要求没有上面要求的那么高。

服装制板用纸要保持干燥整洁，因纸张受潮后会张大，用受潮的纸张制作的样板回缩大，纸面不平，会影响服装规格的准确。

### （二）工艺样板材料

工艺样板由于使用频繁且兼作胎具模具，更要求耐磨结实，要用坚韧的纸板、水纱布（主要作为不易滑动的工艺材料）、薄白铁片或铜片（主要作为长期性的工艺样板材料）制成。

## 三、服装工业制板符号

服装工业样板在制作时有其专用的制板符号，服装工业制板符号见表 1-1。

表 1-1 服装工业制板符号

| 序号 | 名称 | 符　号 | 使用说明 |
| --- | --- | --- | --- |
| 1 | 经向号 | ←→ | 表示服装材料布纹经向的标记 |
| 2 | 拼接号 |  | 表示相邻裁片需拼接 |
| 3 | 省略号 |  | 表示省略裁片某部位的符号，常用于长度较长而结构图中无法画出的那部分 |
| 4 | 缩缝号 |  | 表示裁片某部位需要用缝线抽缩的符号 |
| 5 | 同寸号 | ●▲□ | 表示相邻裁片的尺寸大小相同 |
| 6 | 重叠号 |  | 表示相关裁片交叉重叠部位的标记 |
| 7 | 明线号 |   | 表示衣服某部位表面缉明线的标记 |

（续　表）

| 序号 | 名称 | 符　号 | 使用说明 |
|---|---|---|---|
| 8 | 眼　位 |  | 表示衣服扣眼位置的标记 |
| 9 | 扣　位 |  | 表示衣服钉钮扣的位置 |
| 10 | 拉　链 | 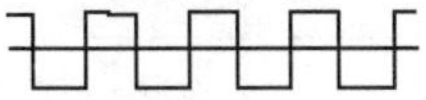 | 表示该部位装缝拉链 |
| 11 | 褶位线 | 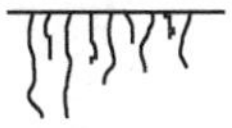 | 表示裁片应收褶的工艺要求，也可用缩缝符号表示 |
| 12 | 裥位线 | 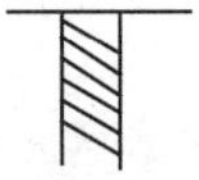 | 表示裁片需要折叠进去的部分。斜线方向表示折叠倒伏方向，也可标记裥的分类号 |
| 13 | 塔克线 |  | 表示裁剪片需缉塔克的标记 |
| 14 | 花　边 |  | 表示裁片某部位有花边装饰 |
| 15 | 司马克 | 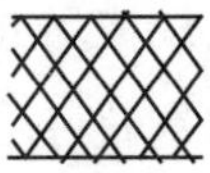 | 表示裁片需编结司马克的标记 |
| 16 | 罗纹号 |  | 表示衣服下摆、袖口等部位装罗纹边的标记 |
| 17 | 阴　裥 |  | 表示服装裁片在此部位做褶裥，裥面在内 |
| 18 | 阳　裥 |  | 表示服装裁片在此部位做褶裥，裥面在外 |
| 19 | 顺风裥 | 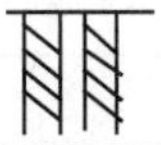 | 表示服装裁片在此部位做褶裥，折叠量倒向相同 |
| 20 | 钻眼号 | 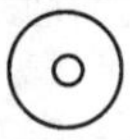 | 表示部位定位标记 |
| 21 | 净样号 | 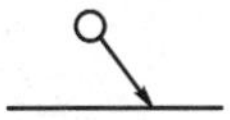 | 表示样板是净尺寸，不含缝份 |
| 22 | 毛样号 |  | 表示样板是毛粉，含缝份 |
| 23 | 光边 |  | 表示借助面料直布边 |
| 24 | 刀口 |  | 表示部位、部件对位标记 |
| 25 | 正面 | 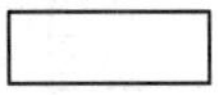 | 表示样板使用正面的提示 |
| 26 | 反面 |  | 表示样板使用反面的提示 |
| 27 | 向上 | 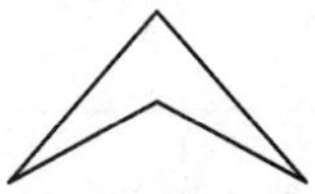 | 表示样板使用应向上的提示 |
| 28 | 向下 | 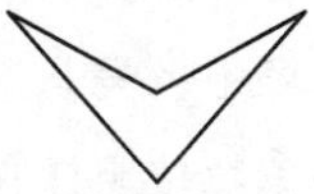 | 表示样板使用应向下的提示 |

（续　表）

| 序号 | 名称 | 符　号 | 使用说明 |
|---|---|---|---|
| 29 | 放缝 | 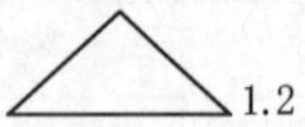 | 三角形表示放缝符号，数字表示具体放量 |
| 30 | 缝止 |  | 表示某部位开口缝止的标记 |
| 31 | 扣眼位 | 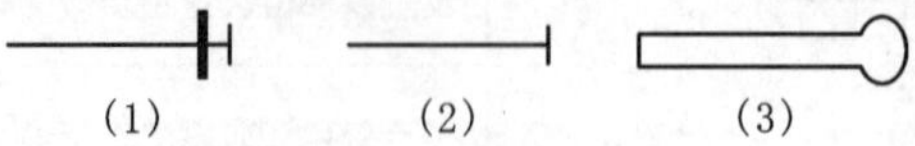 | 表示服装的扣眼位（1）包扣（2）平头眼（3）圆头眼 |
| 32 | 开线袋位 |  | 表示双开线袋、单开线袋的标记 |
| 33 | 装拉链 | 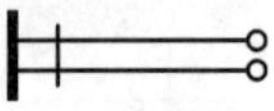 | 表示要用拉链进行封口处理的标记 |
| 34 | 拼接号 | 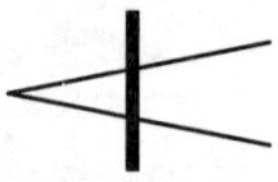 | 表示样板允许拼接的标记 |

## 第三节　服装工业制板的准备

### 一、技术文件的准备

服装工业制板前要对产品的订单或工艺文件、产品的技术标准、缝制工艺与操作规程、原辅材料的质地与性能、款式效果图（产品设计图）、实物或结构图纸（平面款式图）及相应的成衣规格尺寸等，进行收集、研读，认真分析与理解是做好工业制板的关键性工作。

#### （一）服装设计与制板流程

对于自主研发的品牌服装设计公司，服装成衣最开始要完成款式设计，再进行服装工业制板，最后制作成衣。服装设计与制板流程见表 1-2。

表 1-2　服装设计与制板流程

<table>
<tr><td rowspan="3">设计参考图</td><td rowspan="3">设计师（编号人员）进系统，系统自行编号，导出《产品设计图稿》</td><td>设计师完成《产品设计图稿》</td><td>面料到货后制作面料卡片，制作色卡编号</td><td rowspan="3">色卡制作完成之后，在面料上标签（色卡号），并按照款式分类、装袋，在袋子外面标注衣服款号，交还相应设计师</td><td rowspan="3">由设计师在《产品设计图稿》填写相应的面辅料色卡卡号，再确认相应的面辅料信息以及工艺，最后将手稿拍摄留底，在系统里进行初步物料分解</td><td rowspan="3">设计师将《产品设计图稿》以及面料袋上交，再由专门人员分配相应的打板师</td></tr>
<tr><td>确定面料之后进行面料吊样</td><td rowspan="2">辅料到货后制作辅料卡片，制作色卡编号</td></tr>
<tr><td>确定面辅料后，进行辅料吊样</td></tr>
<tr><td colspan="2">打板师根据吊样面料的特性进行打板，打板完成后，生成“样衣吊卡”，并填好基础信息以及样板尺寸</td><td colspan="2">将《样衣吊卡》、初样板、面料袋、《产品设计图稿》，修改意见表交样衣房负责，再由指定人员统一，进行样衣的制作</td><td>样衣制作完成之后，生成《样衣检查单》，修改意见表，填写相应的信息以及面料样袋，将《样衣吊卡》上的成衣尺寸、用料、实际门幅、工时填写完成</td><td>将样衣、样板、《产品设计图稿》、《样衣吊卡》放置相应的包装袋内，交与板师进行确认尺寸，将《样衣检查单》、修改意见表和面料样袋交与设计助理</td><td>板师收到样衣后应该及时核对尺寸，再交到设计部门做吊卡登记，样衣拍摄统记</td></tr>
<tr><td colspan="2">样衣登记完成后设计师应及时补充样衣上的剩余辅料或者装饰设计，完成后交由设计助理进行制单</td><td colspan="2">设计助理拿到样衣检查单，修改意见表，成衣在系统里核对物料分解，导出初步的新款下单表</td><td>助理根据设计师每周下单款，找出相应的新款下单表和样衣，以等待样衣试穿</td><td>试穿完成之后，生成《样衣试穿表》</td><td>试穿之后，补充完成新款下单表，交与相应的人员签字，签完字下单</td></tr>
</table>

服装设计与制板流程还需注意以下方面：①新款下单表不需要贴样布，在样衣检查单上贴上布头，若有涉及辅料染色，则面料需要量大些。②色卡的货架号在系统里要可以查询。③新款下单表中色号与颜色一定要都有，不能只有色号。④单耗按照样衣房提供的初始单耗进行核对，若

差距较大，则要及时更改，能够在样衣上测量的尽量测量一下。⑤门幅一定要按照供应商的门幅，尤其是针织物，一定要注明门幅。⑥辅料的信息与供应商的样品一致，颜色可以配色，样品要准确。⑦辅料的规格一定准确。⑧拉链的配色要注明配什么颜色的面料，对色卡的时候也一定要色号、颜色一起注明。⑨样衣下单时，必须做到单子及样衣齐全。单子有《产品设计图稿》（表 1-3）、《新款下单表》（表 1-4）、《样衣吊卡》（表 1-5）、《样衣检查单》（表 1-6）、《样衣试穿评审表》（表1-7）、《修改意见记录表》（表 1-8）。

**表 1-3 产品设计图稿**

<table>
<tr><td colspan="4">款号：　　设计：　　制板：</td><td colspan="2" rowspan="13">产品设计图稿</td></tr>
<tr><td colspan="4">面料信息</td></tr>
<tr><td></td><td>面料信息</td><td>部位</td><td>色卡卡号</td></tr>
<tr><td>主料 1</td><td></td><td></td><td></td></tr>
<tr><td>主料 2</td><td></td><td></td><td></td></tr>
<tr><td>配料 1</td><td></td><td></td><td></td></tr>
<tr><td>配料 2</td><td></td><td></td><td></td></tr>
<tr><td>里布</td><td></td><td></td><td></td></tr>
<tr><td colspan="4">辅料信息：</td></tr>
<tr><td colspan="4">用线：（　）细线、（　）粗线</td></tr>
<tr><td colspan="4">是否配色：（　）是、（　）否</td></tr>
<tr><td colspan="4">面辅料是否齐全：（　）是、（　）否</td></tr>
<tr><td colspan="4">参考图片：</td></tr>
<tr><td rowspan="2">是否制作胚样：</td><td rowspan="2"></td><td colspan="2">前衣长：</td><td>袖长：</td><td>腰围：</td></tr>
<tr><td colspan="2">胸围：</td><td>肩宽：</td><td>裤长 /裙长：</td></tr>
<tr><td>主设计师签字</td><td></td><td colspan="2">设计部主管签字</td><td colspan="2"></td></tr>
</table>

表 1-4 新款下单表

设计师： 制板师： 制单人： 销售编号：

| | | | | | | | | |
|---|---|---|---|---|---|---|---|---|
| 款号 | | | 品名 | | | 四个尺码 | 是（ ） | 否（ ） |
| 面料备注 | | | | | | | | |
| 辅料备注 | | | | | | | | |
| 工艺备注 | | | | | | | | |
| 项目 | 色卡号 | 货架号 | 供应商 | 规格 | 颜色 | 单耗 | 门幅 | 备注 |
| 主料 1 | | | | | | | | |
| 主料 2 | | | | | | | | |
| 主料 3 | | | | | | | | |
| 里料 1 | | | | | | | | |
| 里料 2 | | | | | | | | |
| 辅料 | | | | | | | | |
| | | | | | | | | |
| | | | | | | | | |
| | | | | | | | | |

| 款式图（正面） | 辅料样品 | 经理 | | |
|---|---|---|---|---|
| | | 板房主管 | | |
| | | 算料人员 | | |
| | | 封样佳色 | 是（ ） | 否（ ） |
| | | 加色样品 | | |

表 1-5 样衣吊卡

| 设计师： | | 制板师： | | 日期： | |
|---|---|---|---|---|---|
| 款 号： | | 样衣师： | | 工时： | |
| | 样板尺寸 | 样衣尺寸 | 主料 | 实际门幅 | 用料 |
| 衣长 | | | | | |
| 胸围 | | | | | |
| 腰围 | | | | | |
| 臀围 | | | | | |
| 下摆 | | | | | |
| 肩围 | | | | | |
| 小肩 | | | | | |
| 袖长 | | | | | |
| 袖肥 | | | | | |
| 袖口 | | | | | |

表 1-6　样衣检查单

款号：　　　　　　　　设计：　　　　　　　　制板：　　　　　　　　样衣：

| | 色卡（样布头） | 缩水率 | | 纬斜 | 拔丝 | 色牢度 | 起球 | 其他 |
|---|---|---|---|---|---|---|---|---|
| | | 经向 | 纬向 | | | | | |
| 主面料 1 | | | | | | | | |
| 配料 1 | | | | | | | | |
| 配料 2 | | | | | | | | |
| 里布 1 | | | | | | | | |
| 里布 2 | | | | | | | | |
| 辅料 | 问题描述： | | | | | | | |

| 样衣评语 | 板师评语 |
|---|---|
| | |

表 1-7　样衣试穿评审表

| 款号 | | 类型 | | 尺码 | |
|---|---|---|---|---|---|
| 设计师 | | 板师 | | 日期 | |
| 模特感受 | （模特从面料、辅料、版型、试穿体验 4 个方面对样衣进行试穿） | | | | |
| 初次修改意见 | （下述三方评审根据模特试穿意见及样衣实物形成初次修改意见 ） | | | | |
| 评审意见 | | | | | |
| 总监签名： | | 设计师签名： | | 板师签名： | |
| 最终修改意见 | | | | | |
| （最终修改意见纳入——修改意见记录表 ） | | | | | |

表 1-8　修改意见记录表

款号：　　　　　　　　设计师：　　　　　　　　板师：　　　　　　　　（同意√，不同意 ×）

| 日期 | 部位 | 修改内容 | 设计师 | 板师 |
|---|---|---|---|---|
| | | | | |
| | | | | |
| | | | | |
| | | | | |
| | | | | |
| | | | | |
| | | | | |
| | | | | |
| | | | | |
| | | | | |
| | | | | |

### （二）服装封样单

服装封样单是针对具体服装款式制作的详细书面工艺要求，服装封样单中的尺寸表内容也是制板的直接依据。服装封样单的主要内容包括尺寸表（具体尺寸要求）、相关日期、制单者、设计者、制板者、产品名、款式略图、缝制要求、面料小样、工艺说明及用布量等。如上装封样单见表 1-9，下装封样单见表 1-10，服装新款封样单见表 1-11。

表 1-9　上装封样单

<table>
<tr><td colspan="2">款号：</td><td>编号：</td><td>板师：</td><td>设计：</td><td colspan="2">封样突发状况：</td><td>规格：</td><td>工厂：</td></tr>
<tr><td colspan="5">款式略图：</td><td colspan="4">面料小样：</td></tr>
<tr><td colspan="3">工艺注意事项<br>工艺更改</td><td colspan="6"></td></tr>
<tr><td rowspan="17">上装说明书</td><td colspan="2"></td><td>纸样 S</td><td>理想尺寸</td><td>封样 S<br>（工厂）</td><td>封样遇到的问题或尺寸的差异来源</td><td>封样 S<br>（工艺部）</td><td>放码</td></tr>
<tr><td colspan="2">前衣长（肩点量）</td><td></td><td></td><td></td><td></td><td></td><td></td></tr>
<tr><td colspan="2">后中长</td><td></td><td></td><td></td><td></td><td></td><td></td></tr>
<tr><td colspan="2">胸围</td><td></td><td></td><td></td><td></td><td></td><td></td></tr>
<tr><td colspan="2">腰围（侧下）</td><td></td><td></td><td></td><td></td><td></td><td></td></tr>
<tr><td rowspan="2">臀围</td><td>侧　下</td><td></td><td></td><td></td><td></td><td></td><td></td></tr>
<tr><td>前中下</td><td></td><td></td><td></td><td></td><td></td><td></td></tr>
<tr><td colspan="2">摆围</td><td></td><td></td><td></td><td></td><td></td><td></td></tr>
<tr><td colspan="2">肩宽</td><td></td><td></td><td></td><td></td><td></td><td></td></tr>
<tr><td colspan="2">袖长</td><td></td><td></td><td></td><td></td><td></td><td></td></tr>
<tr><td colspan="2">袖肥</td><td></td><td></td><td></td><td></td><td></td><td></td></tr>
<tr><td colspan="2">袖口</td><td></td><td></td><td></td><td></td><td></td><td></td></tr>
<tr><td colspan="2">领围</td><td></td><td></td><td></td><td></td><td></td><td></td></tr>
<tr><td colspan="2">前胸宽　破缝处</td><td></td><td></td><td></td><td></td><td></td><td></td></tr>
<tr><td colspan="2">后背宽　破缝处</td><td></td><td></td><td></td><td></td><td></td><td></td></tr>
<tr><td colspan="2">前袖笼</td><td></td><td></td><td></td><td></td><td></td><td></td></tr>
<tr><td colspan="2">后袖笼</td><td></td><td></td><td></td><td></td><td></td><td></td></tr>
<tr><td></td><td colspan="2">拉链长</td><td></td><td></td><td></td><td></td><td></td><td></td></tr>
<tr><td colspan="3">工厂反馈<br>或建议</td><td colspan="6"></td></tr>
<tr><td colspan="3">样衣与纸样<br>改动情况</td><td colspan="2"></td><td colspan="2">封样后改板</td><td colspan="2"></td></tr>
<tr><td colspan="3">用布量：</td><td colspan="3">制单日期：</td><td colspan="3">完成日期：</td></tr>
<tr><td colspan="3">制单：</td><td colspan="3">审核：</td><td colspan="3">复核：</td></tr>
</table>

表 1-10　下装封样单

<table>
<tr><td>款号：</td><td>编号：</td><td>板师：</td><td>设计：</td><td colspan="2">封样突发状况：</td><td>规格：</td><td>工厂：</td></tr>
<tr><td colspan="4">款式略图：</td><td colspan="4">面料小样：</td></tr>
<tr><td colspan="2">工艺注意事项<br>工艺更改</td><td colspan="6"></td></tr>
<tr><td rowspan="13">下装说明书</td><td colspan="2"></td><td>纸样 S</td><td>理想尺寸</td><td>封样 S（工厂）</td><td>封样遇到的问题或尺寸的差异来源</td><td>封样 S（工艺部）</td><td>纸样 S</td></tr>
<tr><td colspan="2">侧裤长或侧裙长（连腰）</td><td></td><td></td><td></td><td></td><td></td><td></td></tr>
<tr><td colspan="2">腰围</td><td></td><td></td><td></td><td></td><td></td><td></td></tr>
<tr><td rowspan="2">臀围</td><td>前中下</td><td></td><td></td><td></td><td></td><td></td><td></td></tr>
<tr><td>侧　下</td><td></td><td></td><td></td><td></td><td></td><td></td></tr>
<tr><td colspan="2">横裆</td><td></td><td></td><td></td><td></td><td></td><td></td></tr>
<tr><td colspan="2">前浪　（连腰）</td><td></td><td></td><td></td><td></td><td></td><td></td></tr>
<tr><td colspan="2">后浪　（连腰）</td><td></td><td></td><td></td><td></td><td></td><td></td></tr>
<tr><td colspan="2">膝围　（裆下）</td><td></td><td></td><td></td><td></td><td></td><td></td></tr>
<tr><td colspan="2">脚口</td><td></td><td></td><td></td><td></td><td></td><td></td></tr>
<tr><td colspan="2">拉链长</td><td></td><td></td><td></td><td></td><td></td><td></td></tr>
<tr><td colspan="2">腰宽</td><td></td><td></td><td></td><td></td><td></td><td></td></tr>
<tr><td colspan="2">摆围</td><td></td><td></td><td></td><td></td><td></td><td></td></tr>
<tr><td colspan="2">工厂反馈或建议</td><td colspan="6"></td></tr>
<tr><td colspan="2">样衣与纸样改动情况</td><td colspan="3"></td><td>封样后改板</td><td colspan="2"></td></tr>
<tr><td colspan="3">用布量：</td><td colspan="3">制单日期：</td><td colspan="2">完成日期：</td></tr>
<tr><td colspan="3">制单：</td><td colspan="3">审核：</td><td colspan="2">复核：</td></tr>
</table>

表 1-11　服装新款封样单

<table>
<tr><td>品　　名</td><td></td><td colspan="2">设计</td><td colspan="2"></td><td colspan="2">设 计 日 期</td><td></td><td rowspan="9">新款款式图：</td></tr>
<tr><td>新品编号</td><td></td><td colspan="2">制板</td><td colspan="2"></td><td colspan="2">制 板 日 期</td><td></td></tr>
<tr><td>审　　核</td><td></td><td colspan="2">封样</td><td colspan="2"></td><td colspan="2">封样交货日期</td><td></td></tr>
<tr><td colspan="9">备注：</td></tr>
<tr><td colspan="9">尺寸表</td></tr>
<tr><td></td><td></td><td></td><td></td><td></td><td></td><td></td><td></td><td></td></tr>
<tr><td></td><td></td><td></td><td></td><td></td><td></td><td></td><td></td><td></td></tr>
<tr><td></td><td></td><td></td><td></td><td></td><td></td><td></td><td></td><td></td></tr>
<tr><td colspan="9">设计要求：</td></tr>
<tr><td colspan="9">制作说明：</td><td></td></tr>
</table>

### （三）服装制造通知单

服装制造通知单又称制造通知书，是针对为生产某服装款式的一种书面形式要求，具有订货单的技术要求功能和服装生产指导作用。服装制造通知单有国内的也有国外的，但无论哪种都是根据制造服装的要求而拟定的。服装制造主要内容包括：品牌、单位、数量、尺寸要求、合同编号、工艺要求、面辅料要求、制作说明、交货日期、制表人员、制表日期、包装要求等。请参阅以下服装制造通知单（表1-12、表1-13）。

**表1-12　服装制造通知单（1）**

制单编号：＿＿＿＿＿＿

合同编号：＿＿＿＿＿＿

| | | | | | | | | | | | |
|---|---|---|---|---|---|---|---|---|---|---|---|
| 品　名 | | | | | | | 客户/牌子： | | | | |
| 洗　水 | | | | | | | 款名： | | | | |
| 数　量 | | | | | | | 款号： | | | | |
| 部　位 | 尺寸表 | | | | | | | | | | 备注： |
| 型　号 | | | | | | | | | | | 车线： |
| 腰　围 | | | | | | | | | | | |
| 臀围（头下　cm） | | | | | | | | | | | |
| 内　长 | | | | | | | | | | | 钮牌阔： |
| 前浪（腰头） | | | | | | | | | | | |
| 后浪（腰头） | | | | | | | | | | | 布袋： |
| 大腿围（浪下　cm） | | | | | | | | | | | |
| 膝围（浪下　cm） | | | | | | | | | | | |
| 拉　链 | | | | | | | | | | | |
| 裤脚阔 | | | | | | | | | | | |
| 折脚/反脚 | | | | | | | | | | | |
| 腰　头 | | | | | | | | | | | |
| 子耳（长×阔） | | | | | | | | | | | |
| 后袋（长×阔） | | | | | | | | | | | |

| | |
|---|---|
| 制作说明： | 款式简图： |

| | | | | |
|---|---|---|---|---|
| 交货期： | 制单： | 核封： | 物料： | 用旧样： |
| 备注： | 日期： | 日期： | 日期： | 做新样： |

### 表 1-13　服装制造通知单（2）

地址＿＿＿＿＿＿＿　　　　　　　　　　　　　　　　　　　　　　发单日期＿＿＿＿＿

电话＿＿＿＿＿＿＿　　　　　　　　　　　　　　　　　　　　　　制单号码＿＿＿＿＿

客户订单号码＿＿＿＿＿　　　　　客户型号＿＿＿＿＿　　　　　工厂样本号码＿＿＿＿＿

货品名称：　　　　　　　　　　　预定装船日期待：　　　　　　　数量＿＿＿＿＿打

| 制造说明 | | 尺码 | | | | | | | | 备注 |
|---|---|---|---|---|---|---|---|---|---|---|
| | 尺寸配比 | | | | | | | | | |
| | 规格 | | | | | | | | | |
| | 腰围 | | | | | | | | | |
| | 臀围 | | | | | | | | | |
| | 前浪（含腰） | | | | | | | | | |
| | 后浪（含腰） | | | | | | | | | |
| | 大腿围 | | | | | | | | | |
| | 膝围 | | | | | | | | | |
| | 脚围 | | | | | | | | | |
| | 后贴袋 | | | | | | | | | |
| | 拉链 | | | | | | | | | |
| | | | | | | | | | | |
| | | | | | | | | | | |
| | 合计 | | | | | | | | | |

| 主辅料明细 | | 包装方法 | | |
|---|---|---|---|---|
| 大衣布 | | | 1. | 2. |
| 口袋布 | | | | |
| 吊牌 | | | | |
| 副标 | | | 3. | 4. |
| 帆布 | | | | |
| 罗纹 | | | | |
| 缝线 | | | 5. | 6. |
| 钮扣 | | | | |
| 拉链 | | | | |
| 胶袋 | | 其他说明： | | |
| | | | | |
| | | | | |
| | | | | |

**（四）测试布料水洗缩率**

面料在裁剪之前要进行水洗缩率测试，再将布料水洗缩率加入服装工业样板中，使服装成品规格准确。测试布料水洗缩率见表1-14。

**表1-14　测试布料水洗缩率一览表**

测试日期：　　　　　　　　品名：　　　　　　　　洗水工艺：

| | | | | | | | |
|---|---|---|---|---|---|---|---|
| | | | | | | | |
| | | | | | | | |
| | | | | | | | |
| | | | | | | | |
| | | | | | | | |
| | | | | | | | |
| | | | | | | | |
| | | | | | | | |
| | | | | | | | |

制表：　　　　　　　　审核：　　　　　　　　审批：

## 二、技术准备

服装技术准备的主要内容就是在批量生产前，首先要由技术人员做好大生产前的技术准备工作。技术准备是确保批量生产顺利进行以及最终成品符合客户要求的重要手段。服装技术准备包括工艺单、样板的制定和样衣的制作，产品技术标准的重要性，服装规格公差，产品工艺及设备，面辅料的性能，分析效果图、服装图片或服装实物样品等。

**（一）明确工艺单、样板的制定和样衣的制作**

服装技术准备要了解工艺单、样板的制定和样衣的制作等内容。工艺单是服装加工中的指导性文件，它对服装的规格、缝制、整烫、包装等都提出了详细的要求，对服装辅料搭配、缝迹密度等细节问题也加以明确。服装加工中的各道工序都应严格参照工艺单的要求进行。样板制作要求尺寸准确，规格齐全，相关部位轮廓线准确吻合。样板上应标明服装款号、部位、规格、丝缕方向及质量要求，并在有关拼接处加盖样板复合章。在完成工艺单和样板制定工作后，可进行小批量样衣的生产，针对客户和工艺的要求及时修正不符点，并对工艺难点进行攻关，以便大批量流水作业顺利进行。样衣经过客户确认签字后成为重要的检验依据之一。

**（二）了解产品技术标准的重要性**

服装产品技术标准是企业标准的重要组成部分，是企业组织生产、经营和管理的技术依据。企业产品技术标准是指重复性的产品技术事项在一定范围内的统一规定。明确产品技术标准也是制板的重要技术依据，如产品的号型、公差规定、纱向规定、拼接规定等。这些技术标准的规定和要求均不同程度地要反映在样板上，因此在制板前必须熟知并掌握有关技术标准中的相关技术规定。

**（三）熟悉服装规格公差**

服装规格公差是一个工程技术用语，即实际参数值的允许变动量。服装规格公差是指某一款式同一部位相邻规格之差。公差范围越小，说明公差精度要求高，制作的要求也越高。中国标准《服装号型》对服装各部位规格公差都有说明。但是，服装规格公差并不是固定不变的，应根据实际情况分别处理，确保推板过程顺利进行。部分服装规格公差表见表 1-15，牛仔裤规格公差参考表见表 1-16、男女童服装规格公差参考表见表 1-17。

**表 1-15　部分服装规格公差表**

单位：cm

| 部位＼品种 | 男女单服 | 衬衫 | 男女毛呢上衣、大衣 | 男女毛呢裤子 | 夹克衫 | 连衣裙套装 |
|---|---|---|---|---|---|---|
| 衣长 | ±1 | ±1 | ±1<br>大衣±1.5 | | ±1 | ±1 |
| 胸围 | ±2 | ±2 | ±2 | | ±2 | ±1.5 |
| 领围 | ±0.7 | ±0.6 | ±0.7 | | ±0.7 | ±0.6 |
| 肩宽 | ±0.8 | ±0.8 | ±0.6 | | ±0.8 | ±0.8 |
| 长袖长 | ±0.8<br>连肩袖<br>±1.2 | ±0.8 | ±0.7 | | ±0.8<br>连肩袖<br>±1.2 | ±0.8<br>连肩袖±1 |
| 短袖长 | | ±0.6 | | | | |
| 裤长 | ±1.5 | | | ±1.5 | | |
| 腰围 | ±1 | | | ±1 | | ±1 |
| 臀围 | ±2 | | | ±2 | | ±1.5 |
| 裙长 | | | | | | ±1 |
| 连衣裙长 | | | | | | ±2 |

**表 1-16　牛仔裤规格公差参考表**

单位：cm

| 部位 | 公差 | |
|---|---|---|
| | 水洗产品 | 非水洗产品 |
| 衣长 | ±1.5 | ±1 |
| 胸围 | ±2.5 | ±1.5 |
| 袖长 | ±1.2 | ±0.8 |
| 连肩袖长 | ±1.8 | ±1.2 |
| 肩宽 | ±1.2 | ±0.8 |
| 裤长 | ±2.3 | ±1.5 |
| 腰围（裤） | ±2.3 | ±1.5 |
| 臀围（裤） | ±3 | ±2 |
| 裙长 | ±1.2 | ±0.8 |
| 腰围（裙） | ±2.3 | ±1.5 |
| 臀围（裙） | ±3 | ±2 |

表 1-17 男女童服装规格公差参考表 单位：cm

| 部 位 | 公 差 | 测 量 方 法 |
|---|---|---|
| 衣 长 | ±1 | 前身肩缝最高点垂直量至底边 |
| 胸 围 | ±1.6 | 摊平，沿前身袖笼底线横量乘 2 |
| 领 大 | ±0.6 | 领子摊平，立领量上口，其他领量下口 |
| 袖 长 | ±0.7 | 由袖子最高点量至袖口边中间 |
| 总肩宽 | ±0.7 | 由袖肩缝交叉点摊平横量 |
| 裤 长 | ±1 | 由腰上口沿侧缝，摊平量至裤口 |
| 腰 围 | ±1.4 | 沿腰宽中间横量乘 2，松紧裤腰横量乘 2 |
| 臀 围 | ±1.8 | 由立裆 2/3 处（不含腰头）分别横量前后裤片 |

### （三）了解产品工艺及设备

在具体的服装生产过程中，不同的工艺或使用不同的生产设备等都对样板的数据有着不同的要求。产品工艺与制板有着直接的关系，如样板放缝份儿的量直接受具体工艺的影响，服装工艺有平缝、搭缝、拼缝、压缉缝、漏落缝、来去缝、外包缝等，生产设备有包缝机、绷缝机 、暗缝机、盲缝机、绗缝机、曲折机、埋夹机、套结机、曲腕机、开袋机、双针机、多线拷边机、多功能特种机，还有洗水工序等。随着服装工艺及服装设备的不同，服装制板放缝也不同，这些内容技术人员都应该了解。

### （四）了解面辅料的性能

面辅料是服装成衣的重要组成部分，面辅料的性能影响服装工业制板，在制板前需要了解面辅料的性能特点，如材料的成分、质地、缩水、耐温等情况，这样在制板时可以作出相应的调整。

### （五）分析效果图、服装图片或服装实物样品

在制板前需充分分析效果图、服装图片或服装实物样品，一是了解服装款式的大致结构，认定所设计、展示的服装是什么品类，有什么基本特征，穿用季节、穿用场合以及适合什么人群穿着等。二是分析服装造型分总体造型和局部造型，总体造型一般分“A”型、“H”型、“X”型、“Y”型和“S”型等。不同比例、结构的外形轮廓，形成不同的总体造型。局部造型是指服装上一个独自成型的部件，如领型、袖型、袋型等。进行样板设计要求有敏锐的判别能力，既要在整体上辨清造型特征，又要在局部上抓住款型特点。分析分割线的位置、小部件的组成、袖子和领子与前后片的配合等。局部款型要和谐，顺应总体造型，恰当地掌握两者的结合关系。服装效果图见图 1-7、服装图片见图 1-8、服装实物样品见图 1-9。

图 1-7 服装效果图

图 1-8 服装图片

图 1-9 服装实物样品

## 三、服装面料和辅料的性能确定

成衣规格尺寸的准确与否，与面料使用的纤维构成、组织结构、性能，衬料的种类与性能等因素有关；还与生产中样板尺寸的准确性，面料、辅料的缩率有关。掌握面料和辅料的性能，采用正确的生产工艺，是提高成衣质量的重要保证。

### （一）服装面料缩率确定

在工业生产中，服装加工的工业纸样一般使用纸板来制作，成衣由面料、里子、衬、内衬和其他辅料等构成，纸板与面料、里子、衬、内衬和其他辅料在性能上虽然有很大不同，但都存在共同重要的因素就是缩量问题。制板用的纸板本身也存在自然的潮湿和风干缩量问题，要针对不同纸板进行检测。服装因各自选用面料的不同，缩量的差异很大，对成品规格将产生重大影响，因此在绘制裁剪纸样和工艺纸样时必须考虑缩率，即缩水率和热缩率，根据缩率的大小计算出各部位的加放量。

**1. 缩水率**

织物的缩水率是指织物在洗涤或浸水后织物收缩的百分数。织物的缩水率主要取决于纤维的特性、织物的组织结构、织物的厚度、织物的后整理和缩水的方法等，经纱方向的缩水率通常比纬纱方向的缩水率大。缩水率最小的是合成纤维及混纺织品，其次是毛织品、麻织品、棉织品居中，丝织品缩水较大，而最大的是黏胶纤维、人造棉、人造毛类织物。

缩水率的影响因素：①织物的原材料不同，缩水率不同。一般来说，吸湿性大的纤维，浸水后纤维膨胀，直径增大，长度缩短，缩水率就大。如有的黏胶纤维吸水率高达13%，而合成纤维织物吸湿性差，其缩水率就小。②织物的密度不同，缩水率也不同。如经纬向密度相近，其经纬向缩水率也接近。经密度大的织品，经向缩水就大，反之，纬密大于经密的织品，纬向缩水也就大。③织物纱支粗细不同，缩水率也不同。纱支粗的布缩水率就大，纱支细的织物缩水率就小。④织物生产工艺不同，缩水率也不同。织物在织造和染整过程中，纤维要拉伸多次，加工时间长，施加张力较大的织物缩水率就大，反之就小。

缩水率的测定方法一般是取定长面料经过缩水试验，分别测定经向和纬向的缩水百分率，用“规格×缩率＝加放量”的计算公式分别求出主要控制部位的加放量。例如，某种面料经向缩水率为3%，则对衣长72 cm的衣片应加长72×3%＝2.16 cm。

打板前应对面料的缩水率进行测试：缩水率 $S=(L_1-L_2)/L_1\times100\%$；$L_1$为测前长，$L_2$为测后长，实际运用为：打板长 $L=L_1/(1-S)$（缩水率），如：长100 cm，缩水率为7%，则打板长 $L=100/(1-7\%)=107.5$ cm。如服装材料（成衣后）需经过特殊工艺处理，打板前就必须按特殊工艺要求进行式样测试并严格记录。有关面料缩水率详见表1-18。

表 1-18　常见织物缩水率参考表

单位：cm

| 织物 | | 品种 | 缩水率％ | |
|---|---|---|---|---|
| | | | 经向 | 纬向 |
| 印染棉布 | 丝光布 | 平布、斜纹、哔叽、贡呢 | 3.5～4 | 3～3.5 |
| | | 府绸 | 4.5 | 2 |
| | | 纱（线）卡其、纱（线）华达呢 | 5～5.5 | 2 |
| | 本光布 | | 6～6.5 | 2～2.5 |
| | 防缩整理的各类印染布 | | 1～2 | 1～2 |
| 色织棉布 | | 男女线呢 | 8 | 8 |
| | | 条格府绸 | 5 | 2 |
| | | 被单布 | 9 | 5 |
| | | 劳动布（预缩） | 5 | 5 |
| 呢绒 | 精纺呢绒 | 纯毛或含毛量在70％以上 | 3.5 | 3 |
| | | 一般织品 | 4 | 3.5 |
| | 粗纺呢绒 | 呢面或紧密的露纹织物 | 3.5～4 | 3.5～4 |
| | | 绒面织物 | 4.5～5 | 4.5～5 |
| | 织物结构比较稀松的织物 | | 5以上 | 5以上 |
| 丝绸 | | 桑蚕丝织物 | 5 | 2 |
| | | 桑蚕丝织物与其他纤维交织物 | 5 | 3 |
| | | 绉线织物和绞线织物 | 10 | 3 |
| 化纤 | | 黏胶纤维织物 | 10 | 8 |
| | | 涤棉混纺织物 | 1～1.5 | 1 |
| | | 精纺羊毛化纤织物 | 2～4.5 | 1.5～4 |
| | | 化纤仿丝绸织物 | 2～8 | 2～3 |

**2. 热缩率**

热缩率是不同衣料在受热时会发生不同程度的收缩，热缩率就是将这一现象量化的具体说明。在成衣生产中，半成品或成品要经过若干次的熨烫及整烫，这一过程中面料收缩与否直接影响到成衣规格的准确性和成衣的外观质量。织物的热缩率与缩水率类似，主要取决于纤维的特性、织物的密度、织物的后整理和熨烫的温度等，多数情况下，经纱方向的热缩率比纬纱方向的热缩率大。

试样尺寸的热缩率：

$$R = (L_1 - L_2) / L_1 \times 100\%$$

式中：R——分别是试样经、纬向的尺寸变化率（％）；

$L_1$——试样熨烫前标记间的平均长度（cm）；

$L_2$——试样熨烫后标记间的平均长度（cm）。

当 $R>0$ 时，表示织物收缩；当 $R<0$ 时，表示试样伸长。实际打板长度为：

$$L = L_1 / (1 - R\%)$$

如果用精纺呢绒的面料缝制西服上衣，而成品规格的上衣是 74 cm，经向的缩水率是 2％，那么，设计的纸样衣长（L）：$L=74/(1-2\%)=74/0.98=75.5$（cm）

通常的情况是面料上要黏有纺衬或无纺衬，这时不仅要考虑面料的热缩率，还要考虑衬的热缩率，在保证它们能有很好的服用性能的基础上，黏合在一起后，计算它们共有的热缩率，从而确定适当的纸板纸样尺寸。

至于其他面料，尤其是化纤面料一定要注意熨烫的合适温度，可以先用一块废料做实验，掌握其熨烫温度，防止面料焦化等现象。

**3. 其他缩率**

在服装工业生产中除以上热缩率和缩水率外，服装缩率还包含做缝缩率和外观工艺后处理缩率等。做缝缩率是指在实际生产过程中缝迹收缩程度；外观工艺后处理缩率是指水洗、石磨、砂洗、漂洗等成衣外观的工艺处理的收缩程度。服装制作样板时要充分考虑这些因素，加放一定的缩率，一般为：样板成衣规格＝实际成衣规格＋实际成衣规格/（1－缩率），其中缩率包含面料缩率、做缝缩率、外观工艺后处理缩率等，具体缩率视原料及不同工艺要求情况而定。

**（二）服装辅料分析与确定**

服装是一个工程，包括款式设计、结构设计、缝制，其中缝制过程分各种环节，最重要一环节就是材料选定，材料中又分面料和其他辅料，除了面料以外用于服装上的一切材料都称为服装辅料，它是除面料以外装饰服装和扩展服装功能必不可少的元件。服装辅料无论对于服装的内在质量，还是外在质量都有着重要影响。服装辅料按用途分大致可以分为里料、衬料、填料、线带类材料、紧扣类材料、装饰材料及其他等。

**1. 里料**

服装里料是服装最里层的材料，通常称为里子、里布或夹里，是用来部分或全部覆盖服装面料或衬料的材料。里子的主要品种有棉织物里料、丝织物里料、黏胶纤维里料、醋酯长丝里料、合成纤维长丝里料等。里料的主要测试指标为缩水率与色牢度，对于含绒类填充材料的服装产品，其里料应选用细密或涂层的面料以防脱绒。当前，用量较多的是以化纤为主要材料的里子绸。选择服装里料时应注意：一是里料的性能应与面料的性能相适应，这里的性能是指缩水率、耐热性能、耐洗涤、强力以及厚薄、重量等等，不同的里料有不同的性能特点。二是里料的颜色应与面料相协调，一般情况下里料的颜色不应深于面料。三是里料应光滑、耐用、防起毛起球，并有良好的色牢度。

1）棉织物里料

棉织物里料的主要品种有细布、市布、条格布、绒布等，多用于棉织物面料的休闲装、夹克衫、童装等。此类里料吸湿和保暖性较好，静电小，穿着舒适，价格适中，但是不够光滑。

2）丝织物里料

丝织物里料有电力纺、小纺、塔夫绸、绢丝纺、软缎等，用于丝绸服装、夏季薄型毛料服装、高档毛呢服装和裘皮、皮革服装。此里料光滑、质地且美观，凉爽感好，静电小，但不坚牢，缩水较大，价格较高。

3）黏胶纤维里料

黏胶纤维里料主要是美丽绸，应用范围广泛。如西装、套装、大衣、裙子、裤子、夹克等中高档服装都可以使用美丽绸做里布。此类里料平整光滑、穿脱方便、厚度适中、颜色丰富、易于热定型、成衣效果较好，但其湿强力较低、缩水率较大、容易折皱、不耐水洗。

4）醋酯长丝里料

醋酯长丝里料，有叫亚沙的，以其良好的舒适性与多样化的品种成为中高档服装常用的里料，其手感、光泽、质地与丝质里料相似，缩水小，有薄、中、厚及平纹、斜纹、缎纹、提花等多种规格，适用于不同类型的质地的面料。

5）合成纤维长丝里料

一般服装常用的里料是合成纤维长丝里料中的尼龙绸，它的特点是质地轻盈、平整光滑、坚牢耐磨、不缩水、不褪色、价格便宜，但是吸湿性小、静电较大。穿着有闷热感，不够悬垂，也容易吸尘。可用于夹克、风衣、滑雪衣类中的低档服装。

**2. 衬料**

衬料是服装造型的骨骼，能使服装挺括、饱满、平服、美观。衬料在服装行业中俗称衬头，服装衬料种类繁多，按使用的部位、衬布用料、衬的底布类型、衬料与面料的结合方式可以分为若干类。衬料包括衬布与衬垫两种。

1）衬布

衬布主要用于服装衣领、袖口、袋口、裙裤腰、衣边及西装胸部等部位，一般含有热熔胶涂层，通常称为黏合衬。根据底布的不同，黏合衬分为有纺衬与无纺衬。有纺衬底布是梭织或针织布，无纺衬布底布由化学纤维压制而成。黏合衬就是在梭织针织和无纺衬料的基布上涂、浇或撒上黏合剂，加热以后与服装需要部位相结合。“以黏代缝”是缝纫工艺的一项改革，是发展服装工艺的一项改革，是发展服装工业的一项新技术。

黏合衬的品质，直接关系到服装成衣质量的优劣。选购黏合衬时，不但对外观有要求，还要注意衬布参数性能是否与成衣品质要求相吻合。衬布的热缩率要与面料热缩率一致，要有良好的可缝性和裁剪性，要能在较低温度下与面料牢固的粘合，要避免高温压烫后面料正面渗胶，附着牢固持久，抗老化抗洗涤。

选择服装衬料时应注意：一是衬料应与服装面料的性能相匹配，包括衬料的颜色、单位重量、厚度、悬垂等方面。如法兰绒等厚重面料应使用厚衬料；而丝织物等薄面料则用轻柔的丝绸衬，针织面料则使用有弹性的针织（经编）衬布；淡色面料的衬料色泽不宜深；涤纶面料不宜用棉类衬等。二是衬料应与服装不同部位的功能相匹配。硬挺的衬料多用于领部与腰部等部位；外衣的胸衬则使用较厚的衬料；手感平挺的衬料一般用于裙裤的腰部以及服装的袖口；硬挺且富有弹性的衬料应该用于工整挺括的造型。三是衬料应与服装的使用寿命相匹配。须水洗的服装则应选择耐水洗衬料，并考虑衬料的洗涤与熨烫尺寸的稳定性。四是衬料应与制衣生产的设备相匹配。专业和配套的加工设备，能充分发挥衬垫材料辅助造型的特性。因此，选购材料时，结合黏合衬及加工设备的工作参数，有针对性地选择，能起到事半功倍的作用。

2）衬垫

衬垫是指用于服装某些部位起衬托、完善服装塑型或辅助服装加工的材料，如领衬、胸衬、腰头衬等。主要品种有棉衬布、麻布、毛鬃衬、马尾衬、树脂衬等。

（1）棉布衬。常见的棉布衬有粗布和细布衬两种，均为平纹组织，有原色和漂白两种，属于低档衬布。

（2）麻衬。麻衬是以麻纤维为原料的平纹组织织物，具有良好的硬挺度与弹性，是高档服装用衬。市场上大多数麻衬，实际上是纯棉粗布浸入适量树脂胶汁处理后制成的，是西装、大衣的主要用衬。

（3）毛鬃衬。即毛衬，也称黑炭衬，多为深灰与杂色。一般为牦牛毛、羊毛、人发混纺或交织而成的平纹组织织物。洗衬硬挺而富有弹性，造型性能好，多用作中高档服装的衬布，如中厚型面料的西装、大衣的驳头衬、胸衬等。

（4）马尾衬。马尾衬是由马尾与羊毛交织而成的平纹织物，表面为马尾的棕褐色与本白色相交错，密度较为稀疏。马尾衬弹性极好，不折皱、挺括、湿热状态下可归拔出设计所需形状，常做为高档服装的胸衬。

（5）树脂衬。树脂衬是用纯棉布或涤棉布经过树脂胶浸渍处理加工制成的衬布，大多经过漂白。此衬硬挺度高、弹性好、缩水率小、耐水洗、尺寸稳定、不易变形，多用于中山装、衬衫的领衬。

**3. 填充料**

服装填充料，就是放在面料和里料之间起保

暖作用的材料。根据填充料的形态可以分为絮类和材类两种。

(1) 絮类：无固定形状，松散的填充料，成衣时必须附加里子（有的还要加衬胆），并经过机纳或手绗。主要的品种有棉花、丝绵、驼毛和羽绒。

(2) 材类：用合成纤维或其他合成材料加工制成平面状的保暖性填料，品种有氯纶、涤纶、腈纶、定型棉、中空棉和泡沫塑料等。其优点是厚薄均匀，加工容易，造型挺括，抗霉变无虫蛀，便于洗涤。

**4. 紧扣类材料**

紧扣类材料在服装中主要起连接、组合和装饰的作用，它包括钮扣、拉链、钩、环与尼龙子母搭扣等种类，是服装主要辅料之一，在艺术上起装饰作用，在结构上具有一定的实用价值。

(1) 钮扣的材料有金属扣和非金属扣两大类。金属扣有铁钮钮扣、铜钮扣、银钮扣和不锈钢钮扣等；非金属钮扣有实木钮扣、竹制钮扣、皮革钮扣、骨质钮扣、陶瓷钮扣、玻璃钮扣、蚌壳钮扣、珍珠钮扣、椰壳钮扣、水晶钮扣、尼龙钮扣、树脂钮扣、塑料钮扣、布结钮扣、蜜蜡钮扣、果实钮扣、松石钮扣、猫眼钮扣、玉石钮扣等。

(2) 拉链按产品结构和使用方式可分为闭口型、开口型和双头开口型三种。闭口型拉链后端固定，只能在前端处拉开，主要用于口袋、门里襟和衣裙开衩处等。开口型拉链一端装插座，可以吻合和启开，主要用于夹克衫、羽绒服等胸前门襟。双头开口拉链，有两只拉链头子，上下分别可以拉开或闭合，用于衣身较长的羽绒服、特殊工作服和连衣裤等。

(3) 选择紧扣材料时应遵循以下原则：①注意服装的种类，如婴幼儿及童装紧扣材料宜简单、安全，一般采用尼龙拉链或搭扣；男装注重厚重和宽大，女装注重装饰性。②注意服装的设计和款式，紧扣材料应讲究流行性，达到装饰与功能的统一。③注意服装的用途和功能，如风雨衣、游泳装的紧扣材料要能防水，并且耐用，宜选用塑胶制品。女内衣的紧扣件要小而薄，重量轻而牢固，裤子门襟和裙装后背的拉链一定要自锁。④注意服装的保养方式，如常洗服装应少用或不用金属材料。⑤注意服装材料，如粗重、起毛的面料应用大号的紧扣材料；松结构的面料不宜用钩、袢和环。⑥注意安放的位置和服装的开启形式，如服装紧扣处无搭门不宜用钮扣。

**5. 线和带料**

线、带是服装组合的媒介，服装成形离不开线带作用。线和带有时也用在装饰上。

1) 线类材料

主要是指缝纫线等线类材料以及各种线绳线带材料。缝纫线在服装中起到缝合衣片、连接各部件的作用，也可以起到一定的装饰美化作用，无论是明线还是暗线，都是服装整体风格的组成部分。线类材料主要有缝纫线、工艺装饰线、特种线等。

(1) 缝纫线：缝纫线是连接衣片、辅料和配件的线材。按其成分可分为棉线、丝线、涤纶线、涤棉线等。按缝纫方式可分手工线和机用缝纫线等。

(2) 工艺装饰线：是线类材料的重要组成部分，在服装制作时起美观装饰作用的线材，主要有色线和绣花线等。工艺装饰线按工艺大致可分成金银线、绣花线、编结线和镶嵌线等。

(3) 特种线：根据工艺要求有时既是缝纫需要，又是装饰需要的线，如牛仔服的用线，时装、外套采用的对比色粗缉线等。

选择服装用线时应注意：一是色泽与面料要一致，除装饰线外，应尽量选用相近色，且宜深不宜浅。二是缝线缩率应与面料一致，以免缝纫物经过洗涤后缝迹不会因缩水过大而使织物起皱；高弹性及针织类面料，应使用弹力线。三是缝纫线粗细应与面料厚薄、风格相适宜。四是缝线材料应与面料材料特性接近，线的色牢度、弹性、耐热性要与面料相适宜，尤其是成衣染色产品，缝纫线必须与面料纤维成分相同（特殊要求例外）。

2）带类材料

带类材料既是实用需要，有时也起装饰作用。主要由装饰性带类、实用性带类、产业性带类和护身性带类组成。装饰性带类又可分为：丝带、松紧带、罗纹带、帽墙带、人造丝饰带、彩带、滚边带和门襟带等；实用性带类由锦纶搭扣带、绳类、裤带、背包带、水壶带等组成；产业性带类由消防带、交电带和汽车密封带组成；护身性带主要指的是束发圈、护肩护腰护膝等。

**6. 装饰材料**

装饰材料已成为现代的流行元素，如花边、手钉珠片、手绣棉线花、手摇系列产品、印度丝徽章等，被国际时尚大师所用，设计精品服饰。花边种类繁多，花边也是装饰材料不可缺少的组成部分，是女装及童装重要的装饰材料，包括机织花边和手工花边。服装花边重视的是审美性、耐久性和洗涤性，选择和应用花边时，需要权衡花边的装饰性、穿着性、耐久性三个特性，根据不同的需求加以选择。机织花边又分为梭织花边、刺绣花边和编织花边三类；手工花边包括布绦花边、纱线花边、编制花边、手勾棉线花边、手勾棉线小衣服等女装辅料等。

7. 其他辅料材料

(1) 橡胶筋。是用橡胶制成的线状或管状物品，俗称橡皮筋，用来调节松紧。常用于袖口、腰口等处。

(2) 橡皮线。也是橡胶制品，但是比较细。常与棉纱、黏胶丝等交织成松紧带。主要用于袜口、袖口等。

(3) 罗纹带。根据织法的不同，属于罗纹组织的针织品，由橡皮线与棉线、化纤等原料织成。常用于裤口、领口等。

(4) 锦纶丝裤带。一般用锦纶长丝作经纬纱，以棉线为芯线织成。品种有提花锦纶裤带、条格锦纶裤带等。牢固度高，耐磨，美观。

(5) 维纶裤带。维纶长丝为经纬纱，棉线为芯线织成。花型与锦纶一样，都有提花、彩条等品种。

(6) 腰卡。又称腰带卡，调节松紧。多用在连衣裙、风衣等服装的腰部。腰卡有圆形、方形、椭圆形等，原料为塑料、尼龙，也有有机玻璃等。比较方便，装饰作用比较好。

(7) 吊牌、吊绳（吊粒）。正常情况下吊绳和吊牌组合为一套，多以服装服饰风格区分为休闲装、正装、童装、西服、西裤、夹克等，吊牌又称为牌仔、纸牌。其功能主要是诉述品牌的特点和服饰的成分。吊绳吊牌能起到很好的品牌凸显、企业文化宣传及产品标识、洗涤说明等功能，在一套高档的服饰中，设计新颖、主题明显的吊绳吊牌既能起到搭配装饰的作用，还能在服饰中起到画龙点睛之妙用。

(8) 商标。通俗说法为布标，多数用于领标和其它装饰的地方。

**8. 辅料主要测试项目**

(1) 面料：主要测试伸缩水率、热缩率、色牢度、粘合牢度。

(2) 里料：主要测试伸缩水率、色牢度、耐热度。

(3) 衬料：主要测试缩水率及粘合牢度。

(4) 填充料：主要测试填充料的重量、厚度，羽绒需要测试含绒量、蓬松度、透明度、耗氧指数等指标。

(5) 钮扣类：主要测试色牢度、耐热度。金属配件的钮扣还要测试防锈能力；对拉链的测试主要有轻滑度、平拉强度、折拉强度、褪色牢度、码带缩率及使用寿命等。

(6) 线带类：主要对缝纫线测试强牢度、色牢度及缩率等。对带类辅料也需测试缩率、色牢度等。

**9. 测试结果报告**

服装面辅料测试的主要目的是为生产技术工作及服装工业制板提供科学必要的数据，使最后制作完成的服装成衣与订单要求的完全一致，保证服装成品质量。测试完毕结果出来后必须认真如实地填写测试报告，测试结果报告一式五份，包括技术科、质监科、供应科、材料仓库和测试科各一份。没有拿到测试结果报告，技术科不能盲目制作服装工业样板和编写工艺文件。原辅材料仓库依据原辅材料的检验报告和测试结果报告，将材料做成小样交技术科长确认，只有在技术科长确认后仓库才能发料投产，进行服装工业制板及制作服装成衣。

## 第四节　服装制板技术要求

### 一、样板的制作技术

服装工业制板制作是服装生产企业十分关键的技术，是连接订单（样品）与生产（成衣）的纽带，在服装款式造型设计、结构设计、成衣制造的三大构成环节中，起承上启下的作用。服装样板制作是建立在具体的服装款式结构设计图已确定的前提下，服装样板制作要按以下方法进行：

**（一）服装样板的分解**

工业化生产加工服装与单独加工一件服装的生产管理方式不同，裁剪衣片的铺料方式也不同。服装工业样板必须是分解的结构，不可以像结构设计图那样有重叠的结构，如果结构中有重叠，一定要将重叠结构分开，形成独立的样板；如果服装结构图上有“连口”结构，也将连口打开，将左右衣片都画出来，这样有利于后续的排料、工艺制作、检查等工序。将结构图的重叠结构分开形成样板如图 1-10 所示。将服装结构图上的“连口”结构打开见图 1-11。

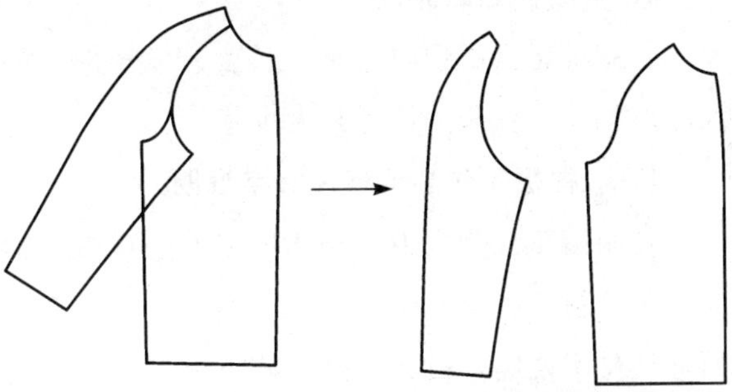


**图 1-10　将结构图的重叠结构分开形成样板**

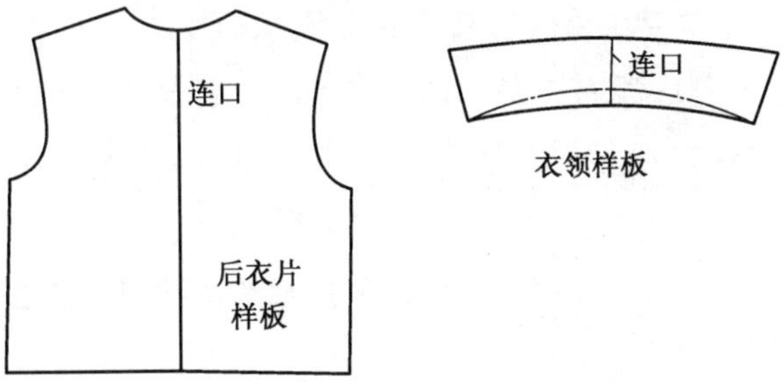


**图 1-11　将结构图的连口结构打开形成样板**

**（二）生产加工工艺决定样板结构**

在服装工业化生产中，为了优化生产效益和提高劳动生产效率，采用不同的生产加工工艺，当加工方式选择不同时，其样板的结构是不同的。在样板制作中要考虑加工工艺，确定缝份量、贴边量、纱向、挂面的形态。并按服装加工时需要的“里外匀”设计样板的形态。

**（三）样板制作要标注定位标记**

样板制作后必须标注定位标记，定位标记有刀口和钻眼，它们主要起标明衣片缝制中的对位、定位的作用。刀口是确定样板的边缘对位点，钻眼是确定样板的内部定位点，两者必须在缝份中制作，才能使缝合后刀口和钻眼不外露。

**1. 刀口标记的部位**

刀口标记的部位有缝份和折边的宽窄，收省的位置和大小，开衩的位置，部件装配的位置，袋、袖头等装配位置，褶裥或抽褶、分割缝的定位，需要对格对条的位置等。

**2. 钻眼标记的部位**

钻眼标记的部位有收省的长度、橄榄形省的大小、插袋和挖袋的位置和大小等。

**(四) 样板制作必须标注文字说明**

在服装工业制板中，一套规格系列样板包括面、里、衬等各部件样板需要上百片，只有在上面标注文字说明，各部件样板才不能混淆，从而进行区分。样板上除了定位标记外，样板制作后在主、副部件中必须标注文字说明，主部件如前衣片、前裤片、前裙片等，其他各片均为副部件。文字标注内容有以下几个方面：

(1) 服装产品的款号和名称：包含产品型号或合约号，如 DMFZ 2015 2F 表示达美服装 2015 年生产的第 2 套男装。在主部件上标注。

(2) 裁片数：该样板所用裁片的数量，在主部件上标注。

(3) 样板的名称或部件：包含前衣片、后衣片、大袖片、小袖片、领面、领里等。在主、副部件上标注。

(4) 样板的种类：包含面料、里料、衬料、辅料、工艺等。在主、副部件上标注。

(5) 服装产品的规格：可以用字母 S、M、L，数字或规格表示。在主、副部件上标注。

(6) 注明纱向：所用裁片的经向标志。在主、副部件上标注。

(7) 样板的特性：如左右非对称的服装产品要标注左右片的正反面；样板在使用时应裁的片数；有毛向的服装样板应标注向上或向下的标记；要使用光边的服装款式需注明。

注意标注文字字型用中文字体，应用正楷或仿宋体，标志常用外文字母或阿拉伯数字的应尽量用图章拼盖，要求端正、整洁、勿潦草与涂改，标注符号要准确无误。

## 二、制板方法简介

服装工业制板的方法归纳有两大类：平面构成法和立体构成法。

**(一) 平面构成法**

平面构成法亦称平面裁剪，是指分析设计图所表现的服装造型结构组成的数量、形态吻合关系等，通过结构制图和某些直观的实验方法将整体结构分解成基本部件的设计过程。这是最常用的结构构成方法，包括人工制板法和计算机制板法。

**1. 人工制板法**

人工制板法采用的方法有剪开制板法和压印制板法。

1) 剪开制板法

剪开制板法是将净缝制图中的每一片样板沿轮廓线剪下，然后复制在另外一张样板纸上，在净线周边加放缝份后剪切成样板。此种方法操作简单，但对制图中有交叉重叠的部位不易处理，所以一般只用于简单款式的样板制作。

2) 压印制板法

压印制板法是在图样的下面垫一张样板纸，用重物压住，在操作过程中应避免图纸移动，用滚轮分别将各个衣片压印在底层的样板纸上，在衣片轮廓线的周边加放缝份或折边量，最后剪切成样板。压印制板法能够将各种结构制图分解成样板，并且在分解过程中不会破坏结构制图，因此利用压印制板法可以在同一结构图上完成多种款式变化，能够提高制板的工作效率。

**2. 计算机制板法**

计算机制板法是通过人与计算机交流来完成服装制板过程。根据计算机界面上提供的各种模拟工具在绘图区制出需要的纸样，主要是模仿人工制板法。操作人员利用服装 CAD 系统界面上提供的各种制图工具，采用比例制图或原型制图法，绘制出所需款式的服装制图，并利用输出设备打印或剪切出样板。从事计算机制板的操作人员必须熟练掌握手工制板技术，因为服装 CAD 系统中所提供的仅仅是一些制图工具和计算，不可能代替人的思维，制板水平的高低最终还是取决于操作者的综合素质。

**（二）立体构成法**

服装立体构成法是区别于服装平面制图的一种裁剪方法，它是完成服装样式造型的重要方式之一。它是由服装设计师和打板师用布料覆盖在人体模台或人体上，直接进行造型和当即裁剪。立体构成法能较快速且直观地表达服装造型设计的构想，所获得的板型具有平面裁剪难以企及的准确和优美。立体构成法既可以根据服装款式的需要按效果图仿作，也可以完全凭意图与经验在人体模型上进行创作，解决人体特定的曲面，直接决定取舍确定其形态，从而设计新的造型。立体构成法基本上没有繁索的公式计算，起源早、方法直接、操作简便、效果直观是制作服装样板的基本工艺常识。

立体构成法的技术主要有抽褶、折叠、编织、缠绕、绣缀、堆积、分割等七种，这些手法既可单独使用，也常组合使用。在立体裁剪中，服装立体构成艺术除了用试样布做练习外，还应选择不同面料进行各种实验，通过比较积累经验，认识和掌握这些技术手法对于熟练构思艺术造型是极重要的。立体构成法是将面料覆合在人体或人体模型上，将面料通过分割、折叠、收省、抽缩、提拉等技术手法制成预先构思好的服装造型，再按服装结构线形状将面料或纸张剪切，最后将剪切后的面料或纸张展平制成正式的服装纸样，服装工业制板在此纸板基础上再进行推板。

## 三、缝份、贴边与挂面的确定

缝份又称为“缝头”或“做缝”，是缝合衣片所需的必要宽度。贴边是指服装边缘部位如门襟、底边、袖口、裤口等的翻折量。由于结构制图中的线条大多是净缝，所以在将结构制图分解成样板之后必须加放一定的缝份或贴边才能满足工艺要求。

**（一）缝份的确定**

服装工业制板最初为净样板，在净样板周围轮廓线外所加放的，便于同其他衣片缝合的宽裕量称缝份。设计缝份就保持了服装制成后规格的准确和缝合部位的固定。

**1. 缝份的影响因素**

缝份的大小要恰到好处，缝份取得偏大，会使缝份辑合处起皱不平，或牵制局部服装的结构而影响舒适和浪费面料；缝份取得偏小，则会影响缝份辑合部位的牢固性，或影响缝子的分烫，因此，缝份的确定也综合考虑。缝份的影响因素有：

(1) 缝型的形式。工艺上的缝型种类较多，主要有合缝、来去缝、和包边缝等，有的还辑明线，这样就使其缝份不同。辑明线的缝份宽，不辑明线的缝份窄；辑宽明线的比辑窄明线的缝份宽；遇到面料较厚，其面料缝份略大；处于包缝外层的样板缝份要大，处于包缝内层的样板缝份要小；留有放肥量的样板缝份要大。

(2) 衣料的性质。服装面料的厚薄和松紧度影响缝份。厚料的缝份相对大于薄料，面料质地疏松的缝份相对大于面料质地紧密的。

(3) 样板（衣片）的缝口线的弯曲程度。直线部位的缝份相对大于弧线部位的缝份。

(4) 缝份所处的部位。处于单纯的缝合部位的缝份可以略大，而处于止口部位的缝份应小。

(5) 其他。一般分缝熨烫的缝子，缝份可以略大；而倒缝或集中几层面料的合缝，缝份略小，同时缝制后要修改缝份，使缝合处缝份均匀过渡并外观呈薄挺。

**2. 缝份的确定**

缝份是衣片、部件相互缝合所需的加放宽度，一般为 0.5～2 cm 范围内。当缝份处于弯曲度较大但非止口弧线部位（袖窿、领窝、裆），缝份为 0.8 cm，当缝份处于止口部位（袋盖、领外口、门襟止口等），缝份控制 0.5～0.7 cm，其余缝份基本上控制 1 cm，缉一般明线的缝份为 2 cm 以内，特殊情况按工厂生产工艺实际情况而确定。

1）根据服装工艺缝型加放缝份

服装工艺缝型是指一定数量的衣片和线迹在缝制过程中的配置形式。缝型不同对于缝份的要求也不同。但特殊的部位需要根据实际的工艺要求确定加放量，在服装工业制板中缝份的加放量参考数据见表 1-19。

**表 1-19　常见缝型缝份加放量**

| 缝　型 | 说　明 | 参考放量 |
|---|---|---|
| 平缝 | 平缝又称合缝、勾缝，将两层裁片叠合在一起，按规定的缝份大小平行地辑一道线 | 1～1.2 cm |
| 搭缝 | 将两层要拼接的边相对搭在一起，上下两层缝份重叠 1～1.2cm，然后在中间缉线 | 1～1.2 cm |
| 拼缝 | 常用于衬布省道的缝合，使缝合部位减薄 | 拼缝两条边为净线 |
| 漏落缝 | 平缝后将缝分开，明线缉在分缝中 | 1～1.2 cm |
| 压缉缝 | 将上层衣片缝份折光，盖住下层衣片缝份，或对准下层衣片应缝的位置，而沿上层折边缉一道 0.1 cm 明线 | 1 cm |
| 来去缝 | 来缝是将衣片反面相对叠合，沿边 0.3 cm 缉第一道线；去缝是将缝缉合后翻转，缝边用手扣齐，正面相对，后沿边 0.6 cm 缉第二道线 | 0.9～1 cm |
| 内包缝 | 先将两层衣片面面相对，下层衣片缝份放出 0.6 cm 包转，包转缝份缉住 0.1 cm，再把包缝折倒，将毛茬盖住，正面缉 0.4 cm 明线 | 下层衣片缝份为 0.7 cm，上层衣片缝份为 0.6 cm |
| 外包缝 | 两层衣片反面相对叠合，下层衣片缝份放出 0.8 cm 包转，包转缝份缉住 0.1 cm，再把包缝向毛茬一处坐倒，在正面缉 0.1 cm 明线 | 下层衣片缝份为 0.8 cm，上层衣片缝份为 0.7 cm |
| 贴边缝 | 将衣片缝份向反面折光，贴边处根据需要向衣片反面再折转，沿贴边上口缉 0.1 cm 明线 | 缝份为贴边宽加 1 cm |
| 别落缝 | 将腰头正面与裤片正面相对进行缉线，后将腰头正面翻出，缝份向腰头处坐倒，腰里放正，从裤片正面紧贴坐缝缉 0.1 cm 的明线 | 缝份为腰头宽加 1 cm 再加 1.2 cm |
| 拉吃缝 | 简制工艺的袖山头吃势工艺 | 缝份为 0.5 cm |
| 闷缉缝 | 将面料两边折光，折烫成双层，下层略宽于上层，把衣片夹在中间，沿上层边缘缉 0.1 cm，把上、中、下三层一起缝牢 | 上层衣片缝份一般为 1 cm，下层衣片缝份为 1.2 cm |
| 吃缩缝 | 辑缝时，上层适当带紧，下层略推送，产生里外容，部件做好后不反翘 | 按照部件边缘轮廓净线进行辑线 |
| 分缉缝 | 两层衣片平缝后将缝分开，在正面两边各压缉一道明线 | 缝份一般为明线宽度加 0.4 cm |
| 坐缉缝 | 两层衣片平缝后，缝份单边坐倒，正面压缉一道明线 | 上层缝份一般为 0.4 cm，下层衣片缝份为明线宽加 0.4 cm，共计 1.2 cm |

不同的工艺形式，要求不同的缝份或缝边。常用的缝份、缝型及加放量有如下几种形式：

① 平缝：

平缝又称合缝、勾缝。它是基缝工艺的基础，在机缝中应用最广泛的一种方法。平缝适用于上装的肩缝、摆缝、袖缝、裤子的侧缝、下裆缝等，它是将两层裁片叠合在一起，按规定的缝份大小平行地辑一道线。缝份一般为 1～1.2 cm（图 1-12）。

② 搭缝：

搭缝又称搭缉缝，常用于衬布的拼接部位和内部拼接处，特点是接的部位厚度小，使外观平服。是将两层要拼接的边相对搭在一起，上下两层缝份重叠 1～1.2 cm，然后在中间缉线，注意上下层松紧要一致（图 1-13）。

③ 拼缝：

拼缝常用于衬布省道的缝合，使缝合部位减

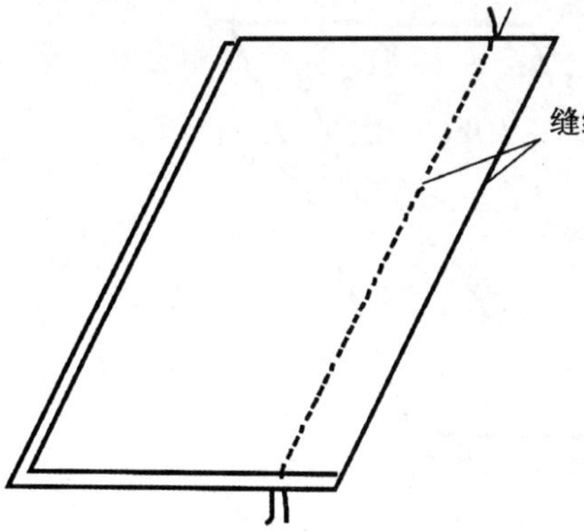


图 1-12 平缝

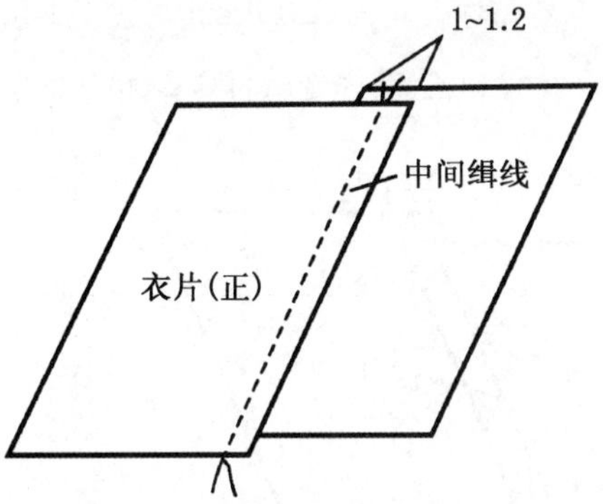


图 1-13 搭缝

薄。它是把两片毛口边缝对齐，下面垫层薄布条，拼缝两条边为净线，沿毛口边缝 0.4 cm 缉线；再用右手把压脚略抬高一点儿，左手把面料轻微地来回移动，来回往复地缉成三角形线迹（图 1-14）。

图 1-14 拼缝

④ 漏落缝：

漏落缝常用于固定嵌线。平缝后将缝分开，明线缉在分缝中，缝份一般为 1～1.2 cm（见图 1-15）。

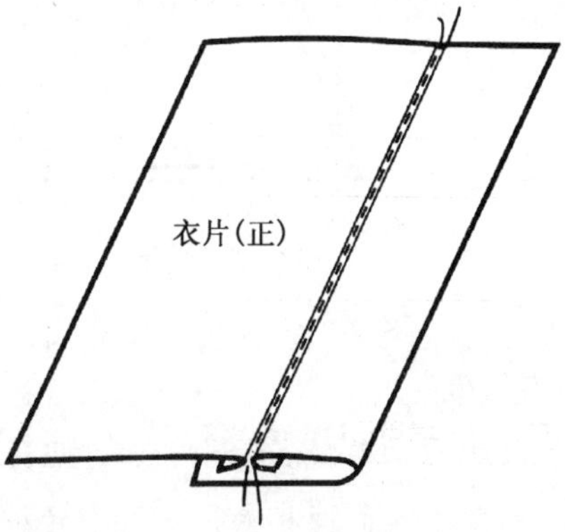


图 1-15 漏落缝

⑤ 压缉缝：

压缉缝常用于装袖衩、袖克夫、贴袋、裤腰或大衣制服等缉明线的一类服装，缝份一般为 1 cm。将上层衣片缝份折光，盖住下层衣片缝份，或对准下层衣片应缝的位置，而沿上层折边缉一道 0.1 cm 明线（图 1-16）。

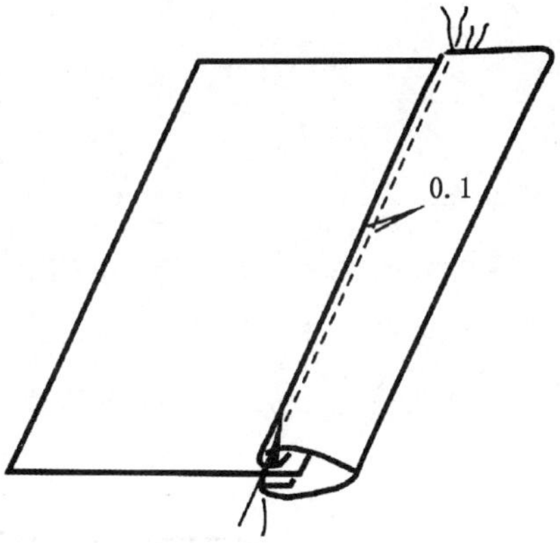


图 1-16 压缉缝

⑥ 来去缝：

来去缝俗称鸡冠缝，用于薄料衬衫、衬裤等。来缝是将衣片反面相对叠合，沿边 0.3 cm 缉第一道线；去缝是将缝缉合后翻转，缝边用手扣齐，正面相对，后沿边 0.6 cm 缉第二道线，缝份一为 0.9～1 cm（图 1-17）。

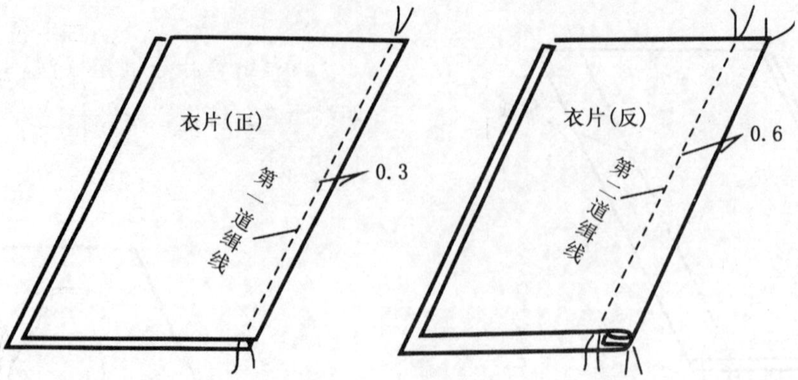


图 1-17 来去缝

⑦ 内包缝：

内包缝正面呈单线。用于衬裤、夹克衫的缝制。先将两层衣片面面相对，下层衣片缝份放出0.6 cm包转，包转缝份缉住0.1 cm，再把包缝折倒，将毛茬盖住，正面缉0.4 cm明线。下层衣片缝份为0.7 cm，上层衣片缝份为0.6 cm（图1-18)。

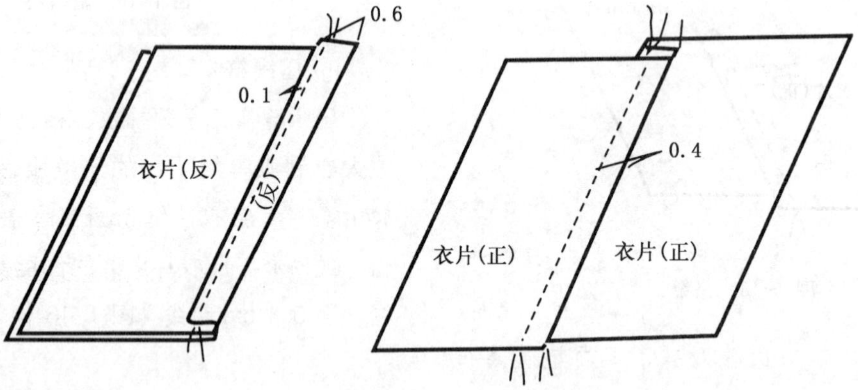


图 1-18 内包缝

⑧ 外包缝：

外包缝正面明线呈双线，用于两用衫，风雪大衣的缝制。缝制方法与内包缝工艺相反。两层衣片反面相对叠合，下层衣片缝份放出0.8 cm包转，包转缝份缉住0.1 cm，再把包缝向毛茬一处坐倒，在正面缉0.1 cm明线。下层衣片缝份为0.8 cm，上层衣片缝份为0.7 cm（图1-19)。

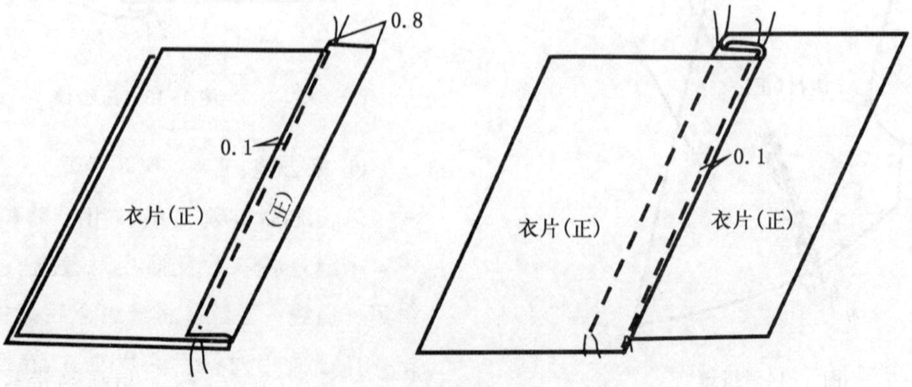


图 1-19 外包缝

⑨ 贴边缝：

贴边缝又称卷边缝，有宽窄两种。宽贴边用于服装袖口，下摆和裤脚口等处；窄贴边用于荷叶边和平脚裤口等处。先将衣片缝份向反面折光，贴边处根据需要向衣片反面再折转，沿贴边上口缉 0. 1 cm 明线，贴边缝的缝份为贴边宽加 1 cm（图 1-20）。

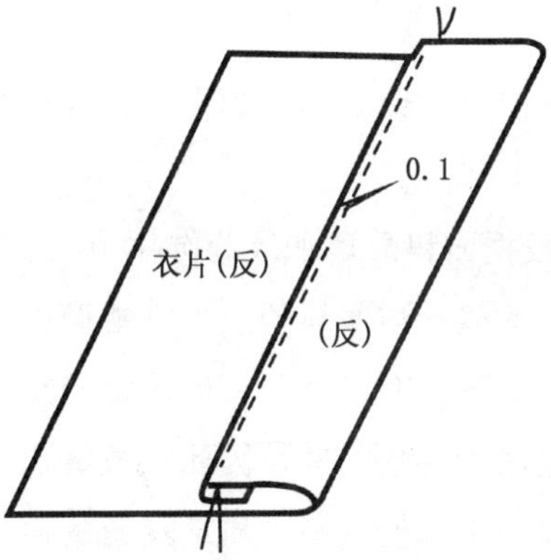


图 1-20　贴边缝

⑩ 别落缝：

别落缝是一种明线暗缉的方法，常用于高裆裤腰头的缝制。将腰头正面与裤片正面相对进行缉线，后将腰头正面翻出，缝份向腰头处坐倒，腰里放正，从裤片正面紧贴坐缝缉 0. 1 cm 的明线，别落缝的缝份为腰头宽加 1 cm 再加 1. 2 cm（图 1-21）。

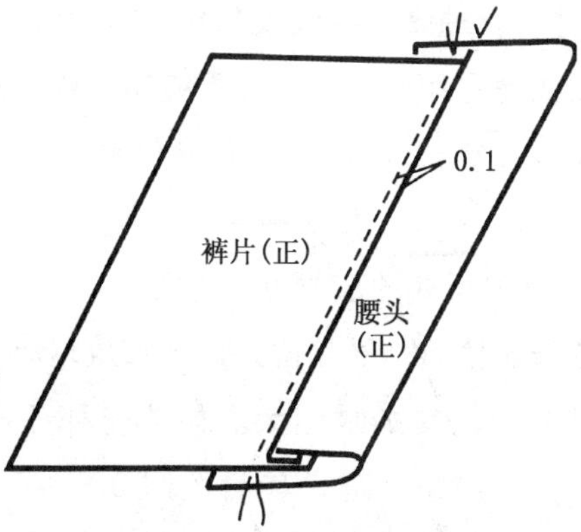


图 1-21　别落缝

⑪ 拉吃缝：

拉吃缝是代替手工抽袖包的一种针法。用于简制工艺的袖山头处。右手拉住装袖布条 2 cm 宽斜纱，左手压住袖山头，针码要放大，边缉边将下层推送，缉线宽 0. 5 cm，上层把布条拉紧，推送程度根据袖山吃势而定，拉吃缝的缝份为 0. 5 cm（图 1-22）。

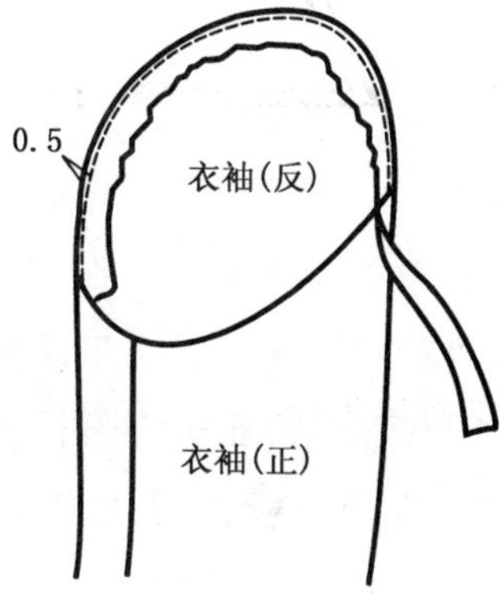


图 1-22　拉吃缝

⑫ 闷缉缝：

闷缉缝用于装衬衫袖衩、裤腰等。闷缉缝是将面料两边折光，折烫成双层，下层略宽于上层，把衣片夹在中间，沿上层边缘缉 0. 1 cm，把上、中、下三层一起缝牢，缉时注意上层要推送，下层略拉急。上层衣片缝份一般为 1 cm，下层衣片缝份为 1. 2 cm（图 1-23）。

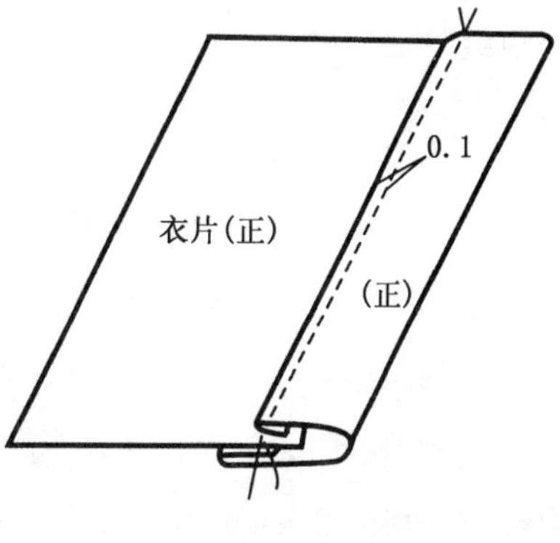


图 1-23　闷缉缝

⑬ 吃缩缝：

吃缩缝用于需部件组合部位的边缘缝份处，使部件产生足够的里外容，如袋盖、领子、袖袢、腰袢等。辑缝时，上层适当带紧，下层略推送，产生里外容，部件做好后不反翘，按照部件边缘轮廓净线进行缉线（图 1-24）。

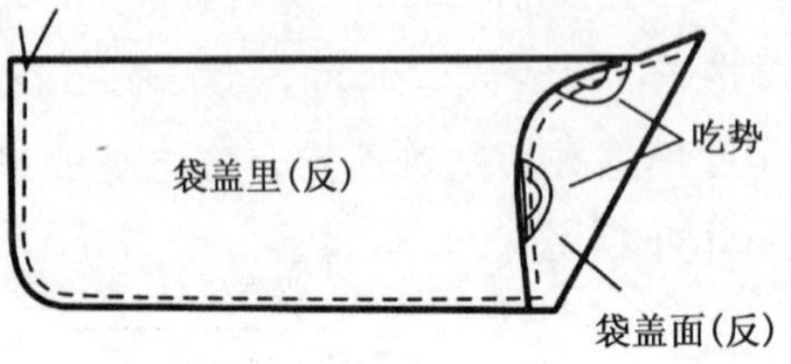


图 1-24 吃缩缝

⑭ 分缉缝：

分缉缝用于衣片拼接部位的装饰和加固。两层衣片平缝后将缝分开，在正面两边各压缉一道明线。明线宽不得超过缝份，缝份根据明线宽度而定，缝份一般为明线宽度加 0.4 cm（图 1-25）。

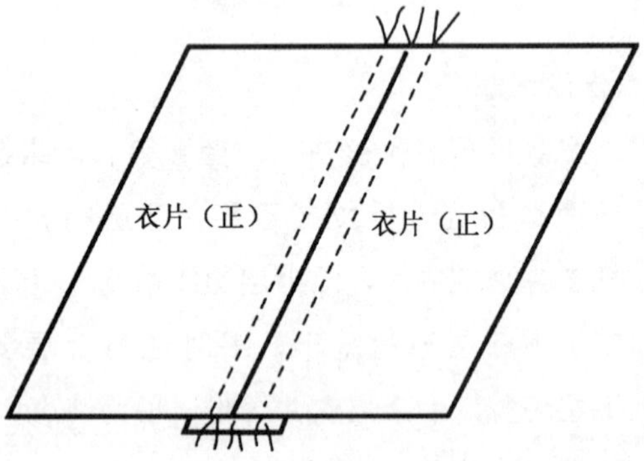


图 1-25 分缉缝

⑮ 坐缉缝：

坐缉缝用于衣片拼接部位的装饰和加固。两层衣片平缝后，缝份单边坐倒，正面压缉一道明线。为减少拼接厚度，平缝时将下层缝份多放 0.8 cm，缝合后毛缝朝小缝方向坐倒，正面压缉一道明线，明线宽为 0.8 cm，使小缝包在大缝内，上层缝份一般为 0.4 cm，下层衣片缝份为明线宽加 0.4 cm，共计 1.2 cm（图 1-26）。

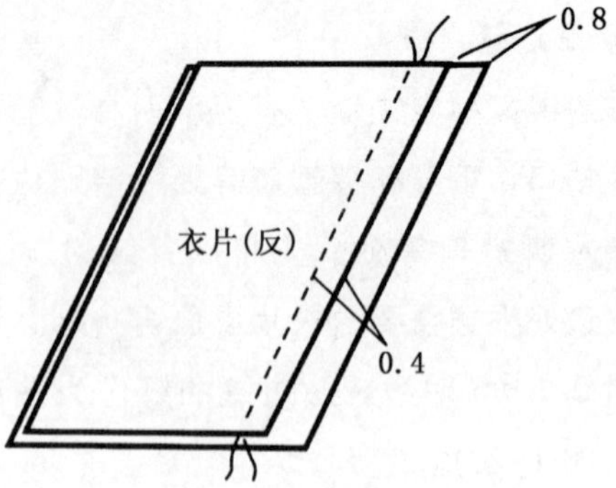


图 1-26 坐缉缝

以上介绍了一些机缝工艺及其在服装上的运用。实际上有些机缝的运用很广泛，有些部位的缝制也可运用各种方法，有些部位的缉线宽度也可根据设计者的要求而定，缝份可根据实际情况而定。因此，可以根据不同风格款式的设计需要，增强牢度和装饰美观的需要，缝份加以灵活运用。

2）根据面料质地加放缝份

样板的缝份与面料的质地性能有关。面料的质地有厚有薄、有松有紧，而质地疏松的面料在裁剪和缝纫时容易脱散，因此在放缝份时应略多放些，以防止缝份不够；质地紧密的面料则按常规处理，缝份正常放出。

3）根据部位工艺要求加放缝份

不同的部位其工艺要求也不同，样板缝份的加放要根据部位工艺要求灵活掌握。有些部位即使是同一条缝边其缝份也不相同，如裤片的后腰口需要有一定的放松量，故后裆缝部位在腰口处放 2～3 cm，臀围处放 1 cm，裆弯处放 0.8～1 cm；一般弧线部位的缝份加放略小，减少皱褶及穿着舒适，衣片在前后领口弧线处放 0.8～0.9 cm 的缝份，袖窿弧线处放 0.8～0.9 cm 的缝份。有些款式需另加部件，为便于缝制，缝份需要加大，如装拉链部位应比一般缝份稍宽，一般为 1.5～2 cm。

4）缝份所处的部位拉力不同

缝份在拉力小的部位处，其加放略小；拉力大的部位处，其加放略大。如缝份处于止口部位，其拉力较小，缝份最后控制 0.5～0.7 cm；有些部位拉力略大，需要牢固性好，以利于该部位的平服，需要缝份加大，如上衣的背缝、裙子的后缝应比一般缝份稍宽，一般为 2 cm 左右；其余缝份基本上控制在 1～1.5 cm。辑一般明线的缝份为 2 cm 以内。

**（二）贴边的确定**

贴边是指处于服装边口部位（袖口、脚口、衣和裙下摆、无领领口）里层的折边。贴边能增加边口牢度、耐磨度及挺括度，并防止经纬纱松散脱落、反面外露的作用。

**1. 贴边的分类**

贴边按照连接形式分为连贴边和装贴边。

（1）连贴边：连贴边多使用于普通服装边口为直线或曲线弯曲度不大情况。

（2）装贴边：装贴边多使用于普通服装边口线为复杂的曲线或曲线的弯曲程度不大但对服装外观的平整度要求高的服装边口。例如袖笼、领口或衣摆。

**2. 贴边影响因素**

贴边控制量受到以下几个相关因素影响，可视具体情况而定。

（1）衣料的厚度：衣料厚，则贴边略宽；衣料薄，则贴边略减少。

（2）边口线的弯曲：服装的边口线为直线时，贴边可以宽；当边口线为弧线并为连贴边则应减小，因弧线贴边太宽则不利于翻折，且不平服；而装贴边可以按一般取值范围。

（3）有无里子：有里布的状态应比无里布的状态的贴边控制量略大，是为了保证里布延伸量与面料底边线保持适当的距离。服装如果装里子，则应使贴边略加宽 1 cm。

**3. 贴边确定方法**

1）连贴边的处理

连贴边指贴边与衣片连接在一起，可以在净线的基础上直接向外加放相应的折边量。由于服装的款式和工艺要求不同，贴边量的大小也不相同。凡是直线或者是接近于直线的折边，加放量可适当大一些，凡是弧线形折边其弧度越大折边的宽度越要适量减少，以免扣倒边后出现不平服现象，有关折边加放量见表 1-20。

**表 1-20 常见折边参考加放量**

| 部位 | 各类服装折边参考加放量 |
| --- | --- |
| 底摆 | 男女上衣：毛呢类 4 cm 左右，上衣 3～3.5 cm，衬衣 2～2.5 cm，大衣 4～5 cm，内挂毛皮衣 6～7 cm |
| 袖口 | 一般为 2～3 cm |
| 裤口 | 一般 4 cm，高档产品 5 cm，短裤 3 cm |
| 裙摆 | 一般 3 cm，高档产品稍加宽，弧度较大的裙摆折边取 1.5～2 cm |
| 口袋 | 暗挖袋已在制图中确定。明贴袋大衣无盖式 3.5 cm，有盖式 1.5 cm，小袋无盖式 2.5 cm，有盖式 1.5 cm，借缝袋 1.5～2 cm |
| 开衩 | 又称“开气”，一般明开衩取 1.7～2 cm，暗开衩取 3 cm |
| 开口 | 装有钮扣、拉链的开口，一般取 1.5 cm |

2）装贴边的处理

装贴边是指折边的形状变化幅度比较大，不可能直接在衣片上加放折边，在这种情况下可以采用装贴边的工艺方法，即按照衣片边缘的形状绘制贴边，再与衣片缝合在一起。这种贴边的宽度以能够容纳弧线（或折线）的最大起伏量为原则，一般取 3～5 cm。

**（三）缝份夹角的处理**

**1. 直角缝份处理方法**

服装样板中需要缝合的两条线称为相关结构线，其两条线长度及形态要吻合。在净缝制图中相关结构线等长边的处理比较容易做到，但是加放缝份后会因为缝边两端的夹角不同而产生长度差。为了确保相缝合的两个毛边长度相等，要分别将两条相关结构线对应边的夹角修改成直角缝份。图 1-27 中 A 与 B、C 与 D 分别为对应角，要按照图中所示的方法将缝份修正成直角，这样既方便缝制，又提高效率。

**2. 反转角缝份处理方法**

衣片有折边的部位，所折进去的部分应与衣身保持一致，一般以衣身部位形状沿折边对称。服装中有些部位，如袖口、裤脚口等属于锥形，反映在平面制图中呈倒梯形，在这种情况下必须按照反转角的方式加放缝份或折边，否则缝份缺失，造成折边部分不平服现象。但如完全按照反

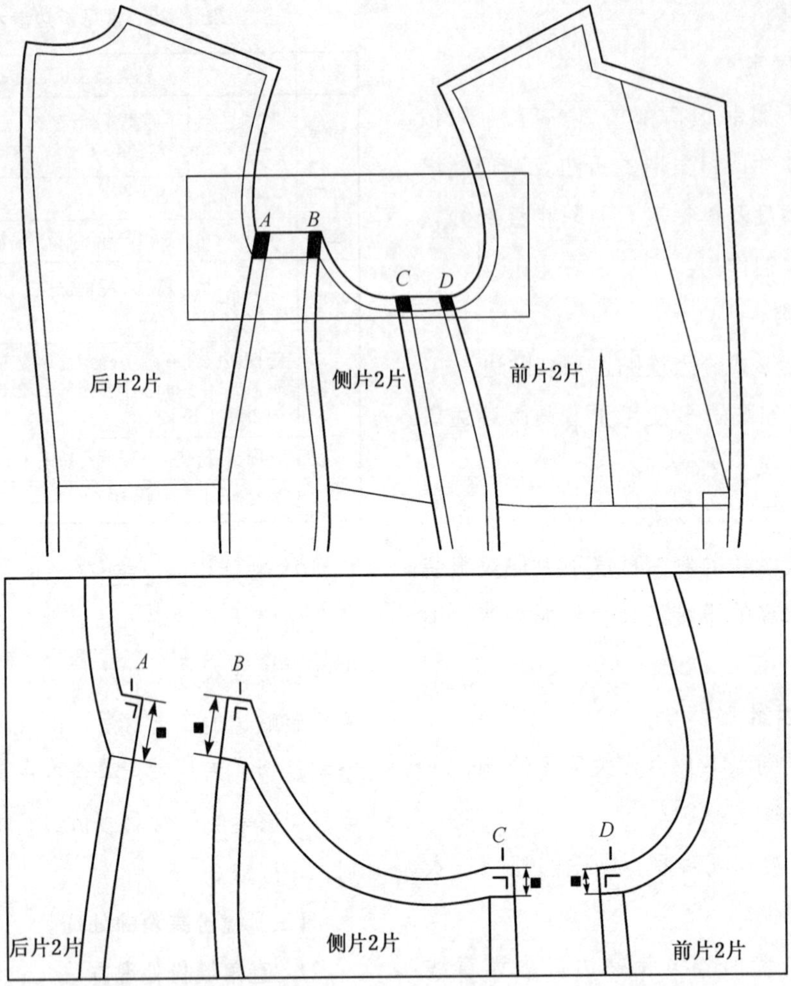


(a)

图 1-27　直角缝份处理

转角处理会使样板的折边部分扩张量过大，不易于排料和裁剪。所以遇到此种情况，可反转一部分角度，剩余角度通过在缝制时减小缝份来解决。

图 1-28 中（a）是西裤脚口部位的成品形状示意图，折边部分平贴于裤管内侧。（b）是加放缝份和折边后的平面制图，折边部分完全按照反转角处理。（c）是用减少缝份量的方法来弥补反转量。

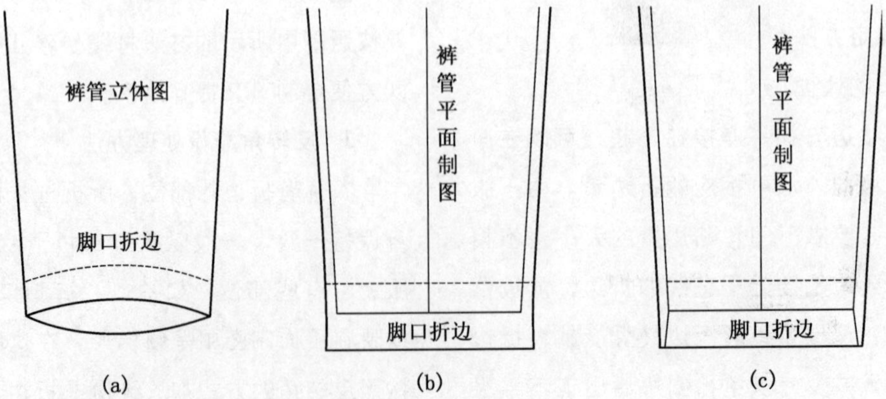


图 1-28　反转角缝份处理

**（四）挂面的确定**

挂面是指上装或裙装前中线部位的门襟和里襟的翻边。

**1. 挂面的分类**

挂面一般分为连挂面和装挂面。

(1) 连挂面：门襟和里襟的翻边与前衣身相连接的称连挂面，连挂面一般多使用在男、女衬衣，并配置的是无领、翻领、坦翻领等。

(2) 装挂面：门襟和里襟的翻边与前衣身断开的称装挂面，装挂面多使用于正规的外衣，并配置的是驳领型或带驳头装饰的翻领、止口形态为非直线型或是直线型又需用明线来装饰的。

**2. 挂面的配置**

挂面的配置根据不同领型，其配置也不同。分以下三种情况：

(1) 衣领属于关门领，如无领、立领、翻立领等，则要保证挂面的里口线与横钮眼里端保持一定的距离，不然会影响钮眼的牢度。保持的距离一般以钮扣直径大小为宜。则连、装挂面的配置见图 1-29。当自己在裁制单件服装，面料幅度不足时，可以考虑略减少。

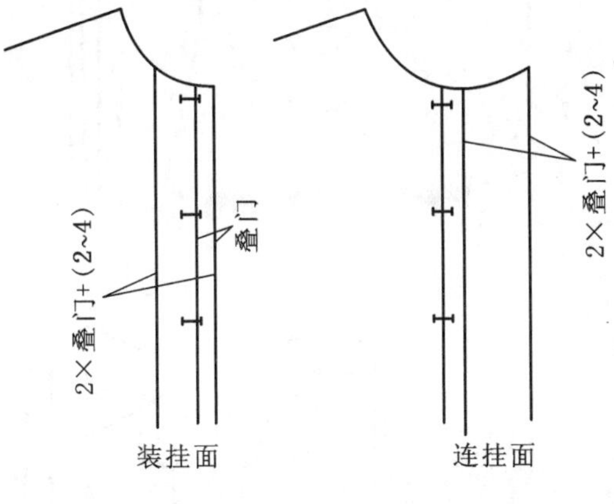


**图 1-29　无领、立领、翻立领挂面配置**

(2) 衣领属于连翻领、坦翻领的，则连或装挂面的配置见图 1-30 所示，其挂面宽一定在装领点外。有时装领点在设计中较特殊，为了照顾装领点，则挂面过宽（因连挂面是布料的直纱）浪费面料，所以可以考虑以贴边补足，见图 1-31。

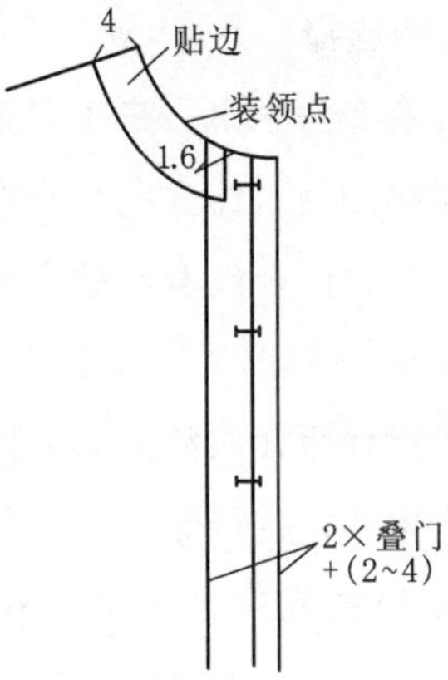


**图 1-30　挂面配置**

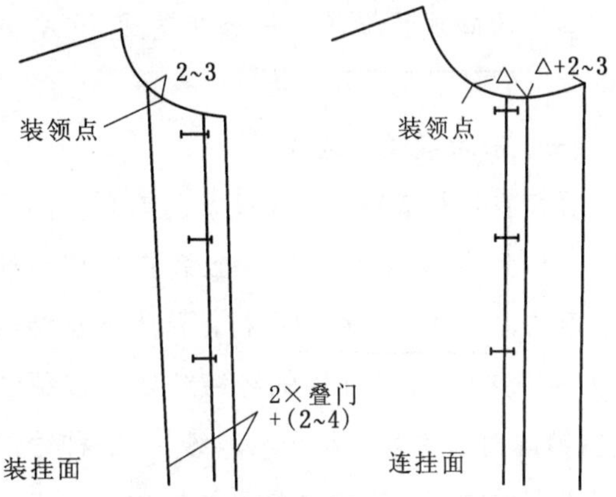


**图 1-31　连翻领，坦翻领挂面配置**

(3) 衣领为开门领，如驳领或其他领型装挂面的，在领圈处则要保证挂面的里口线与驳口线保持一定的距离，不然领子翻驳后，挂面里口线容易外露。在底边处，与关门领的情况相同。挂面最上端宽为 2～3 cm，其配置方法见图 1-32。

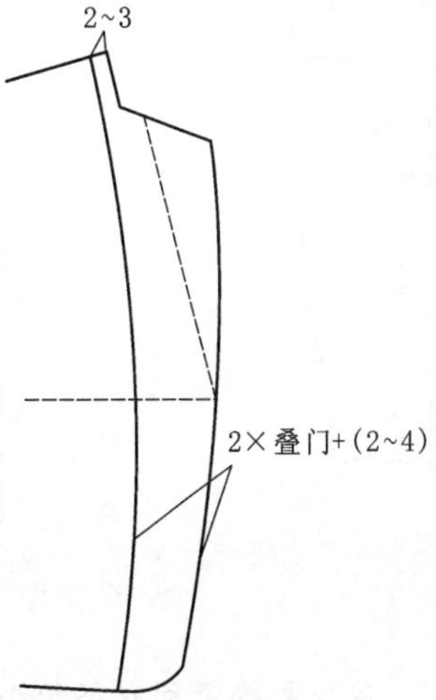


**图 1-32　驳领挂面配置**

## 四、衣片丝缕的选择

丝缕是服装专业术语，它主要用来区分服装裁片所选取面料的经、纬方向。在整块的面料中只有经向和纬向之分，没有丝缕之别，只有在将其裁剪成衣片或各种部件时才会有丝缕的概念。衣片的纱向是指样板在衣料上排列的取向。衣片的纱向选择很重要，直接影响服装的外观平整效果和穿着后变形的程度。服装材料来自各种织物，织物大都由经纱和纬纱交织而成。平行于布边的长度方向为经向或称直丝；垂直于布边的横度方向为纬向或称横丝；与经纬向成45°的方向为斜向称斜丝。

### (一) 衣片丝缕的选取

服装衣片和零部件的长度方向与面料的经向平行，称为直丝缕（经纱）；服装衣片和零部件的长度方向与面料的纬向平行，称为横丝缕（横纱）；服装衣片和零部件的经纬纱处于该部件的45°斜纱向时，称为斜丝缕（斜纱）。各种纱向都具有不同的性能。直纱的特点是挺拔、垂直、不易伸长变形，因此一般选作为服装衣片的长度部分，如衣长、裤长等。零部件一般选作防止拉伸的部位，如门襟、腰面、嵌线等选取经纱。横纱略有伸长变形特点，在围成圆势时自然丰满，一般用在服装衣片的围度以及与衣片丝缕相一致的部位，如领面、袋盖等。斜纱具有伸缩性大、富有弹性、容易弯曲延展、伸长等特点，容易变形，一般用于服装伸缩性较大的部位。

**1. 裤、裙、衣身、袖的丝缕选取**

一般裤、裙、衣身、袖的丝缕都选取面料的经向，只有在考虑面料图案变化的情况下才可能取其他纱向或45°斜纱向。裤装以挺缝线做参照为经纱，裙片以前后中心线做参照为经纱，两片袖以前偏袖线作参照为经纱，一片袖以中心线做参照为经纱，衣片以前后中心线作参照为经纱，衣片中有分割线时以分割线做参照为经纱。而只有在考虑衣料图案变化的情况下才可能取自衣料纬向或45°斜纱向（图1-33)。

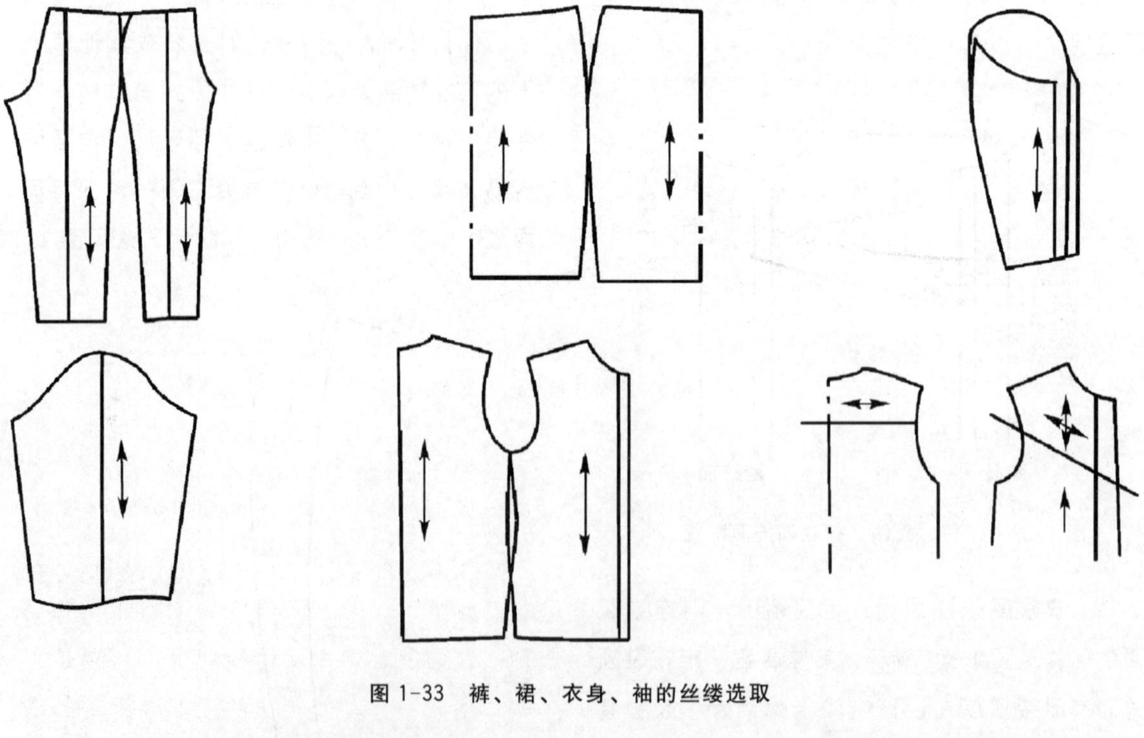

图1-33 裤、裙、衣身、袖的丝缕选取

**2. 袖头、夹克衫松紧和衣袋丝缕选取**

袖头和夹克衫松紧，为了不变形而取经纱向；嵌袋袋口的嵌线条，以袋口直线作参照线，2 cm以下的嵌线条基本取自经向，2 m以上的嵌线条既有取自经向，也有取自纬向的。有时为了对条格而漂亮，也可以采用纬纱向。

贴袋及挖袋的袋盖一般以前中直线作参照线，则基本取自经纱向；板挖袋的袋牙，一般采用经纱。当考虑面料图案的变化也可以取 45°斜纱向或纬纱向（图 1-34）。

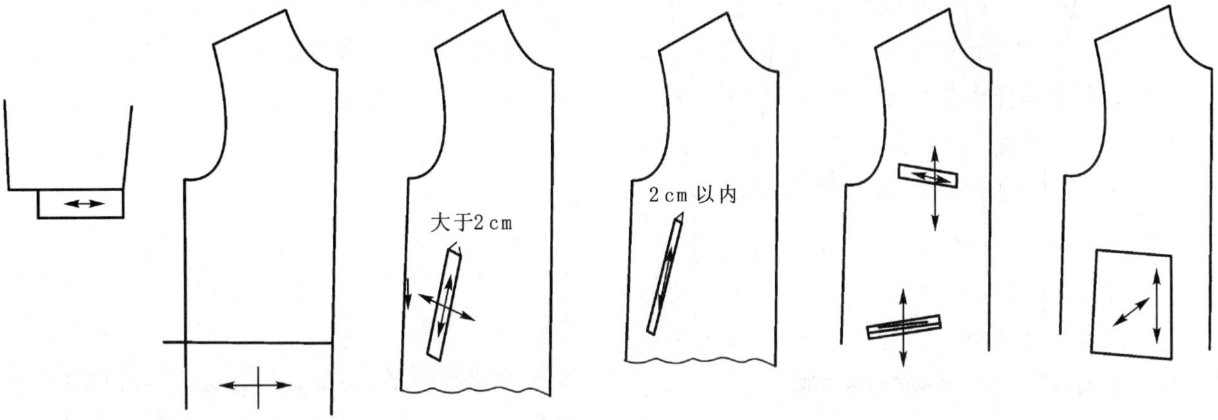


图 1-34　袖头、夹克衫松紧和衣袋纱向选取

### （二）衣领的丝缕选取

衣领的丝缕选取较复杂，下面分别进行讲解（图 1-35）。

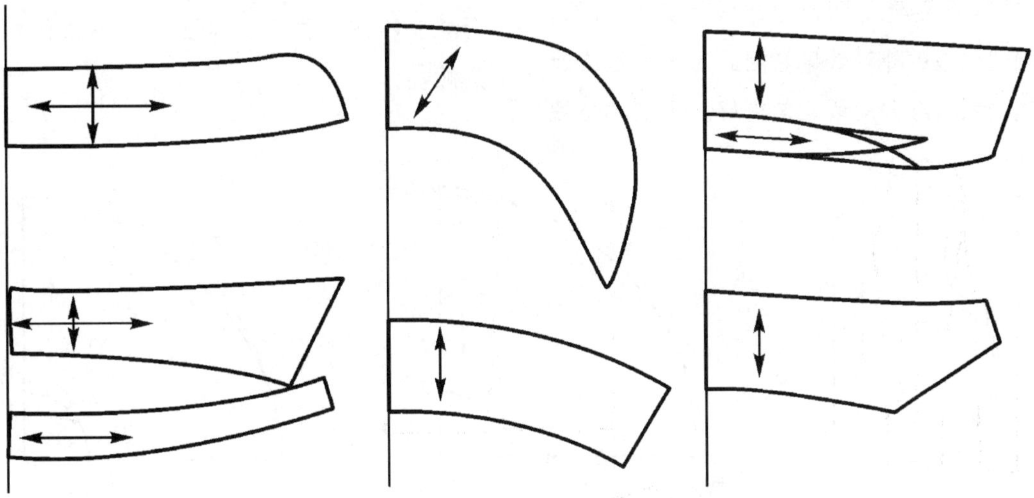

图 1-35　衣领的丝缕选取

#### 1. 立领

立领一般取纬纱向，但翻立领的底领以后中心线做参照取经纱向，有时立领也取经纱向。

#### 2. 坦翻领

坦翻领一般以后中心线做参照采用 45°斜纱向。

#### 3. 翻领

翻领一般以后中心线做参照采用经纱向。当翻领松度较大的翻领一般以后中心线做参照取纬纱向或 45°斜纱向，领子翻后很柔和平顺。

#### 4. 驳头的丝缕选取

驳头翻折贴于人体胸部，因此看到的是挂面。挂面纱向选择有两种情况：一种是为了面料对格对条，注意驳头的上 2/3 为经纱向，下端为斜纱向；另一种是普通情况下以前中心线做参照为经纱向，纱向选择见图 1-36。

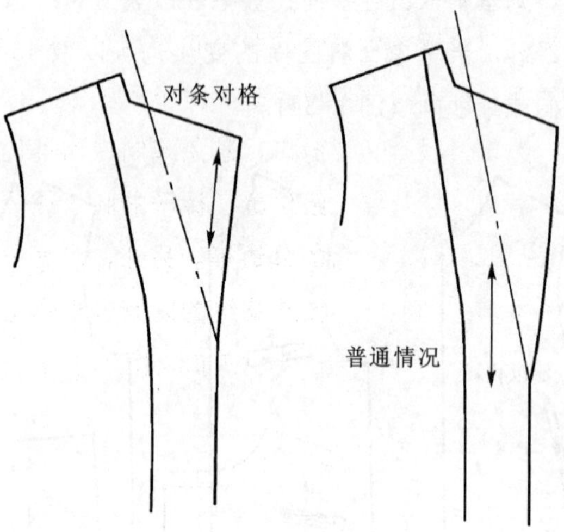


图 1-36 驳头的丝缕选取

### (三) 波浪丝缕的选取

**1. 波浪丝缕的选取**

波浪丝缕的选取有经纱、纬纱、0～45°间斜纱向。由于纱向不同，在重力作用下的变形量也不同。45°斜向最易变形，但起波浪柔和自然，纱向影响起波浪的外观效果。因此对于斜裙或起波浪处理的款式纱向应取均匀为好。环浪和垂浪的浪轴处应选 45°斜纱向。当波浪平面图形很不规则时，则以其中间部位较短的方向为参照线，然后取自 45°斜向。

**2. 波浪纱向修正调整**

服装在排料中要选择纱向，而不同的纱向在重力的作用变形量是不同的：

经纱 ＜ 纬纱 ＜ 0～45°斜纱

45°斜纱变形量最大，经纱变形量最小。采用不同纱向的同一衣片下摆会产生结构不平衡。我们在进行结构设计和制板中应首先了解面料各纱向的变形量，在衣片上或样板中予以调整。一般面料悬垂性越强，质地越疏松，则变形量越大，而且不同纱向的变形量差异也大。不同纱向修正调整见图 1-37。对于斜裙，可以将斜裙的裙面进行多次对折，折到用一只手能将腰口捏住，后将裙身向下悬垂，裙下摆会参差不齐，再拿到桌面上将下摆修剪并剪齐圆顺。

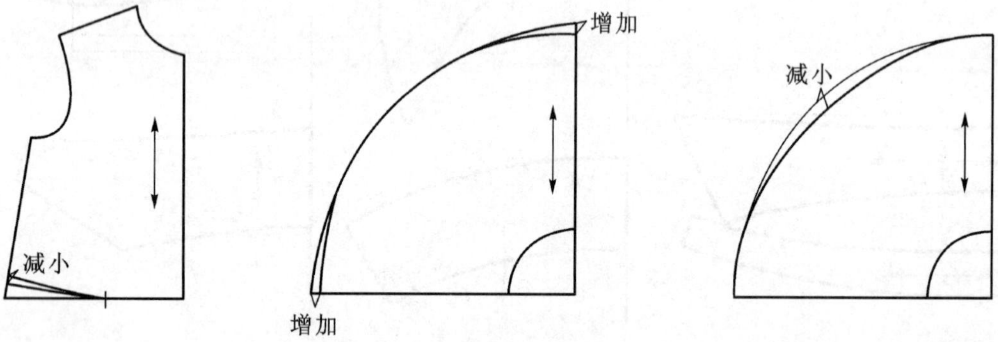


图 1-37 波浪纱向修正调整

## 五、样板定位标记

在服装工业批量化生产中，样板定位标记是规范化服装样板的重要组成部分。服装工业样板由净样板放成毛样板后，为了确保原样板的准确性（不使毛板的确定而改变原样结构），在推板、排料、画样、剪裁以及缝制时部件与部件的结合等整个工艺过程中保持不走样、不变样，这就需要在毛板上做出各种标记，以便在各个环节中起到标位作用。同时，这也是缝制工艺过程中，掌握具体部位缝制构成的匹配依据。

### (一) 定位标记方法

定位标记可标明服装各部位的宽窄、大小和位置，在缝制过程中起指导作用。单件高档产品加工，一般只有两层，多采用“打钱钉”、锥眼或用点线器擂印等。但批量大生产则首先需要在裁剪样板上做出准确的定位标记。一般采用打剪口和打孔两种方法。

**1. 打剪口**

打剪口又称“刀口”，是在样板的边缘剪出一个三角形的缺口，三角形的宽度为 0.2 cm，深度为 0.5 cm，对于一些质地比较疏松的面料剪口量可适当加大，但最大不得超过缝份的 2/3。服装样板的定位标记是排料画样的依据，要求剪口张开一定量，利于画样，因此剪口呈三角形。打剪口其位置和数量是根据服装缝制工艺要求确定的，一般设置在相缝合的两个衣片的对位点，如绱袖对位点、绱领对位点等。对于一些较长的衣缝，也要分段设定位剪口，避免缝制中因拉伸而错位。如上衣的腰节线位置、裤子的膝盖线位置以及长大衣或连衣裙的缝边等。另外，对有缩缝和归拔处理的缝边，要在缩缝的区间内根据缩量大小分别在两个缝合边上打剪口（图 1-38）。

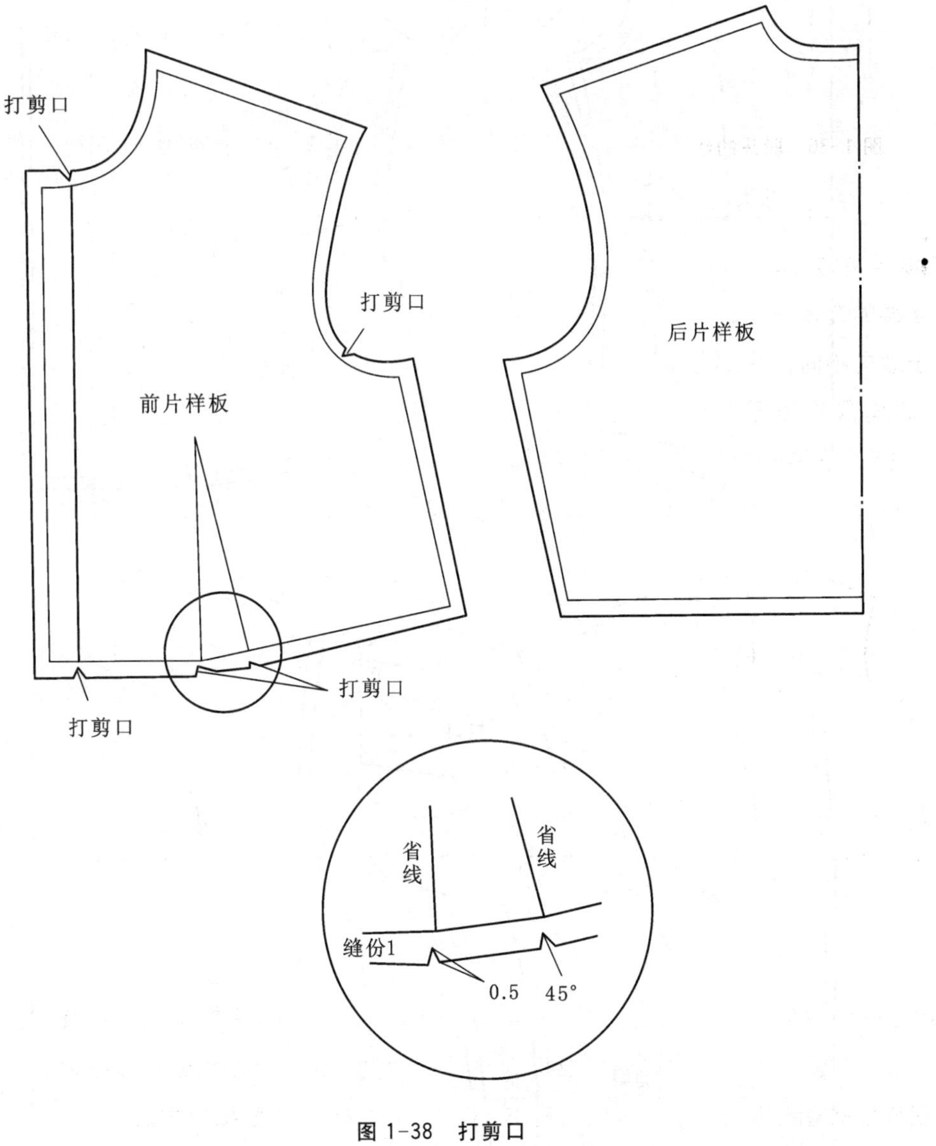


图 1-38　打剪口

**2. 打孔**

打孔又称“锥眼”，位于衣片内部的标记，用来标出省尖、袋位等无法打剪口的部位，用冲孔工具打眼。孔径一般在 0.2～0.3 cm，打孔的位置一般要比标准位置缩进 0.3 cm 左右，以避免缝合后露出锥眼而影响服装质量。其位置与数量是根据服装的工艺要求来确定，通常有以下几种：

① 确定收省部位及其省量。凡收省部位需

要分别在省尖、省中部打锥眼，定出所收省的位置、起止长度及省量大小，锥眼的位置比标准位置应缩进 0.3 cm 左右，见图 1-39 (a)。

② 确定袋位及其大小。用打锥眼的方法确定口袋及袋盖的大小与位置，锥眼的位置比标准位置应缩进 0.3 cm 左右，见图 1-39 (b)。

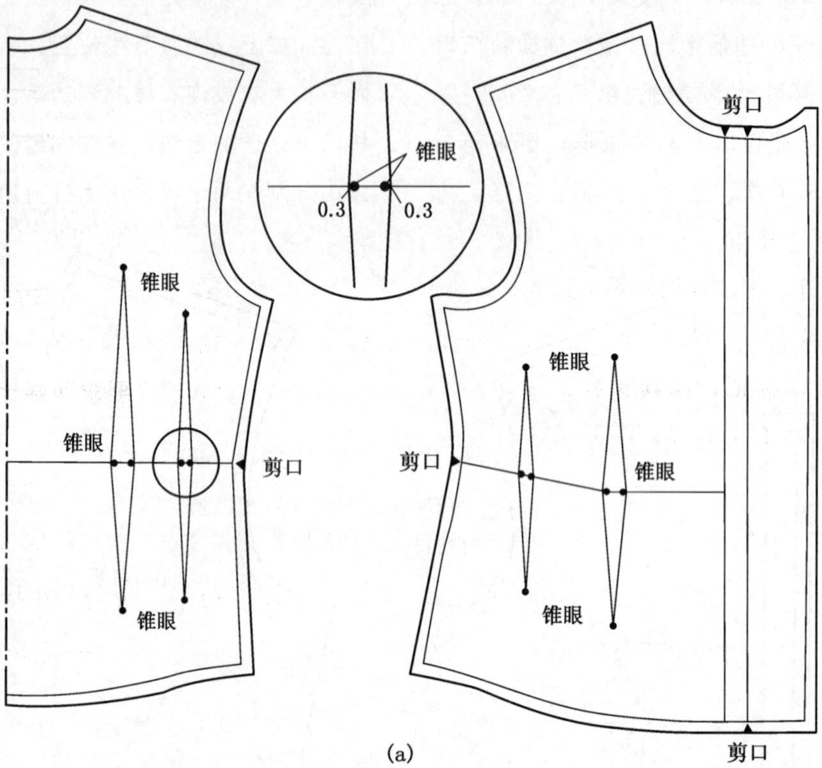


(a)

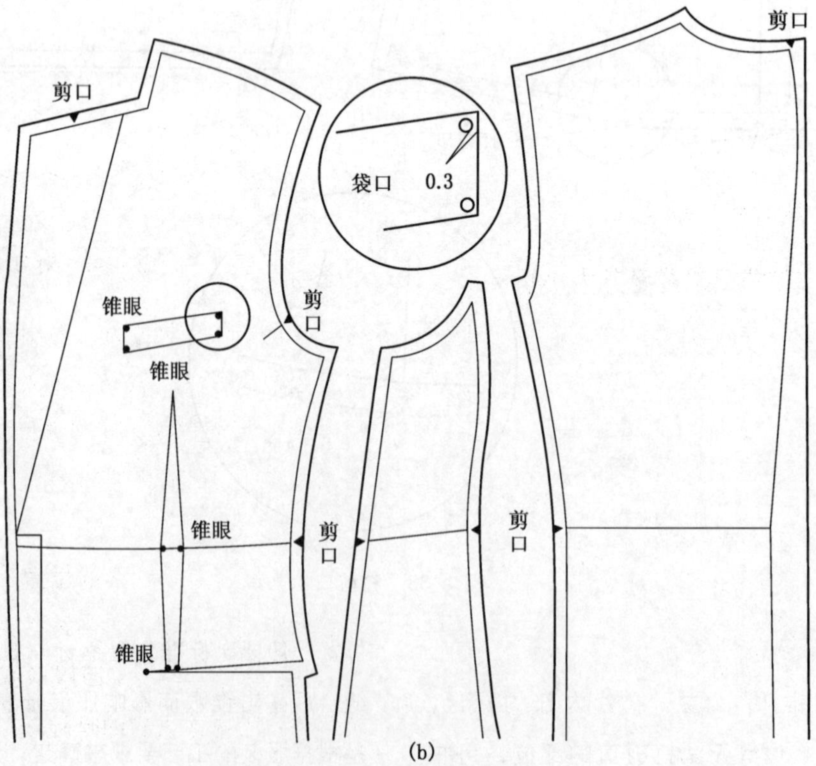


(b)

图 1-39 打孔

（二）定位标记范围

定位标记要求标位准确，操作无误。其标记范围如下：

(1) 缝份：在服装样板的主要缝份两端或一端作上标记，标记缝份的宽窄，对准净线标位画出缝份（包括放头），以示净线以外为缝份或放头宽度。在一些特殊缝份上尤为重要，如上装背缝，裙装、裤装后缝等。

(2) 贴边：凡有贴边的部位，如底摆、袖口、裤口、挂面等，都应标记以示宽度。

(3) 收省、折裥、抽褶：凡收省、折裥、抽褶的位置都应作标记，以其长度、宽度及形状定位。一般锥形省定两端，钉形省、橄榄省还需定省中宽。一般活裥标上端宽度，如前裤片挺缝线处的裥。贯通裁片的长裥应两端标位，局部抽褶应在抽褶范围的起止点定位。见图 1-40 所示。

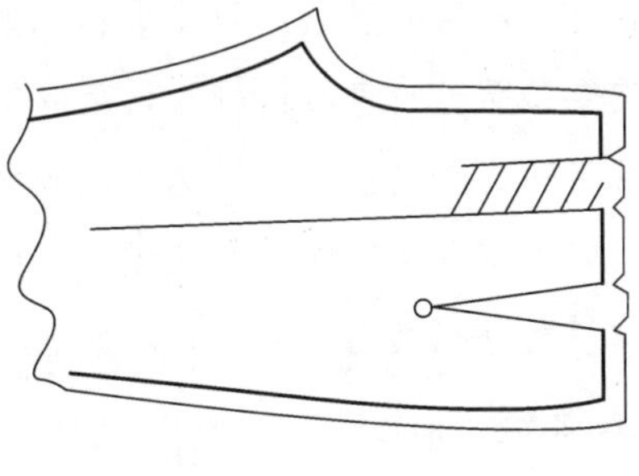

图 1-40　褶裥位

(4) 袋位：暗挖袋只对袋及其大小标位，板条式暗袋还需对袋板下边绱缝标位。明袋除了对袋口及大小标位外，袋前边还应标位。借缝袋只对袋口的两端标位，见图 1-41 所示。

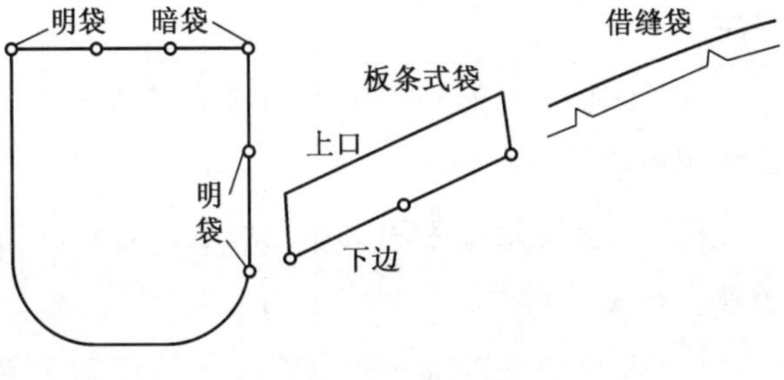


图 1-41　袋位

(5) 开口、开衩：主要对开口、开衩的长度始点标位。开衩位置应以衩长、衩宽标位。搭门式开口、开衩的里襟与衣片连料的，还需对搭门和宽度标位，见图 1-42 所示。

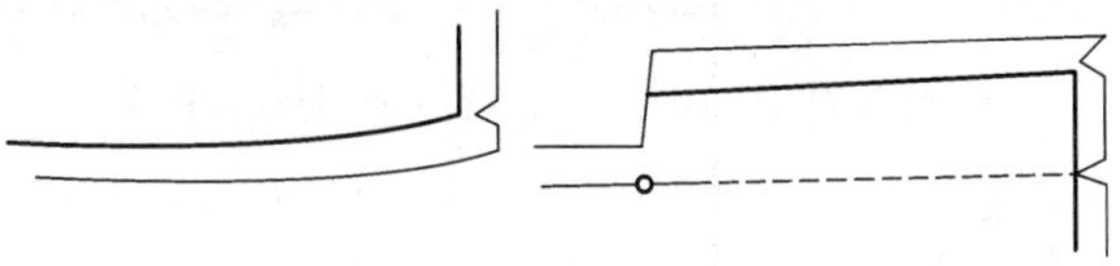

图 1-42　开口、开衩

(6) 裁片组合部位：裁片组合部位为了缝制准确要对刀。服装样板上的一些较长的组合缝，在两片缝合时，除了要求两端比齐外，应在需要拼合的裁片上每隔一段距离作上相应的标记，以使缝制时能达到松紧一致，如服装的侧缝、上衣的腰节高的定位、分割线的组合定位等。这种定位标记为对刀，见图 1-43 所示。

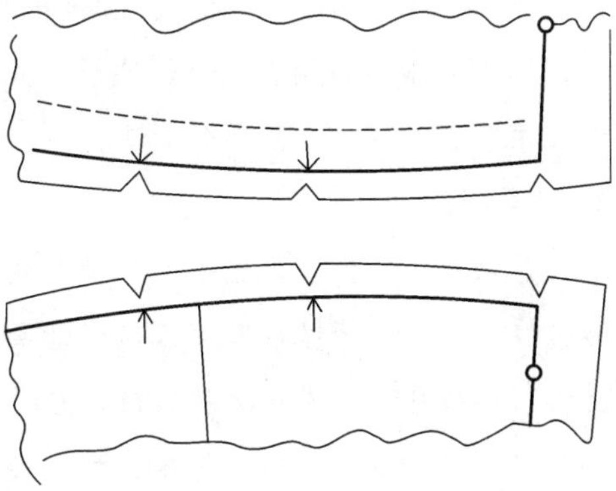

图 1-43　对刀

(7) 部件装配位置：零部件与衣片、裤片、裙片绱位装配的位置，应在相应部位作上标记。如衣领与领圈的装配、衣袖与袖窿的装配、衣袋与衣身的装配、腰带袢与肩袢、袖袢的装配等。

(8) 裁片对条对格的位置：应根据对条对格位置作相应的标记，以利于裁片的准确对接。

(9) 其他标位：如西服驳头终点与第一粒扣位平齐；上衣或大衣的暗袢式门襟的暗袢止点等也都应做好定位标记。

## 六、样板文字标记

### (一) 文字标注的内容

样板需作为技术资料长期保存，样板制成后还要附以必要的文字说明。每套样板由许多的样片组成，再加上不同的号型规格，其片数就更多了，如不做好文字标注，就会在使用中造成混乱，甚至出现严重的生产事故。所以，样板的文字标注是一项十分重要的工作，以便使用时不会出现混乱影响生产效率，同时也为了给样板的归档管理工作以规范的必要，必须认真地完成。文字标注的内容主要有名称、货号、规格、数量和纱向标注等。

**1. 名称标注**

名称标注包括服装的通用名称（如男西装、女夹克衫、男衬衫等）、样片名称（如面料板、里料板、衬料板等）以及部件名称（如前衣片、后衣片、大袖片、小袖片、领子、口袋等）。名称的使用尽可能做到通用、规范，便于识别。名称标注在每个部件样片中都要有标注。

**2. 货号标注**

货号是服装生产企业根据生产品种及生产顺序编制的序列号，一般按照年度编制。随着服装向小品种、多样化、个性化趋势发展，企业每年生产的服装品种和款式会越来越多，为了便于生产管理必须制定详细的货号。货号的编制方法可以根据企业的具体情况灵活掌握，一般要具备这样几个方面：一是体现产品名称的缩写字母；二是产品投产的年度；三是产品生产的顺序编号。例如：NXF2014-0012，表示本产品为 2014 年度第 12 批投产的男西服。货号标注只标注在主部件样片中。

**3. 规格标注**

为了增加服装的覆盖率，服装产品中每个款式都要设计许多规格。在国内销售的产品要求按照国家号型标准进行规格表示，如 160/84A；针织类服装和一些宽松型服装有的是用字母 S、M、L、XL、XXL 等表示服装的大小。对于国外订单加工的服装要按照客户的要求进行规格标注。每个部件样片中都要有规格标注。

**4. 数量标注**

一套完整的服装工业样板由许多样片组成，每一样片又有一定的数量，为了在排料裁剪过程中不造成漏片，要在每一个样片上面做好数量标注，包括样片的总数量和每一样片的数量，这对于资料管理和生产管理部是必须的。

**5. 纱向标注**

根据服装的造型及外观标准选择一定的纱向，是服装排料中最基本的要求。服装的质量标准等级越高对于纱向的要求越严格。面料的纱向包括经纱向和纬纱向两种，不同的服装对于纱向的要求也不相同。一般梭织面料的服装对经纱要求较高，纬纱相对次要一些。为了方便排料，应当在每一样片上面做好纱向标注，纱向的表示符号为两端带有箭头的直线。有些面料如条绒、长毛绒等需要按照毛向来设计样片，毛向的表示符号为一端带有箭头的直线，箭头方向表示毛的倒伏方向。对于有条格的面料要按照工艺要求在样板的选定位置分别做出对条或对格标记。

**6. 其他标注**

需要进行颜色搭配或面料搭配的款式，要将配色部分的样板单独标注清楚。凡是不对称的样片必须注明反面。以免在排料中错位。需要利用衣料光边或折边的部位应标明。

### (二) 标字要求

(1) 标字中文字体的选用应用正楷或仿宋体书写。

(2) 标字常用的外文字母和阿位伯数字，应尽量用单字图章拼盖。

(3) 拼盖图章及手写文字要端正、整洁、勿潦草、涂改。

(4) 标字符号要准确无误，按一般惯例写字的一面为样板的反面。

## 七、样板的检验、复核与管理

### (一) 样板的检验与复核

样板的检验与确认是减少样板误差的一项重要工作。一套样板由产生到确认复核，必须经过各项指标的检验，才能最后投入系列样板的制作。检验的内容大体分为以下几个方面：

#### 1. 缝合边检验与复核

在服装样板中几乎每一条边都有与之相对应的缝合边，缝合边通常有两种形式：一种是等长缝合边，如上衣、裤子的侧缝线等。等长边要求对应的缝合边长度相等，所以应分别测量及修正样板中对应的两条边线，保证其长度相等。不等长缝合边是因造型需要在特定位置设定的伸缩（归拔、缩缝）处理，通常称为“吃势”，如前后肩缝线、袖山与袖窿弧线等。伸缩量越大，两条缝合边的长度差就越大。这种差量要根据不同的部位、不同的塑型要求及不同的面料特点来确定。在测量不等长缝合边时，两条边之间的差值应恰好等于所设定的伸缩量。

#### 2. 服装规格检验与复核

检查裁片的规格尺寸是否准确无误（包括加放量的设定），样板各部位尺寸必须与设计规格相等，规格检验的项目有长度、围度和宽度。长度包括衣长、袖长、裤长、裙长等；围度主要是胸围、腰围、臀围；宽度有总肩宽、前胸宽、后背宽等。复核的方法是用尺子测量各衣片的长度与围度，再将主要控制部位的数据相加，看其是否与设计规格相符。在核对过程中要把缝份、缩率、贴边等相关因素包括在内，核对规格的准确性。

#### 3. 样板数量检验与复核

制定的样板一定要是完整的，面里衬、零部件、袋布、垫布都必须是完整的，样板的数量要进行检验，全套样板要齐全（系列性），不得遗漏或丢失。

#### 4. 衣片组合检验与复核

样板结构线的形状不仅作用于立体造型，而且还对相关部件的配合关系产生影响。例如前后肩线的变化，影响着袖窿弧线的形状及袖窿与袖山的配合关系。复核时可将相关两边线对齐，观察第三线是否顺直、平滑。对出现“凸角”与“凹角”的部位及时进行修正，以免影响服装的外观质量。

#### 5. 根据样衣检验与复核

按照基础样板制作出样衣后，要将样衣套在人体模型上进行全面的审视。一是看其整体造型是否与设计要求相符合，二是看各部位的配合关系是否合理，三是看服装的造型是否与人体相吻合。对达不到设计要求的部位，分析原因并对样板作出补正。

#### 6. 客户检验与复核

对于国外订单加工或是国内生产批量较大的订单加工，需将技术部门修改后的样衣交给客户作最后检验，看是否符合客户的要求，并根据客户要求对基础样板及样衣作出相应的修改。通过客户检验过的样衣称为“复核样”。通过以上各种程序的检验与修正后的样板成为标准样板。利用标准样板进行推板最后完成整套系列样板的制作工作。

#### 7. 核对样板的完整性

核对文字标识是否完整准确，丝缕标志是否遗缺，定位标记是否准确，无论是打剪口的地方还是钻眼的地方都必须准确。检查缝份大小、折边量是否符合工艺要求等。检查裁片各细部曲线是否圆顺、流畅，相关结构线的大小、形状是否吻合。自检复核无误后，再送交他人（专业检验人员）复核与检查复核，发现问题应及时解决。

### (二) 样板管理

(1) 每一个产品的样板制定完毕后，要认真检查、复核、免欠缺、误差。

(2) 每片样板在适当的位置打孔，一般在样板下口中部向上 8 cm 左右处打孔（1～1.5 cm 圆孔径），便于分类、窜连、吊挂，标明类别、样板的数量。

(3) 样板应按品种、款号和号型规格，分面、里、衬等归类加以整理。

(4) 建立严格的审检制度与程序，审检完毕后要有签章，方便使用。

(5) 建立完备的管理与样板领用制度，样板要实行专人、专柜、专账、专号管理，严格领用手续。

(6) 样板应保持其完整性，出入库样板要进行登记，不得随意修改、代用。

(7) 样板应妥善保管，样板要避免受潮、虫蛀、磨损或变形，应保存于干燥、通风、整洁的环境之中。

(8) 样板属于企业的技术机密，本企业内或企业外复制，都需要不同级别的领导同意或批准后方可拓板。

## 第五节 服装成品规格设计

服装成品规格通常是指服装成衣外形主要部位的尺寸大小，它实际上是控制和反映服装成衣外观形态的一种标志。在商业领域，服装成品规格是消费者选购服装必须考虑的重要内容之一，而在生产领域，服装成品规格不但是产品达到设计和工艺要求的关键性指标之一，同时还是服装企业控制产品质量的一个重要环节。在制板、裁剪、缝制整烫等生产流程中，服装成品规格的控制作用是贯穿始终的。

### 一、国家号型系列标准

#### （一）我国服装号型标准概况

《服装号型》国家标准是服装工业重要的基础标准，是根据我国服装工业生产的需要和人口体型状况建立的人体尺寸系统，是编制各类服装规格的依据，我国的服装号型标准至今经历了三次修订。从 1974 年开始，我国开始着手制定《服装号型系列》标准的工作。经过人体测量调查数据计算统计分析、拟定标准文本、标准试行修改完善标准内容几个工作阶段。为研制我国首部《服装号型系列》标准，原轻工业部于 1974 年组织全国服装专业技术人员，在我国 21 省市进行了 40 万人体的体型调查，其年龄对象为：1～7 岁的幼儿占 10%，8～12 岁的儿童占 15%，13～17 岁的少年占 15%，成人占 60%。我国第一部《服装号型系列》国家标准诞生于 1981 年 1 月 1 日。由原国家标准总局于 1981 年 6 月 1 日正式批准发布 GB 1335-1981《服装号型系列》国家标准，习惯称之为“81 标准”，并于次年在全国范围内正式实施。

第二部《服装号型系列》标准是 1987 年开始修订，第一部《服装号型系列》标准经过 10 年的宣传和应用，其后又增加了体型数据，从 1987 年开始在全国六个自然区域的十个省、市、自治区，开展人体测量工作，测得共计 1.5 万多的成年男子、女子，少年男子女子及儿童的服装用人体部位的尺寸数据。在对人体数据进行大量科学计算和分析的基础上，标准起草人员先后研究了人体体型分类，基本部位的选定，号型设置范围，上下装配套，中间体确定控制部位及其分档数值的选定等课题，初步形成了标准文本。在这期间，项目组成员还考察了日本有关研究服装尺寸标准的研究部门，收集了有关资料。1989 年底标准文本（征求意见稿）发至工业、商业的行业管理部门、生产企业、质检部门及科研院校等单位征求意见。同时组织了服装小批量生产和实体试穿验证工作。1990 年 10 月，该标准通过了原纺织工业部组织的专家审查工作。1991 年 7 月 17 日经原国家技术监督局审查批准，正式发布了 GB 1335-1991《服装号型》国家标准，于 1992 年 4 月 1 日正式实施。

第三部 1998 年发布的《服装号型系列》标准，在 1991 版标准的基础上，对使用了 7 年的

"91标准"作了修改，废除了其中5.3系列，对男子女子标准部分的有关内容进行了删除和调整；儿童标准部分增加了0～2岁婴儿的号型内容，使标准内容更加完善，并形成1997版《服装号型》标准文本正式发布实施。本次标准修订工作量大，计算统计工作繁杂标准改动很大。第三代服装号型标准是1997年11月13日公布的，1998年6月1日开始实施，本次标准修改量较小。

服装号型系列标准有三个：

GB/T 1335.1-1997 男装服装号型标准

GB/T 1335.2-1997 女装服装号型标准

GB/T 1335.3-1997 童装服装号型标准

**（二）服装标准化**

**1. 标准与标准化**

1）服装标准

服装标准就是服装职能部门根据服装产品的生产工艺流程，对服装产品在每个生产环节作出具体明确的要求与规定，以确保服装产品达到预期的要求，该规定与要求就为服装标准。

2）服装标准化

服装生产和销售必须标准化。为保证生产产品能够达到预期的效果，必须事先对产品要求、规格、检验方法等作出明确的规定，这个规定就是标准。在一切生产活动中执行并体现标准所规定的要求，就是产品的标准化。标准是规范同一种产品所有企业生产的法规，它是组织社会化大生产、专业化生产，协调并约束各企业生产活动的有效措施。一个行业的标准制定必须具有科学性、合理性、优越性，且标准必须系列化、通用化。

**2. 标准的分类**

我国现行的标准可以分为国际标准、区域标准、国家标准、部颁标准、行业标准、地方标准、企业标准等。

（1）国际标准。由国际标准化组织采用的标准或国际标准化团体采用的规范。国际标准化组织简称ISO。

（2）区域标准。世界某区域团体采用的标准或区域标准化团体采用的规范。

（3）国家标准。指在全国范围内对国民经济有重大影响作用，对同一行业生产进行规范，必须是全国统一执行的标准，此类标准由国家技术监督局发布。

（4）部颁标准。指全国性的各专业范围内统一标准，由主管部门组织制定、审批和发布，并报送国家标准局备案。

（5）行业标准。根据某专业范围统一的需要由行业主管机构对没有国家标准而又需要在全国某个行业范围内统一的技术要求，可以制定行业标准。行业标准由国家有关行政主管部门制定，并报国务院标准化行政主管部门备案。在公布国家标准之后，该行业标准即行废止。

（6）地方标准。对没有国家标准和行业标准而又需要在省、自治区、直辖市统一的工业产品安全、卫生要求，可以制定地方标准。地方标准由省、自治区、直辖市标准化行政主管部门制定，并报国务院标准化行政主管部门和国务院行政主管部门备案。在公布国家标准或行业标准之后，该地方标准即行废止。

（7）企业标准。指在企业内部执行的产品标准和技术措施，企业为了提高产品质量的技术措施。企业生产的产品没有国家标准、行业标准以及地方标准的，应当制定企业标准，作为组织生产的依据，它一般比国标、部标所规定的产品质量标准更严、更高，也称内控标准。企业的产品标准须报当地政府标准化主管部门和行政主管部门备案。已有国家标准或行业标准者，国家鼓励企业制定严于国家标准或行业标准的企业标准在企业内部运用。

**（三）服装号型的定义**

服装号型是根据我国正常人体发育规律和服

装使用需要，选出有代表性的部位，经合理归并而设置的。服装号型标准是以正常人体主要部位为依据，设置服装号型系列，服装号型是制定服装规格的依据，适用于成衣批量生产。

**1. 号**

号指人体的身高，以厘米（cm）为单位表示，是设计和选购服装长短的主要依据。

**2. 型**

型指人体的上体净胸围或下体净腰围，以厘米（cm）为单位表示，是设计与选购服装肥瘦的依据。

### （四）体型分类

国家号型标准中，依据人体的净胸围与净腰围的差数，将人体分为四类，分别用字母 Y（偏瘦体）、A（标准体）、B（偏胖体）、C（胖体）表示。胸腰差值大，反应出人体偏瘦规定为 Y 体；胸腰差值小，表明人体偏胖规定为 C 体，以此类推。A、B 两种体型占人群体型 70% 左右。童装无体型分类。体型分类规定值见表 1-21：

（1）男子。胸腰差值为 22～17 cm 的为 Y 体；胸腰差值为 16～12 cm 的为 A 体；胸腰差值为11～7 cm 的为 B 体；胸腰差值为 6～2（cm）的为 C 体。

（2）女子。胸腰差值为 24～19 cm 的为 Y 体；胸腰差值为 18～14 cm 的为 A 体；胸腰差值为13～9 cm 的为 B 体；胸腰差值为 8～4 cm 的为 C 体。

**表 1-21　体型分类**　　单位：cm

| 体型分类代号 | 男子（净胸围—净腰围） | 女子（净胸围—净腰围） |
|---|---|---|
| Y | 22～17 | 24～19 |
| A | 16～12 | 18～14 |
| B | 11～7 | 13～9 |
| C | 6～2 | 8～4 |

### （五）服装号型标志

按服装号型标准规定服装成品必须有“号型”标志，套装中的上、下装要分别标明号型。正确的表示方法是，先“号”后“型”，号型表示：号与型之间用斜线分开，斜线上方为“号”，斜线下方为“型”，后接体型分类代号。号型标志由于包含了人体的高度、围度和体型特点，便于记忆和识别，并和服装的实际规格有内在的联系，比其他表示方法合理清楚。具体标志为：上装 170/88 A，下装 170/74 A。

男上装的号型 170/88A，170 表示身高为 170 cm，88 表示人体净胸围为 88 cm，适用于身高 168～172 cm、净胸围 88～90 cm 及胸腰差在 16～12 cm 之间的人。

男下装（裤子）的号型 170/72B，170 表示身高为 170 cm，72 表示人体净腰围为 72 cm，适用于身高 168～172 cm、净腰围 73～75 cm 及胸腰差在 11～7 cm 之间的人。

### （六）服装号型系列

**1. 服装号型系列**

服装号型系列以各体的中间体为中心，依次向两边递增或递减，服装规格也应以此系列为基础，并按款式所需加上放松量进行设计。

服装号型分档组成系列如下：

（1）身高以 5 cm 分档组成系列。

（2）胸围以 4 cm 分档组成系列。

（3）腰围以 4 cm、2 cm 分档组成系列。

（4）身高与胸围搭配组成 5・4 号型系列，用于上装。

（5）身高与腰围搭配组成 5・4 和 5・2 号型系列，既可用于上装，也可用于下装。

**2. 号型系列中间体的确定**

成人号型系列的设置是以中间标准体为中心，按规定的分档数值，向左右推排而形成系列。中间体的设置除考虑基本部位的均值外，主要依据号（身高）型（净胸围或净腰围）出现频数的高低，使中间体尽可能位于所设置号型的中间位置。在设置中间体时也考虑了另外一些重要因素，即人们对服装的穿着习惯一般是宁可偏大而不偏小，此外当人的体型发生变化时，一般向胸围与腰围差变小型变化。根据这些原则，确定成年男子和女子各体型的中间体。

(1) 男子标准身高为 155～185 cm；男子中间体为 170/88Y 、170/88A 、170/92B、170/96C。

(2) 女子标准身高为 145～175 cm；女子中间体为 160/84Y 、160/84A 、160/88B、160/88C。

**3. 号型搭配**

号型搭配有号和型同步配置，一号多型配置，多号一型配置。

**4. 服装号型覆盖率**

服装号型覆盖率是指在同一种体型的人群中，身高与胸围、身高与腰围所搭配成的号型所占的比例。在国家服装号型标准中不仅给出了全国各体型的比例和服装号型覆盖率，也给出了六大地区的各体型的比例和服装号型覆盖率。一般覆盖率较大的体型才设置号型，比例小的不予设置。

男 170/88，女 160/84 分别占 9.903%、10.1526%；男 170/74，女 160/68 分别占 5.125%、5.1927%。

**5. 服装号型系列表**

男、女性不同体型服装号型系列表如下：

(1) 男子 5.4、5.2Y 号型系列表，见表 1-22。

(2) 男子 5.4、5.2A 号型系列表，见表 1-23。

(3) 男子 5.4、5.2B 号型系列表，见表 1-24。

(4) 男子 5.4、5.2C 号型系列表，见表 1-25。

(5) 女子 5.4、5.2Y 号型系列表，见表 1-26。

(6) 女子 5.4、5.2A 号型系列表，见表 1-27。

(7) 女子 5.4、5.2B 号型系列表，见表 1-28。

(8) 女子 5.4、5.2C 号型系列表，见表 1-29。

**表 1-22 男子 5.4、5.2 Y 号型系列** 单位：cm

| Y | | | | | | | | | | | | | | |
|---|---|---|---|---|---|---|---|---|---|---|---|---|---|---|
| 身高/腰围/胸围 | 155 | | 160 | | 165 | | 170 | | 175 | | 180 | | 185 | |
| 76 | | | 56 | 58 | 56 | 58 | 56 | 58 | | | | | | |
| 80 | 60 | 62 | 60 | 62 | 60 | 62 | 60 | 62 | 60 | 62 | | | | |
| 84 | 64 | 66 | 64 | 66 | 64 | 66 | 64 | 66 | 64 | 66 | 64 | 66 | | |
| 88 | 68 | 70 | 68 | 70 | 68 | 70 | 68 | 70 | 68 | 70 | 68 | 70 | 68 | 70 |
| 92 | | | 72 | 74 | 72 | 74 | 72 | 74 | 72 | 74 | 72 | 74 | 72 | 74 |
| 96 | | | | | 76 | 78 | 76 | 78 | 76 | 78 | 76 | 78 | 76 | 78 |
| 100 | | | | | | | 80 | 82 | 80 | 82 | 80 | 82 | 80 | 82 |

表 1-23 男子 5.4、5.2 A 号型系列　　单位：cm

| A | | | | | | | | | | | | | | | | | | | | | |
|---|---|---|---|---|---|---|---|---|---|---|---|---|---|---|---|---|---|---|---|---|---|
| 身高 / 腰围 / 胸围 | 155 | | | 160 | | | 165 | | | 170 | | | 175 | | | 180 | | | 185 | | |
| 72 | | | | 56 | 58 | 60 | 56 | 58 | 60 | | | | | | | | | | | | |
| 76 | 60 | 62 | 64 | 60 | 62 | 64 | 60 | 62 | 64 | 60 | 62 | 64 | | | | | | | | | |
| 80 | 64 | 66 | 68 | 64 | 66 | 68 | 64 | 66 | 68 | 64 | 66 | 68 | 64 | 66 | 68 | | | | | | |
| 84 | 68 | 70 | 72 | 68 | 70 | 72 | 68 | 70 | 72 | 68 | 70 | 72 | 68 | 70 | 72 | 68 | 70 | 72 | | | |
| 88 | 72 | 74 | 76 | 72 | 74 | 76 | 72 | 74 | 76 | 72 | 74 | 76 | 72 | 74 | 76 | 72 | 74 | 76 | 72 | 74 | 76 |
| 92 | | | | 76 | 78 | 80 | 76 | 78 | 80 | 76 | 78 | 80 | 76 | 78 | 80 | 76 | 78 | 80 | 76 | 78 | 80 |
| 96 | | | | | | | 80 | 82 | 84 | 80 | 82 | 84 | 80 | 82 | 84 | 80 | 82 | 84 | 80 | 82 | 84 |
| 100 | | | | | | | | | | 84 | 86 | 88 | 84 | 86 | 88 | 84 | 86 | 88 | 84 | 86 | 88 |

表 1-24 男子 5.4、5.2 B 号型系列　　单位：cm

| B | | | | | | | | | | | | | | | | |
|---|---|---|---|---|---|---|---|---|---|---|---|---|---|---|---|---|
| 身高 / 腰围 / 胸围 | 150 | | 155 | | 160 | | 165 | | 170 | | 175 | | 180 | | 185 | |
| 72 | 62 | 64 | 62 | 64 | 62 | 64 | | | | | | | | | | |
| 76 | 66 | 68 | 66 | 68 | 66 | 68 | 66 | 68 | | | | | | | | |
| 80 | 70 | 72 | 70 | 72 | 70 | 72 | 70 | 72 | 70 | 72 | | | | | | |
| 84 | 74 | 76 | 74 | 76 | 74 | 76 | 74 | 76 | 74 | 76 | 74 | 76 | | | | |
| 88 | | | 78 | 80 | 78 | 80 | 78 | 80 | 78 | 80 | 78 | 80 | 78 | 80 | | |
| 92 | | | 82 | 84 | 82 | 84 | 82 | 84 | 82 | 84 | 82 | 84 | 82 | 84 | 82 | 84 |
| 96 | | | | | 86 | 88 | 86 | 88 | 86 | 88 | 86 | 88 | 86 | 88 | 86 | 88 |
| 100 | | | | | | | 90 | 94 | 90 | 94 | 90 | 94 | 90 | 94 | 90 | 94 |
| 104 | | | | | | | | | 94 | 96 | 94 | 96 | 94 | 96 | 94 | 96 |
| 108 | | | | | | | | | | | 98 | 100 | 98 | 100 | 98 | 100 |

表 1-25 男子 5.4、5.2 C 号型系列　　单位：cm

| C | | | | | | | | | | | | | | | | |
|---|---|---|---|---|---|---|---|---|---|---|---|---|---|---|---|---|
| 身高 / 腰围 / 胸围 | 150 | | 155 | | 160 | | 165 | | 170 | | 175 | | 180 | | 185 | |
| 76 | | | 70 | 72 | 70 | 72 | 66 | 68 | | | | | | | | |
| 80 | 74 | 76 | 74 | 76 | 74 | 76 | 74 | 76 | 74 | 76 | | | | | | |
| 84 | 78 | 80 | 78 | 80 | 78 | 80 | 78 | 80 | 78 | 80 | 78 | 80 | | | | |
| 88 | 82 | 84 | 82 | 84 | 82 | 84 | 82 | 84 | 82 | 84 | 82 | 84 | 82 | 84 | | |
| 92 | | | 86 | 88 | 86 | 88 | 86 | 88 | 86 | 88 | 86 | 88 | 86 | 88 | 86 | 88 |
| 96 | | | 90 | 92 | 90 | 92 | 90 | 92 | 90 | 92 | 90 | 92 | 90 | 92 | 90 | 92 |
| 100 | | | | | 94 | 96 | 94 | 96 | 94 | 96 | 94 | 96 | 94 | 96 | 94 | 96 |
| 104 | | | | | | | 98 | 100 | 98 | 100 | 98 | 100 | 98 | 100 | 98 | 100 |
| 108 | | | | | | | | | 102 | 104 | 102 | 104 | 102 | 104 | 102 | 104 |
| 112 | | | | | | | | | | | 106 | 108 | 106 | 108 | 106 | 108 |

表 1-26　女子 5.4、5.2 Y 号型系列　　单位：cm

| Y | | | | | | | | | | | | | | |
|---|---|---|---|---|---|---|---|---|---|---|---|---|---|---|
| 身高 / 腰围 / 胸围 | 145 | | 150 | | 155 | | 160 | | 165 | | 170 | | 175 | |
| 72 | 50 | 52 | 50 | 52 | 50 | 52 | 50 | 52 | | | | | | |
| 76 | 54 | 56 | 54 | 56 | 54 | 56 | 54 | 56 | 54 | 56 | | | | |
| 80 | 58 | 60 | 58 | 60 | 58 | 60 | 58 | 60 | 58 | 60 | 58 | 60 | | |
| 84 | 62 | 64 | 62 | 64 | 62 | 64 | 62 | 64 | 62 | 64 | 62 | 64 | 62 | 64 |
| 88 | 66 | 68 | 66 | 68 | 66 | 68 | 66 | 68 | 66 | 68 | 66 | 68 | 66 | 68 |
| 92 | | | 70 | 72 | 70 | 72 | 70 | 72 | 70 | 72 | 70 | 72 | 70 | 72 |
| 96 | | | | | 74 | 76 | 74 | 76 | 74 | 76 | 74 | 76 | 74 | 76 |

表 1-27　女子 5.4、5.2 A 号型系列　　单位：cm

| A | | | | | | | | | | | | | | | | | | | | | |
|---|---|---|---|---|---|---|---|---|---|---|---|---|---|---|---|---|---|---|---|---|---|
| 身高 / 腰围 / 胸围 | 145 | | | 150 | | | 155 | | | 160 | | | 165 | | | 170 | | | 175 | | |
| 72 | | | | 54 | 56 | 58 | 54 | 56 | 58 | 54 | 56 | 58 | | | | | | | | | |
| 76 | 58 | 60 | 62 | 58 | 60 | 62 | 58 | 60 | 62 | 58 | 60 | 62 | 58 | 60 | 62 | | | | | | |
| 80 | 62 | 64 | 66 | 62 | 64 | 66 | 62 | 64 | 66 | 62 | 64 | 66 | 62 | 64 | 66 | 62 | 64 | 66 | | | |
| 84 | 66 | 68 | 70 | 66 | 68 | 70 | 66 | 68 | 70 | 66 | 68 | 70 | 66 | 68 | 70 | 66 | 68 | 70 | 66 | 68 | 70 |
| 88 | 70 | 72 | 74 | 70 | 72 | 74 | 70 | 72 | 74 | 70 | 72 | 74 | 70 | 72 | 74 | 70 | 72 | 74 | 70 | 72 | 74 |
| 92 | | | | 74 | 76 | 78 | 74 | 76 | 78 | 74 | 76 | 78 | 74 | 76 | 78 | 74 | 76 | 78 | 74 | 76 | 78 |
| 96 | | | | | | | 78 | 80 | 82 | 78 | 80 | 82 | 78 | 80 | 82 | 78 | 80 | 82 | 70 | 80 | 82 |

表 1-28　女子 5.4、5.2 B 号型系列　　单位：cm

| B | | | | | | | | | | | | | | |
|---|---|---|---|---|---|---|---|---|---|---|---|---|---|---|
| 身高 / 腰围 / 胸围 | 145 | | 150 | | 155 | | 160 | | 165 | | 170 | | 175 | |
| 68 | | | 56 | 58 | 56 | 58 | 56 | 58 | | | | | | |
| 72 | 60 | 62 | 60 | 62 | 60 | 62 | 60 | 62 | 60 | 62 | | | | |
| 76 | 64 | 66 | 64 | 66 | 64 | 66 | 64 | 66 | 64 | 66 | | | | |
| 80 | 68 | 70 | 68 | 70 | 68 | 70 | 68 | 70 | 68 | 70 | 68 | 70 | | |
| 84 | 72 | 74 | 72 | 74 | 72 | 74 | 72 | 74 | 72 | 74 | 72 | 74 | 72 | 74 |
| 88 | 76 | 78 | 76 | 78 | 76 | 78 | 76 | 78 | 76 | 78 | 76 | 78 | 76 | 78 |
| 92 | 80 | 82 | 80 | 82 | 80 | 82 | 80 | 82 | 80 | 82 | 80 | 82 | 80 | 82 |
| 96 | | | 84 | 86 | 84 | 86 | 84 | 86 | 84 | 86 | 84 | 86 | 84 | 86 |
| 100 | | | | | 88 | 90 | 88 | 90 | 88 | 90 | 88 | 90 | 88 | 90 |
| 104 | | | | | | | 92 | 94 | 92 | 94 | 92 | 94 | 92 | 94 |

**表 1-29　女子 5.4、5.2 C 号型系列**　　单位：cm

| C | | | | | | | | | | | | | | |
|---|---|---|---|---|---|---|---|---|---|---|---|---|---|---|
| 身高<br>腰围<br>胸围 | 145 | | 150 | | 155 | | 160 | | 165 | | 170 | | 175 | |
| 68 | 60 | 62 | 60 | 62 | 60 | 62 | | | | | | | | |
| 72 | 64 | 66 | 64 | 66 | 64 | 66 | 64 | 66 | | | | | | |
| 76 | 68 | 70 | 68 | 70 | 68 | 70 | 68 | 70 | | | | | | |
| 80 | 72 | 74 | 72 | 74 | 72 | 74 | 72 | 74 | 72 | 74 | | | | |
| 84 | 76 | 78 | 76 | 78 | 76 | 78 | 76 | 78 | 76 | 78 | 76 | 78 | | |
| 88 | 80 | 82 | 80 | 82 | 80 | 82 | 80 | 82 | 80 | 82 | 80 | 82 | | |
| 92 | 84 | 86 | 84 | 86 | 84 | 86 | 84 | 86 | 84 | 86 | 84 | 86 | 84 | 86 |
| 96 | | | 88 | 90 | 88 | 90 | 88 | 90 | 88 | 90 | 88 | 90 | 88 | 90 |
| 100 | | | 92 | 94 | 92 | 94 | 92 | 94 | 92 | 94 | 92 | 94 | 92 | 94 |
| 104 | | | | | 96 | 98 | 96 | 98 | 96 | 98 | 96 | 98 | 96 | 98 |
| 108 | | | | | | | 100 | 102 | 100 | 102 | 100 | 102 | 100 | 102 |

### （七）人体控制部位测量

服装号型标准的人体测量是按需设计的，全国人体调查也是以此为基础调查的。服装人体控制部位测量的部位和方法见国标 GB/T16160—1996，人体控制部位测量数据将为服装成品规格设计打下基础。

**1. 人体控制部位测量部位**

服装号型标准的人体控制部位共十项。简称“四高”包括身高、颈椎点高、坐姿颈椎点高、腰围高等；“四围”包括胸围、颈围、腰围、臀围等；“一长”包括全臂长；“一宽”包括总肩宽，见表 1-30。

**2. 人体控制部位测量方法**

人体控制部位测量时人体要穿质地软而薄的贴身内衣，并赤足的情况下进行。在测女体的胸部时，被测者要穿戴完全合体的无衬垫的胸罩，其质地要薄并无金属或其他支撑物。用软卷尺测量时要适度地拉紧软卷尺。人体控制部位测量方法见表 1-30、图 1-44。

**表 1-30　人体控制部位测量方法**

| 序号 | 部　位 | 被测者姿势 | 测量方法 |
|---|---|---|---|
| 1 | 身高 | 立姿赤足 | 用人体测高仪测量从头顶至地面的垂距 |
| 2 | 颈椎点高 | 立姿赤足 | 用人体测高仪测量自第七颈椎点至地面的垂距 |
| 3 | 坐姿颈椎点高 | 坐姿 | 用人体测高仪测量自第七颈椎点至凳面的垂距 |
| 4 | 全臂长 | 立姿，手臂自然下垂 | 用人体测高仪测量从肩峰点至尺骨茎突点的直线距离 |
| 5 | 腰围高 | 立姿赤足 | 用测高仪在体侧测量从腰围点至地面的垂距 |
| 6 | 胸围 | 立姿，自然呼吸 | 用软卷尺测量经肩胛骨、腋窝和乳头所得的最大水平围度 |
| 7 | 颈围 | 立姿或坐姿 | 用软卷尺测量在第七颈椎处绕颈一周所得的围度 |
| 8 | 总肩宽（后肩横弧） | 立姿，手臂自然下垂 | 用软卷尺测量左右肩峰点间所得的水平弧长 |
| 9 | 腰围（最小腰围） | 立姿，自然呼吸 | 用软卷尺测量在肋弓与髂嵴之间最细部所得的水平围度 |
| 10 | 臀围 | 立姿 | 用软卷尺测量大转子处臀部最丰满处所得的水平围度 |

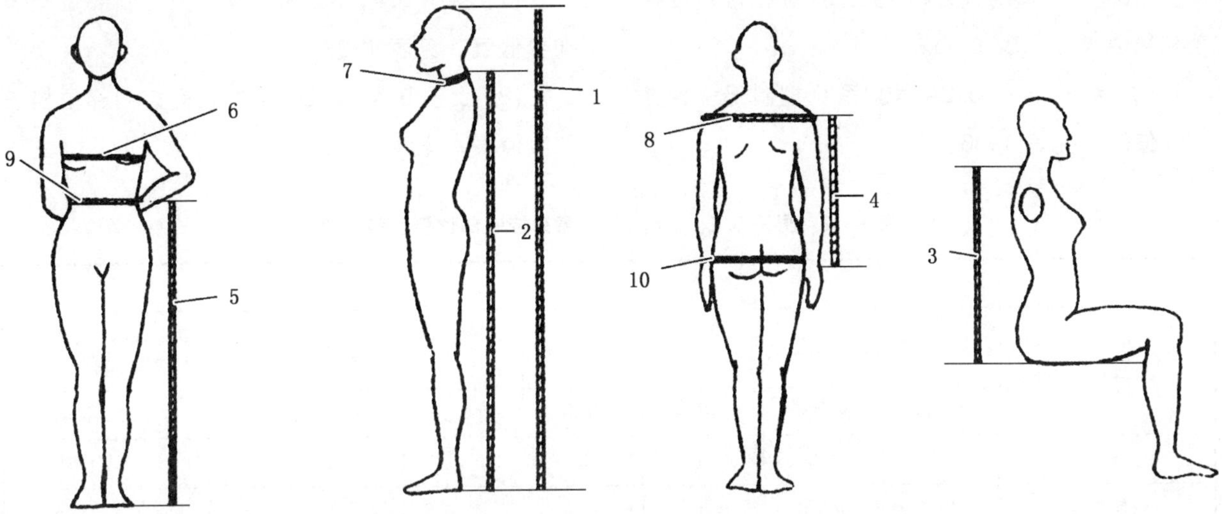


图 1-44　人体控制部位测量方法

## (八) 服装号型系列控制部位档差和数值

### 1. 服装号型系列控制部位档差和数值

控制部位数值是指人体主要部位数值（系净体数据），是设计服装规格的依据。男、女性不同体形控制部位数值表如下：

(1) 男子 5.4、5.2Y 号型系列控制部位档差和数值表，见表 1-31。

(2) 男子 5.4、5.2A 号型系列控制部位档差和数值表，见表 1-32。

(3) 男子 5.4、5.2B 号型系列控制部位档差和数值表，见表 1-33。

(4) 男子 5.4、5.2C 号型系列控制部位档差和数值表，见表 1-34。

表 1-31　男子 5.4、5.2 Y 号型系列控制部位档差和数值　　单位：cm

| 体型 | Y | | | | | | | |
|---|---|---|---|---|---|---|---|---|
| 部位 | 中间体 | | 5·4 系列 | | 5·2 系列 | | 身高　胸围　腰围 每增减 1 厘米 | |
| | 计算数 | 采用数 | 计算数 | 采用数 | 计算数 | 采用数 | 计算数 | 采用数 |
| 身高 | 170 | 170 | 5 | 5 | 5 | 5 | 1 | 1 |
| 颈椎点高 | 144.8 | 145.0 | 4.51 | 4.00 | | | 0.90 | 0.80 |
| 坐姿颈椎点高 | 66.2 | 66.5 | 1.64 | 2.00 | | | 0.33 | 0.40 |
| 全臂长 | 55.4 | 55.5 | 1.82 | 1.50 | | | 0.36 | 0.30 |
| 腰围高 | 102.6 | 103.0 | 3.35 | 3.00 | 3.35 | 3.00 | 0.67 | 0.60 |
| 胸围 | 88 | 88 | 4 | 4 | | | 1 | 1 |
| 颈围 | 36.3 | 36.4 | 0.89 | 1.00 | | | 0.22 | 0.25 |
| 总肩宽 | 43.6 | 44.0 | 1.97 | 1.20 | | | 0.27 | 0.30 |
| 腰围 | 69.1 | 70.0 | 4 | 4 | 2 | 2 | 1 | 1 |
| 臀围 | 87.9 | 90.0 | 2.99 | 3.20 | 1.50 | 1.60 | 0.75 | 0.80 |

注：1) 身高所对应的高度部位是颈椎点高、坐姿颈椎点高、全臂长、腰围高。
2) 胸围所对应的围度部位是颈围、总肩宽。
3) 腰围所对应的围度部位是臀围。

(5) 女子 5.4、5.2Y 号型系列控制部位档差和数值表，见表 1-35。

(6) 女子 5.4、5.2A 号型系列控制部位档差和数值表，见表 1-36。

(7) 女子 5.4、5.2B 号型系列控制部位档差和数值表，见表 1-37。

(8) 女子 5.4、5.2C 号型系列控制部位档差和数值表，见表 1-38。

**表 1-32 男子 5.4、5.2 A 号型系列控制部位档差和数值** 单位：cm

| 体型 | A | | | | | | | |
|---|---|---|---|---|---|---|---|---|
| 部位 | 中间体 | | 5·4 系列 | | 5·2 系列 | | 身高 胸围 腰围 每增减 1 厘米 | |
| | 计算数 | 采用数 | 计算数 | 采用数 | 计算数 | 采用数 | 计算数 | 采用数 |
| 身高 | 170 | 170 | 5 | 5 | 5 | 5 | 1 | 1 |
| 颈椎点高 | 145.1 | 145.0 | 4.51 | 4.00 | | | 0.90 | 0.80 |
| 坐姿颈椎点高 | 66.3 | 66.5 | 1.86 | 2.00 | | | 0.37 | 0.40 |
| 全臂长 | 55.3 | 55.5 | 1.71 | 1.50 | | | 0.34 | 0.30 |
| 腰围高 | 102.3 | 102.5 | 3.11 | 3.00 | 3.11 | 3.00 | 0.62 | 0.60 |
| 胸围 | 88 | 88 | 4 | 4 | | | 1 | 1 |
| 颈围 | 37.0 | 36.8 | 0.98 | 1.00 | | | 0.25 | 0.25 |
| 总肩宽 | 43.7 | 43.6 | 1.11 | 1.20 | | | 0.29 | 0.30 |
| 腰围 | 74.1 | 74.0 | 4 | 4 | 2 | 2 | 1 | 1 |
| 臀围 | 90.1 | 90.0 | 2.91 | 3.20 | 1.50 | 1.60 | 0.73 | 0.80 |

**表 1-33 男子 5.4、5.2 B 号型系列控制部位档差和数值** 单位：cm

| 体型 | B | | | | | | | |
|---|---|---|---|---|---|---|---|---|
| 部位 | 中间体 | | 5·4 系列 | | 5·2 系列 | | 身高 胸围 腰围 每增减 1 厘米 | |
| | 计算数 | 采用数 | 计算数 | 采用数 | 计算数 | 采用数 | 计算数 | 采用数 |
| 身高 | 170 | 170 | 5 | 5 | 5 | 5 | 1 | 1 |
| 颈椎点高 | 145.4 | 145.5 | 4.54 | 4.00 | | | 0.90 | 0.80 |
| 坐姿颈椎点高 | 66.9 | 67.0 | 2.01 | 2.00 | | | 0.40 | 0.40 |
| 全臂长 | 55.3 | 55.5 | 1.72 | 1.50 | | | 0.34 | 0.30 |
| 腰围高 | 101.9 | 102.0 | 2.98 | 3.00 | 2.98 | 3.00 | 0.60 | 0.60 |
| 胸围 | 92 | 92 | 4 | 4 | | | 1 | 1 |
| 颈围 | 38.2 | 38.2 | 1.13 | 1.00 | | | 0.28 | 0.25 |
| 总肩宽 | 44.5 | 44.6 | 1.13 | 1.20 | | | 0.28 | 0.30 |
| 腰围 | 82.8 | 84.0 | 4 | 4 | 2 | 2 | 1 | 1 |
| 臀围 | 94.1 | 95.0 | 3.04 | 2.80 | 1.52 | 1.40 | 0.76 | 0.70 |

表 1-34　男子 5.4、5.2 C 号型系列控制部位档差和数值　　单位：cm

| 体型 | C | | | | | | | |
|---|---|---|---|---|---|---|---|---|
| 部位 | 中间体 | | 5・4 系列 | | 5・2 系列 | | 身高 胸围 腰围 每增减 1 厘米 | |
| | 计算数 | 采用数 | 计算数 | 采用数 | 计算数 | 采用数 | 计算数 | 采用数 |
| 身高 | 170 | 170 | 5 | 5 | 5 | 5 | 1 | 1 |
| 颈椎点高 | 146.1 | 146.0 | 4.57 | 4.00 | | | 0.91 | 0.80 |
| 坐姿颈椎点高 | 67.3 | 67.5 | 1.98 | 2.00 | | | 0.40 | 0.40 |
| 全臂长 | 55.4 | 55.5 | 1.84 | 1.50 | | | 0.37 | 0.30 |
| 腰围高 | 101.6 | 102.0 | 3.00 | 3.00 | 3.00 | 3.00 | 0.60 | 0.60 |
| 胸围 | 96 | 96 | 4 | 4 | | | 1 | 1 |
| 颈围 | 39.5 | 39.6 | 1.18 | 1.00 | | | 0.30 | 0.25 |
| 总肩宽 | 45.3 | 45.2 | 1.18 | 1.20 | | | 0.30 | 0.30 |
| 腰围 | 92.6 | 92.0 | 4 | 4 | 2 | 2 | 1 | 1 |
| 臀围 | 98.1 | 97.0 | 2.91 | 2.80 | 1.46 | 1.40 | 0.73 | 0.70 |

表 1-35　女子 5.4、5.2 Y 号型系列控制部位档差和数值　　单位：cm

| 体型 | Y | | | | | | | |
|---|---|---|---|---|---|---|---|---|
| 部位 | 中间体 | | 5・4 系列 | | 5・2 系列 | | 身高 胸围 腰围 每增减 1 厘米 | |
| | 计算数 | 采用数 | 计算数 | 采用数 | 计算数 | 采用数 | 计算数 | 采用数 |
| 身高 | 160 | 160 | 5 | 5 | 5 | 5 | 1 | 1 |
| 颈椎点高 | 136.2 | 136.0 | 4.46 | 4.00 | | | 0.89 | 0.80 |
| 坐姿颈椎点高 | 62.6 | 62.5 | 1.66 | 2.00 | | | 0.33 | 0.40 |
| 全臂长 | 50.4 | 50.5 | 1.66 | 1.50 | | | 0.33 | 0.30 |
| 腰围高 | 98.2 | 98.0 | 3.34 | 3.00 | 3.34 | 3.00 | 0.67 | 0.60 |
| 胸围 | 84.0 | 84 | 4 | 4 | | | 1 | 1 |
| 颈围 | 33.4 | 33.4 | 0.73 | 0.80 | | | 0.18 | 0.20 |
| 总肩宽 | 39.9 | 40.0 | 0.70 | 1.00 | | | 0.18 | 0.25 |
| 腰围 | 63.6 | 64.0 | 4 | 4 | 2 | 2 | 1 | 1 |
| 臀围 | 89.2 | 90.0 | 3.12 | 3.60 | 1.56 | 1.80 | 0.78 | 0.90 |

注：1）身高所对应的高度部位是颈椎点高、坐姿颈椎点高、全臂长、腰围高。
2）胸围所对应的围度部位是颈围、总肩宽。
3）腰围所对应的围度部位是臀围。

表 1-36 女子 5.4、5.2 A 号型系列控制部位档差和数值 单位：cm

| 体型 | A | | | | | | | |
|---|---|---|---|---|---|---|---|---|
| 部位 | 中间体 | | 5·4 系列 | | 5·2 系列 | | 身高 胸围 腰围 每增减 1 厘米 | |
| | 计算数 | 采用数 | 计算数 | 采用数 | 计算数 | 采用数 | 计算数 | 采用数 |
| 身高 | 160 | 160 | 5 | 5 | 5 | 5 | 1 | 1 |
| 颈椎点高 | 136.0 | 136.0 | 4.53 | 4.00 | | | 0.91 | 0.80 |
| 坐姿颈椎点高 | 62.6 | 62.5 | 1.65 | 2.00 | | | 0.33 | 0.40 |
| 全臂长 | 50.4 | 50.5 | 1.70 | 1.50 | | | 0.34 | 0.30 |
| 腰围高 | 98.1 | 98.0 | 3.37 | 3.00 | 3.37 | 3.00 | 0.68 | 0.60 |
| 胸围 | 84 | 84 | 4 | 4 | | | 1 | 1 |
| 颈围 | 33.7 | 33.6 | 0.78 | 0.80 | | | 0.20 | 0.20 |
| 总肩宽 | 39.9 | 39.4 | 0.64 | 1.00 | | | 0.16 | 0.25 |
| 腰围 | 68.2 | 68.0 | 4 | 4 | 2 | 2 | 1 | 1 |
| 臀围 | 90.9 | 90.0 | 3.18 | 3.60 | 1.60 | 1.80 | 0.80 | 0.90 |

表 1-37 女子 5.4、5.2 B 号型系列控制部位档差和数值 单位：cm

| 体型 | B | | | | | | | |
|---|---|---|---|---|---|---|---|---|
| 部位 | 中间体 | | 5·4 系列 | | 5·2 系列 | | 身高 胸围 腰围 每增减 1 厘米 | |
| | 计算数 | 采用数 | 计算数 | 采用数 | 计算数 | 采用数 | 计算数 | 采用数 |
| 身高 | 160 | 160 | 5 | 5 | 5 | 5 | 1 | 1 |
| 颈椎点高 | 136.3 | 136.5 | 4.57 | 4.00 | | | 0.92 | 0.80 |
| 坐姿颈椎点高 | 63.2 | 63.0 | 1.81 | 2.00 | | | 0.36 | 0.40 |
| 全臂长 | 50.5 | 50.5 | 1.68 | 1.50 | | | 0.34 | 0.30 |
| 腰围高 | 98.0 | 98.0 | 3.34 | 3.00 | 3.30 | 3.00 | 0.67 | 0.60 |
| 胸围 | 88 | 88 | 4 | 4 | | | 1 | 1 |
| 颈围 | 34.7 | 34.6 | 0.81 | 0.80 | | | 0.20 | 0.20 |
| 总肩宽 | 40.3 | 39.8 | 0.69 | 1.00 | | | 0.17 | 0.25 |
| 腰围 | 76.6 | 78.0 | 4 | 4 | 2 | 2 | 1 | 1 |
| 臀围 | 94.8 | 96.0 | 3.27 | 3.20 | 1.64 | 1.60 | 0.82 | 0.80 |

**表 1-38 女子 5.4、5.2 C 号型系列控制部位档差和数值** 单位：cm

| 体型 | C | | | | | | | |
|---|---|---|---|---|---|---|---|---|
| 部位 | 中间体 | | 5·4 系列 | | 5·2 系列 | | 身高 胸围 腰围 每增减 1 厘米 | |
| | 计算数 | 采用数 | 计算数 | 采用数 | 计算数 | 采用数 | 计算数 | 采用数 |
| 身高 | 160 | 160 | 5 | 5 | 5 | 5 | 1 | 1 |
| 颈椎点高 | 136.5 | 136.5 | 4.48 | 4.00 | | | 0.90 | 0.80 |
| 坐姿颈椎点高 | 62.7 | 62.5 | 1.80 | 2.00 | | | 0.35 | 0.40 |
| 全臂长 | 50.5 | 50.5 | 1.60 | 1.50 | | | 0.32 | 0.30 |
| 腰围高 | 98.2 | 98.0 | 3.27 | 3.00 | 3.27 | 3.00 | 0.65 | 0.60 |
| 胸围 | 88 | 88 | 4 | 4 | | | 1 | 1 |
| 颈围 | 34.9 | 34.8 | 0.75 | 0.80 | | | 0.19 | 0.20 |
| 总肩宽 | 40.5 | 39.2 | 0.69 | 1.00 | | | 0.17 | 0.25 |
| 腰围 | 81.9 | 82.0 | 4 | 4 | 2 | 2 | 1 | 1 |
| 臀围 | 96.0 | 96.0 | 3.33 | 3.20 | 1.66 | 1.60 | 0.83 | 0.80 |

**2. 服装号型系列控制部位档差**

服装号型系列控制部位表具有以下几个作用：

(1) 从服装号型系列控制部位表上可以看出男、女各体型中间体十项控制部位的数值。

(2) 从服装号型系列控制部位表上可以看出各个控制部位的系列分档数值，即档差：

① 男子分档数值：身高增加或减少 5 cm 时，颈椎点高增减 4 cm，坐姿颈椎点高增减 2 cm，全臂长增减 1.5 cm，腰围高增减 3 cm。胸围增加或减少 4 cm 时，颈围增减 1 cm，总肩宽增减 1.2 cm。腰围增加或减少 4 cm 时，Y、A 体臀围增减 3.2 cm，B、C 体臀围增减 2.8 cm。

② 女子分档数值：身高增加或减少 5 cm 时，颈椎点高增减 4 cm，坐姿颈椎点高增减 2 cm，全臂长增减 1.5 cm，腰围高增减 3 cm。胸围增加或减少 4 cm 时，颈围增减 0.8 cm，总肩宽增减 1 cm。腰围增加或减少 4 cm 时，Y、A 体臀围增减 3.6 cm，B、C 体臀围增减 3.2 cm。

(3) 可以了解具有相关关系的各个控制部位之间档差比关系，通过身高可以推算出部分控制部位数值：

① 身高：颈椎点高——1：0.8（颈椎点高＝0.8×身高）。

② 身高：坐姿颈椎点高——1：0.4（坐姿颈椎点高＝0.4×身高）。

③ 身高：腰围高——1：0.6（腰围高＝0.6×身高）。

④ 身高：全臂长——1：0.3（全臂长＝0.3×身高）。

⑤ 胸围：颈围——男为 1：0.25，女为1：0.20。

⑥ 胸围：总肩宽——男为 1：0.3，女为1：0.25。

⑦ 腰围：臀围——男 YA 体型为 1：0.8、男 BC 体型为 1：0.7，女 YA 体型为 1：0.9、女 BC 体型为 1：0.8。

**（九）儿童服装号型标准简介**

GB/T 1335.3—1997《服装号型 儿童》国家标准自实施以来对规范和指导我国服装生产和销

售都起到了良好的作用，我国批量性生产的服装的适体性有了明显改善。2008年10月29日～30日，全国服装标准化技术委员会在深圳市组织召开由近40名专家、委员参加的标准审定会议。标准起草小组根据专家意见修改了国家标准《服装号型 儿童》的部分编辑性内容。最后，专家们一致同意通过对《服装号型 儿童》标准的审定。儿童服装号型标准是针对婴幼儿和儿童服装而设置。儿童服装号型与成人的差异是没有划分体型，这是由儿童身体成长发育的特点所决定的，儿童随着身高逐渐增长胸围、腰围等部位逐渐发育变化，向成人的四种体型靠拢。

**1. 服装号型系列**

成人的号型系列设置是以中间标准体为中心，向两边递增或递减，婴儿则是以52 cm身高为起点，儿童则是以80 cm身高为起点，胸围以48 cm为起点向上递增，对身高80～130 cm儿童，不分性别，身高以10 cm分档，胸围以4 cm分档，腰围以3 cm分档，分别组成上、下装系列。身高在136～160 cm男童和135～155 cm女童，身高以5 cm分档，胸围、腰围仍然以4 cm和3 cm分档，分别组成上、下装系列，其中胸围的变化范围为48～76 cm。

身高52～80 cm婴儿，上装组成系列为7.4，下装组成系列为7.3。

身高80～130 cm儿童，上装组成系列为10.4，下装组成系列为10.3。

身高135～155 cm女童，上装组成系列为5.4，下装组成系列为5.3。

身高135～160 cm男童，上装组成系列为5.4，下装组成系列为5.3。

**2. 服装号型标志**

号与型之间用斜线分开，表示为：上装150/68，下装150/60。

**3. 人体控制部位测量**

儿童人体控制部位有九项，即身高、坐姿颈椎点高、全臂长、腰围高、胸围、颈围、总肩宽、腰围、臀围等。

**4. 服装号型各系列分档数值**

儿童服装号型控制部位分档数值见表1-39。

**表1-39 儿童服装号型控制部位分档数值** 单位：cm

| 部位 | 分档数值<br>身高80～130儿童 | 分档数值<br>身高135～160男童 | 分档数值<br>身高135～155女童 |
|---|---|---|---|
| 身高 | 10 | 5 | 5 |
| 坐姿颈椎点高 | 4 | 2 | 2 |
| 全臂长 | 3 | 1.50 | 1.50 |
| 腰围高 | 7 | 3 | 3 |
| 胸围 | 4 | 4 | 4 |
| 颈围 | 0.80 | 1 | 1 |
| 总肩宽 | 1.80 | 1.20 | 1.20 |
| 腰围 | 3 | 3 | 3 |
| 臀围 | 5 | 4.50 | 4.50 |

**（十）国外服装号型标准**

**1. 日本男装号型与参考尺寸**

日本人体特征与我国相近，男装规格无论是科学程度还是标准化、规范化、专业化水平都是世界一流的，因此日本号型研究对我国服装成衣生产有很强的借鉴意义，可以作为我国男装成衣设计、生产和选购的参考。日本成衣规格以JIS（日本工业标准）作为基础，男装规格亦是以此作为根据制定的。围度表示以胸围净尺寸作为代码，如90、92、94等。体型类别以胸围和腰围之差划分为七种体型，即：Y表示肌健体型，两项差为16 cm；YA表示瘦体型，两项差是14 cm；A表示普通型，两项差为12 cm；AB表示稍胖型，两项差为10 cm；B表示胖体型，两项差是8 cm；BE表示肥胖体型，两项差是 ；E表示特胖体型，两项差为0，当体型代码不能覆盖时，可以采用2Y……和2E……的特殊代码。身高有八个等级，1表示身高为150 cm，每升一档增加5cm，即155 cm（2）、160 cm（3）、165 cm（4）、170 cm（5）、175 cm（6）、180 cm（7）、185 cm（8），配合体型特殊代码也可推出9……的特殊身高。由此构成了总括人体（亚洲型）的系统规格（此表示法亦适用于女装），再加上必要的参考尺寸，就获得了男装规格和参考尺寸的全部信息。

国外服装规格标志与我国服装号型的表示有所区别。国外服装号型规格常用英文字母和一个数字表示，具体体型标志是：

Y型——表示胸围、腰围差16 cm；

YA型——表示胸围、腰围差14 cm；

A型——表示胸围、腰围差12 cm；

AB型——表示胸围、腰围差10 cm；

B型——表示胸围、腰围差8 cm；

BE型——表示胸围、腰围差4 cm；

E型——表示胸围、腰围差2 cm或相差很小。

**2. 国外服装号型常识**

身高标志：1表示身高150 cm；2表示身高155 cm；3代表身高160 cm以此类推，数字每增大一位代表身高增加5 cm，身高最大的代表数是“8”，代表身高185 cm，例如“AB5”表示服装适合身高170 cm，胸围、腰围相差10 cm的人穿用。

国外服装的号型规格也有简化或英文字母。英文标志如下：

L——表示大号服装；

M——表示中号服装；

S——表示小号服装。

上装尺码为：

01码表示代码为：“XXS”；

02码表示代码为：“XS”；

03码表示代码为：“S”；

04码表示代码为：“M”；

05码表示代码为：“L”；

06码表示代码为：“XL”；

07码表示代码为：“XXL”。

## 二、服装成品规格设计

成衣（简称RTW）是指以标准尺寸批量化工业生产的服装。服装成品规格设计就是以服装号型标准为依据，对具体产品的各个控制部位尺寸规格进行确定的工作。成衣规格设计的任务就是将人体尺寸转化成服装成品尺寸。它以服装号型为依据，根据服装款式、体型等因素，加不同的放松量来制定出服装规格，满足市场的需求。

服装成品规格设计总体上有上装与下装之分。上装一般是指衣长、胸围、肩宽、领围和袖长等主要控制部位规格设计，在生产领域还包括袋位、袋口大、袋口长、省长、领尖长、袖口大、肩袢长等细节部位。下装一般是指裤（裙）长、腰围、臀围等主要控制部位规格设计。在生产领域还包括直档、横档、脚口大、前后龙门、袋口大、省长、腰头宽等细节部位。

### （一）成衣规格设计的性质

**1. 商品性**

成衣规格设计是以服装号型标准为依据，并在考虑服装穿着对象、品种用途、款式造型等特点基础上，为具体的服装产品设计出相应的加工数据和成品规格尺寸。成衣是投放到市场上的商品，是要被消费者选购的，对于个别体型的特殊要求，不能作为成衣规格设计的依据，成衣规格设计必须考虑到适应成衣投放地区多数人的体型和规格的要求，将人群中具有共性的体型特征作为研究对象，不能以个别或部分人的体型和规格来进行规格设计。因此成衣的规格设计必须以服装号型标准为依据。

**2. 相对性**

服装具体款式的造型风格首先要靠规格尺寸来体现，成衣规格设计必须依据具体款式的要求来确定相应的规格设计。由此可以说对同一服装号型，由于服装的具体产品不同，就有不同的规格设计。在制定成衣规格时，除了严格按号型标准执行外，为了使成衣规格设计有较强的通用性、兼容性、需要充分发挥技术设计内容掌握基本服装各部位的加放量，包括长度、围度、宽度等，因为成衣规格设计是指符合人体尺寸和人体活动所需放松量的总和，其中前者称为静态因素，为相对稳定的内容；后者称为动态因素，属于变化范围较广的内容。如衬衫、连衣裙、西装、夹克、大衣、风衣等品种，即使是同一体型，由于穿着场合，用途等条件不同，各品种的规格尺寸也是不相同的。这就是根据动态条件因素的变化规律，使服装规格达到合体、适穿、舒适等活动的技术设计。

**3. 适应性**

在制定成衣服装规格时，除了掌握标准体型外，还要适应特殊体型及特殊穿着要求，有意识地增大或缩小某部位尺寸的变化规律。因为服装除了实用功能外，它还具有修饰体型、美化服装等功能。如在太太服装中，有意地增加衣长尺寸，增加肩宽尺寸有利于表现吸腰造型。成衣规格来源于人体尺寸，但不等于人体尺寸，但还要适应不同的流行变化。如流行的超长、超大、超宽风貌服装和追求过短、过小、过窄和局部分体等风格的款式造型，都是符合人们追求新奇心理状况下，采用夸张比例的造型艺术，有意模糊成衣服装规格尺寸，使服装达到更多人穿着，而且穿着合体。成衣服装规格年年在变，并且向科学性、合理性方向改变。样板师一定要注意到成衣规格中的微小变化，会给服装板型改进带来意想不到的效果。

**（二）服装号型系列的选择**

**1. 服装号型覆盖率做为号型系列的选择**

成衣规格设计的第一项工作是服装号型系列的选择，人体体型和服装号型覆盖率，可以做为选择号型系列的依据。每种服装生产前都应确定市场销售的地区、对象，然后要依据销售地区、对象的人体体型状况选择服装号型，组成系列，设计规格。国家服装号型标准中列举了全国和各省市人体体型和服装号型覆盖率，可以做为我们选择号型系列的依据。当然更可靠的还应实地再调查一下做为补充，使服装号型系列确定更加完善。

一般以服装号型覆盖率大的来设置产品的号型系列，通过覆盖率决定每一个号型的服装生产量，这样才能保证生产的服装适应多数消费者，防止因规格设计不合理造成服装在市场上的积压或供不应求。

覆盖率的第二作用就是决定在服装号型系列中每一个号型的服装生产量。服装工业生产中，是不能等量的生产所有选定的号型服装，必须根据当地习惯、消费市场情况与人体状况选用服装号型系列，并决定不同服装号型的不同生产量。

**2. 服装号型系列选择要兼顾上、下装尺寸配套**

服装号型系列选择也要兼顾上、下装尺寸配套。上、下装配套实际是胸围与腰围的搭配问题，二者差形成体型分类。服装号型选择可以首先确定消费群的方向，根据消费群选定覆盖率大的或较大的体型分类，以此作为上、下装搭配的服装号型系列选择依据，确定其相互配合的上装或下装的号型系列。

**3. 中间体数值及号型系列一经确定，服装各部位的分档数值也就确定**

在成品规格设计中，如果标准文本中已确定男女各类体型的中间体数值，不能自行变动。号型系列和分档数值不能变，标准文本中已规定男、女服装的号型系列是 5.4 系列和 5.2 系列两种，不能另用别的系列。号型系列一经确定，服装各部位的分档数值也就相应确定，不能任意变动。

**(三) 服装产品的号型配置**

在成衣生产中，必须是一个款式多种规格生产，当服装号型已选定的情况下，还应确定服装号型系列。服装号型组成系列就是服装号型的配置，其选择也必须依据市场情况，使选定的服装号型系列尽可能覆盖面大，同时每批服装号型系列尽可能少，简化服装生产管理。

设男 A 体，选用表 1-23 中 160—180 五个号、80—96 五个型组成服装号型系列，服装号型的配置形式有三种。其配置形式为：

**1. 同步配合**

同步配合是型与号形成同增或同减一种配置，是服装生产厂家常用的一种服装号型的配置形式。即 160/80A、165/84A、170/88A、175/92A、180/96A。

**2. 一号多型配合**

一号多型配合选择某一号与多个型进行配合的形式，一般此种配置在生产同一批服装中不单独使用。即 170/80A、170/84A、170/88A、170/92A、170/96A。

**3. 一型多号配合**

一型多号配合选择某一型与多个号进行配合的形式，一般此种配置在生产同一批服装中也不单独使用。即 160/88A、165/88A、170/88A、175/88A、180/88A。

一种号型系列配置，就必须推放一套工业样板。

**(四) 服装成品规格的确定**

所谓成品规格设计就是对服装各个控制部位的尺寸、规格进行确定的工作。成品规格是已经在净尺寸基础上加入了款式放松度的数值，服装成品规格的确定有四种形式：

**1. 以国家号型标准为依据，加入款式放松量，确定服装成品规格**

(1) 确定服装成品规格，可以先设定中间体，以中间体为中心，按各部位分档数值，依次递减或递增组成规格系列。

(2) 影响服装成品规格放松量的因素有很多，放松量要根据不同品种、款式、季节气候条件、面料性能、地区、年龄、对象、人体运动量的大小、穿着的舒适程度、衣料质地的厚薄软硬因素以及穿着习惯和流行趋势的规律随意调节，而不是一成不变。

(3) 在号型标准向服装规格的转化中，单独的号型标准还不能裁制服装，需要通过控制数值转化成服装规格，考虑服装造型、地区、消费者的体型特征、穿着习惯、季节与流行要求，按国家服装号型标准和控制部位数值，因地制宜地确定，同时还需对各型进行技术处理。

① 腹部：人体胖在哪里，衣片就在此部位盖住的原则。

② 背部：人体越胖，背部的脂肪也随之加厚，主要是通过加大肚省与腋省的办法加以解决。

③ 腰部：对于胖体可以放大腰口与向上放长的办法。

④ 臀部：胖体型的人由于腰部扩大形成臀部相对平坦，在处理裤子时，后裆缝的倾斜度应减少，后翘就降低。

(4) 在进行服装规格设计之前首先要确定服装的控制部位，依据国家服装号型标准中的十项控制部位数据，加上一定的放松量，从而确定服装成品规格。

上装控制部位有：衣长、袖长、胸围、总肩宽、领围等；下装控制部位有：裤长、腰围、臀围、立裆长等。服装控制部位数值等于人体控制部位数值加上放松度（表1-40）。

服装衣长＝人体坐姿颈椎点高±放松度；

服装袖长＝全臂长±放松度；

服装裤长＝人体腰围高±放松度；

立裆长＝坐姿颈检椎点高－（颈椎点高－腰围高）± 放松度＋内衣厚度；

领围＝颈围＋放松度＋内衣厚度；

服装肩宽＝人体总肩宽±放松度＋内衣厚度；

服装腰围＝人体净腰围＋放松度＋内衣厚度；

服装胸围＝人体净胸围＋放松度＋内衣厚度。

**表1-40　人体控制部位数值向服装规格转化数值表**　　单位：cm

| 部位＼放松度＼款式 | 男衬衣 | 女衬衣 | 男夹克衫 | 男西装 | 女西装 |
|---|---|---|---|---|---|
| 胸围 | 20～22 | 12 | 26 | 16～20 | 12 |
| 领围 | 1.5～2 | 1.5～2 | 7 | 6 | 5 |
| 总肩宽 | 1.5 | 1 | 3.8 | 1～2 | 1 |
| 前衣长 | 5.5 | 2.5～3.5 | 4.5 | 7.5 | 3.5～4 |
| 袖长 | 2.5 | 2.5 | 2.5 | 3.5 | 3.5 |
| 臀围 | | | | 12 | 10 |

注：后衣长按1/2颈椎点高计算。

**2. 直接从实物样品上获取规格数据**

直接从实物样品上获取规格数据，作为服装制图时的依据。这种方法更适用于来样加工，简称量衣法确定规格，其操作要点为宽松型服装，一般把实物样品横平竖直摆平，依据测体的顺序，把样品各部位测量准确；对立体感强的服装穿在模型架上测量衣长、肩宽、袖长，其他部位放平测量。测量部位上装一般是衣长、胸围、领围、袖长、总肩宽；下装一般是裤长、腰围、臀围。

**3. 从测体取得数据构成服装成品规格**

服装成品规格直接来源是人体，通过人体测量，在取得净体尺寸数据的基础上，加上适当的放松量后，即能构成服装成品规格，此种方法更适合单件及小数量生产加工。

**4. 订货单位提供数据，编制服装成品规格**

成批生产的产品通常由要货单位提供数据编制服装成品规格。对提供的数据，首先要弄清规格的计量单位是公制、英制、市制，其次要弄清所提供的规格是人体净尺寸还是加入放松度在内的成衣尺寸，还要弄清各部位尺寸的测量方法，如：衣长规格有的是指前衣长，有的是指后衣长。对服装成品规格中项目不全的应按具体款式要求补全。

**（五）服装控制部位规格设计**

服装控制部位是指服装与人体相吻合的主要部位。上装的控制部位有：胸围、衣长、袖长、领围、肩宽等，合体服装还可加腰围、臀围、袖口大等。下装的控制部位有：裤长（裙长）、腰围、臀围，另外裤装要增加脚口大、直裙要增加臀高。

成衣规格设计实质上是对服装控制部位的尺寸的确定。服装规格设计有两种方法：一种是按款式效果图中人体各部位与衣服间比例关系；另一种是根据经验确定放松量，从而确定服装的规格。第一种方法注重款式造型的审视，第二种方法适合于款式比较固定的服装。

**1. 按头身比设计**

将人体按正常的比例分成7.3个头身，按标准体160 cm计算，头长=22 cm，按此头长分别对效果图中的衣服所占的头长数进行换算，可大体得到衣服各部位的长、宽。

**2. 按与人体腰围线（WL）的相互关系设计**

将效果图中人体WL标出，由于效果图的夸张是在WL以下部位进行，而WL以上部位仍保持真实情况，故袖窿深、领止点、袖长、衣长（应考虑减去WL以下夸张的成分）等部位都可参照WL，以各部位与WL的相互关系进行计算。一般这种方法较合理，且能用设计图中的款式造型进行分析则更准确。

**3. 按与身高（G）、净胸围（B′）相互关系设计**

实际生产中成衣规格则更多地以身高G、净胸围B′为参照物，以效果图的轮廓造型进行模糊判断，一般控制部位的规格按下述公式设计：

(1) 衣长（FL）：衣长常用衣片下摆位置占身高的比例关系来确定，也可以根据流行来自由选择，常用品种衣长估算见表1-41。

背心FL=0.25G+14 cm左右；

短上衣FL=0.3G+12 cm左右；

西服FL=0.4G+9 cm左右；

中长上衣FL=0.5G+10 cm左右；

长上衣FL=0.6G+20 cm左右。

**表1-41　常用品种衣长估算表**

| 品种 | 女装 | 男装 |
| --- | --- | --- |
| 西装、外套 | 40%～42%身高上下 | 43%～45%身高上下 |
| 短大衣 | 48%身高上下 | 50%身高上下 |
| 中长大衣 | 60%身高上下 | 62%身高上下 |
| 长大衣 | 65%～85%身高上下 | 70%身高上下 |
| 衬衣 | 40%身高上下 | 42%身高上下 |
| 背心 | 30%身高上下 | 30%身高上下 |

(2) 胸围：服装规格设计的关键在于服装放松量的选择，胸围放松量尤其重要。放松量可以满足人体活动的需要，可以容纳内衣的层数，可以表现服装的形态效果。前两种属于功能性放松量，较稳定，变化幅度小，后一种属于装饰性放松量，可塑性大。

① 基本放松量：基本放松量直接影响服装穿着的舒适性。基本放松量包含胸部基本呼吸量（3 cm左右）及躯干基本活动量（占净胸围的12%左右）。

② 层数放松量：外层服装要考虑内层服装厚度的放松量。一般厚度1 cm的内层服装会使胸围围度增加6 cm。薄毛衫增加放松量2cm左右，厚毛衫增加放松量4 cm左右，衬衣的厚度可以不考虑。

③ 款式放松量：根据款式风格要求追加的放松量。较宽松型服装需要追加10 cm左右的放松量，宽松型服装需要追加16 cm以上的放松量。

胸围=净胸围+基本放松量+层数放松量+款式放松量（当贴体服装款式放松量较小时，要考虑基本放松量。当宽松服装款式放松量较大时，基本放松量不用考虑）

(3) 肩宽：一般可以通过测量，也可以在净肩宽的基础上根据款式特点增大或缩小。

**4. 服装控制部位规格设计**

服装控制部位的规格是检验服装成品质量的重要依据，也是计算服装样板细部尺寸的依据。它以服装号型系列的人体控制部位的数值为依据，再根据具体款式设定必要的放松量。

服装各部位放松量确定，目前在国家标准上没有规定，因为现在各服装厂生产的服装品种很多，变化也快，有些省市在贯彻落实国家服装号型标准时对常用的服装品种的放松量提供了参考数据。放松量以款式造型、服装的功能、用途、季节、适应人群、性别、面料等来进行确定。

服装控制部位的规格设计分两步进行，首先设计服装号型系列中间体各服装控制部位的规格，然后按服装号型系列的控制部位档差，推出其余服装号型各控制部位的规格。计算公式如下：

服装控制部位规格＝人体控制部位数值＋放松量

服装控制部位分档数值＝人体控制部位分档数值

**（六）编制服装规格系列表**

服装规格系列表表示了生产服装的具体尺寸规格，它是服装生产中推放工业样板、组织服装加工生产、服装检验的指导性技术文件。

（1）选定号型系列和人体体型。如男上装5.4系列，A体型。

（2）确定号型系列设置。如号与型的同步配置，160/80A、165/84A、170/88A、175/92A、180/96A

（3）列出中间体与服装规格有关的控制部位尺寸与档差。如衣长、胸围、肩宽、领围、袖长等。

（4）根据服装规格计算公式确定中间体规格，再根据各部位档差，推算其他体型各部位规格。服装规格系列表见表1-42～表1-44。

**表1-42 男西服规格系列表**

单位：cm

| 控制部位 | 号型 | | | | | 档差 |
|---|---|---|---|---|---|---|
| | 160/80A | 165/84A | 170/88A | 175/92A | 180/96A | |
| 胸围 | 98 | 102 | 106 | 110 | 114 | 4 |
| 衣长 | 72 | 74 | 76 | 78 | 80 | 2 |
| 袖长 | 55 | 56.5 | 58 | 59.5 | 61 | 1.5 |
| 肩宽 | 42.6 | 43.8 | 45 | 46.2 | 47.4 | 1.2 |

**表1-43 翻领暗门襟插肩袖中长男大衣规格系列表**

单位：cm

| 控制部位 | 号型 | | | | | 档差 |
|---|---|---|---|---|---|---|
| | 160/80A | 165/84A | 170/88A | 175/92A | 180/96A | |
| 胸围 | 108 | 112 | 116 | 120 | 124 | 4 |
| 衣长 | 85 | 88 | 91 | 94 | 97 | 3 |
| 袖长 | 56.5 | 58 | 59.5 | 61 | 62.5 | 1.5 |
| 肩宽 | 44.4 | 45.6 | 46.8 | 48 | 49.2 | 1.2 |

**表1-44 立领刀背分割夹克衫规格系列表**

单位：cm

| 控制部位 | 号型 | | | | | 档差 |
|---|---|---|---|---|---|---|
| | 165/80A | 170/84A | 175/88A | 180/92A | 185/96A | |
| 胸围 | 96 | 100 | 104 | 108 | 112 | 4 |
| 衣长 | 66 | 68 | 70 | 72 | 74 | 2 |
| 袖长 | 55.5 | 57 | 58.5 | 60 | 61.5 | 1.5 |
| 肩宽 | 45.4 | 46.6 | 47.8 | 49 | 50.2 | 1.2 |

# 第二章 服装工业样板推放技术

## 第一节 服装工业样板推放的基本原理与依据

### 一、工业样板推放的意义与要求

**1. 服装工业样板推放的意义**

(1) 服装工业样板推放可以提高对同一服装款式制板的速度和组织工业生产的效率。

(2) 可以为服装工业生产提供一整套裁剪、工艺制作样板，作为工厂较永久的技术档案。

**2. 服装工业样板推放的要求**

(1) 原料在服装缝纫、熨烫、后整理及面料裁剪过程中都会产生收缩现象，制作服装工业样板时必须考虑其诸因素的影响，加放一定的自然回缩率。在制作工业样板的基础板前，应进行自然回缩率的测定，当自然回缩量达到每片衣片 0.5 cm 以上，则必须进行加放自然回缩率，自然回缩率可以在基础板的制板中加入。要求对服装工业样板推放中的一些技术数据有充分了解，并了解服装工业生产的一般规律和工艺流程、工艺要求。

(2) 服装工业样板推放是一项技术性和科学性很强工作，计算、绘制要严谨，细致、规范，制作样板裁剪要准确。

服装工业生产中，要求同一款式的服装生产多种规格的产品，以满足不同身高和胖瘦穿着者的要求，为了使样板在从大到小的变化中不走型，保持系列关系，并提高生产效率与产品质量，企业都先确定一个规格的样板，俗称“基准样板”或“母板”。基准样板可以是系列样板中任意一个号型样板但为最大程度的减少误差，其基准样板的号型通常选择规格系列表中的中间号型板。另外用于推板的样板已经考虑了材料的缩率并且应是加放完缝份、贴边，经过试样、复核准确的样板。

(3) 服装工业样板推放中的一切技术文件要妥善保管。

(4) 明确推板的号型系列。推板之前必须确定推板的规格数和主要控制部位各规格的档差。国家号型标准中通常主要控制部位档差是有规则的档差，但有的企业生产任务单上的档差是不规则的，也有一些零部件当规格不多时，不需要推板。

### 二、服装工业样板推放的基本原理与依据

**1. 样板缩放原理**

推板的原理来自于数学中任意图形的相似变换，各衣片的绘制以各部位间的尺寸差数为依据，逐部位分配放缩量。但推画时，首先应选定各规格纸样的固定坐标中心点，成为统一的放缩基准点，各衣片根据需要可有多种不同的基准点选位。

推板有两条关键的原则：一是服装的造型结构不变，是“形”的统一；二是推板是制板的再现，是“量”的变化。

**2. 服装工业样板缩放的依据**

(1) 首先明确规格系列，确定基准样板；

(2) 绘制标准基准样板纸样；

(3) 确定坐标系及基准线；

(4) 档差的确定。

### 三、样板缩放的基础

**1. 坐标系的选择原则**

(1) 计算方法简单，被推放的服装样板不变形。服装工业样板推放应是“量”与“型”的完

美和谐统一，“量”是为“型”服务的，型的准确是服装样板的最终目的。推板过程中设立的坐标系，应使得档差和部位差的计算方法简单，而且保证样板推放后，仍是各个衣片的相似形。

(2) 误差小。坐标系的选择可以任意，并灵活。坐标系可以选定在样板的中间，各部位相对坐标系原点呈放射状；坐标系也可以选定在样板的边缘或一端，各部位相对坐标原点呈单向放射状。但不论选择在何处，推放样板过程中应使其系列误差小。因此服装样板型号多时，最佳的坐标系应选在样板的中间，并且距服装的关键部位较近。

(3) 样板间的结构线重叠交叉少。推板后各个号型的样板之间的结构线重叠交叉少，有利于各号型样板结构线的准确绘制。

**2. 基准线的确定**

按以上坐标选择原则，基准线的选择为：

(1) 上装衣身。纵坐标一般为胸宽线、背宽线或背中心线、前中心线；横坐标为袖窿深线或腰围线。

(2) 袖。一片袖的纵坐标为袖中线、横坐标为袖肥线或袖肘线；二片袖的纵坐标为前偏袖线、横坐标为袖肥线或袖肘线。

(3) 裙。纵坐标选择前、后中心线，侧缝线；横坐标选择在裙长线、臀围线、下平线。

(4) 裤。纵坐标选择烫迹线、侧缝线、横坐标选择裤长线、横裆线、中裆线下平线。

**3. 服装样板缩放细部档差的设计**

服装工业样板缩放的实质上是求出服装平面图形的各个工艺点的纵向和横向位移变化量，这个变化量就是各个工艺点纵向和横向的档差数。其差数的来源有：

(1) 各控制部位的规格档差数，或者是来样加工时客户提出的规格档差数。

(2) 服装平面结构设计的各部位比例计算公式，以此求出各工艺点纵向和横向档差数。

(3) 经验调整差数。推放服装样板时，按各个部位比例计算公式和控制部位差数来计算，有时会出现与人体发展不合比例或与整体图形不成比例，使推板后的图形发生形的改变，可加入一定的经验调整差数。

(4) 纵、横向线段长与相关的总线段长的比率。当遇到服装款式变化复杂、分割线多的工业样板推放时，可以依据同一坐标系下相似形各对应边成比例的数学原理，求出其比率，得到差数。

纵或横向档差量 = 纵或横向线段长占总线段长的比率 × 该总线段增量

首先以线段的增减为例：现有线段 AB，将其变化为 A′B′、A″B″，其增减量为 10 cm，增减量即为档差量。图 2-1 为线段的档差确定图。

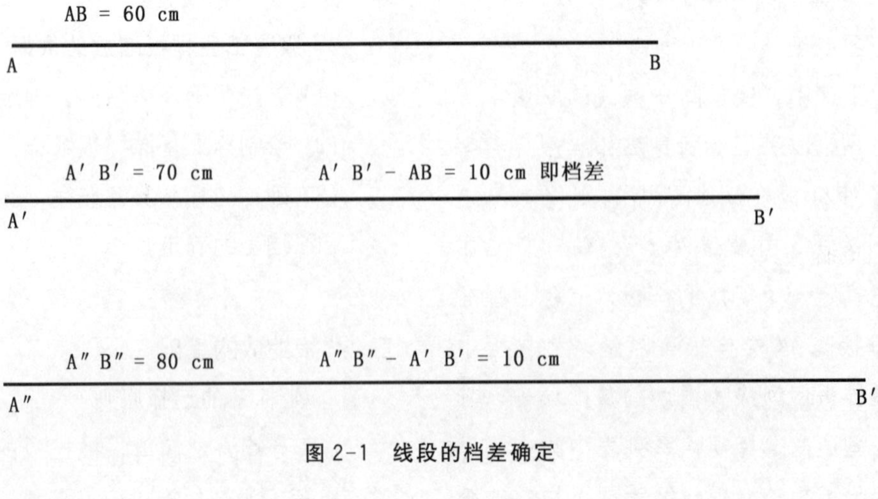


图 2-1 线段的档差确定

在总档差不变的情况下，线段的长度变化可以以线段的端点或线段中的某一点为原点。比如，AO 线段是 AB 线段总长中的一部分，当 AB 增加 10 cm，AO 线段是 AB 线段长度的几分之一，那么，AA′线段也就增加 10 cm 的几分之一。计算如下：

$AA' = AO/AB \times 10 = 1/2 \times 10 = 5$ cm（图 2-2 为线段的推放方法）。

而图形面积的扩大或缩小需要横纵两个方面的变化，研究了线段的长度增减以后，我们再以正方形面积的增减为例，研究有规则图型面积变化时坐标系及档差的确定。

假设以正方形为基准样，推出任意大小的正方形，可取的坐标轴有许多种。例如，□ABCD 的边长为 50 cm，将□ABCD 放大为边长为 60 cm，档差横纵方向均为 10 cm，试确定最佳的坐标轴的位置。图 2-3 为不同坐标系下各对应点的推放图。

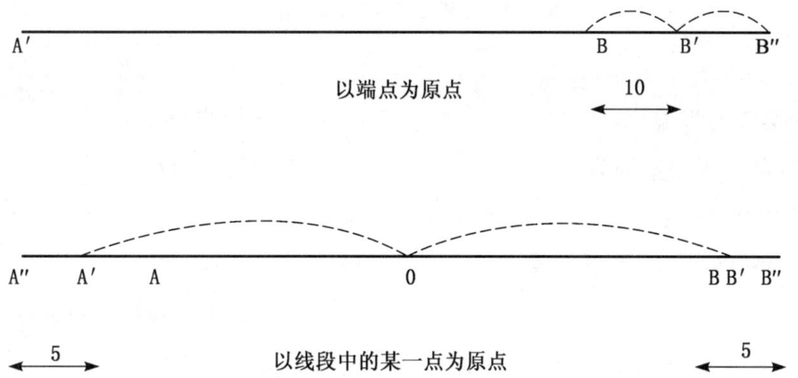


图 2-2 线段的推放方法

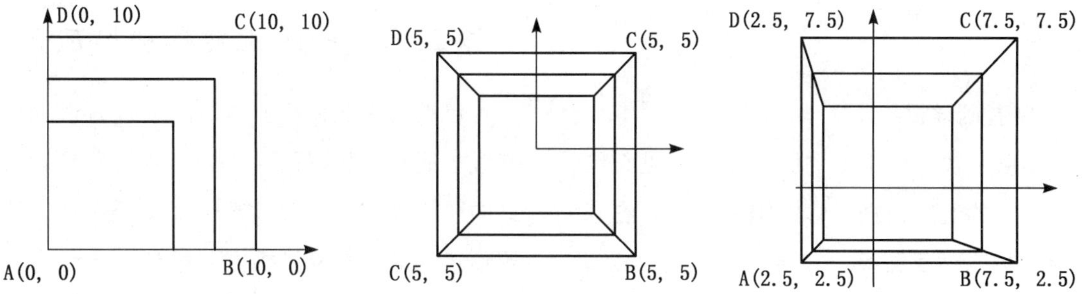


图 2-3 不同坐标系下各对应点的推放

从图 2-3 中可以看出，当基准线位于所推图形的一侧时为单向缩放，当基准线位于所推图形的两侧时为双向缩放，随着坐标系的变化，各点与原点的距离不同因而不同坐标系下各点的推放数值也不相同。

在正方形推放过程中我们也发现各档样板对应点的连线距离相等，通常把各档样板对应点的连线称之为分度线。根据这一特性我们在服装样板推放时先确定各点分度线的长度和形态，得出其他号型样板对应点，然后再把对应点连线绘制出各档样板的图形。图 2-4 为基准线与样板推放的变化图。

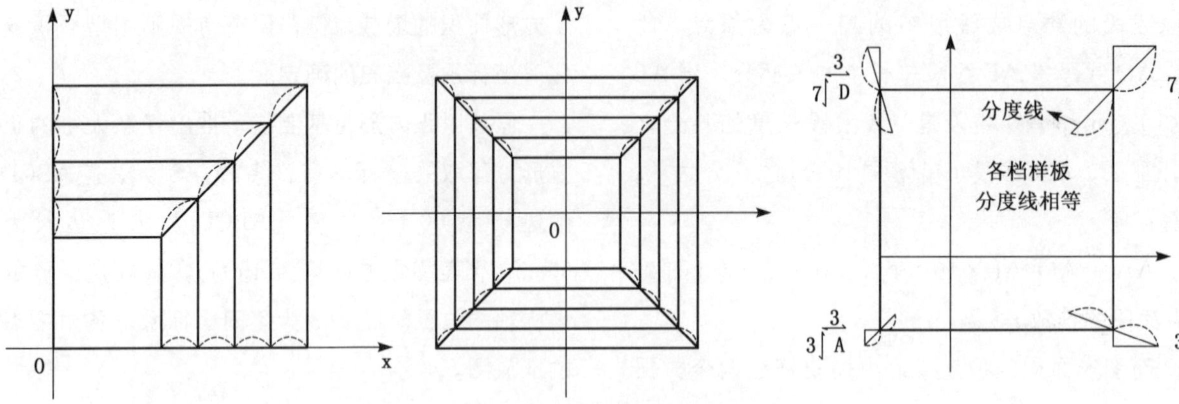


图 2-4 基准线与样板推放的变化

## 四、服装工业样板推放的步骤

**1. 编制服装产品的规格系列表**

(1) 确定服装具体款式的号型：要依据服装投放市场和服装的功能、对象等因素来讨论确定。

(2) 根据实际需要进行服装号型系列的配置，一般选择同步配合的为多。

(3) 根据号型系列人体控制部位的尺寸，具体计算出服装控制部位的规格，编制出规格系列表。

**2. 绘制基础样板**

按具体服装款式已确定的服装结构图进行绘制，规格尺寸的选定依据具体的推板方法，在基础板上要加放自然回缩率。如果用毛样板推放，在基础板上应放上缝份与贴边，分解样板时不再加入缝份与贴边。也可以采用净样板推板，在分解各服装样板时再加入缝份与贴边。

检查基础板各部位尺寸和结构线是否准确，相关结构线是否吻合。

**3. 推放工业样板**

(1) 选定合理、方便的坐标系。

(2) 根据推板的方法和原理，计算并确定各个部位的档差和其运动轨迹，然后用曲线或直线依次连接各服装样板的相邻点，得到服装系列样板。

**4. 分解样板**

(1) 按具体缝制要求、具体样板用途进行分解样板，一个号型一个号型地绘制出全套服装样板。

(2) 在具体的服装样板上标注出产品编号、型号规格、样板的类别、数量和纱向。

(3) 按样板类别和缝制要求加入适当的缝份与贴边（毛样基准板除外）。

# 第二节 服装工业样板推放方法

目前国内服装行业常用的推板方法主要有切开线放码和点放码两种。切开线放码是对衣片作纵向和横向分割，形成若干个单元衣片，然后按照预定的放缩量及推板方向移动各单元衣片，使整体衣片的外轮廓符合推板的规格要求。点放码是将衣片的各个控制点按照一定的比例在二维坐标系中移位，再用相应的线条连接各放码点从而获得所需规模的衣片。这两种推板方法虽然形式上有所不同，但原理是一致的，都是一种放大与缩小的相似形。推板的具体操作还有许多方法，归纳起来有以下四种。

## 一、点放码推板

以标准样板作为基础，根据数学的相似形原理，按照坐标系所在位置及各规格和号型系列之间的差数，确定各样板控制点横纵向档差数值。此方法既可用于手工推板，也是电脑推板最常用的方法。相关服装 CAD 软件有 NAC2000 系统、ARISA 系统、富怡系统、ECHO 系统、台湾微纺 LAVE-IC 系统、樵夫系统、Accumark 系统、Lectra 系统、德国 As-syst 爱斯特系统、西班牙 Investronic-A 艾维系统、加拿大 Pad 派特系统、日本 Toray 系统、日本 Shima 系统等。图 2-5 为点推板放码时确定各控制点横纵向档差数值图，图 2-6 为输入各点横纵向推板数值放大缩小样板图。

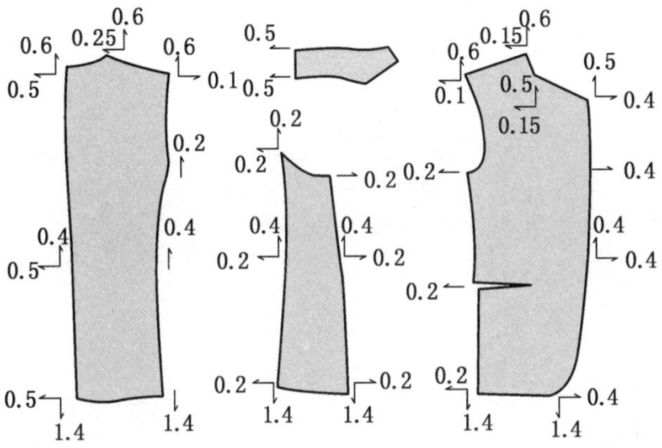


图 2-5 确定各控制点横纵向档差数值

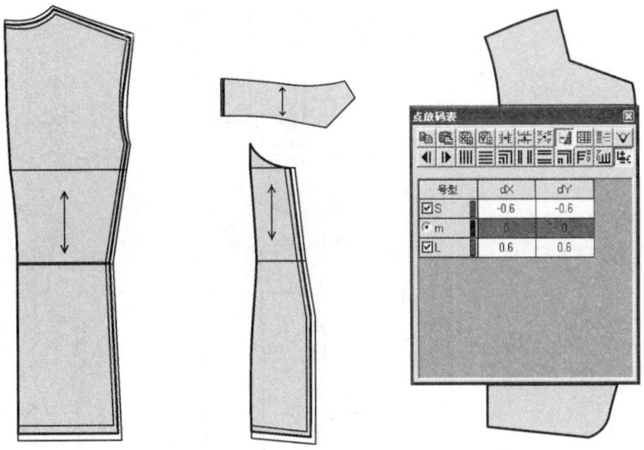


图 2-6 输入各点横纵向推板数值放大缩小样板

## 二、切开线推板

一般在电脑辅助系统中采用这种方法，其原理是将衣片剪开，根据档差数值拉开衣片，大号拉开档差的距离，小号重叠档差的距离。这种推板方式简单易学，并且推板速度很快。

切开线有三种形式：一是竖向画切开线，沿水平方向放缩围度和宽度；二是横向画切开线，沿垂直方向放缩长度；三是输入斜向切开线，沿切开线的垂直方向放缩。切开线的位置是根据放缩部位来确定的，要合乎放码规律。比如要推领宽，就在领宽的部位画出纵向切开线，推窿深就在窿深的位置画出横向切开线。一个部位少则一条切开线，多则几条切开线，切开线的多少根据推板师自己的经验而定，没有定规。图 2-7 就是一件夹克的切开线位置及剪开量分布图，图 2-8 为切开法推板的程序图。不同的样板片，如果放缩量相等，切开线一条贯穿的画出效率比较高，比如图 2-7 的后片面和后片里的纵向切开线、前片面里和后片面里的横向切开线都是一条贯穿画出的。图 2-9 为富怡剪开线电脑推板演示图。

## 三、摞剪法推板

此种方法需要较熟练的技艺，以最小规格为基准绘制标准样板，再把需要推板的号型规格系列样板剪成与基准样板近似的轮廓，然后将全系列规格纸样大规格在下，小规格在上，按照各部位规格差数逐段推剪出需要的规格系列纸样。适用于款式变化快的小批量、多品种的纸样推板，目前已不多用。一般常用的“档差推画法”有两种形式：一是以标准板为基准，把其余几个规格在同一张纸板上推放出来，然后再一个个地使用滚轮复制，最后校对一边。二是以标准板为基准，先推放出相邻的一个规格剪下并与标准板核对，在完全正确的情况下，再以该板为基准，放出更大一号或更小一号的规格，以此类推。摞剪法推板方法见图 2-10。

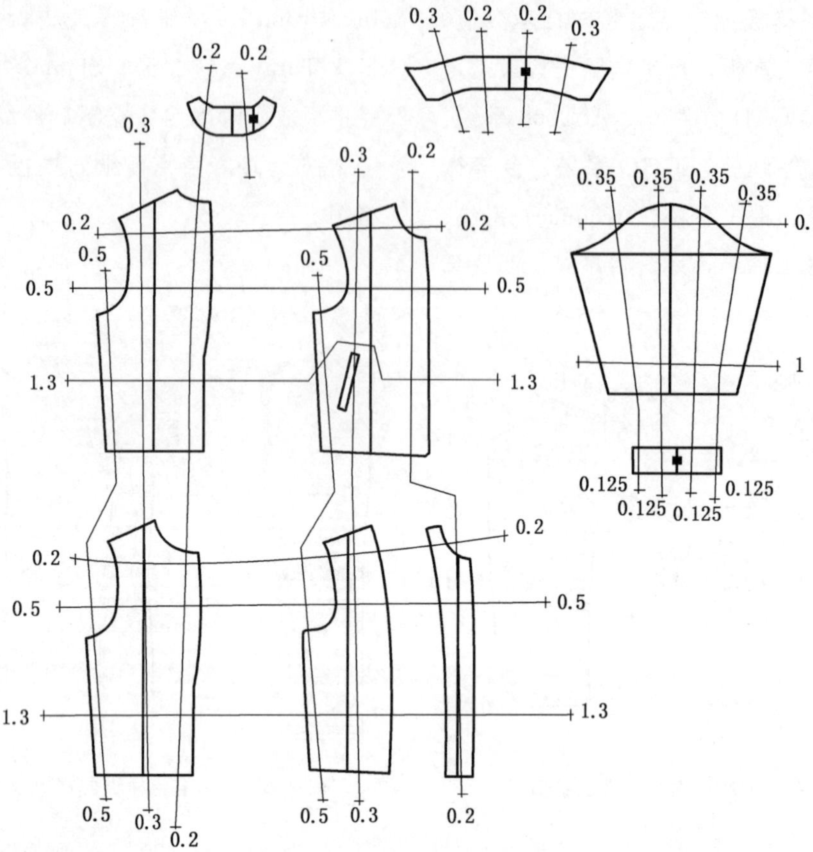


图 2-7 切开线及切开量的确定

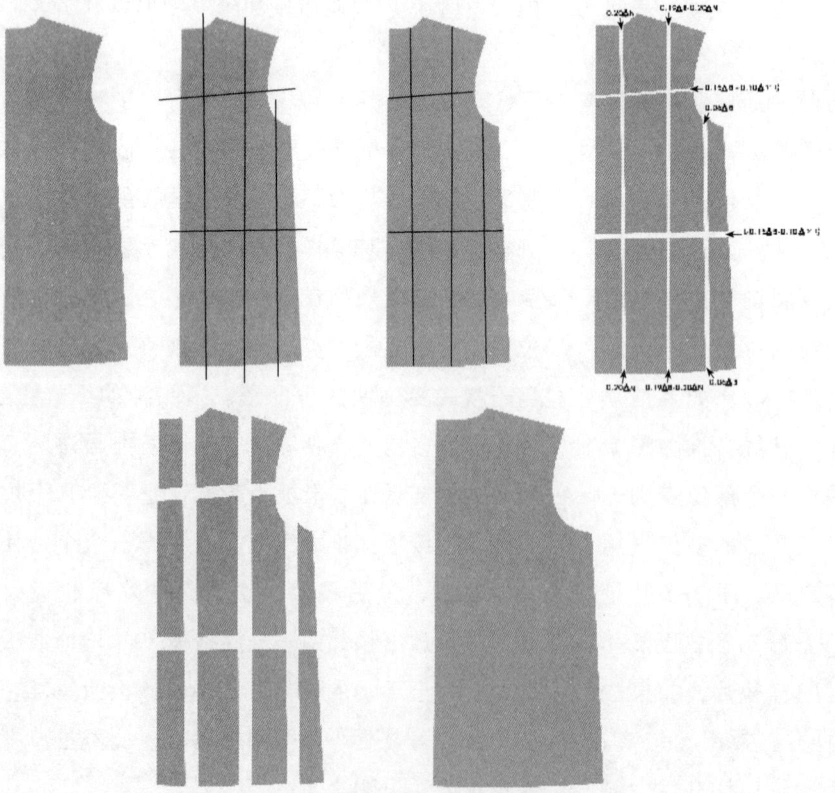

图 2-8 切开法推板的程序图

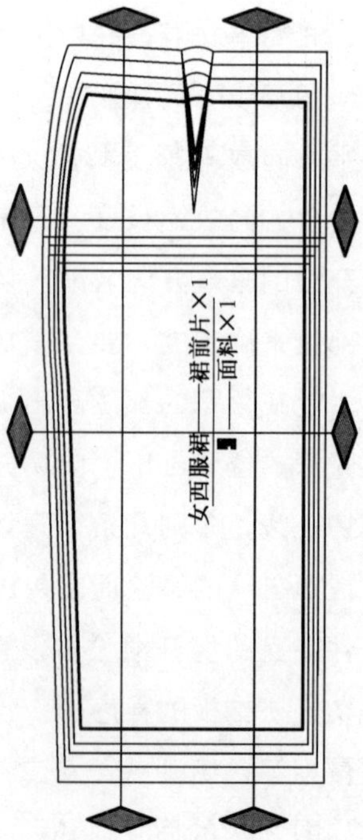


图 2-9 电脑推板演示

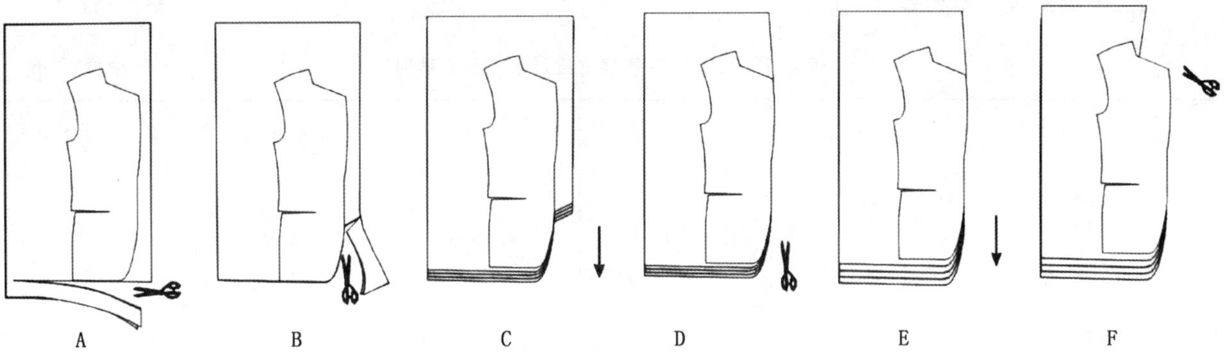


图 2-10　摞剪法推板演示

## 四、等分法推板

等分法就是在服装产品规格系列中选定大、小两个号型，按已设计好的结构图，在同一坐标系下套在一起绘制基础板，然后再将套绘在一起的大小两个号型基础板的各个部位的对应点连线，再将其各个对应点的连线分成若干等分，等分数为样板数减 1，得到其余规格的服装样板的方法。等分法推板程序见图 2-11。

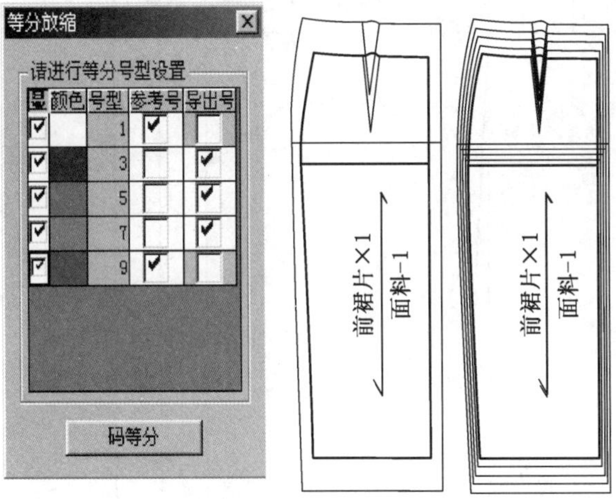


图 2-11　等分法推板演示

# 第三节　裙装工业样板推放

## 一、西服裙工业样板的推放

### (一) 款式特征与样板推放要点分析

西服裙是裙装的基本原型，其样板推放原理是裙装推板的理论基础。裙子长度档差因裙装款式不同，裙长有差异，因此，不同长短的裙子档差也不相同，按照裙长与总体身高的比例等于裙长档差与总身高档差的比例计算求得；围度部位根据腰围、臀围档差数值乘以对应的比例计算公式确定。西服裙款式见图 2-12。

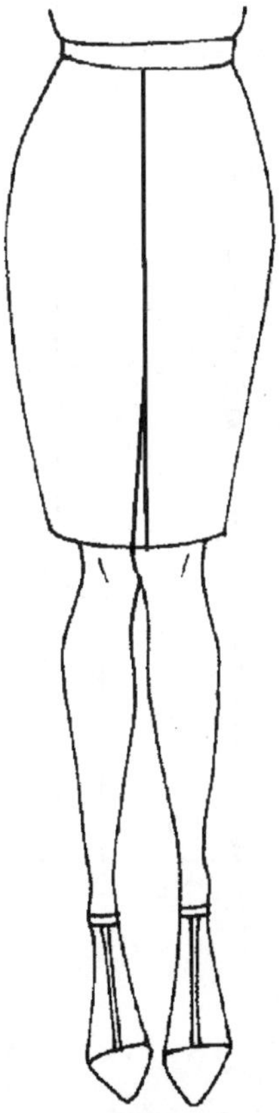

图 2-12　西服裙的款式图

## （二）编制规格系列表

表 2-1　西服裙系列规格设计表　5.2 系列　　单位：cm

| 部位＼号型 | 部位代号 | 155/64A | 160/66A | 165/68A | 档差 |
|---|---|---|---|---|---|
| 腰围 | W | 66 | 68 | 70 | 2 |
| 臀围 | H | 92.2 | 94 | 95.8 | 1.8 |
| 腰臀深 | WHL | 19.5 | 20 | 20.5 | 0.5 |
| 裙长 | L | 57.5 | 60 | 62.5 | 2.5 |

## （三）西服裙工业制板

西服裙制图采用中间号型 160/66A，腰围加放松量 2 cm，臀围加放松量是 4 cm。西服裙的样板见图 2-13。

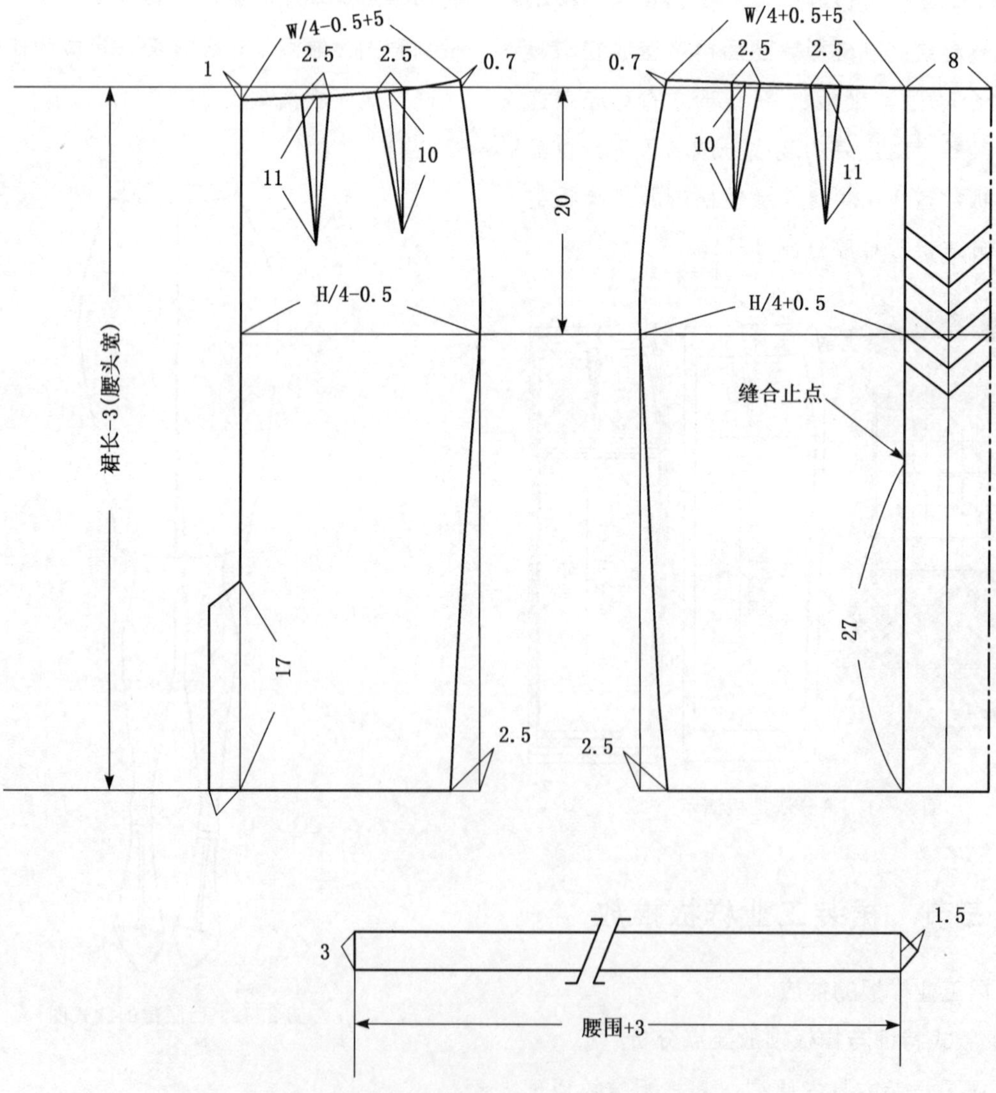


图 2-13　西服裙的结构设计图

**（四）西服裙工业推板**

选取中间号型规格样板作为标准母板，选定裙片前后中心线作为推板时的纵向公共线，臀围线作为横向公共线，在标准母板的基础上推出大号和小号标准样板。西服裙档差设计见表 2-2，西服裙推板图见图 2-14。

**表 2-2 西服裙档差设计表** 单位：cm

| 部位名称 | | 部位代号 | 档差及计算公式 | | | |
|---|---|---|---|---|---|---|
| | | | 纵档差 | | 横档差 | |
| 前裙片 | 前中心基础线 | C | 0.5 | 腰臀深档差 0.5 | 0 | 公共线 |
| | | F | 2 | 长度档差 2.5－腰臀深档差 0.5＝2 | 0 | 公共线 |
| | 腰节线 | A | 0.5 | 腰臀深档差 0.5 | 0 | 暗裥的大小不变，A＝0 |
| | | M、N | 0.5 | 腰臀深档差 0.5 | 0.17 | 此点距离 A 点的尺寸是净腰围的 1/3，因此 M＝腰围档差/4/3＝0.17 |
| | | O | 0.25 | 省长约为腰臀深的 1/2 因此 O＝0.5/2＝0.25 | | 同 M、N 点 |
| | | P、Q | 0.5 | 腰臀深档差 0.5 | 0.33 | 此点距离 A 点的尺寸是净腰围的 2/3 |
| | | R | 0.5 | 腰臀深档差 0.5 | | 同 P、Q 点 |
| | | B | 0.5 | 腰臀深档差 0.5 | 0.5 | 腰围档差/4＝0.5 |
| | 臀围线 | D | 0 | 公共线 | 0 | 公共线 |
| | | E | 0 | 公共线 | 0.45 | 臀围档差/4＝0.45 |
| | 裙摆线 | G | 2 | 长度档差 2.5－腰臀深档差 0.5＝2 | 0.45 | 臀围档差/4＝0.45 |
| 后裙片 | 后中心基础线 | C | 0.5 | 腰臀深档差 0.5 | 0 | 公共线 |
| | | F | 2 | 长度档差 2.5－腰臀深档差 0.5＝2 | 0 | 公共线 |
| | 腰节线 | A | 0.5 | 腰臀深档差 0.5 | 0 | 暗裥的大小不变，A＝0 |
| | | M、N | 0.5 | 腰臀深档差 0.5 | 0.17 | 此点距离 A 点的尺寸是净腰围的 1/3，因此 M＝腰围档差/4/3＝0.17 |
| | | O | 0.25 | 省长约为腰臀深的 1/2 因此 O＝0.5/2＝0.25 | | 同 M、N 点 |
| | | P、Q | 0.5 | 腰臀深档差 0.5 | 0.33 | 此点距离 A 点的尺寸是净腰围的 2/3，因此 M＝2×腰围档差/4/3＝0.33 |
| | | R | 0.5 | 腰臀深档差 0.5 | | 同 P、Q 点 |
| | | B | 0.5 | 腰臀深档差 0.5 | 0.5 | 腰围档差/4＝0.5 |
| | 臀围线 | D | 0 | 公共线 | 0 | 公共线 |
| | | E | 0 | 公共线 | 0.45 | 臀围档差/4＝0.45 |
| | 裙摆线 | G | 2 | 长度档差－腰臀深档差 | 0.45 | 臀围档差/4＝0.45 |

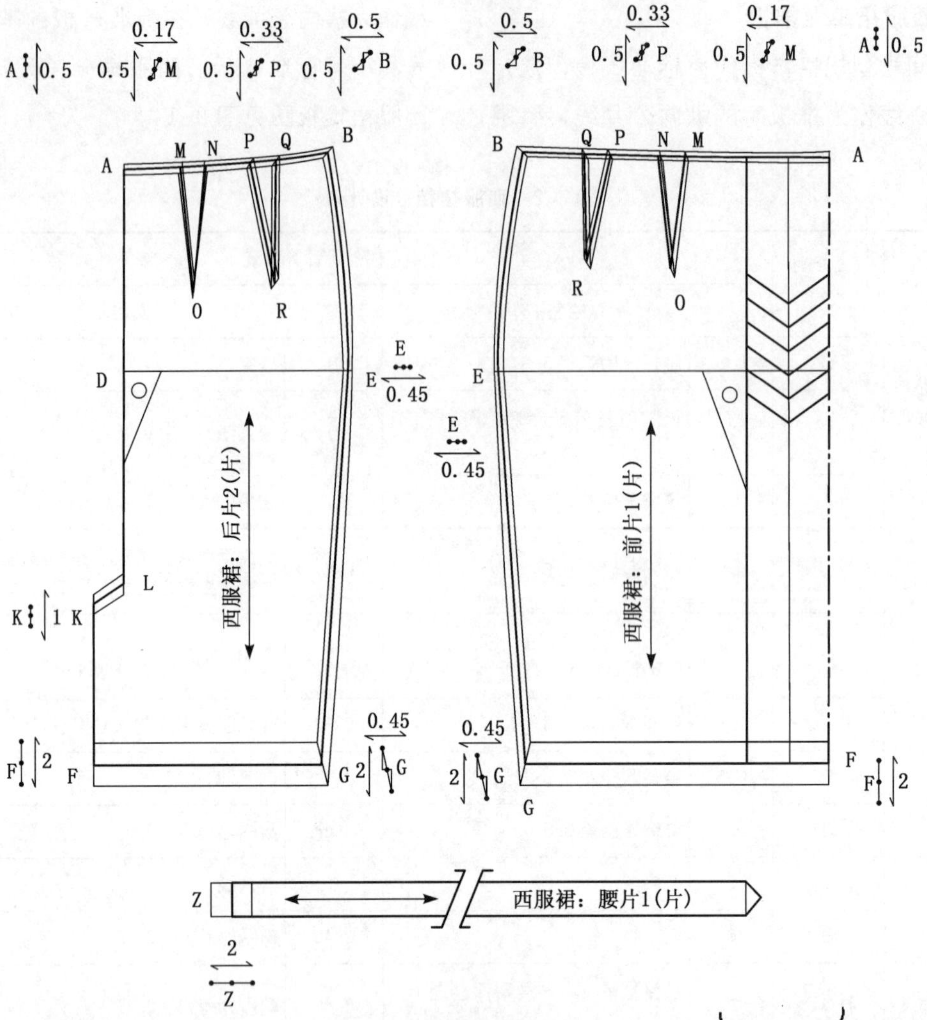


图 2-14 西服裙推板图

## 二、斜裙工业样板的推放

### (一) 款式特征与样板推放要点分析

斜裙是裙装的另一种款型，其裙长档差的确定原理与直筒裙相同。因斜裙臀部尺寸随底摆增加较大，因此在制板时无需考虑臀部围度及臀部档差，臀部档差及底摆档差数值均与腰围档差数值一致即可。斜裙款式见图 2-15。

### (二) 编制规格系列表

表 2-3 斜裙系列规格设计表 5.4 系列

单位：cm

| 号型/部位 | 部位代号 | 155/64A | 160/66A | 165/68A | 档差 |
|---|---|---|---|---|---|
| 腰围 | W | 66 | 68 | 72 | 4 |
| 裙长 | L | 67.5 | 70 | 72.5 | 2.5 |

图 2-15 斜裙的款式图

### （三）斜裙工业制板

斜裙制图采用中间号型 160/66A，腰围加放松量 2 cm，因斜裙臀围处较宽松肥大，因此不用考虑臀围的尺寸。斜裙的样板见图 2-16。

### （四）斜裙工业推板

选取中间号型规格样板作为标准母板，坐标基点可设置于侧缝腰点部位，在标准母板的基础上推出大号和小号标准样板。斜裙档差设计见表 2-4，斜裙的推板见图 2-17。

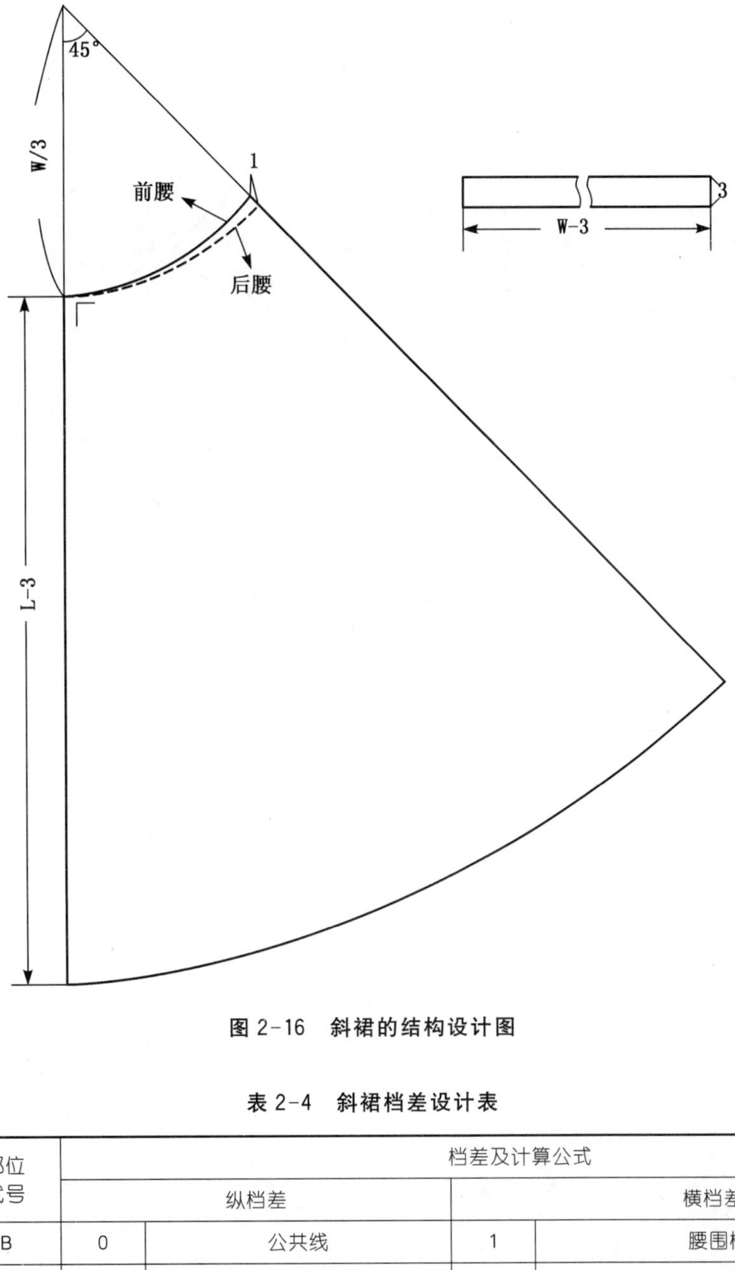


图 2-16　斜裙的结构设计图

表 2-4　斜裙档差设计表　　单位：cm

| 部位名称 | | 部位代号 | 档差及计算公式 | | | |
|---|---|---|---|---|---|---|
| | | | 纵档差 | | 横档差 | |
| 前裙片 | 前中心基础线 | B | 0 | 公共线 | 1 | 腰围档差/4＝1 |
| | | D | 2.5 | 裙长度档差 2.5 | 1 | 腰围档差/4＝1 |
| | 腰节线 | A | 0 | 公共线 | 0 | 公共线 |
| | 裙摆线 | C | 2.5 | 裙长度档差 2.5 | 0 | 公共线 |
| 斜裙前后片结构基本相同，就是在后片中心腰口处比前片腰节低落 1 cm，因此，不影响推板数值，前后片推板方法、数值相同，因此不再重复列表。 | | | | | | |

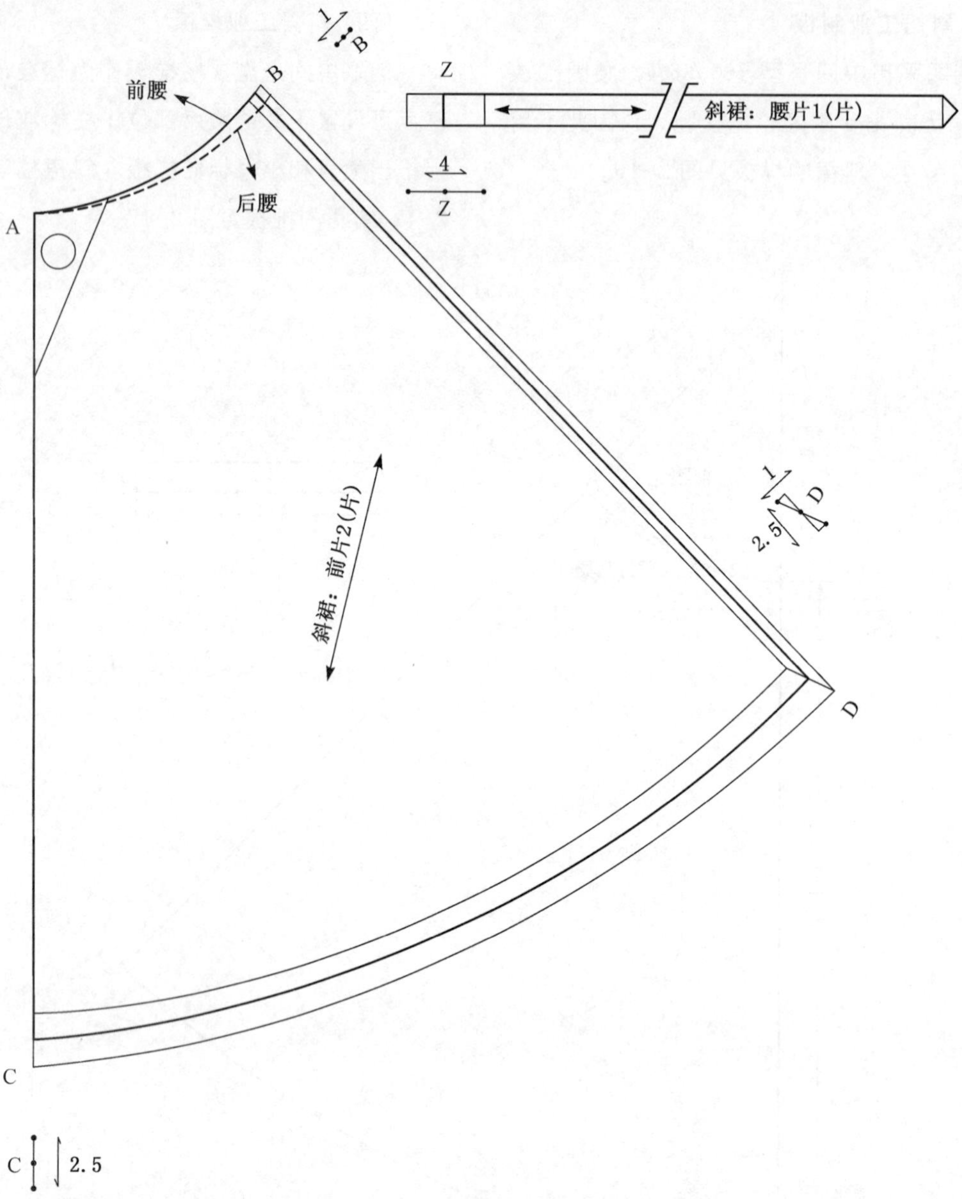


图 2-17 斜裙的推板图

## 三、展摆裙工业样板的推放

### （一）款式特征与样板推放要点分析

展摆裙是直筒裙分割展开变化裙款，其推板的要点在于裙身斜线分割将裙片长度方向分割为两个部分。在推板时为方便拓板应将分割后的部件分离开各自推放，并使两片长度档差总和等于裙长总档差。另外为使各档样板斜线分割的形态不变，造型相同，推放这条分割线的两个端点时，应使高度档差数值保持相等。展摆裙款式见图 2-18。

### （二）编制规格系列表

表 2-5 展摆裙系列规格设计表 5.2 系列

单位：cm

| 号型<br>部位 | 部位代号 | 155/64A | 160/66A | 165/68A | 档差 |
|---|---|---|---|---|---|
| 腰围 | W | 66 | 68 | 70 | 2 |
| 臀围 | H | 92 | 94 | 96 | 2 |
| 裙长 | L | 56 | 58 | 60 | 2 |

### （三）展摆裙工业制板

展摆裙制图采用中间号型 160/66A，腰围加放松量 2 cm，臀围加放松量是 4 cm。展摆裙的样板见图 2-19。

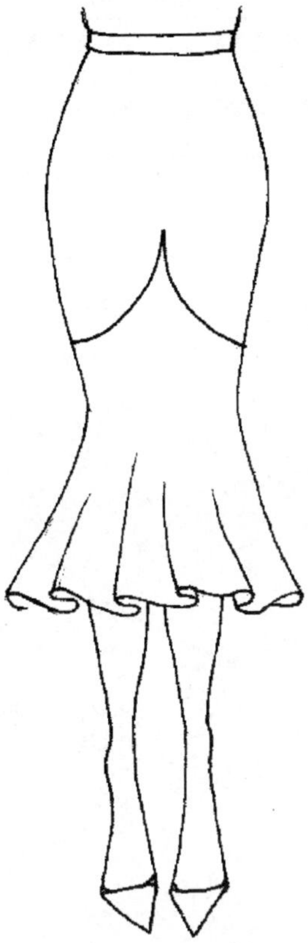

图2-18　展摆裙的款式图

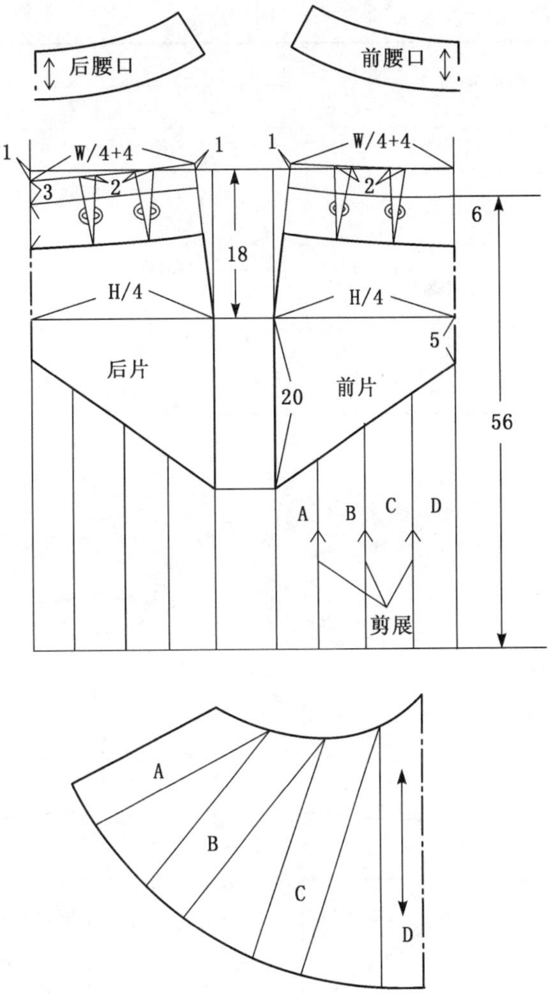


图 2-19　展摆裙的结构设计图

**（四）展摆裙工业推板**

选取中间号型规格样板作为标准母板，选定裙片前后中心线作为推板时的纵向公共线，腰围线、裙摆分割线作为横向公共线，在标准母板的基础上推出大号和小号标准样板。展摆裙档差设计见表 2-6，展摆裙的推板见图 2-20。

**表 2-6　展摆裙档差设计表**

单位：cm

| 部位名称 | | 部位代号 | 档差及计算公式 | | | |
|---|---|---|---|---|---|---|
| | | | 纵档差 | | 横档差 | |
| 前裙片 | 前中心基础线 | J | 1 | 裙长度档差的 1/2 | 0 | 公共线 |
| | 腰节线 | D | 0 | 公共线 | 0.5 | 腰围档差 /4＝0.5 |
| | 臀围线 | F | 0.5 | 臀围档差 /4＝0.5 | 0.3 | 腰臀深档差 0.3，因低腰因素，比常规裙装略小 |
| | 裙摆线 | I | 1 | 同 J 点，保证大小号分割线斜度相同，形态一致 | 0.5 | 同 F 点，臀围档差 /4＝0.5 |
| 后裙片 | 后中心基础线 | G | 1 | 裙长度档差的 1/2 | 0 | 公共线 |
| | 腰节线 | C | 0 | 公共线 | 0.5 | 腰围档差 /4＝0.5 |

（续 表）

| 部位名称 | | 部位代号 | 档差及计算公式 | | | |
|---|---|---|---|---|---|---|
| | | | 纵档差 | | 横档差 | |
| 后裙片 | 臀围线 | E | 0.5 | 臀围档差/4＝0.5 | 0.3 | 腰臀深档差0.3，因低腰因素，比常规裙装略小 |
| 后裙片 | 裙摆线 | H | 1 | 同J点，保证大小号分割线斜度相同，形态一致 | 0.5 | 同I、G点，臀围档差/4＝0.5 |
| 裙摆展开 | 侧缝线 | L | 0 | 公共线 | 0.5 | 同I、H点，臀围档差/4＝0.5 |
| 裙摆展开 | 侧缝线 | M | 1 | 裙长度档差的1/2 | 0.5 | 同L点 |
| 裙摆展开 | 中心线 | N | 1 | 同M点 | 0 | 公共线 |
| 腰头 | 腰宽线 | A、B | 0 | 大小号裙装腰头宽度相等 | 0.5 | 腰围档差/4＝0.5 |

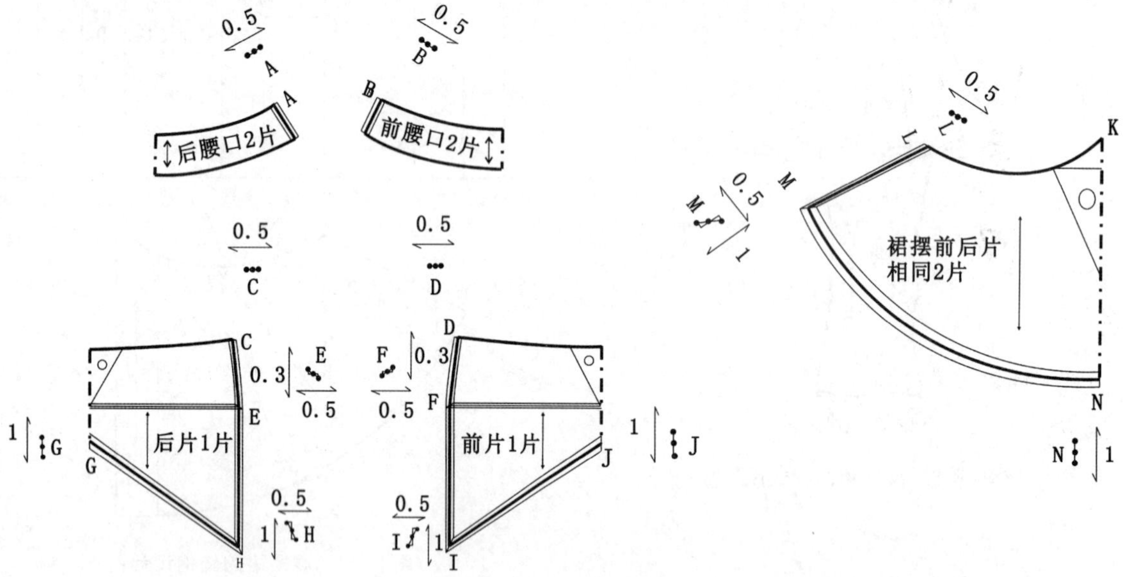


图 2-20 展摆裙的推板图

## 四、裙工业样板推放拓展一：八片插片裙

### （一）款式特征与样板推放要点分析

八片插片裙的造型属A型裁片结构，裙身上有八条纵向分割线，在分割线的下端插入插片，插片为三角形。在推板时的重点：一是要把握纵向分割的服装，应使所有分割片围度档差总和等于总的腰围、臀围档差，八片群则每一片的腰围、臀围档差等于总腰围、臀围档差的1/8；二是要降低工业化批量生产的加工难度，推板时保证插片大小各号型形状相同，长度与裙长缩减同步。八片插片裙款式见图2-21。

### （二）规格系列表

表 2-7 八片插片裙系列规格设计表 5.4 系列

单位：cm

| 部位 \ 号型 | 部位代号 | 155/64A | 160/66A | 165/68A | 档差 |
|---|---|---|---|---|---|
| 腰围 | W | 64 | 68 | 72 | 4 |
| 臀围 | H | 90.4 | 94 | 97.6 | 3.6 |
| 裙长 | L | 68 | 70 | 72 | 2 |

### （三）绘制样板图

基础样板图采用中间号型160/66A，腰围加放松量2 cm，臀围加放松量是4 cm。八片插片裙的样板见图2-22。

图 2-21　八片插片裙款式图

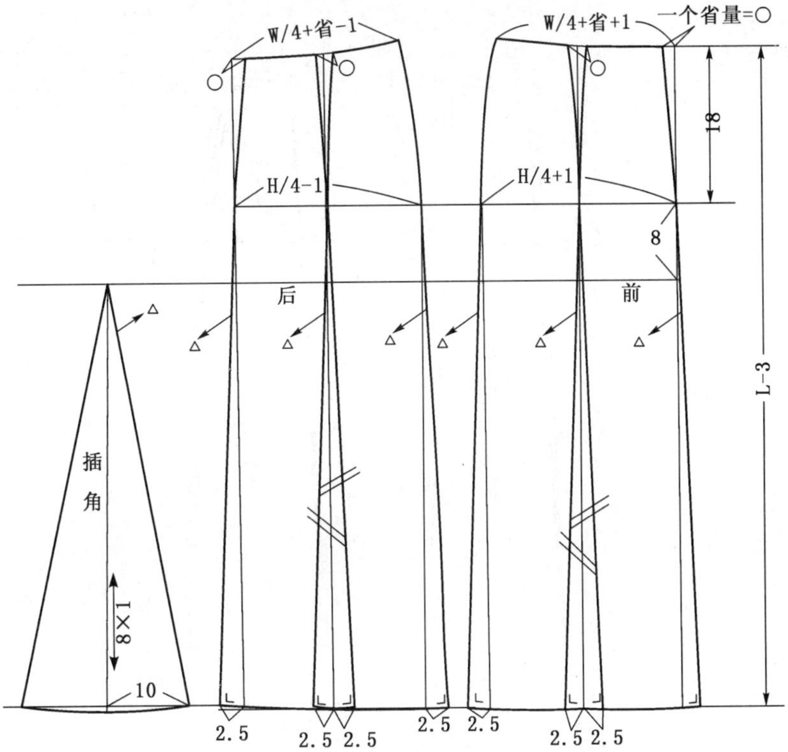


图 2-22　八片插片裙结构图

**(四) 样板缩放**

选取中间号型规格样板作为标准母板，选定裙片分割线作为推板时的纵向公共线，臀围线作为横向公共线，在标准母板的基础上推出大号和小号标准样板。档差设计见表 2-8，八片插片裙的推板图见图 2-23。

表 2-8　八片插片裙档差设计表

单位：cm

| 部位名称 | | 部位代号 | 档差及计算公式 | | | |
|---|---|---|---|---|---|---|
| | | | 纵档差 | | 横档差 | |
| 前裙片 | 前中心线 | A | 0.5 | 臀长档差 | 0.25 | 腰围档差/8 |
| | 前中心线 | C | 0 | 公共线 | 0.25 | 臀围档差/8+调节数 |
| | 臀围线 | Z | 0 | 公共线 | 0.2 | 臀围档差/8－调节数 |
| | 腰节线 | B、B′ | 0.5 | 臀长档差 | 0 | 公共线 |
| | 臀围线 | H | 0.5 | 同 B | 0.25 | 腰围档差/8 |
| | 裙摆线 | D | 1.5 | 裙长度档差－A 档差 | 0.25 | 同 C |
| | 裙摆线 | E、F | 1.5 | 同 D | 0 | 公共线 |
| | 裙摆线 | G | 1.5 | 同 D | 0.2 | 同 Z 点 |
| 插角 | 插角 | A、B | 1.5 | 同 D | 0 | 插角宽为定数 |
| 后裙片 | 后中心基础线 | A | 0.5 | 臀长档差 | 0.25 | 腰围档差/8 |
| | 臀围线 | C | 0.25 | 公共线 | 0.25 | 臀围档差/8+调节数 |
| | 臀围线 | Z | 0 | 公共线 | 0.2 | 臀围档差/8－调节数 |
| | 裙摆线 | D | 1.5 | 裙长度档差－A 档差 | 0.25 | 同 C |
| | 裙摆线 | E、F | 1.5 | 同 D | 0 | 公共线 |
| | 裙摆线 | G | 1.5 | 同 D | 0.2 | 同 Z 点 |

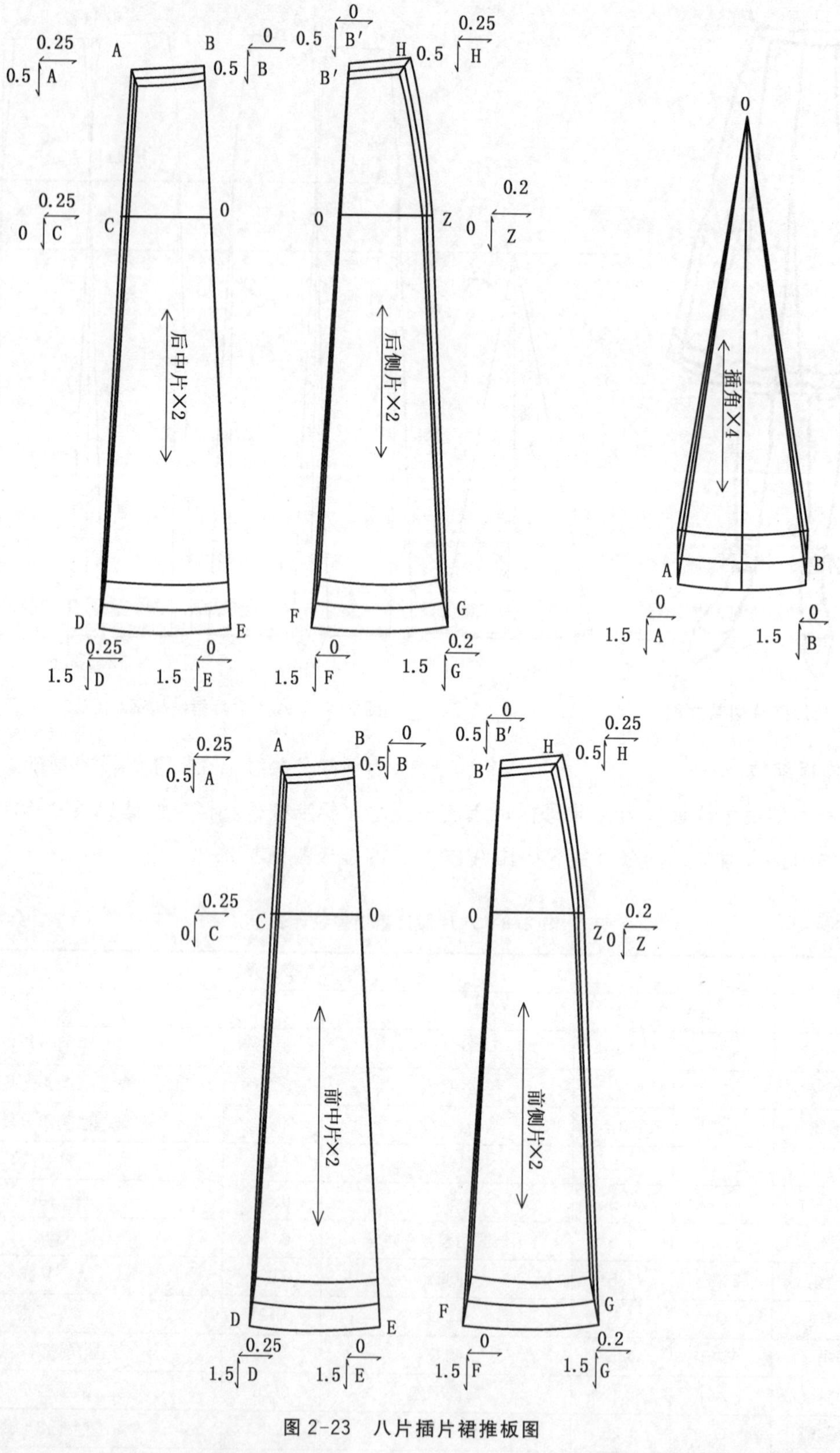


图 2-23 八片插片裙推板图

## 五、裙工业样板推放拓展二：A 型褶裥裙

### （一）款式特征与样板推放要点分析

A 型褶裥裙的造型属 A 型裙，在基型裙的基础上裙身上有斜向分割，分割线下有褶裥，褶裥为一顺裥，褶裥在裙身的两侧，跨越前后裙身。在推板时重点一是要把握褶裥分割，降低工业化批量生产

的加工难度，推板时保证褶裥大小各号型宽度相同，长度与裙长缩减同步。A 型褶裥裙款式见图 2-24。

### （二）规格系列表

**表 2-9 A 型褶裥裙系列规格设计表 5.4 系列**

单位：cm

| 部位 \ 号型 | 部位代号 | 155/64A | 160/66A | 165/68A | 档差 |
|---|---|---|---|---|---|
| 腰围 | W | 64 | 68 | 72 | 4 |
| 臀围 | H | 90.4 | 94 | 97.6 | 3.6 |
| 裙长 | L | 58 | 60 | 62 | 2 |

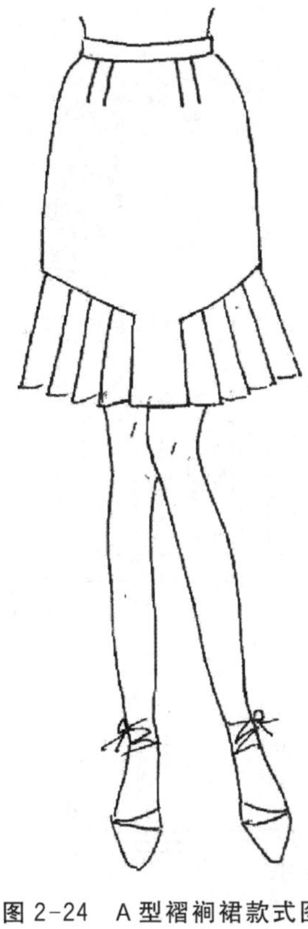

图 2-24 A 型褶裥裙款式图

### （三）绘制样板图

基础样板图采用中间号型 160/66A，腰围加放松量 2 cm，臀围加放松量是 4 cm。A 型褶裥裙样板见图 2-25。

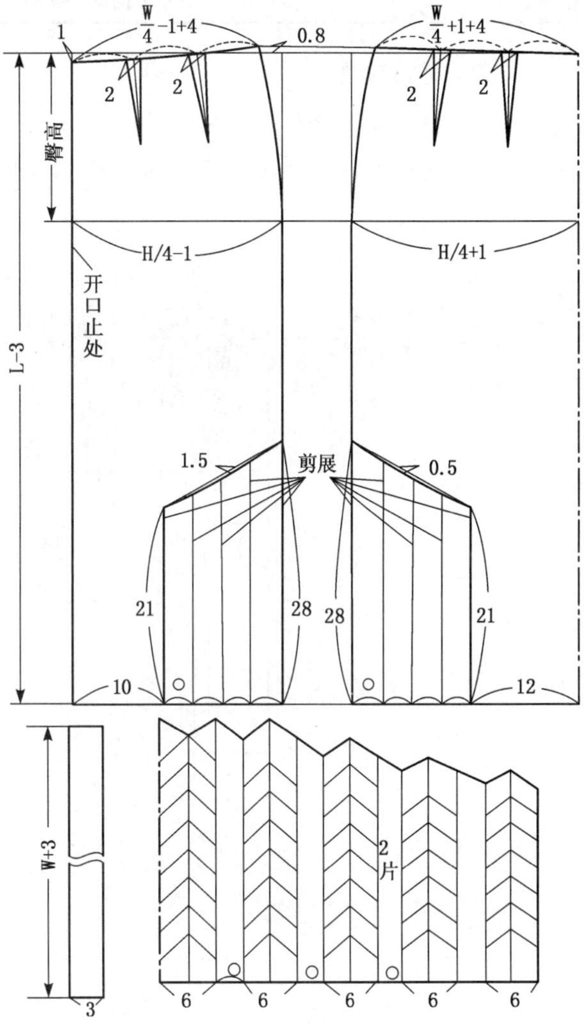


图 2-25 A 型褶裥裙结构图

**表 2-10 A 型褶裥裙档差设计表**

单位：cm

| 部位名称 | | 部位代号 | 档差及计算公式 | | | |
|---|---|---|---|---|---|---|
| | | | 纵档差 | | 横档差 | |
| 前裙片 | 前中心线 | H | 0.5 | 臀长档差 | 0 | 公共线 |
| | 裙摆线 | M | 1.5 | 裙长档差－H 纵档差 | | 公共线 |
| | 裙摆线 | L、K、J | 1.5 | 裙长档差－H 纵档差 | 0.9 | 臀围档差/4 |
| | 臀围线 | I | 0 | 公共线 | 0.9 | 臀围档差/4 |
| | 腰围线 | E | 0.5 | 臀长档差 | 1 | 腰围档差/4 |
| 后裙片 | 后中心线 | A | 0.5 | 臀长档差值 | 0 | 公共线 |
| | 腰围线 | E | 0 | 公共线 | 0.9 | 臀围档差/4 |
| | 裙摆线 | H | 1.5 | 裙长档差－A 纵档差 | 0 | 公共线 |
| | 裙摆线 | G、F | 1.5 | 同 H 点 | 0.9 | 同 E 点，保证大小号侧缝弧度相同，形态一致 |
| | 裙摆线 | I | 1.5 | 同 H 点 | | 同 F 点，臀围档差/4＝0.5 |

（续 表）

| 部位名称 | | 部位代号 | 档差及计算公式 | | | |
|---|---|---|---|---|---|---|
| | | | 纵档差 | | 横档差 | |
| 裙摆展开 | 侧缝线 | C、D | 1.5 | 公共线 | 0 | 分割部位为固定宽度 |
| | | H、I | 1.5 | 裙长度档差－臀长档差 | 0 | 分割部位为固定宽度 |

**（四）样板缩放**

选取中间号型规格样板作为标准母板，选定裙片分割线作为推板时的纵向公共线，臀围线作为横向公共线，在标准母板的基础上推出大号和小号标准样板。档差设计见表 2-10，A 型褶裥裙样板推放见图 2-26。

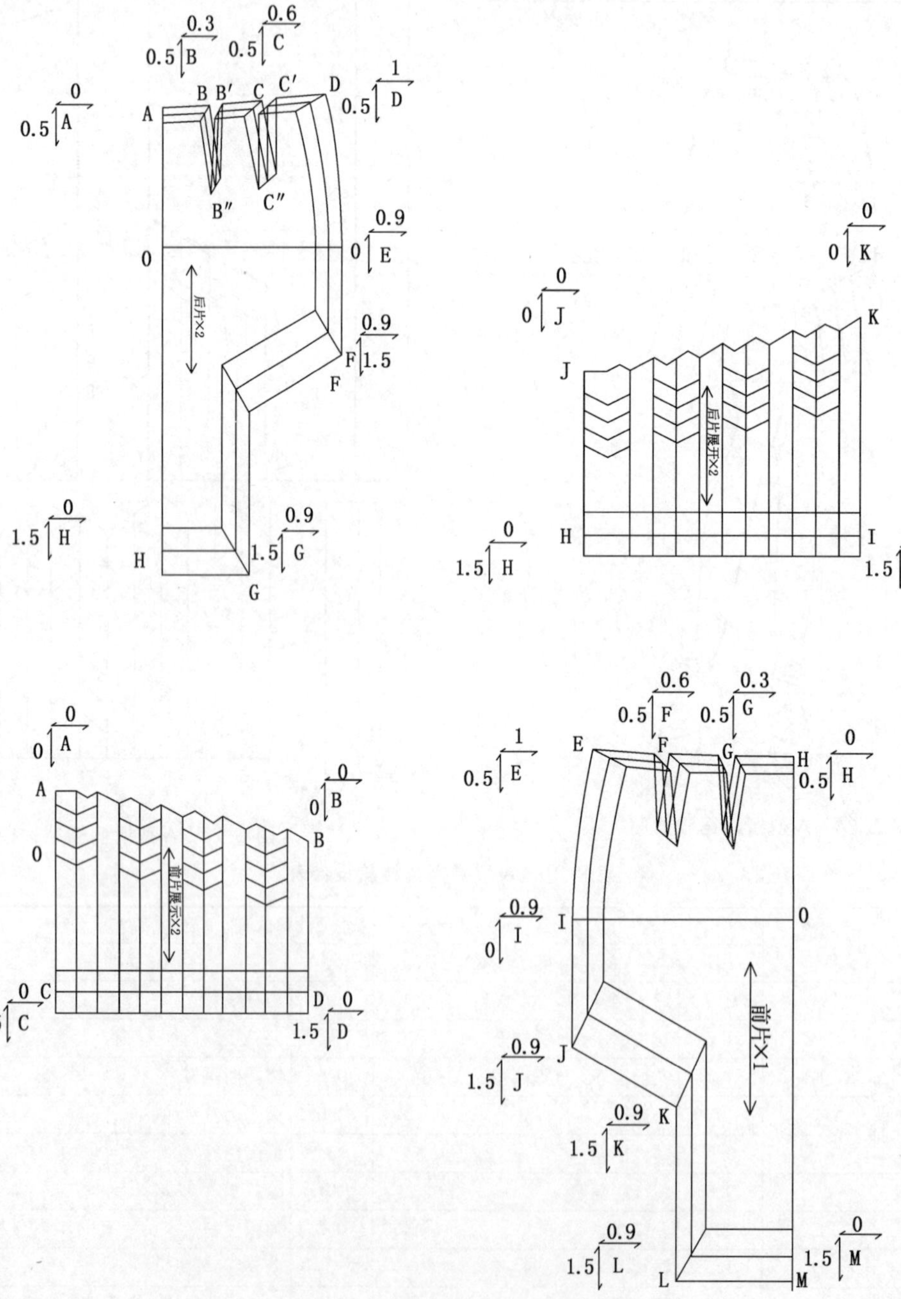


图 2-26　A 型褶裥裙后片推板图

## 六、裙工业样板推放拓展三：镶边直身裙

### （一）款式特征与样板推放要点分析

镶边直身裙的造型属直身裙类，其侧缝与人体的中轴线基本平行。前裙片在腰口处有两个斜省，在推板时重点是斜向省道推板，另外服装中底边处镶边部位的宽度不随大小号发生变化。镶边直身裙款式见图 2-27。

### （二）规格系列表

**表 2-11　镶边直身裙系列规格设计表　5.4 系列**

单位：cm

| 部位＼号型 | 部位代号 | 155/64A | 160/66A | 165/68A | 档差 |
|---|---|---|---|---|---|
| 腰围 | W | 64 | 68 | 72 | 4 |
| 臀围 | H | 90.4 | 94 | 97.6 | 3.6 |
| 裙长 | L | 53 | 55 | 57 | 2 |

### （三）绘制样板图

基础样板图采用中间号型 160/66A，腰围加放松量 2 cm，臀围加放松量是 4 cm。镶边直身裙样板见图 2-28。

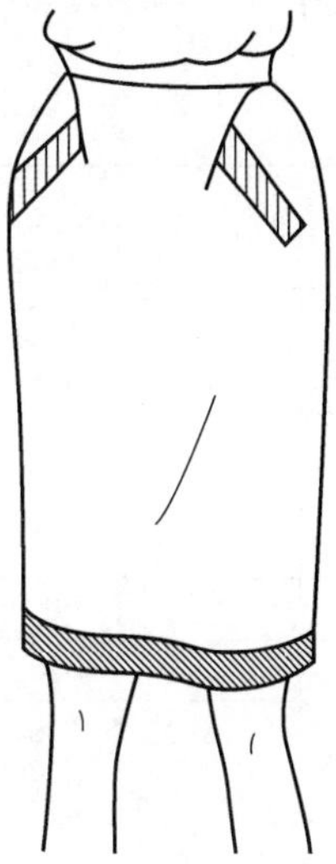

**图 2-27　镶边直身裙款式图**

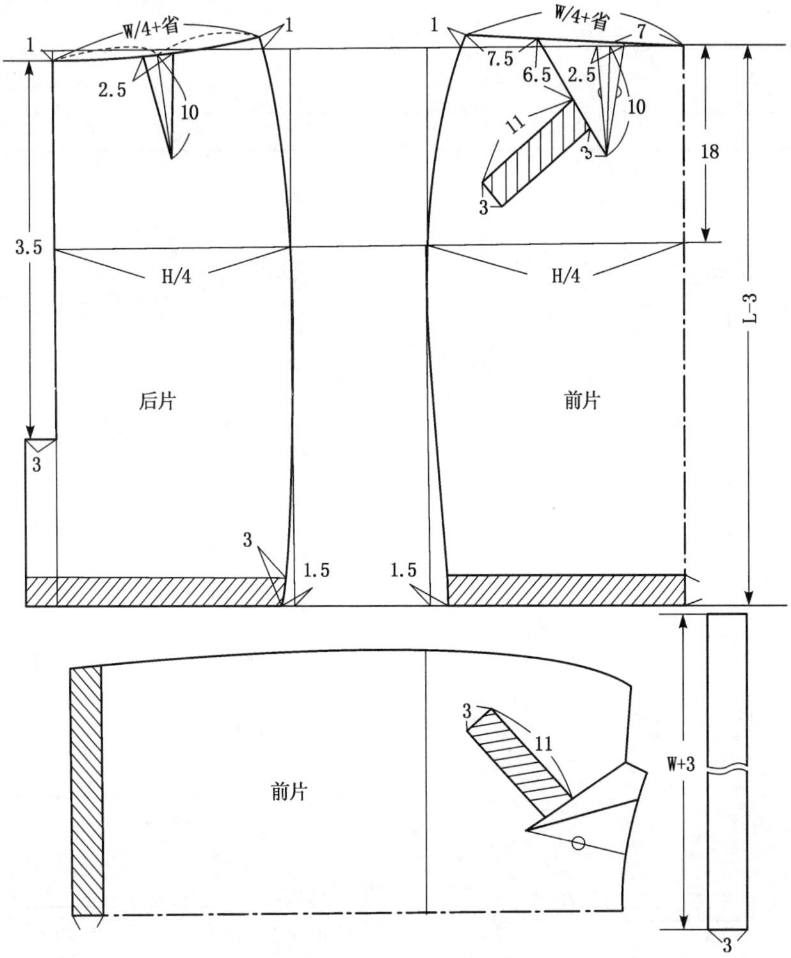


**图 2-28　镶边直身裙结构图**

**（四）样板缩放**

选取中间号型规格样板作为标准母板，选定裙片分割线作为推板时的纵向公共线，臀围线作为横向公共线，在标准母板的基础上推出大号和小号标准样板。镶边直身裙推板见图 2-29，档差设计见表 2-12。

**表 2-12 镶边直身裙档差设计表** 单位：cm

| 部位名称 | | 部位代号 | 档差及计算公式 | | | |
|---|---|---|---|---|---|---|
| | | | 纵档差 | | 横档差 | |
| 前裙片 | 前中心基础线 | J | 0.5 | 臀档长档差 0.5 | 0 | 公共线 |
| | | M | 1.5 | 裙长度档差 - J 纵档差 | 0 | 公共线 |
| | 腰围线 | H | 0.5 | 同 J | 1 | 腰围档差 /4 |
| | | I、I′ | 0.5 | 同 J | 0.5 | 此点距离 J 点的尺寸是腰口线的 1/2，因此为腰围档差 /4 /2 = 0.5 |
| | 臀围线 | K | 0 | 公共线 | 0.9 | 臀围档差 /4 |
| | 裙摆线 | L | 1.5 | 裙长档差 - 臀长档差 0 | 0.9 | 同 K |
| 后裙片 | 后中心基础线 | A | 0.5 | 臀档长档差 | 0 | 公共线 |
| | | F、E | 1.5 | 裙长度档差 - A 纵档差 | 0 | 公共线 |
| | 腰节线 | C | 0.5 | 臀档长档差 | 1 | 腰围档差 /4 |
| | | B、B′ | 0.5 | 同 C | 1 | 此点距离 A 点的尺寸是腰口线的 1/2，因此为腰围档差 /4 /2 = 0.5 |
| | 臀围线 | D | 0 | 公共线 | 0.9 | 臀围档差 /4 |
| | 裙摆线 | F | 1.5 | 裙长档差 - 臀长档差 | 0. | 公共线 |
| | 裙摆线 | G | 1.5 | 裙长档差 - 臀长档差 | 0.9 | 同 D |
| 裙摆镶边 | 腰宽线 | P、N | 0 | 大小号裙装腰头宽度相等 | 0.9 | 与裙身底摆 G、L 点相同 |
| 袋片 | 袋片线 | | 0 | 袋片宽为定数 | 0.4 | 袋片档差 0.4 |

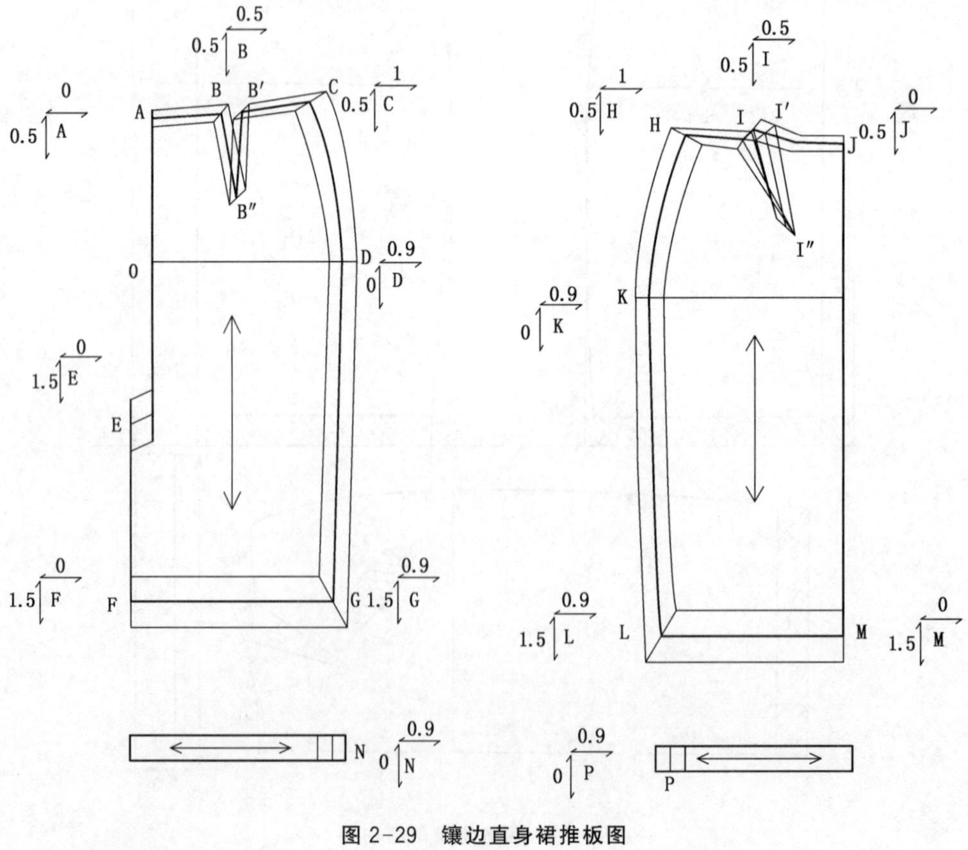


图 2-29 镶边直身裙推板图

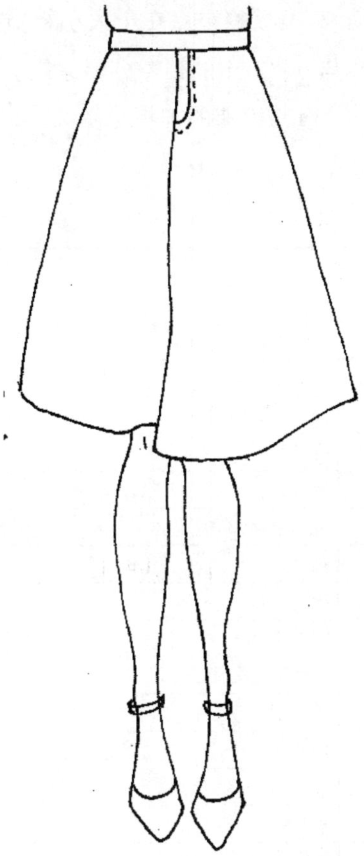

图 2-30　裙裤的款式图

## 第四节　裤装工业样板推放

### 一、裙裤工业样板的推放

#### （一）款式特征与样板推放要点分析

一是裙裤综合了裙子和裤子特征的服装款式，在其结构上不用考虑臀围数值，臀围及底摆围数值均与腰围同步；二是裙裤属于中式裤范畴，其裤大小裆宽按照 0.09 H 与 0.07 H 的档差分配原则。见图 2-30 裙裤的款式图。

#### （二）编制规格系列表

表 2-13　裙裤系列规格设计表　5.4 系列

单位：cm

| 号型 / 部位 | 部位代号 | 155/64A | 160/66A | 165/68A | 档差 |
|---|---|---|---|---|---|
| 腰围 | W | 66 | 68 | 70 | 4 |
| 裤长 | L | 57.5 | 60 | 62.5 | 2.5 |

#### （三）裙裤工业制板

裙裤制图采用中间号型 160/66A，腰围加放松量 2 cm，大摆度裙裤无需考虑臀围尺寸。裙裤的样板见图 2-31。

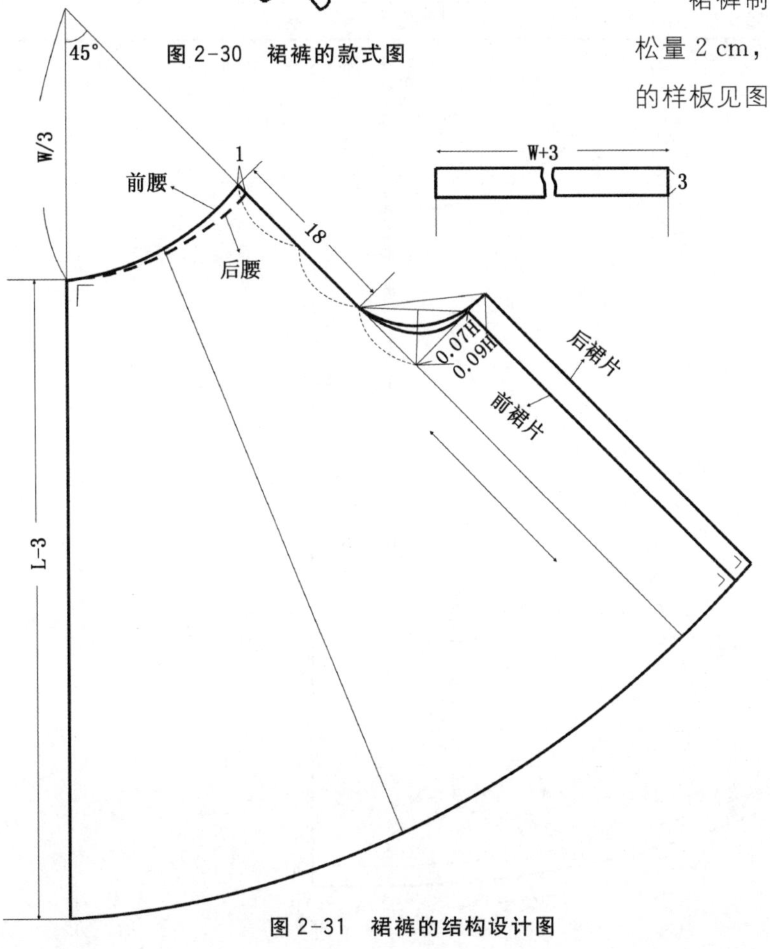


图 2-31　裙裤的结构设计图

**（四）样板推放**

选取中间号型规格样板作为标准母板，选定裤中线作为推板时的纵向公共线，腰围线作为横向公共线，在标准母板的基础上推出大号和小号标准样板。其推板的重点在于大小裆宽采用中式裤 0.07 H 与 0.09 H 的档差分配原则。裙裤档差设计见表 2-14，裙裤的推板见图 2-32。

**表 2-14 裙裤档差设计表**

单位：cm

| 部位名称 | | 部位代号 | 档差及计算公式 | | | |
|---|---|---|---|---|---|---|
| | | | 纵档差 | | 横档差 | |
| 前裙片 | 前中心基础线 | A | 0 | 公共线 | 0.5 | 腰围档差/8＝0.5 |
| | | D | 0.2 | 腰臀深档差 0.5× 2/3 | 0.5 | 同 A 点 |
| | | C | 0.5 | 腰臀深档差 0.5 | 0.5 | 横档的宽度档差 |
| | | E | 2.5 | 裙裤长度档差 | 0.5 | 同 C 点 |
| | 腰节线 | O | 0 | 公共线 | 0 | 公共线 |
| | | B | 0 | 公共线 | 0.5 | 腰围档差/8＝0.5 |
| | 裙摆线 | F | 2.5 | 同 E 点 | 0.5 | 同 B 点 |
| 后裙片 | 后中心基础线 | A | 0 | 公共线 | 0.5 | 腰围档差/8＝0.5 |
| | | D | 0.2 | 腰臀深档差 0.5× 2/3 | 0.5 | 同 A 点 |
| | | C | 0.5 | 腰臀深档差 0.5 | 0.5 | 横档的宽度档差 |
| | | E | 2.5 | 裙裤长度档差 | 0.5 | 同 C 点 |
| | 腰节线 | O | 0 | 公共线 | 0 | 公共线 |
| | | B | 0 | 公共线 | 0.5 | 腰围档差/8＝0.5 |
| | 裙摆线 | F | 2.5 | 同 E 点 | 0.5 | 同 B 点 |
| 腰头 | 腰宽线 | G | 0 | 各号型腰头宽度相等 | 4 | 腰围档差 |

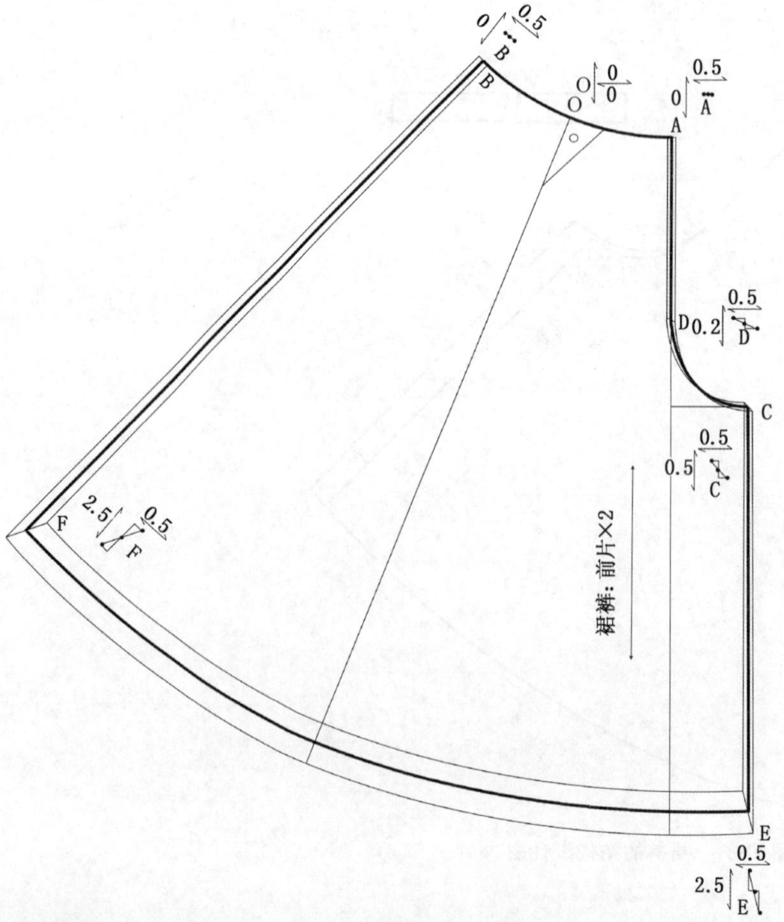

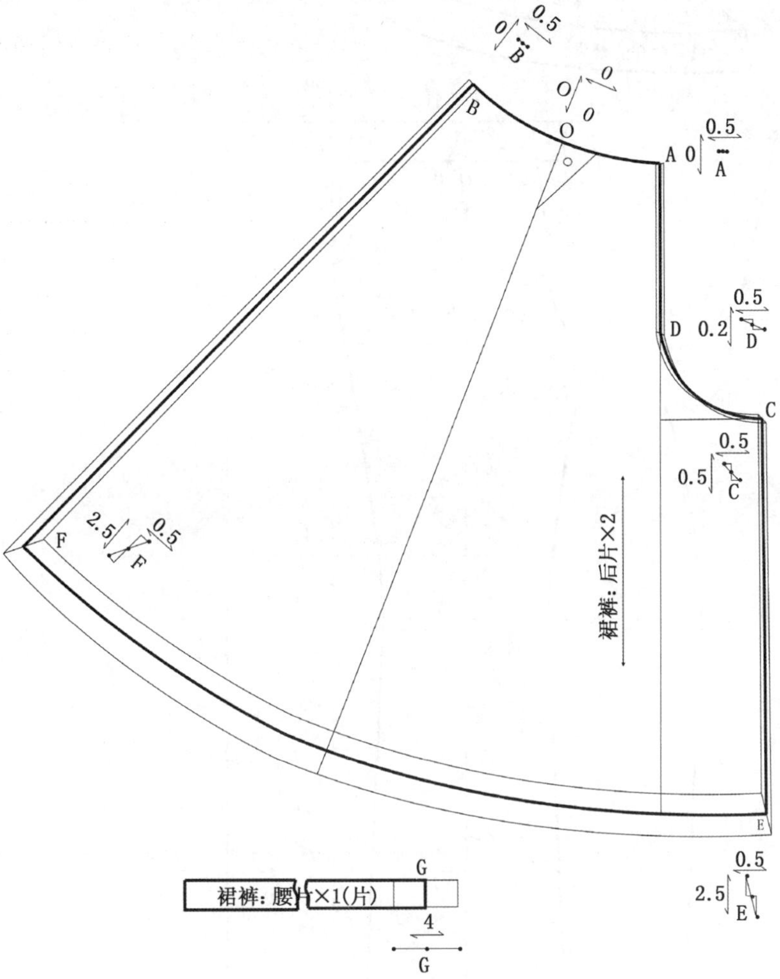


图 2-32　裙裤推板图

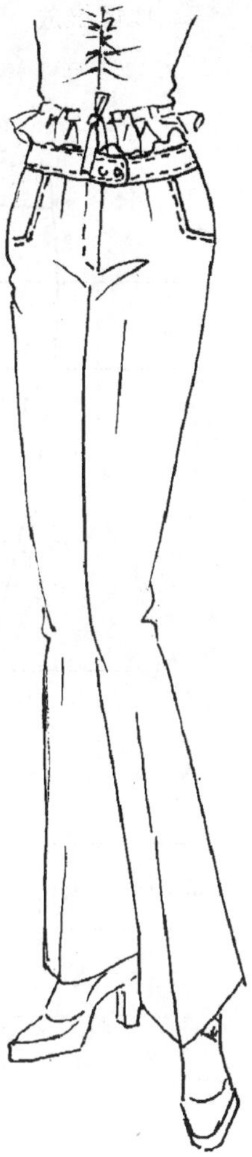

图 2-33　女式欧板裤的款式图

## 二、女式欧板裤工业样板的推放

### （一）款式特征与样板推放要点分析

一是女士欧板裤属于合体型西式裤，裤长档差按照腰围高档差确定，可以略微增减数值；二是裆宽按照西式裤大小裆宽 0.04 H 与 0.09 H 的档差分配原则确定。见图 2-33 女士欧板裤的款式图。

### （二）编制规格系列表

表 2-15　女式欧板裤系列规格设计表　5.4 系列

单位：cm

| 号型<br>部位 | 部位代号 | 155/64A | 160/66A | 165/68A | 档差 |
|---|---|---|---|---|---|
| 腰围 | W | 64 | 68 | 72 | 4 |
| 臀围 | H | 90.4 | 94 | 97.6 | 3.6 |
| 裤长 | L | 99.5 | 102 | 104.5 | 2.5 |
| 膝围 | | 20.6 | 21 | 21.4 | 0.4 |

### （三）女式欧板裤工业制板

基础样板采用中间号型 160/66A，腰围加放松量 2 cm，臀围加放量 4 cm。见图 2-34 欧板裤的结构设计图。

### （四）样板推放

选取中间号型规格样板作为标准母板，选定裤前后烫迹线作为推板时的纵向公共线，横裆线作为横向公共线，在标准母板的基础上推出大号和小号标准样板。其推板的重点在于大小裆宽采用西式裤 0.04 H 与 0.09 H 的档差分配原则。女式欧板裤档差设计见表 2-16，女式欧板裤的推板见图 2-35。

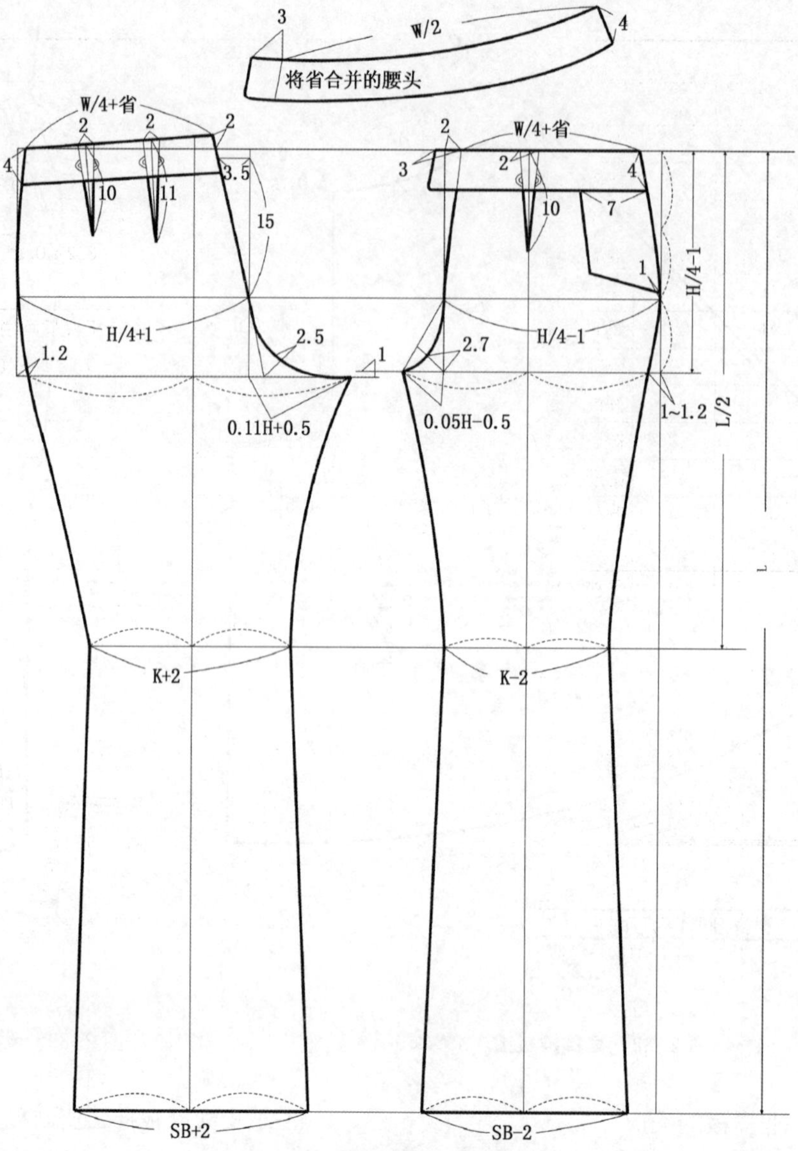


图 2-34 欧板裤的结构设计图

表 2-16 欧板裤档差设计表

单位：cm

| 部位名称 | | 部位代号 | 档差及计算公式 | | | |
|---|---|---|---|---|---|---|
| | | | 纵档差 | | 横档差 | |
| 前裤片 | 前中心线 | A | 0.5 | 推放上裆档差 0.5 | 0.4 | 腰围档差 /4×0.4＝0.4 |
| | | M | 0.2 | 上裆档差 0.5× 2/3 | 0.4 | 臀围档差 /4×0.4 |
| | | H | 0 | 公共线 | 0.45 | （臀围档差 /4＋0.04×臀围档差）/2 |
| | 腰节线 | B | 0.5 | 推放上裆档差 0.5 | 0 | 公共线 |
| | | C、Z、E | 0.5 | 推放上裆档差 0.5 | 0.6 | 同 D 点 |
| | | D | 0.5 | 推放上裆档差 0.5 | 0.6 | 腰围档差 /4×0.6＝0.6 |
| | 侧缝线 | F | 0.2 | 同 M 点 | 0.5 | 臀围档差 /4－M 点横向档差 0.4 |
| | | G | 0 | 公共线 | 0.45 | 同 H 点 |
| | | J | 0.8 | 裤长档差×0.3 | 0.2 | 膝围档差×1/2 |
| | | L | 2 | 裤长档差－上裆档差 0.5 | 0.2 | 同 J 点 |
| | 下裆缝线 | I | 0.8 | 同 J 点 | 0.2 | 同 J 点 |
| | | K | 2 | 同 L 点 | 0.2 | 同 L 点 |

（续　表）

| 部位名称 | | 部位代号 | 档差及计算公式 | | | |
|---|---|---|---|---|---|---|
| | | | 纵档差 | | 横档差 | |
| 后裤片 | 前中心线 | F | 0.2 | 上裆档差 0.5× 2/3 | 0.15 | 臀围档差 /4×0.2=0.18 |
| | 腰节线 | A | 0.5 | 推放上裆档差 0.5 | 0.85 | 腰围档差 /4×0.85=0.85 |
| | | M、N | 0.5 | 推放上裆档差 0.5 | 0.5 | 腰围档差 /4×0.5=0.5 |
| | | O、P | 0.5 | 推放上裆档差 0.5 | 0.6 | 腰围档差 /4×0.2=0.2 |
| | | D | 0.5 | 推放上裆档差 0.5 | 0.15 | 腰围档差 /4－0.85 |
| | 侧缝线 | M | 0.2 | 同 F 点 | 0.65 | 臀围档差 /4－F 点横向档差 0.15 |
| | | H | 0 | 公共线 | 0.6 | 臀围档差 /4＋0.09×臀围档差 |
| | | I | 0.8 | 裤长档差×0.3 | 0.2 | 膝围档差×1/2 |
| | | K | 2 | 裤长档差－上裆档差 0.5 | 0.2 | 同 I 点 |
| | 下裆缝线 | J | 0.8 | 同前片 I 点 | 0.2 | 同前片 I 点 |
| | | L | 2 | 同前片 K 点 | 0.2 | 同前片 K 点 |
| | | G | 0 | 同 H 点 | 0.6 | 同 H 点 |
| 腰头 | 腰宽线 | G | 0 | 各档样板腰头宽度相等 | 2 | 腰围档差×1/2 |

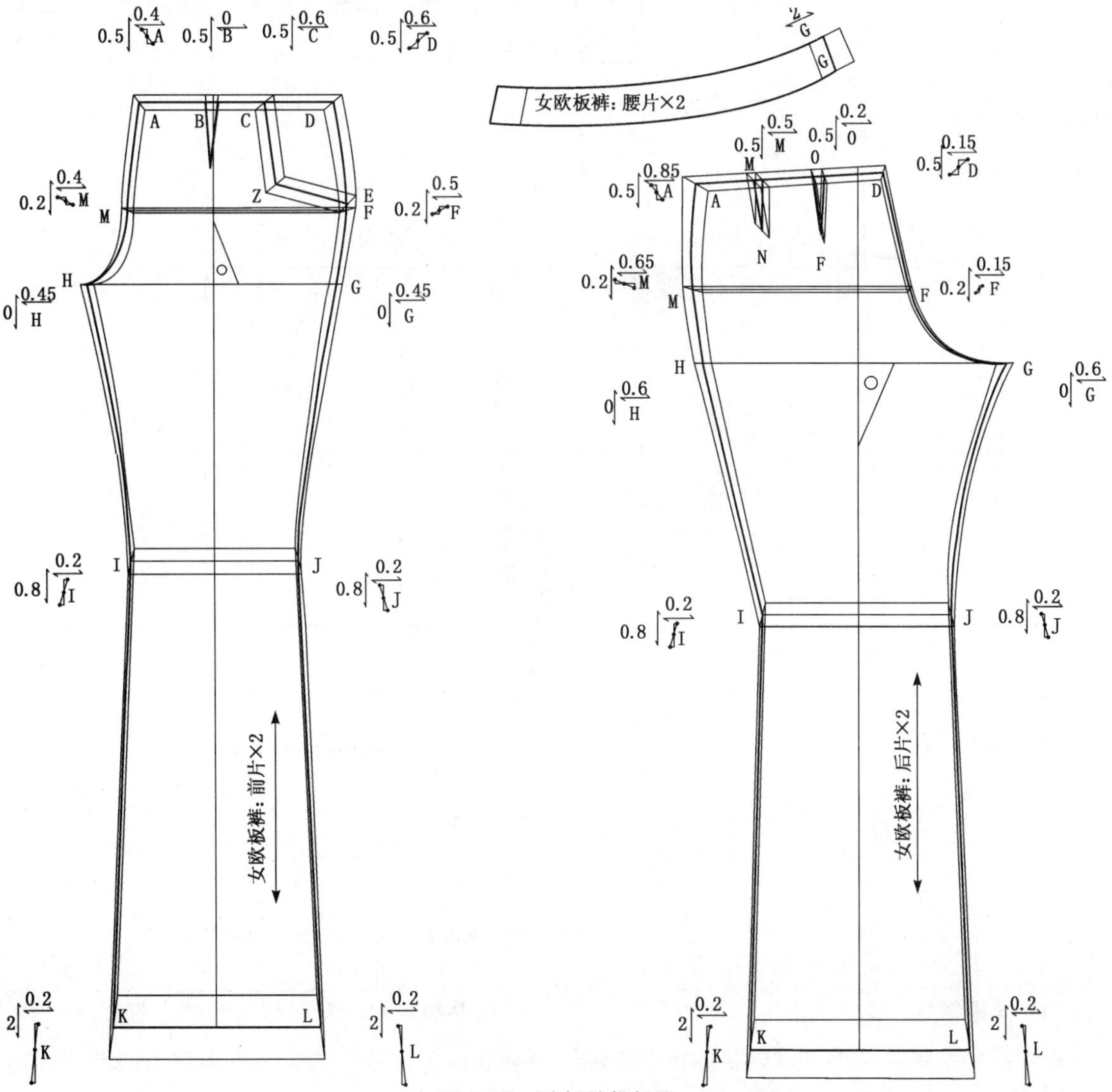


图 2-35　欧板裤推板图

## 三、裤装工业样板推放拓展一：男西式短裤

### （一）款式特征与样板推放要点分析

短裤是指裤子的长度在人体髌骨上方的男女裤子的总称。男西式短裤是短裤的代表性品种。其结构特点与男西裤基本一致，但裤长缩短，因此在档差设计时根据短裤裤长占长裤裤长的比例关系来确定短裤的对应比例的档差大小，二是西式裤大小裆宽 0.04 H 与 0.09 H 的档差分配原则。见图 2-36 男西式短裤的款式图。

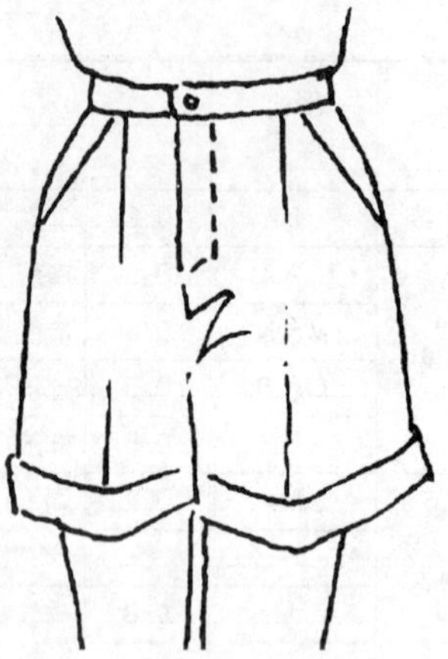

图 2-36　男西式短裤款式图

### （二）编制规格系列表

表 2-17　男西式短裤系列规格设计表　5.4 系列

单位：cm

| 号型<br>部位 | 部位代号 | 165/68A | 170/72A | 175/76A | 档差 |
| --- | --- | --- | --- | --- | --- |
| 裤长 | L | 38.5 | 40 | 41.5 | 1.5 |
| 臀围 | H | 96.8 | 100 | 103.2 | 3.2 |
| 腰围 | W | 70 | 74 | 78 | 4 |
| 脚口 | SB | 27.2 | 28 | 28.8 | 0.8 |

### （三）男西式短裤工业制板

基础样板采用中间号型 170/72A，腰围加放松量 2 cm，臀围加放量 10 cm。男西式短裤的样板见图 2-37。

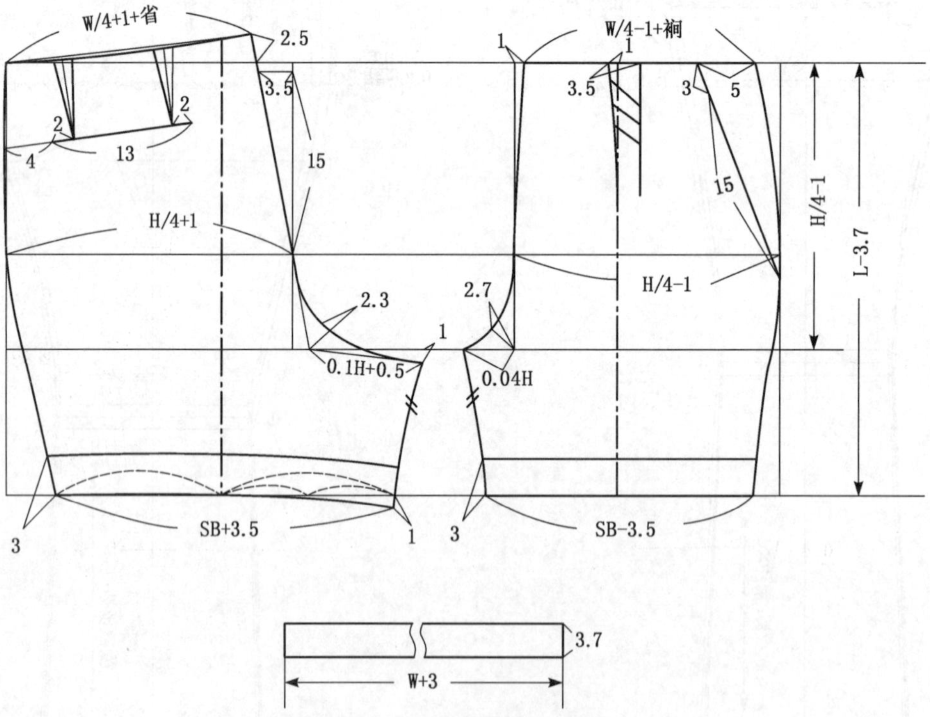


图 2-37　男西式短裤结构图

### （四）样板缩放

选取中间号型规格样板作为标准母板，选定烫迹线作为推板时的纵向公共线，臀围线作为横向公共线，在标准母板的基础上推出大号和小号标准样板。男西式短裤档差设计见表 2-18，男西式短裤的推板见图 2-38。

**表 2-18　男西式短裤档差设计表**　　单位：cm

| 部位名称 | | 部位代号 | 档差及计算公式 | | | |
|---|---|---|---|---|---|---|
| | | | 纵档差 | | 横档差 | |
| 前裤片 | 前中心线 | T | 0.5 | 推放上裆档差 0.5 | 0.45 | 腰围档差/4×0.45＝0.45 |
| | | R | 0.2 | 上裆档差 0.5× 1/3 | 0.45 | Q 点横向档差－0.04 H |
| | | Q | 0 | 公共线 | 0.45 | （臀围档差/4＋0.04×臀围档差）/2 |
| | 腰节线 | U | 0.5 | 推放上裆档差 0.5 | | （前腰围档差 1－T 档差）/2 |
| | | V | 0.5 | 推放上裆档差 0.5 | 0.55 | 前腰围档差 1－T 点横向档差 |
| | 侧缝线 | S | 0.2 | 同 R 点 | 0.5 | 臀围档差/4－R 点横向档差 |
| | | P | 0 | 公共线 | 0.45 | 同 Q 点 |
| | 下裆缝线 | M | 1 | 裤长档差 1.5－上裆档差 0.5 | 0.4 | 脚口档差/2 |
| | | N | 1 | 同 M 点 | 0.4 | 同 M 点 |
| 后裤片 | 后中心线 | F | 0.2 | 上裆档差 0.5× 2/3 | 0.15 | 臀围档差/4×0.2＝0.18 |
| | 腰节线 | A | 0.5 | 推放上裆档差 0.5 | 0.65 | 腰围档差/4×0.65＝0.65 |
| | | B | 0.5 | 推放上裆档差 0.5 | 0.4 | 腰围档差/4×0.4＝0.4 |
| | | C | 0.5 | 推放上裆档差 0.5 | 0.2 | 腰围档差/4×0.2＝0.2 |
| | | D | 0.5 | 推放上裆档差 0.5 | 0.15 | 腰围档差/4－0.65 |
| | 侧缝线 | E | 0.2 | 同 F 点 | 0.65 | 臀围档差/4－F 点横向档差 0.15 |
| | | G | 0 | 公共线 | 0.65 | （臀围档差/4＋0.09×臀围档差＋调解数）/2 |
| | 下裆缝线 | I | 1 | 裤长档差－上裆档差 | 0.4 | 脚口档差/2 |
| | | J | 1 | 裤长档差－上裆档差 | 0.4 | 同 I 点 |
| 腰头 | 腰宽线 | G | 0 | 各档样板腰头宽度相等 | 2 | 腰围档差×1/2 |
| 垫袋布 | 腰口方向 | X、Y | 0.5 | 同上裆档差 | 0 | 垫袋布为固定宽度 |
| 脚口贴边 | 贴边两端 | L、Z | 0 | 贴边固定宽 | 0.8 | 脚口档差 |

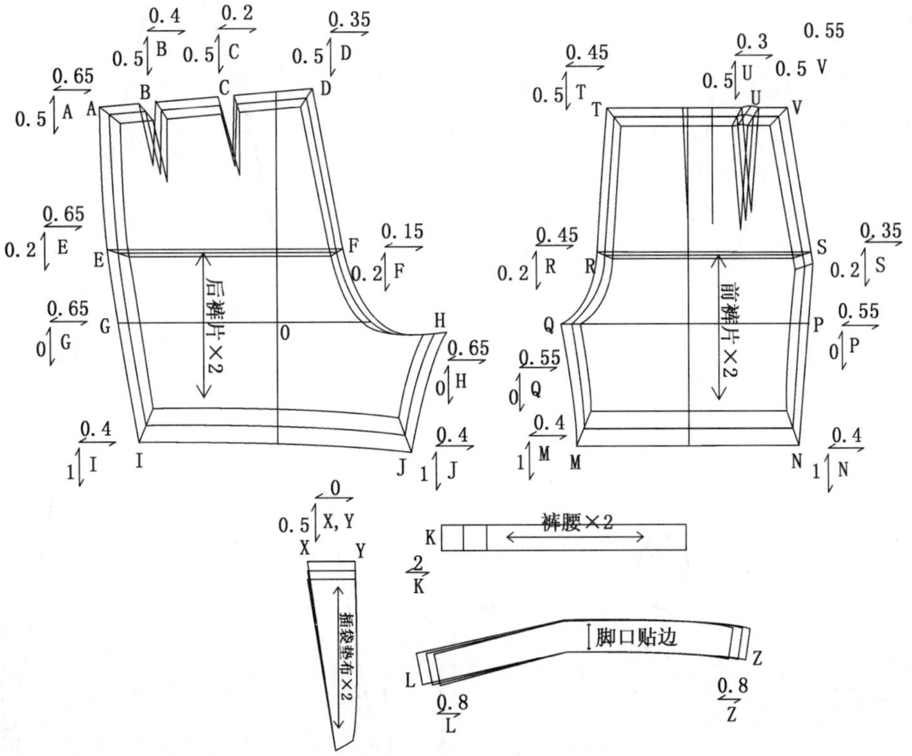


图 2-38　男西式短裤推板图

## 四、裤装工业样板推放拓展二：紧身脚踏裤

### （一）款式特征与样板推放要点分析

紧身脚踏裤的结构设计特点为裤型窄小并紧贴人体，穿着时脚踩在吊带上，固称为脚踏裤。由于裤型紧贴于人体及脚踩的缘故，使得裤型无皱折，从而使腿部有增长之感。紧身脚踏裤通过腰部连腰收松紧的形式，解决裤装穿脱问题。侧缝线不开剪，前后裤片相连。由于侧缝线呈垂直状态，因此，其前后裆宽的档差分配比例采用中式裤大小裆宽 0.07 H 与 0.09 H 的档差分配原则。紧身脚踏裤的款式图见图 2-39。

### （二）编制规格系列表

表 2-19 紧身脚踏裤系列规格设计表 5.4 系列

单位：cm

| 部位＼号型 | 部位代号 | 155/64A | 160/66A | 165/68A | 档差 |
|---|---|---|---|---|---|
| 裤长 | L | 95 | 98 | 111 | 3 |
| 臀围 | H | 78.4 | 82 | 85.6 | 3.6 |
| 脚口 | SB | 10.6 | 11 | 11.4 | 0.4 |

### （三）紧身脚踏裤工业制板

基础样板采用号型 165/68A，臀围放松量为负数－6～－8 cm，根据面料弹性负值更多 H＝90－8＝82 cm。无需考虑腰围。紧身脚踏裤的样板图见图 2-40。

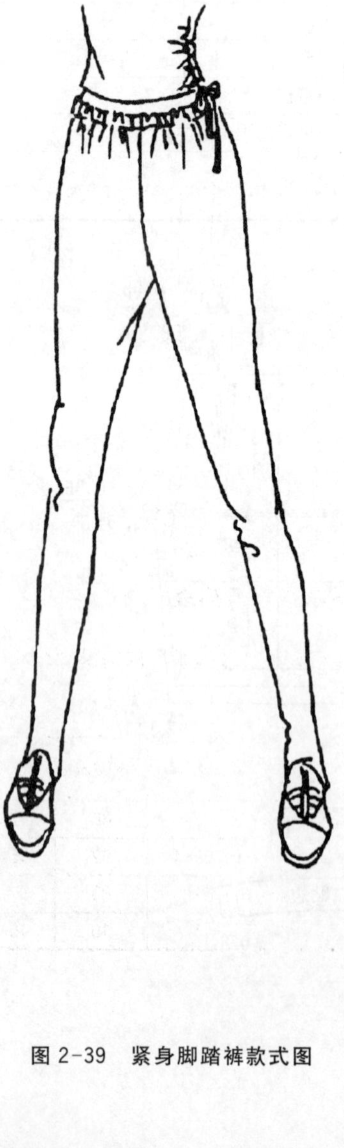

图 2-39 紧身脚踏裤款式图

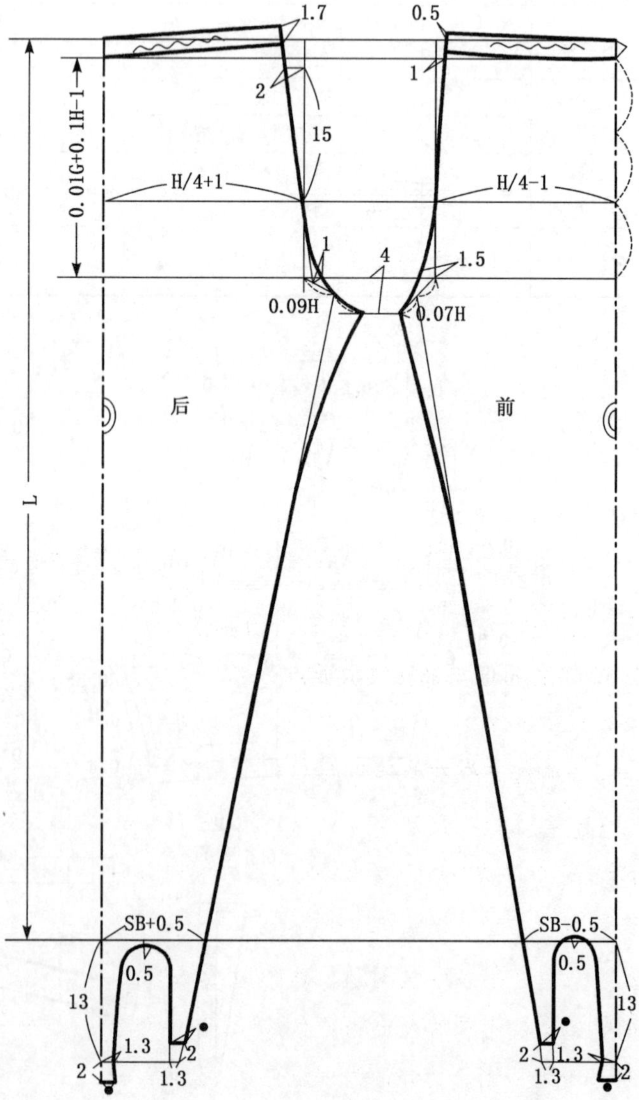


图 2-40 紧身脚踏裤结构图

### （四）样板缩放

选定裤侧缝线作为推板时的纵向公共线，脚口线作为横向公共线，在标准母板的基础上推出其他号型样板。紧身脚踏裤档差设计见表2-20，紧身脚踏裤的推板见图2-41。

**表2-20 紧身脚踏裤档差设计表**

单位：cm

| 部位名称 | | 部位代号 | 档差及计算公式 | | | |
|---|---|---|---|---|---|---|
| | | | 纵档差 | | 横档差 | |
| 前裤片 | 前裆中心线 | E | 3 | 裤长档差3 | 1 | 腰围档差/4=1 |
| | | D | 2 | 裤长档差3－上裆档差1 | 1.2 | 臀围档差/4+0.07×臀围档差 |
| 后裤片 | 后裆中心线 | F | 3 | 同E | 1 | 同E |
| | | C | 2 | 同D | 1.4 | 臀围档差/4+0.09×臀围档差 |
| 脚口 | | A、B | 0 | 公共线 | 0.4 | 脚口档差/2 |

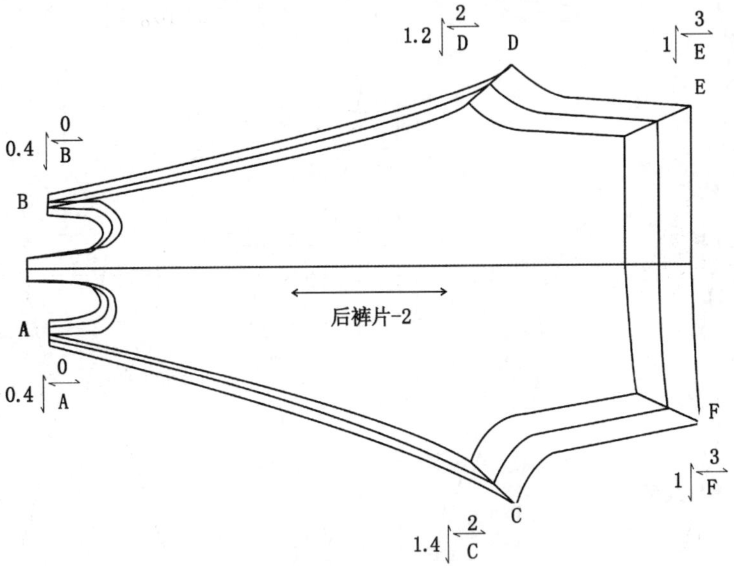


**图2-41 紧身脚踏裤推板图**

## 五、裤装工业样板推放拓展三：曲线分割锥形裤

### （一）款式特征与样板推放要点分析

此款曲线分割锥形裤以分割线为主要形式，在前后裤片侧缝两侧有曲线纵向分割，左右前裤片的分割线呈非对称状。曲线分割锥形裤前片有侧斜挖袋，前门襟开口，整体造型属锥形裤结构。装裤腰，腰部收橡筋解决腰臀差。通过前门襟装拉链，解决裤装穿脱问题。其前后裆宽的档差分配比例采用中式裤大小裆宽0.07 H与0.09 H的档差分配原则。另外，为保证分割线形态不变，应使分割线两端点的高度推档数值相同。曲线分割锥形裤款式见图2-42。

### （二）编制规格系列表

**表2-21 曲线分割锥形裤系列规格设计表 5.4系列**

单位：cm

| 部位＼号型 | 部位代号 | 155/64A | 160/66A | 165/68A | 档差 |
|---|---|---|---|---|---|
| 腰围 | W | 64 | 68 | 72 | 4 |
| 臀围 | H | 88.4 | 92 | 95.6 | 3.6 |
| 裤长 | L | 82.5 | 85 | 87.5 | 2.5 |
| 脚口 | CF | 15.4 | 16 | 16.6 | 0.6 |

图 2-42 曲线分割锥形裤款式图

**（三）曲线分割锥形裤工业制板**

基础样板采用号型 160/66A，臀围、腰围放松量为 2 cm。曲线分割锥形裤的样板见图 2-43、图 2-44。

**（四）样板缩放**

选定裤烫迹线作为推板时的纵向公共线，横裆线作为横向公共线，在标准母板的基础上推出其他号型样板。曲线分割锥形裤档差设计见表 2-22，推板见图 2-45。

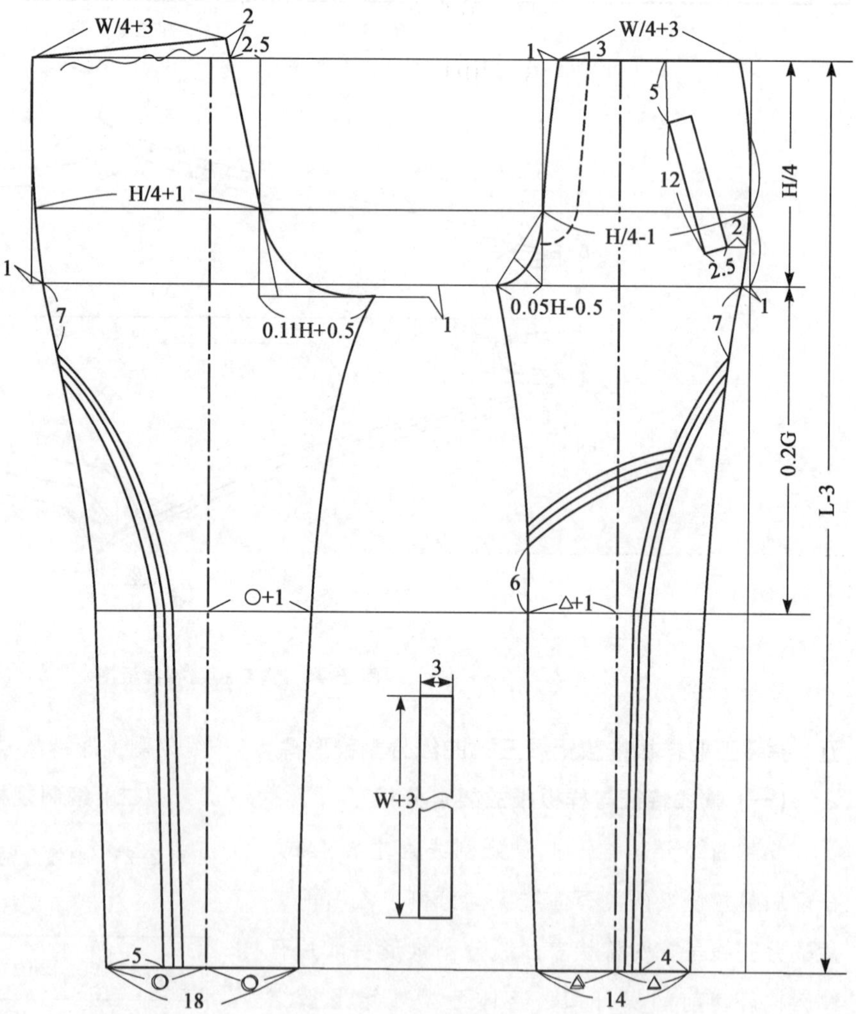


图 2-43 曲线分割锥形裤前后裤片结构图

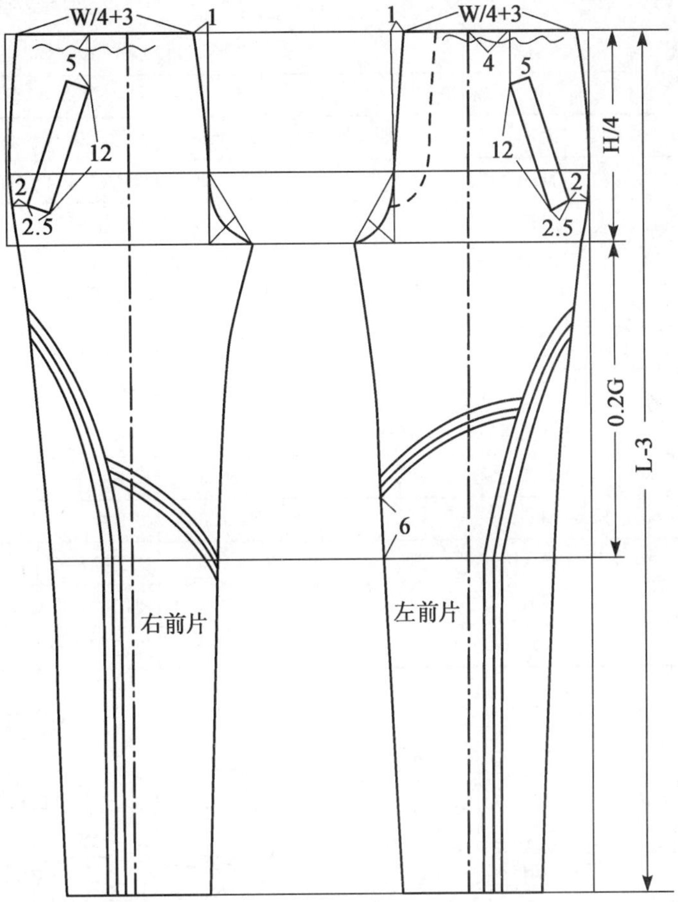


**图 2-44　曲线分割锥形裤左右前裤片结构图**

**表 2-22　曲线分割锥形裤档差设计表**　　单位：cm

| 部位名称 | | 部位代号 | 档差及计算公式 | | | |
|---|---|---|---|---|---|---|
| | | | 纵档差 | | 横档差 | |
| 前裤片 | 前中心线 | H | 1 | 推放上裆档差 | 0.45 | 腰围档差/4×0.45 |
| | | G | 0.3 | 上裆档差 1×1/3 | 0.4 | 臀围档差/4×0.4 |
| | | F | 0 | 公共线 | 0.55 | （臀围档差/4＋0.04×臀围档差）/2 |
| | 侧缝线 | I | 1 | 同 H 点 | 0.55 | 腰围档差/4－H 点横向档差 |
| | | K | 0 | 公共线 | 0.55 | 同 F 点 |
| | | J | 0.3 | 同 G 点 | 0.5 | 臀围档差/4－G 点横向档差 |
| | | L | 0.3 | 定数 | 0.55 | 同 K 点 |
| | 下裆缝线 | E | 0.7 | 定数 | 0.3 | 同 A 点 |
| | | C | 0.8 | 裤长档差－上裆档差－E 的纵向档差 | 0.3 | 同 A 点 |
| | | M | 0.7 | 同 E 点 | 0.15 | 同 B 点 |
| | | D | 1.5 | 裤长档差－上裆档差 | 0.15 | 同 B 点 |
| | 脚口线 | A | 0 | 公共线 | 0.3 | 脚口档差/2 |
| | | B | 0 | 公共线 | 0.15 | 脚口档差/2/2 |
| | | B′ | 0 | 公共线 | 0.15 | 脚口档差/2/2 |

（续 表）

| 部位名称 | | 部位代号 | 档差及计算公式 | | | |
|---|---|---|---|---|---|---|
| | | | 纵档差 | | 横档差 | |
| 后裤片 | 后档中心线 | I | 1 | 上裆档差 | 0.35 | 腰围档差/4－H点横向档差 |
| | | J | 0.3 | 推放上裆档差/3 | 0.25 | 臀围档差/4－G点横向档差 |
| | | K | 0 | 公共线 | 0.6 | （臀围档差/4＋0.11×臀围档差）/2 |
| | 侧缝线 | H | 1 | 同I点 | 0.65 | 同G点 |
| | | G | 0.3 | 推放上裆档差/3 | 0.65 | 同G点 |
| | | F | 0 | 公共线 | 0.65 | 臀围档差/4＋0.11×臀围档差 |
| | | E | 1.5 | 同E′点 | 0.6 | 定数 |
| | | E′ | 1.5 | 裤长档差－上裆档差0.5 | 0.15 | 同B′ |
| | 下裆缝线 | C | 1 | 0.2G档差 | 0.3 | 同A点 |
| | | D | 1 | 同C点 | 0.15 | 同B点 |
| | 脚口线 | A | 1.5 | 裤长档差－上裆长 | 0.3 | 脚口档差/2 |
| | | B | 1.5 | 同A | 0.15 | 脚口档差/2/2 |
| | | B′ | 0 | 公共线 | 0.15 | 脚口档差/2/2 |

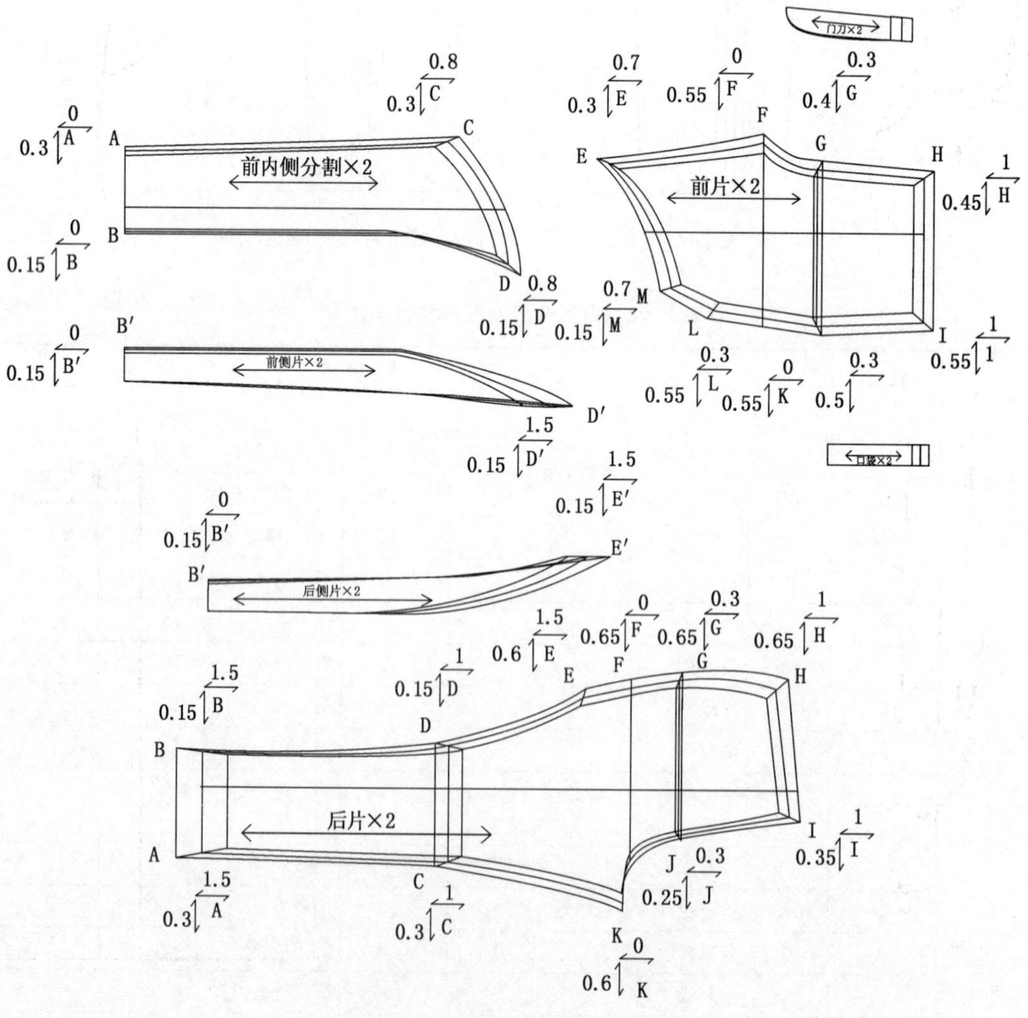


图2-45 曲线分割锥形裤推板图

## 六、裤装工业样板推放拓展四：直筒牛仔裤

### （一）款式特征与样板推放要点分析

直筒牛仔裤属直筒裤，为贴体型裤，臀围放松量较小，一般为4 cm左右。前裤片有月牙形口袋，后裤片的臀部有横斜向分割，前后裤片无省、无裥，后省可以转移到分割缝中。其推板的重点在于大小档宽采用西式裤 0.04 H 与 0.09 H 的档差分配原则。直筒牛仔裤款式见图 2-46。

### （二）编制规格系列表

表 2-23　直筒牛仔裤系列规格设计表　5.4 系列

单位：cm

| 部位＼号型 | 部位代号 | 155/64A | 160/66A | 165/68A | 档差 |
|---|---|---|---|---|---|
| 腰围 | W | 64 | 68 | 72 | 4 |
| 臀围 | H | 90.4 | 94 | 97.6 | 3.6 |
| 裤长 | L | 102 | 105 | 108 | 3 |
| 脚口 | CF | 20.6 | 21 | 21.4 | 0.4 |

### （三）直筒牛仔裤工业制板

基础样板采用号型 160/66A，臀围、腰围放松量为 2 cm。直筒牛仔裤的样板见图 2-47。

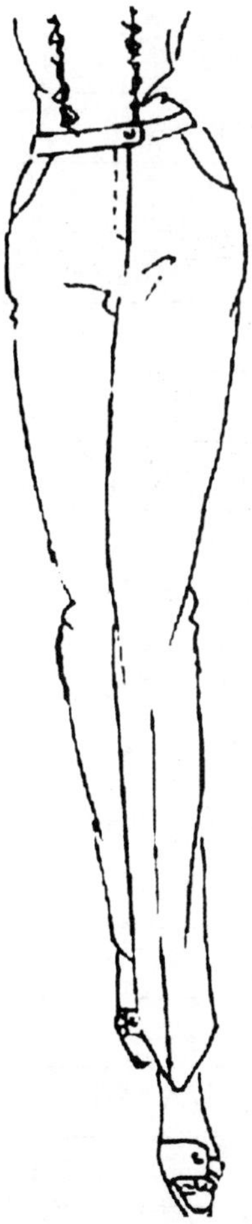

图2-46　直筒牛仔裤款式图

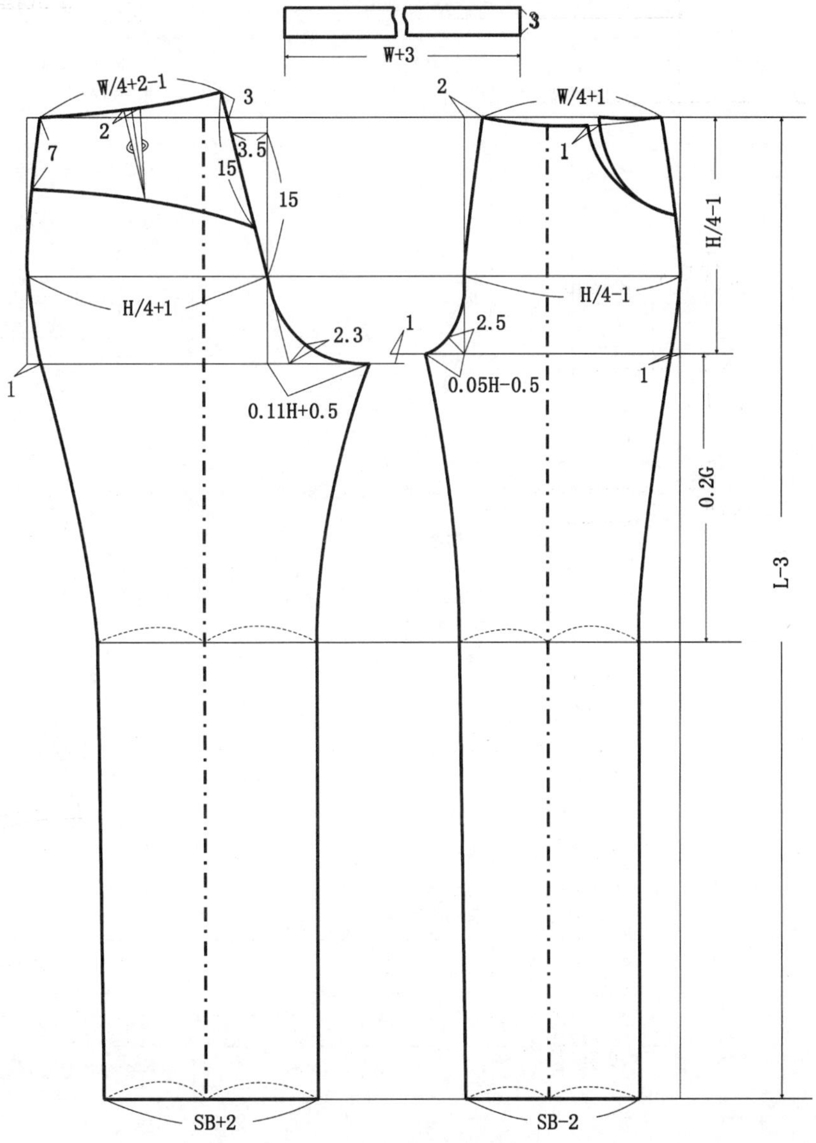


图 2-47　直筒牛仔裤结构图

**（四）样板缩放**

选取中间号型规格样板作为标准母板，选定裤前后烫迹线线作为推板时的纵向公共线，腰围横裆线的中点作为横向公共线，在标准母板的基础上推出大号和小号标准样板。直筒牛仔裤档差设计见表2-24，推板见图2-48。

**表2-24 直筒牛仔裤档差设计表**

单位：cm

| 部位名称 | | 部位代号 | 档差及计算公式 | | | |
|---|---|---|---|---|---|---|
| | | | 纵档差 | | 横档差 | |
| 前裤片 | 前中心线 | K | 0.8 | 推放上裆档差 | 0.4 | 腰围档差/4×0.45=0.45 |
| | | R | 0.3 | 上裆档差2/3 | 0.4 | 臀围档差/4×0.4 |
| | | Q | 0 | 公共线 | 0.55 | （臀围档差/4+0.05×臀围档差）/2 |
| | 腰节线 | L | 0.8 | 推放上裆档差 | 0 | 距公共线是定数 |
| | | X | 0.8 | 推放上裆档差 | 0.55 | 同M点 |
| | | Y | 0.8 | 同X点 | 0 | 公共线 |
| | 侧缝线 | M | 0.8 | 同Y点 | 0.5 | 腰围档差/4－K点横向档差 |
| | | N | 0.3 | 同R点 | 0.5 | 臀围档差/4－R点的横向档差 |
| | | P | 0 | 公共线 | 0.55 | 同Q点 |
| | 下裆缝线 | T | 1 | 0.2G | 0.2 | 脚口/2档差 |
| | | S | 1 | 0.2G | 0.2 | 同T点 |
| | 脚口线 | U | 2.2 | 裤长档差－上裆档差 | 0.2 | 同T点 |
| | | V | 2.2 | 裤长档差－上裆档差 | 0.2 | 同T点 |
| 后裤片 | 后裆缝中心线 | J | 0.4 | 推放上裆档差/2 | 0 | 公共线 |
| | | G | 0.4 | 推放上裆档差/2 | 0.25 | 臀围档差/4－0.65 |
| | | F | 0.5 | 推放上裆档差0.5 | 0.65 | （臀围档差/4+0.11×臀围档差）/2 |
| | | D | 0.5 | 推放上裆档差0.5 | 0.15 | 腰围档差/4－0.85 |
| | | M | 0.2 | 同F点 | 0.65 | 臀围档差/4－F点横向档差0.15 |
| | 侧缝线 | I | 0.4 | 同J点 | 1 | 腰围档差/4 |
| | | H′ | 0 | 公共线 | 0.9 | 臀围档差/4 |
| | | H | 0.4 | 上裆档差/2 | 0.65 | 同E点 |
| | | E | 0 | 公共线 | 0.65 | （臀围档差/4+0.11×臀围档差）/2 |
| | 下裆缝线 | D | 1 | 0.2G档差值 | 0.2 | 脚口档差值/2 |
| | | C | 1 | 同D点 | 0.2 | 同D点 |
| 腰头 | 腰宽线 | Z | 0 | 公共线 | 2 | 腰围档差/2 |

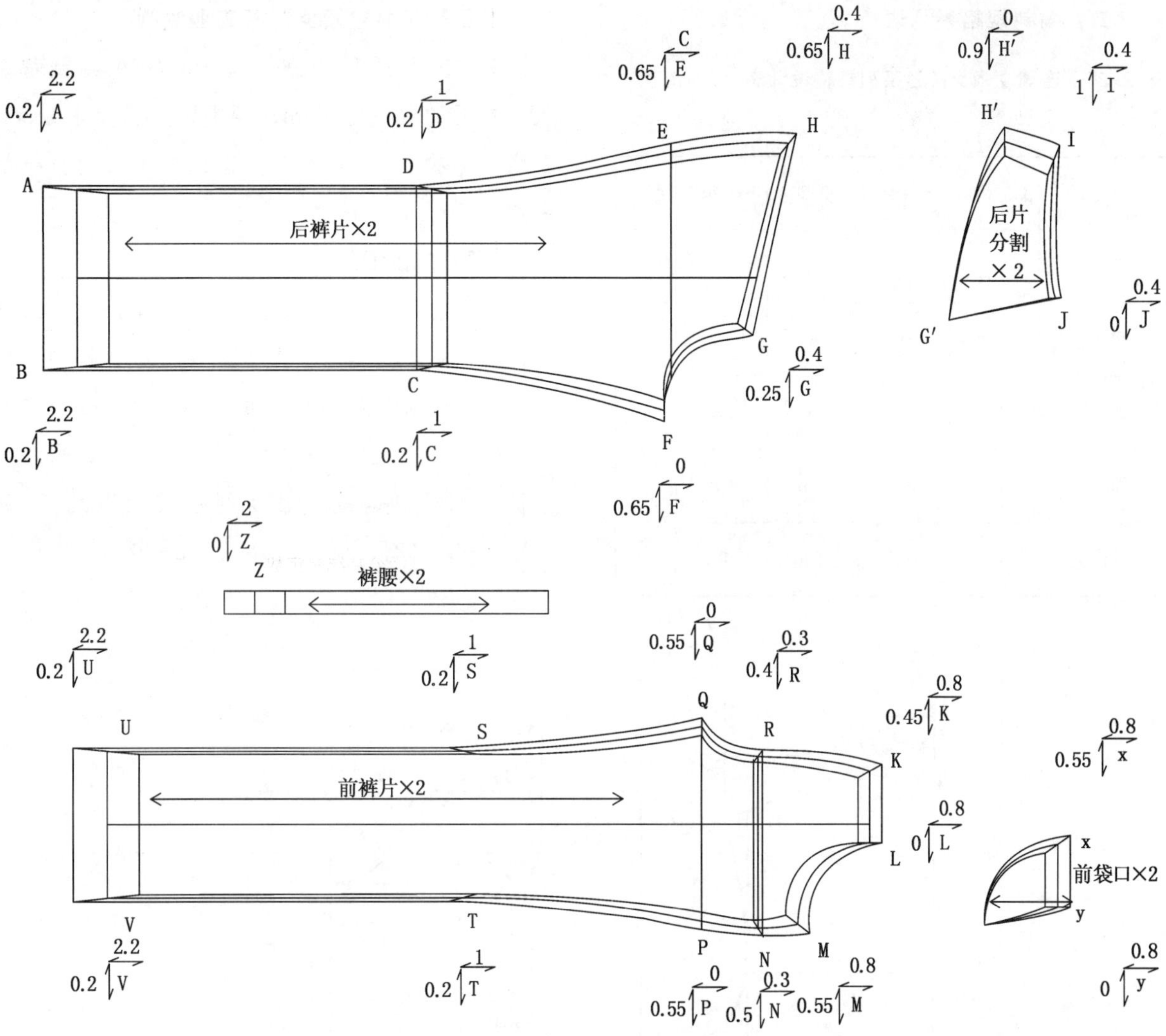


图 2-48 直筒牛仔裤推板图

## 第五节 女装工业样板推放

### 一、连翻立领女衬衫工业样板的推放

#### (一) 款式特征与样板推放要点分析

连翻立领女衬衫是女上装的衬衫类典型品种。其为四开身结构，连翻立领，一片圆装袖，袖口处抽褶，并装有袖头，肩线前移形成过肩，门襟为翻门襟。衣长、袖长长度档差及围度、宽度档差与国家号型标准尺寸一致，可以直接将人体对应部位档差转换为服装控制部位规格档差。其他类型的女装档差制定可以该款为基准，进行等比例档差增减。连翻立领女衬衫款式见图 2-49。

图 2-49 连翻立领女衬衫款式图

## （二）编制规格系列表

表 2-25 连翻立领女衬衫系列规格设计表 5.4 系列

单位：cm

| 部位 \ 号型 | 部位代号 | 155/80A | 160/84A | 165/88A | 档差 |
|---|---|---|---|---|---|
| 衣长 | L | 63 | 65 | 67 | 2 |
| 胸围 | B | 86 | 90 | 94 | 4 |
| 肩宽 | S | 36 | 37 | 38 | 1 |
| 领围 | N | 35 | 36 | 37 | 1 |
| 袖长 | SL | 51.5 | 53 | 54.5 | 1.5 |

## （三）连翻立领女衬衫工业制板

该款女装采用中间号型 160/84A 绘制基础版，胸围加放松量 6 cm，领围加放松量是 2 cm，总肩宽加放 0.6 cm 左右。连翻立领女衬衫样板见图 2-50（1）、图 2-50（2）。

## （四）样板缩放

采用比例法推板，选择中间号型规格样板作为标准母板，选定衣片前、后中心线，袖中线作为推板时的纵向公共线，胸围线、袖山高线作为横向公共线，在标准母板的基础上推出大号和小号标准样板。连翻立领女衬衫推板见图 2-51（1）、2-51（2），档差设计见表 2-26。

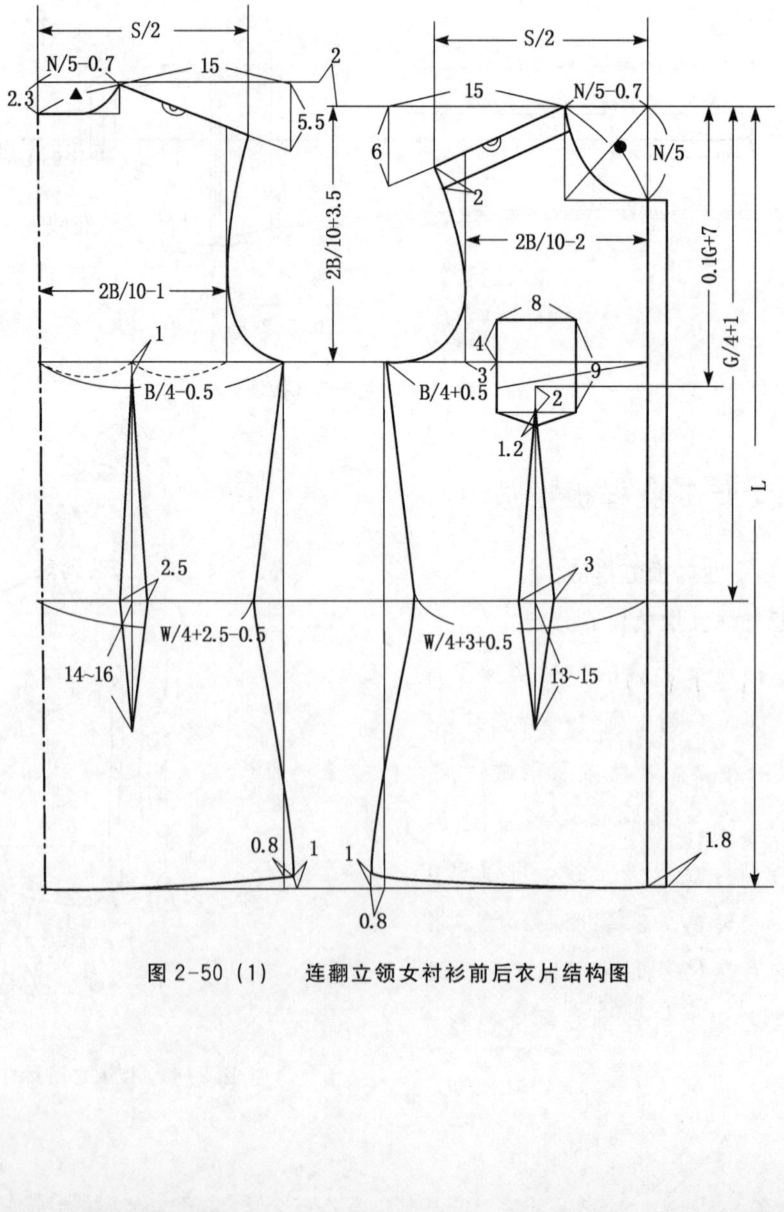


图 2-50（1） 连翻立领女衬衫前后衣片结构图

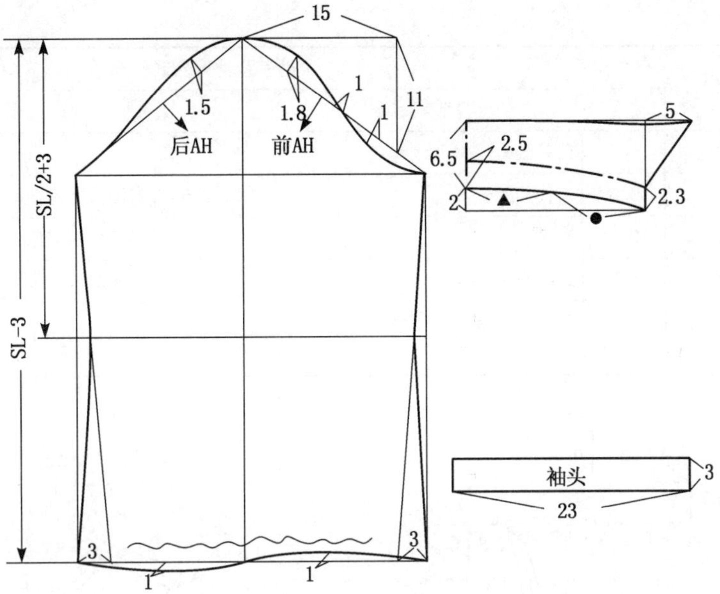


图 2-50（2）　连翻立领女衬衫衣袖、衣领结构图

表 2-26　连翻立领女衬衫档差计算表

单位：cm

| 部位名称 | | 部位代号 | 档差及计算公式 | | | |
|---|---|---|---|---|---|---|
| | | | 纵档差 | | 横档差 | |
| 前衣片 | 肩线 | J | 0.7 | 袖窿深差 2/10×胸围差数－调解数 | 0.2 | 领宽差数 0.2 |
| | | K | 0.6 | 袖窿深差－肩斜差数 | 0.2 | 肩宽差数 1 的 1/2 |
| | 前中心线 | L | 0.6 | 袖窿深差－领宽差数 | 0 | 公共线 |
| | 侧缝线 | M | 0 | 公共线 | 1 | 胸围/4 档差 |
| | | N | 0.3 | 腰节长差数－袖窿深差 | 0.7 | 腰围/4 档差 |
| | 底摆线 | P | 1.3 | 衣长差数－J 点纵档差 | 1 | 同 M 点 |
| | | Q | 1.3 | 衣长差数－J 点纵档差 | 0 | 公共线 |
| | 省尖 | R | 0.3 | 同 N 点 | 0.3 | 前胸宽差数 1/2 |
| 后衣片 | 小肩线 | B | 0.7 | 同 J | 0.2 | 领宽差数 0.2 |
| | | C | 0.6 | 袖窿深差－肩斜差数 | 0.5 | 肩宽差数 1 的 1/2 |
| | 后中心线 | A | 0.65 | 袖窿深差－领深差数 | 0 | 公共线 |
| | | G | 1.3 | 衣长档差－B 点纵档差 | 0 | 公共线 |
| | 侧缝 | D | 0 | 公共线 | 1 | 胸围/4 档差 |
| | | E | 0.3 | 腰节档差－B 点纵档差 | 1 | 胸围/4 档差 1 |
| | | F | 1.3 | 同 G 点 | 1 | 同 E 点 |
| 袖片 | 袖中线 | S | 0.4 | 推放袖山高度 0.4 | 0 | 公共线 |
| | 前袖缝线 | U | 0 | 公共线 | 0.8 | 袖子的肥度 2/10 胸围差数＝0.8 |
| | | W | 0.5 | 袖长差数 1.5 的 1/3 | 0.6 | 取袖口与袖肥差数的中间值 |
| | | | 1.1 | 袖长差数 1.5－A 点 0.4 | 0.5 | 袖口肥度差数 0.5 |
| | 后袖缝线 | T | 0.5 | 同 E 点 | 0.6 | 同 E 点 |
| | | V | 0 | 公共线 | 0.8 | 袖子的肥度，2/10 胸围差数 |
| | | F | 1.1 | 同 G 点 | 0.5 | 同 G 点 |

（续 表）

| 部位名称 | | 部位代号 | 档差及计算公式 | | | |
|---|---|---|---|---|---|---|
| | | | 纵档差 | | 横档差 | |
| 贴袋 | | Z | 0 | 公共线 | | |
| | | Z′ | 0.5 | 袋长档差值 | 0.5 | 袋口大档差值 |
| | | Z″ | 0.5 | 同 Z′ | 0.25 | 袋口大档差值 1/2 |
| 袖头 | | X | 0.8 | 2/10 胸围档差 | 0 | 袖头宽为定数 |
| 领子 | 后领中心线 | O | 0 | 各档样板领子宽度相等，只推长度方向 | 0.5 | 领围差数的 1/2 |

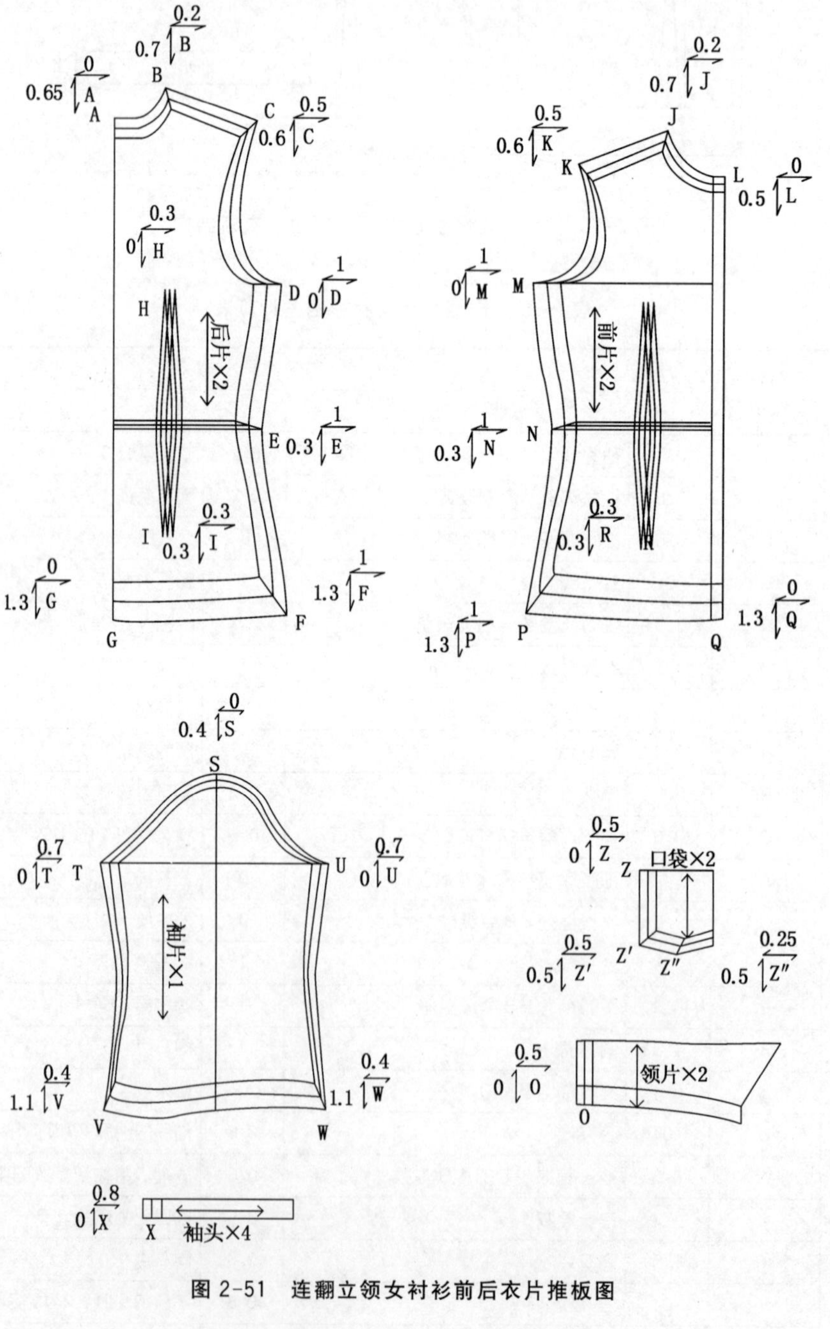


图 2-51　连翻立领女衬衫前后衣片推板图

## 二、旗袍工业样板的推放

### (一)款式特征与样板推放要点分析

旗袍是我国女性典型的民族传统服装，此旗袍款式为立领，斜开襟，无袖，前后片中心线不分割，前衣片收胸腰省及腋下省，后衣片收胸腰省。下摆为圆下摆，侧开衩，无袖。该款旗袍在制作样板时，因为前片采用非对称结构，因此应将完整的前片及分割部分制作出来，围度、宽度档差制定上与普通四开身服装相同，只是衣长档差应增加。旗袍款式见图 2-52。

### (二)编制规格系列表

表 2-27 旗袍系列规格设计表 5.4 系列

单位：cm

| 部位 \ 号型 | 部位代号 | 155/80A | 160/84A | 165/88A | 档差 |
|---|---|---|---|---|---|
| 衣长 | L | 83 | 86.5 | 90 | 3.5 |
| 胸围 | B | 84 | 88 | 92 | 4 |
| 肩宽 | S | 36 | 37 | 39 | 1 |
| 领围 | N | 35 | 36 | 37 | 1 |
| 腰围 | W | 64 | 68 | 72 | 4 |
| 臀围 | H | 90 | 94 | 98 | 4 |

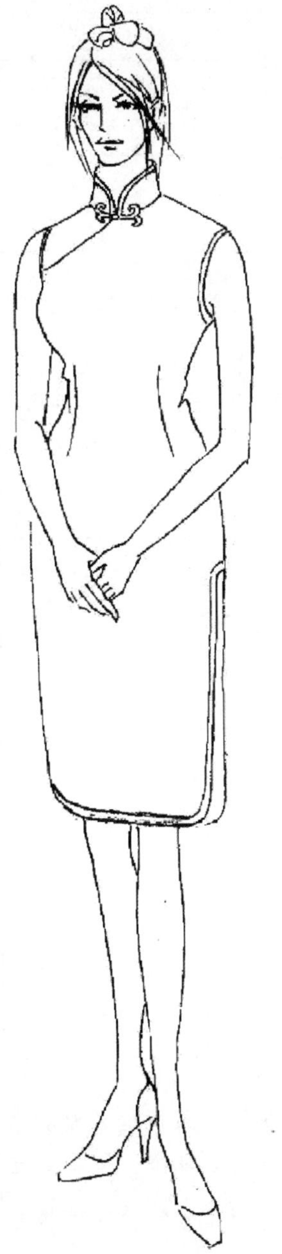

图 2-52 旗袍款式图

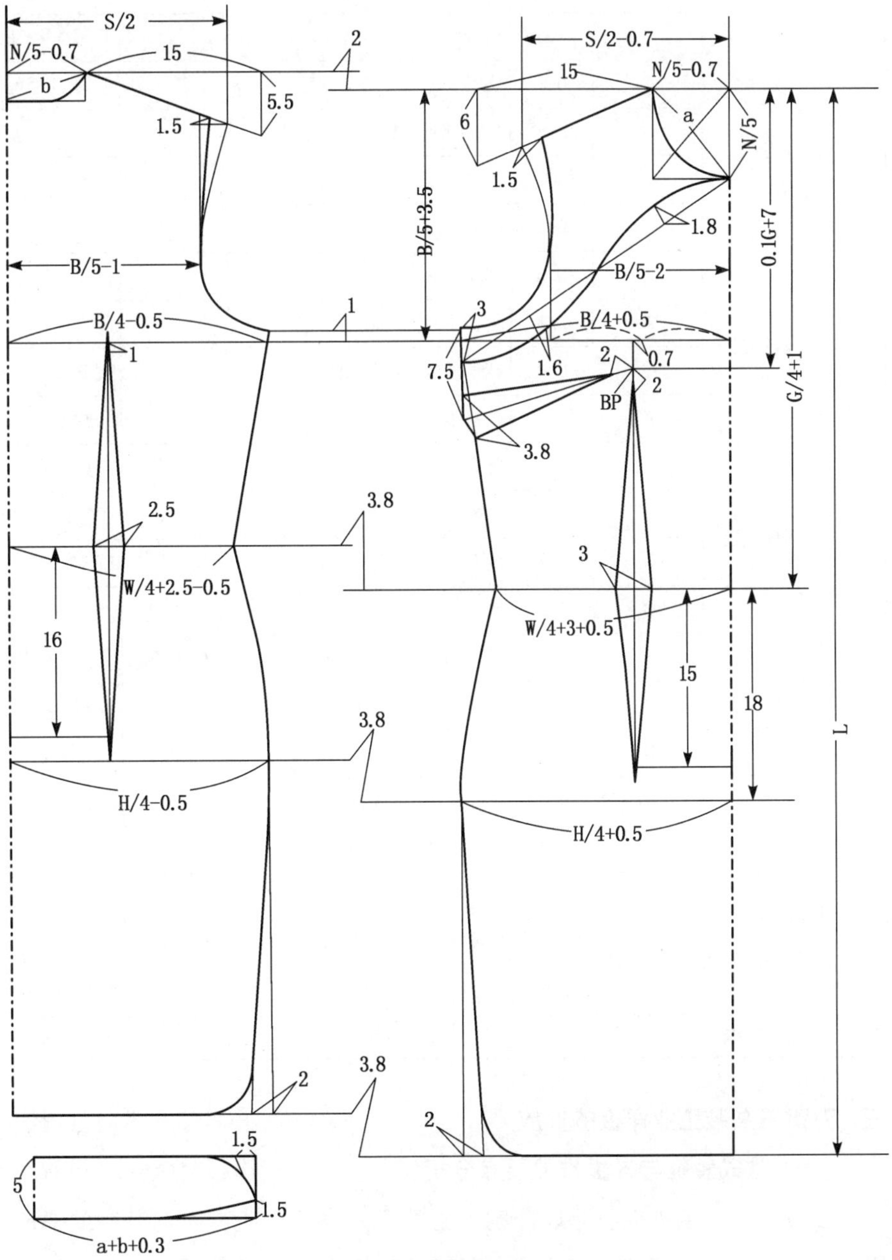


图 2-53 旗袍结构图

### （三）旗袍工业制板

该款旗袍采用中间号型 165/88A 绘制基础板，胸围、臀围加放松量 4 cm，腰围放松量 6 cm，领围加放松量是 2 cm，总肩宽加放 0.6 cm 左右。旗袍前后衣片样板见图 2-53。

### （四）样板缩放

选定衣片前、后中心线作为推板时的纵向公共线，胸围线作为横向公共线，在标准母板的基础上推出大号和小号标准样板。档差设计见表 2-28，旗袍推板见图 2-54。

**表 2-28　旗袍档差计算表**

单位：cm

| 部位名称 | | 部位代号 | 档差及计算公式 | | | |
|---|---|---|---|---|---|---|
| | | | 纵档差 | | 横档差 | |
| 前衣片 | 肩线 | F | 0.7 | 2/15 胸围差数－调解数 | 0.2 | 领宽差数 0.2 |
| | | E | 0.5 | 袖窿深差－肩斜差数 | 0.5 | 肩宽差数 1 的 1/2 |
| | 侧缝线 | D | 0 | 公共线 | 1 | 胸围/4 档差 |
| | | C | 0.3 | 腰节长差数－袖窿深差 | 1 | 腰围/4 档差 |
| | | B | 0.8 | C 纵档差＋臀长档差 | 1 | 臀围/4 档差 |
| | | D′ | 0 | 同 D | 1 | 同 B′ |
| | | C′ | 0.3 | 同 C | 1 | 同 C |
| | | B′ | 0.8 | 同 B | 1 | 同 B |
| | 底摆线 | A | 2.8 | 裙长差数－F 点纵档差 | 1 | 同 B 点 |
| | | A′ | 2.8 | 裙长差数－F 点纵档差 | 1 | 同 B′ |
| | 前片分割 | A | 0 | 公共线 | 0 | 公共线 |
| | | F | 0.1 | 落肩档差 | 0.5 | 肩宽档差/2 |
| | | E | 0.7 | 袖窿深档差 | 1 | 胸围档差/4 |
| | | D | 0.7 | 同 E | 1 | 同 E |
| | | C | 0.2 | 同 B | 0.2 | 同 B |
| | | B | 0.2 | 领口深档差 | 0.2 | 领口宽档差 |
| 后衣片 | 省尖 | R | 0.3 | 同 N 点 | 0.3 | 前胸宽差数 1/2 |
| | 肩线 | G | 0.7 | 同 J | 0.2 | 领宽差数 0.2 |
| | | F | 0.6 | 袖窿深差－肩斜差数 | 0.5 | 肩宽差数 1 的 1/2 |
| | 侧缝线 | D | 0.3 | 腰节档差－袖窿深差 | 1 | 腰围档差/4 |
| | | C | 0.8 | 腰节档差－袖窿档差＋臀长档差 | 0 | 公共线 |
| | 底摆线 | B | 2.8 | 裙长档差－袖窿档差 | 1 | 同 E |
| | | A | 2.8 | 同 B | 0 | 公共线 |
| 领 | 后领中线 | Z | 0 | 领宽为固定宽度 | 0.5 | 领围档差/2 |

## 三、刀背缝女装工业样板的推放

### （一）款式特征与样板推放要点分析

立领刀背分割夹克衫是以分割为主的四开身服装，前衣片的胸部有刀背分割，刀背分割线上方肩部有斜向分割线，后衣片为刀背缝分割。在推板时重点是在前后衣片的分割处理上，一是要把握纵向分割的部位，应使所有分割片围度档差总和等于总的胸围、背宽、胸宽等围度和宽度档差；横向分割的部位，应使所有分割片长度档差总和等于总的衣长、腰节长、袖窿深等长度部位档差。刀背缝女装款式见图2-55。

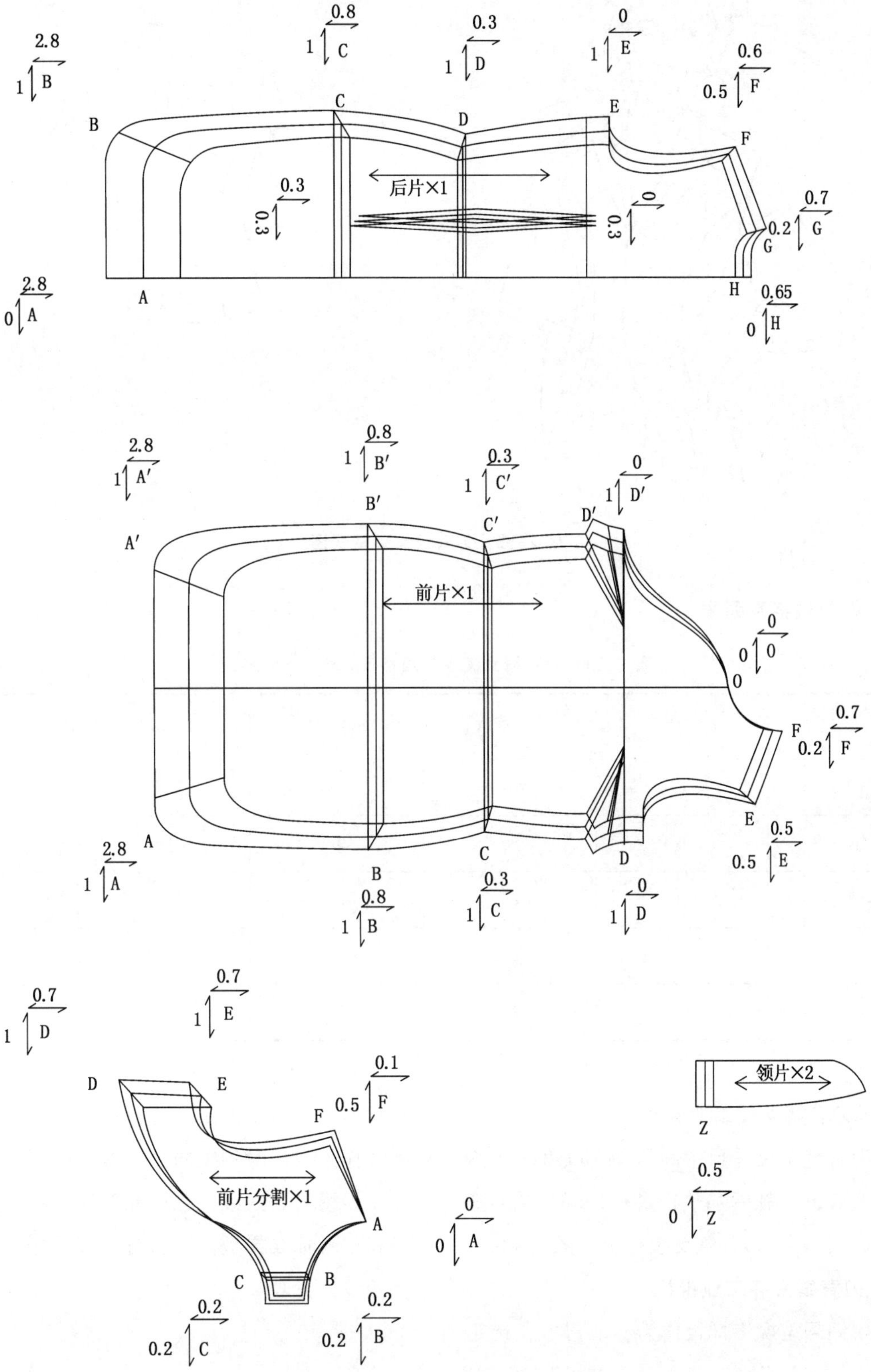


图 2-54 旗袍推板图

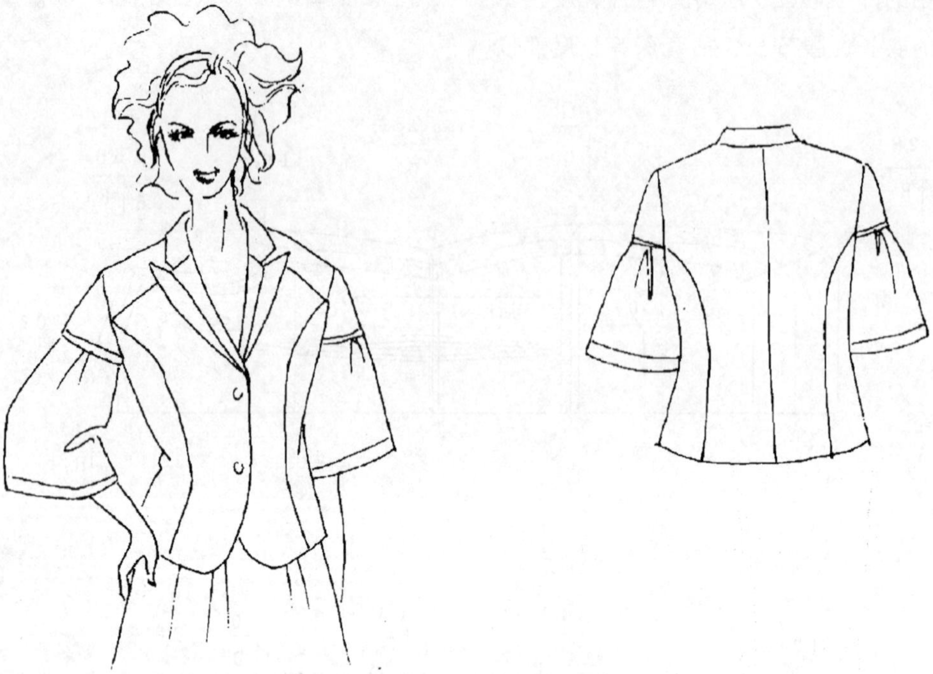

图 2-55 刀背缝女装款式图

**（二）编制规格系列表**

表 2-29 刀背缝女装系列规格设计表 5.4 系列 单位：cm

| 号型<br>部位 | 部位代号 | 155/80A | 160/84A | 165/88A | 档差 |
|---|---|---|---|---|---|
| 衣长 | L | 51 | 53 | 55 | 2 |
| 胸围 | B | 88 | 92 | 96 | 4 |
| 肩宽 | S | 36 | 37 | 38 | 1 |
| 领围 | N | 36.2 | 37 | 37.8 | 0.8 |
| 袖长 | SL | 21.4 | 22 | 22.6 | 0.6 |

**（三）刀背缝女装工业制板**

该款刀背缝女装采用中间号型 160/84A，胸围加放松量 8 cm，领围加放松量是 2 cm，总肩宽加放 0.6 cm 左右。刀背缝女装样板见图 2-56。

**（四）刀背缝女装工业推板**

选取中间号型规格样板作为标准母板，选定衣片前中心线、前后刀背分割线、后中心线、袖中线作为推板时的纵向公共线，胸围线、袖山高线作为横向公共线，在标准母板的基础上推出大号和小号标准样板。刀背缝女装推板见图 2-57，档差设计见表 2-30。

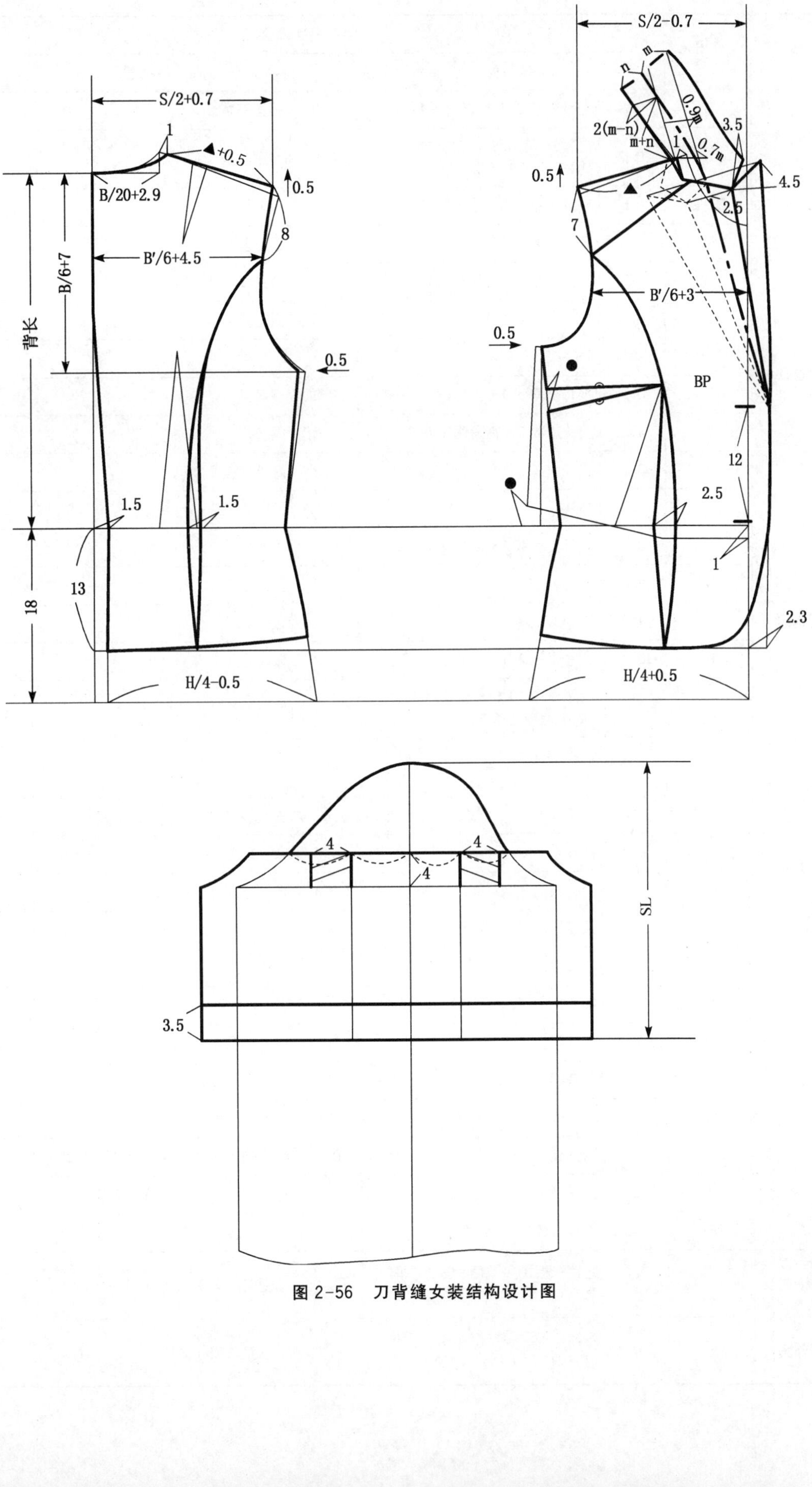


图 2-56　刀背缝女装结构设计图

表 2-30 刀背缝女装各部位档差及计算公式

单位：cm

| 部位名称 | | 部位代号 | 档差及计算公式 | | | |
|---|---|---|---|---|---|---|
| | | | 纵档差 | | 横档差 | |
| 前衣片 | 小肩线 | B | 0.8 | 袖窿深差 2/10×胸围差数 | 0.2 | 领宽差数 0.2 |
| | | A | 0.6 | 袖窿深差 0.8－肩斜差数 0.2（胸围差数 4 的 5 %） | 0.5 | 肩宽差数 1 的 1/2 |
| | 前中心线 | D＝E | 0.6 | 袖窿深差 0.8－领宽差数 0.2 | 0 | 公共线 |
| | | C | 0.6 | 同 D 点 | 0.2 | 领宽差数 0.2 |
| | | G | 1.2 | 衣长差数 2－袖窿深差 0.8 | 0 | 公共线 |
| | 侧缝线 | Z | 0.3 | 袖窿差 0.6 的 1/2 | 0.6 | 胸宽差数 0.6 |
| | | O | 0 | 公共线 | 0.3 | 同 Z 点 |
| | | F | 0.2 | 腰节长差数 1－袖窿深差 0.8 | 0.3 | 同 Z 点 |
| | | I | 1.2 | 衣长差数 2－袖窿深差 0.8 | 0.3 | 同 Z 点 |
| 前侧片 | 侧缝线 | J | 0.3 | 同 Z 点 | 0.3 | 胸宽档差 0.6 的 1/2 |
| | | K | 0 | 公共线 | 0.7 | 胸围/4 档差 1－胸宽档差 0.6 的 1/2 |
| | | L | 0.2 | 腰节长差数 1－袖窿深差 0.8 | 0.7 | 同 K 点 |
| | | N | 1.2 | 同 I 点 | 0.7 | 同 K 点 |
| | 刀背缝 | M | 1.2 | 同 I 点 | 0 | 公共线 |
| 后衣片 | 小肩线 | B | 0.8 | 袖窿深差 2/10×胸围差数 | 0.2 | 领宽差数 0.2 |
| | | C | 0.6 | 袖窿深差 0.8－肩斜差数 0.2（胸围差数 4 的 5%） | 0.5 | 肩宽差数 1 的 1/2 |
| | 后中心线 | A | 0.75 | 袖窿深差 0.8－领宽差数 0.2×0.3 | 0 | 公共线 |
| | | G | 1.2 | 同前片 I 点 | 0 | 公共线 |
| | 刀背缝 | D | 0.3 | 袖窿差 0.6 的 1/2 | 0.6 | 背宽档差 0.6 |
| | | O | 0 | 公共线 | 0.3 | 背宽档差 0.6 的 1/2 |
| | | F | 0.2 | 腰节长差数 1－袖窿深差 0.8 | 0.3 | 同 O 点 |
| | | I | 1.2 | 同 G 点 | 0.3 | 同 O 点 |
| 袖片 | 袖中线 | A | 0.3 | 推放袖山高度 0.5 的 2/3 | 0 | 公共线 |
| | 前袖缝线 | D′＝D | 0 | 公共线 | 0.5 | 袖子的肥度 2/10 胸围差数＝0.8 的 1/2＋0.1 |
| | | C | 0 | 公共线 | 0.8 | 袖子的肥度，2/10 胸围差数 |
| | | G | 0.3 | 袖长差数 0.6－A 点 0.3 | 0.5 | 袖口肥度差数 0.6 |
| | 后袖缝线 | E＝E′ | 0 | 公共线 | 0.5 | 袖子的肥度 2/10 胸围差数＝0.8 的 1/2＋0.1 |
| | | B | 0 | 公共线 | 0.8 | 袖子的肥度，2/10 胸围差数 |
| | | F | 0.3 | 袖长差数 0.6－A 点 0.3 | 0.5 | 袖口肥度差数 0.6 |
| 领子 | 后领中心线 | V＝O | 0 | 各档样板领子宽度相等，只推长度方向 | 0.4 | 领围差数 1 的 1/2－0.1 |
| | 前领嘴 | H | 0 | 各档样板领子宽度相等，只推长度方向 | 0.2 | 领围差数的 0.2 |

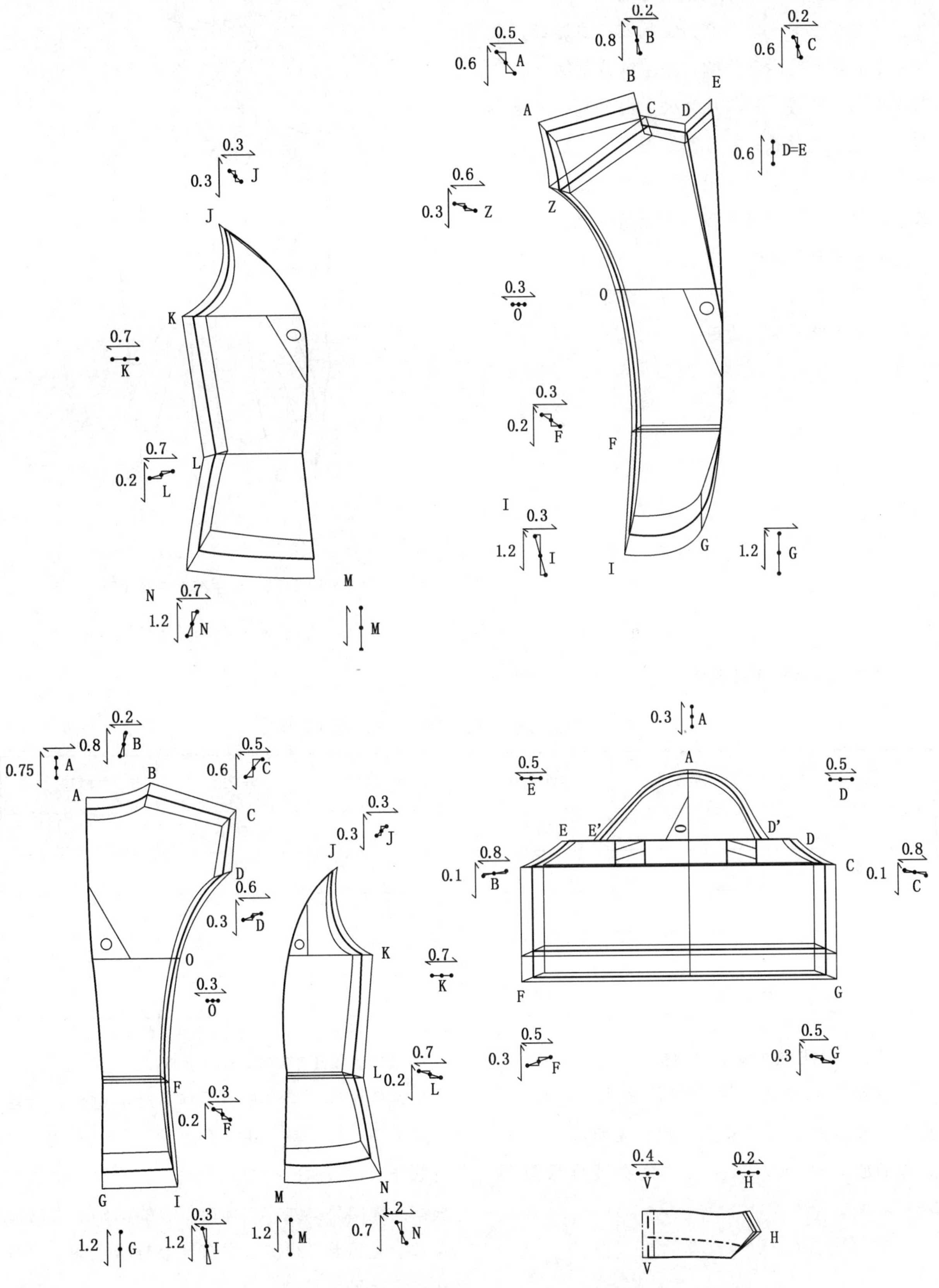


图 2-57 刀背缝女装推板图

## 四、公主缝女装工业样板的推放

### （一）款式特征与样板推放要点分析

公主缝女装是以分割为主的四开身服装，前衣片的胸部有公主缝分割，公主缝分割线下方腰节有横向分割线，后衣片为公主缝分割。在推板时重点是在前后衣片的分割处理上，一是要把握纵向分割的部位，应使所有分割片围度档差总和等于总的胸围、背宽、胸宽等围度和宽度档差；二是横向分割的部位，应使所有分割片长度档差总和等于总的衣长、腰节长、袖窿深等长度部位档差。公主缝女装款式见图 2-58。

图 2-58　公主缝女装款式图

### （二）编制规格系列表

表 2-31　公主缝女装系列规格设计表　5.4 系列　　单位：cm

| 部位＼号型 | 部位代号 | 155/80A | 160/84A | 165/88A | 档差 |
|---|---|---|---|---|---|
| 衣长 | L | 53.5 | 55 | 56.5 | 1.5 |
| 胸围 | B | 88 | 92 | 96 | 4 |
| 肩宽 | S | 36 | 37 | 38 | 1 |
| 领围 | N | 36.2 | 37 | 37.8 | 0.8 |
| 袖长 | SL | 54.5 | 56 | 57.5 | 1.5 |

### （三）公主缝女装工业制板

该款公主缝女装采用中间号型 160/84A，胸围加放松量 8 cm，领围加放松量是 2 cm，总肩宽加放 0.6 cm 左右。公主缝女装样板见图 2-59。

### （四）公主缝女装工业推板

选取中间号型规格样板作为标准母板，选定衣片前中心线、前公主缝分割线、后中心线、袖中线作为推板时的纵向公共线，胸围线、袖山高线作为横向公共线，在标准母板的基础上推出大号和小号标准样板。公主缝女装推板见图 2-60，档差设计见表 2-32。

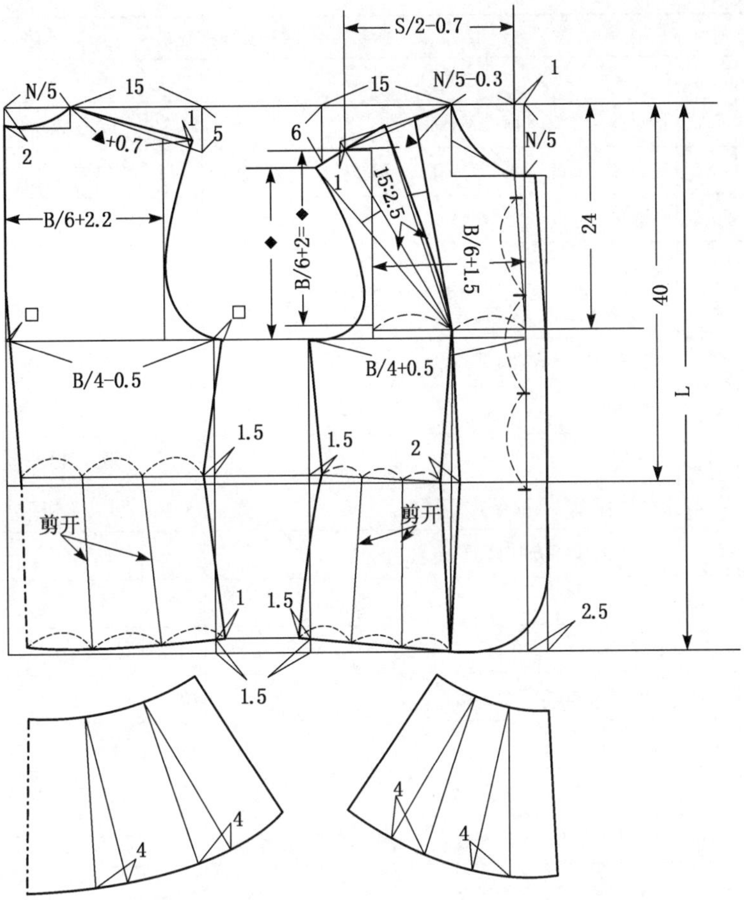


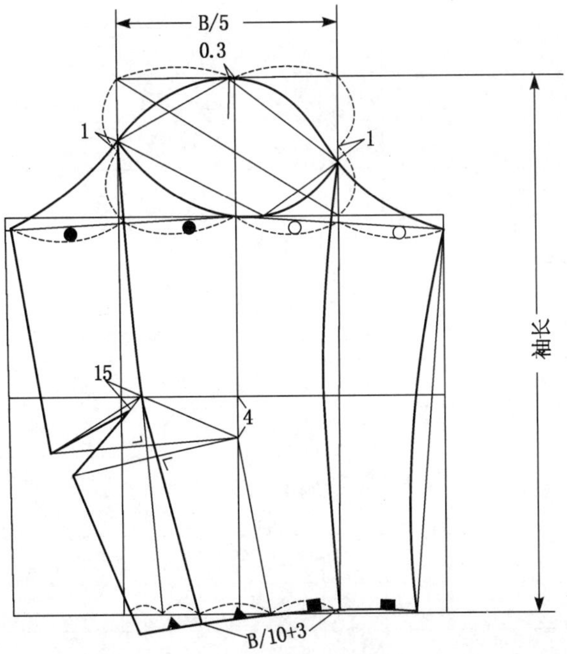


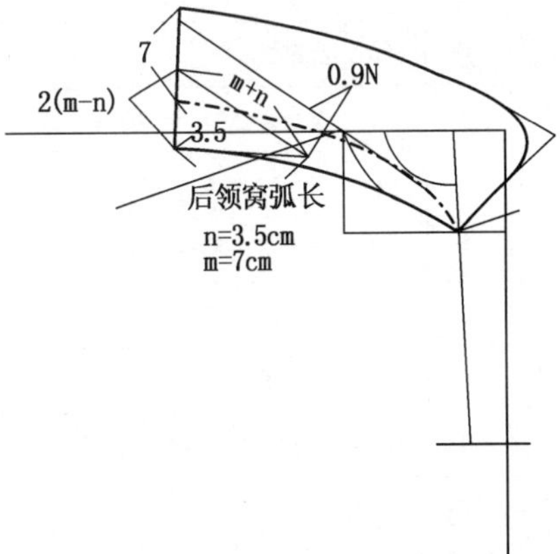


图 2-59　公主缝女装结构设计图

表 2-32 公主缝女装各部位档差及计算公式

单位：cm

| 部位名称 | | 部位代号 | 档差及计算公式 | | | |
|---|---|---|---|---|---|---|
| | | | 纵档差 | | 横档差 | |
| 前衣片 | 小肩线 | A | 0.8 | 袖窿深差 2/10×胸围差数 | 0.2 | 领宽差数 0.2 |
| | | B | 0.6 | 袖窿深差 0.8－肩斜差数 0.2（胸围差数 4 的 5%） | 0.2 | 肩宽差数 1 的 1/的 0.2 |
| | 前中心线 | O | 0.6 | 袖窿深差 0.8－领宽差数 0.2 | 0 | 公共线 |
| | 公主缝分割线 | E | 0 | 公共线 | 0.3 | 胸宽档差 0.6 的 1/2 |
| | | H | 0.2 | 腰节长差数 1－袖窿深差 0.8 | 0.3 | 胸宽档差 0.6 的 1/2 |
| | | I | 0.7 | 衣长差数 1.5－袖窿深差 0.8 | 0.3 | 胸宽档差 0.6 的 1/2 |
| 前侧片 | 侧缝线 | C | 0.6 | 袖窿差 0.6 | 0.3 | 肩宽差数 0.5－B 点 0.2 |
| | | D | 0 | 公共线 | 0.7 | 胸围/4 档差 1－胸宽档差 0.6 的 1/2 |
| | | F | 0.2 | 腰节长差数 1－袖窿深差 0.8 | 0.7 | 胸围/4 档差 1－胸宽档差 0.6 的 1/2 |
| | 公主缝分割线 | B′ | 0.7 | 取 A 点和 C 点的中间值 | 0 | 公共线 |
| | | G | 0.2 | 同 F 点 | 0 | 公共线 |
| 前底摆 | 侧缝及底摆线 | I | 0 | 公共线 | 0.7 | 同 F 点 |
| | | L | 0.5 | 衣长差数 1.5－腰节差数 1 | 0.7 | 同 F 点 |
| | | K | 0.5 | 同 L 点 | 0.7 | 同 F 点 |
| 后衣片 | 小肩线 | B | 0.8 | 袖窿深差 2/10×胸围差数 | 0.2 | 领宽差数 0.2 |
| | | C | 0.6 | 袖窿深差 0.8－肩斜差数 0.2（胸围差数 4 的 5%） | 0.5 | 肩宽差数 1 的 1/2 |
| | 后中心线 | A | 0.75 | 袖窿深差 0.8－领宽差数 0.2×0.3 | 0 | 公共线 |
| | | G | 0.2 | 同前片 F 点 | 0 | 公共线 |
| | 侧缝 | D | 0.2 | 袖窿差 0.6 的 1/3 | 0.6 | 背宽档差 0.6 |
| | | E | 0 | 公共线 | 1 | 胸围/4 档差 1 |
| | | H | 0.2 | 同 G 点 | 1 | 同 E 点 |
| 后底摆 | 侧缝及底摆线 | I | 0 | 公共线 | 1 | 胸围/4 档差 1 |
| | | J | 0.5 | 衣长差数 1.5－腰节差数 1 | 1 | 同 I 点 |
| | | K | 0.5 | 同 J 点 | 0 | 公共线 |
| 袖片 | 袖中线 | A | 0.4 | 推放袖山高度 0.4 | 0 | 公共线 |
| | 前袖缝线 | C | 0 | 公共线 | 0.8 | 袖子的肥度 2/10 胸围差数＝0.8 |
| | | E | 0.5 | 袖长差数 1.5 的 1/3 | 0.6 | 取袖口与袖肥差数的中间值 |
| | | G | 1.1 | 袖长差数 1.5－A 点 0.4 | 0.5 | 袖口肥度差数 0.5 |
| | 后袖缝线 | D、H、I、J | 0.5 | 同 E 点 | 0.6 | 同 E 点 |
| | | B | 0 | 公共线 | 0.8 | 袖子的肥度，2/10 胸围差数 |
| | | F | 1.1 | 同 G 点 | 0.5 | 同 G 点 |
| | 袖山弧线 | M、N | 0.2 | 推放袖山高度 0.4 的 1/2 | 0.4 | 推放袖子肥度 0.8 的 1/2 |
| 领子 | 后领中心线 | K | 0 | 各档样板领子宽度相等，只推长度方向 | 0.5 | 领围差数的 1/2 |

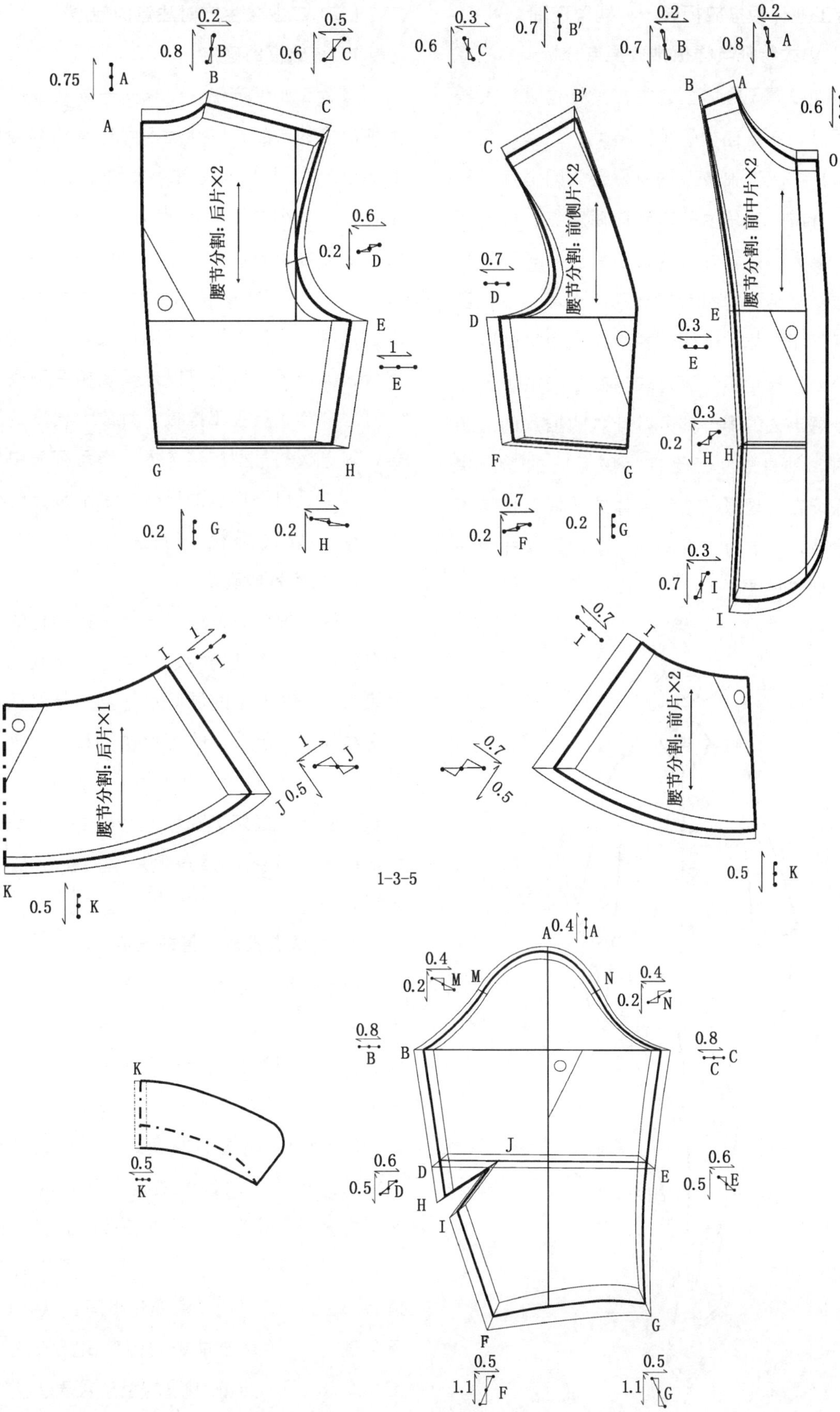


图 2-60 公主缝女装推版图

## 五、女装工业样板推放拓展一：插角连袖

### （一）款式特征与样板推放要点分析

插角连袖属于合体型连袖，其结构设计关键要控制两点，一是连袖的袖身斜度，二是利用插角（裆布）解决连袖腋下的重叠量。因插角是与袖身、衣身成一定角度补入到前后腋点，因此适于袖身斜度大、造型好的合体型斜连袖。袖子与衣身构成整体结构的所有部分不能出现重叠，否则结构就不能成立，因此连袖服装必须排除腋下的重叠部分。插角实际上是袖与衣片在腋下的重叠量被分解出去的那一部分，补入的插角的边长应与衣身、袖身的交点至前后腋点间的长度相等，要保证在实现服装造型合体的前提下使结构线既要隐蔽，又要有良好的活动功能。女插角连袖短大衣款式见图 2-61。

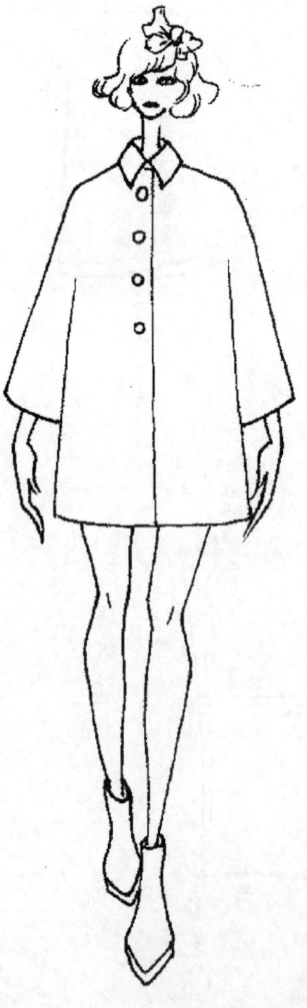

图 2-61 女插角连袖短大衣款式图

### （二）工业化生产时注意的问题

**1. 基础板的确定**

服装工业生产中，要求同一款式的服装生产多种规格的产品，以满足不同身高和胖瘦穿着者的要求。为了使样板在从大到小的变化中不走型，保持系列关系，并提高生产效率与产品质量，企业都先确定一个规格的样板，俗称“标准板”或“母板”。其基础板的确定过程中应注意以下几点：一是母板号型的确定。若采用计算机推板，其母板的号型可以选择规格系列表中的任一号型，若采用手工推板，为最大程度的减少误差，其母板的号型应该选择规格系列表中的中间号型。二是用于推板的母板应是加放完缝份、贴边、经过试样、复核准确的样板。

**2. 坐标系的确定**

连袖因袖与衣身连成一体，其结构的特殊性使得我们在确定其坐标系时也有别于其他常规的服装款式，其确定的原则，一要充分保证推板板型的准确，二是推板的可操作性和简洁性，三是各号型的裆布形状、大小相同。根据以上原则，连袖的坐标系最好选择纵向为前后中心线，横向为前后袖窿深线以插角顶点为转折至袖中线的垂线。

**3. 关键点推放数值的确定**

（1）衣长：实际衣长与身高之比等于衣长档差与号之比。例如以号型 160/84A，衣长 80 cm 为例，各号型间衣长档差可由 80∶160＝衣长档差∶5 计算得出衣长档差＝2.5 cm。

（2）裆布的推放：见图 2-64 中 H、I 点。该点横纵坐标的移动数值决定了裆布的大小和形状。为降低实际生产难度要使各号型样板的裆布大小形状不发生变化，因此将坐标系选择在插角顶点部位，并且 H、I 点变化相同，纵向均不动，横向理论上 H 点至前中线的距离代表胸宽的档差 0.6 cm，I 点至前中线的距离代表 1/4 胸围档差 1 cm，为保证成品服装的胸围尺寸且满足 H、

I 两点数值相等，因此插角顶点和下端横向推放值为 1 cm，纵向数值为 0。

(3) 连袖肩端点的高度推放：为改善连袖在肩端点活动的机能性，其前后肩端点的纵向推放数值等于或略大于颈侧点的推放数值。

**（三）插角连袖服装的推板原理、方法实例**

以女式插角短大衣为例，讲述插角连袖服装的推板方法。

**1. 制订规格系列表**

**表 2-33　插角连袖短大衣系列规格表　5.4 系列**

单位：cm

| 部位＼号型 | 部位代号 | 155/80A | 160/84A | 165/88A | 档差 |
|---|---|---|---|---|---|
| 衣长 | L | 77.5 | 80 | 82.5 | 2.5 |
| 胸围 | B | 100 | 104 | 108 | 4 |
| 肩宽 | S | 40 | 41 | 42 | 1 |
| 领围 | N | 35 | 36 | 37 | 1 |
| 袖长 | SL | 54.5 | 56 | 57.5 | 1.5 |
| 袖口围 | CF | 13 | 13.5 | 14 | 0.5 |

**2. 绘制中间号型基础板**

女插角连袖短大衣制图采用中间号 160/84A，胸围加放松量 20 cm，领围加放松量是 2 cm，总肩宽加放 1.5～2 cm 左右，袖长加放 3 cm左右。为降低生产难度，要保证裆布前后的大小、形状相同。女插角连袖短大衣结构制图见图 2-62。

**3. 打制中间号型基础板**

在女插角连袖短大衣净样的基础上，四周加上缝份，在需要标位处打剪口，完成样板。见图 2-63。

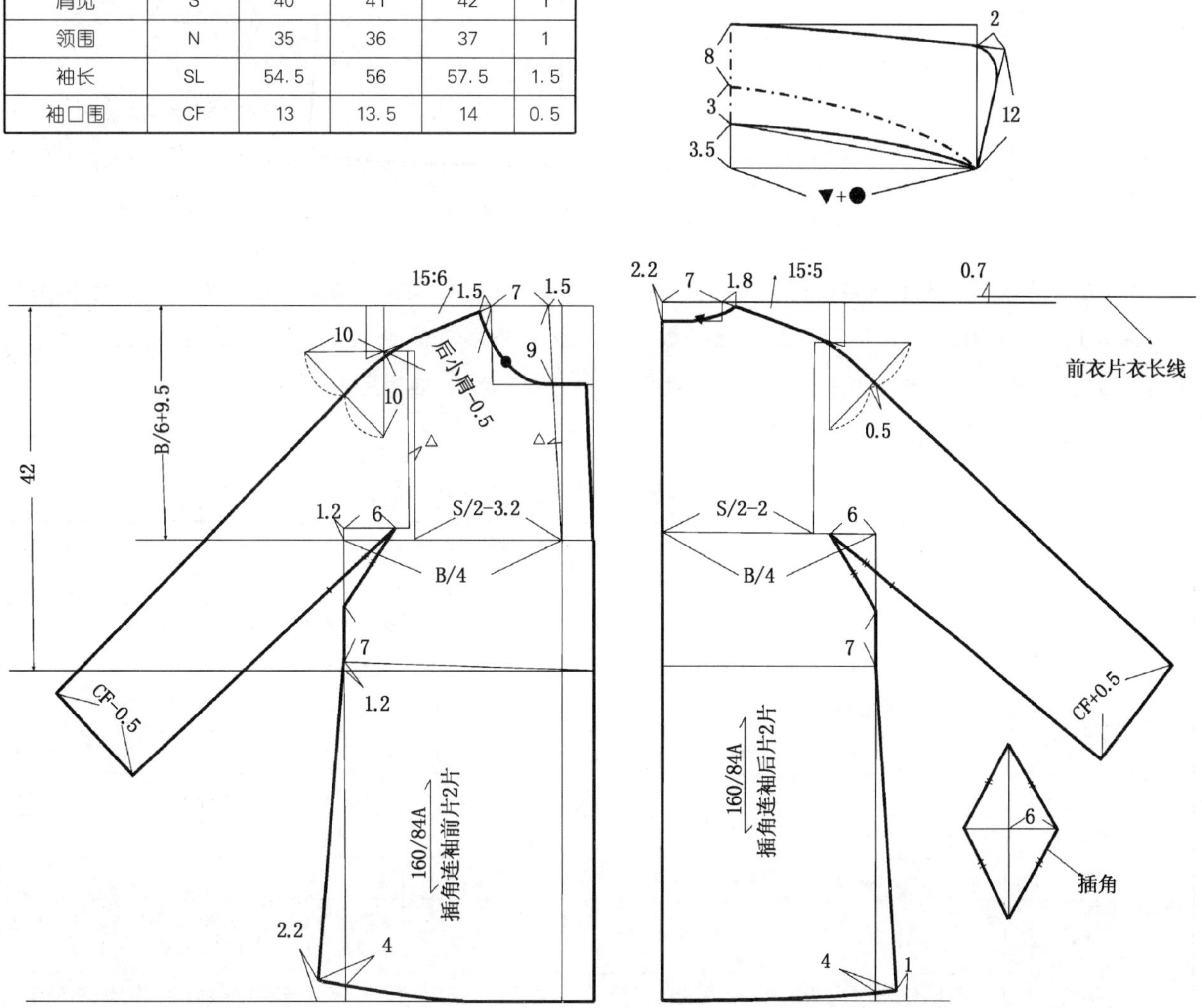


图 2-62　女插角连袖短大衣结构设计图

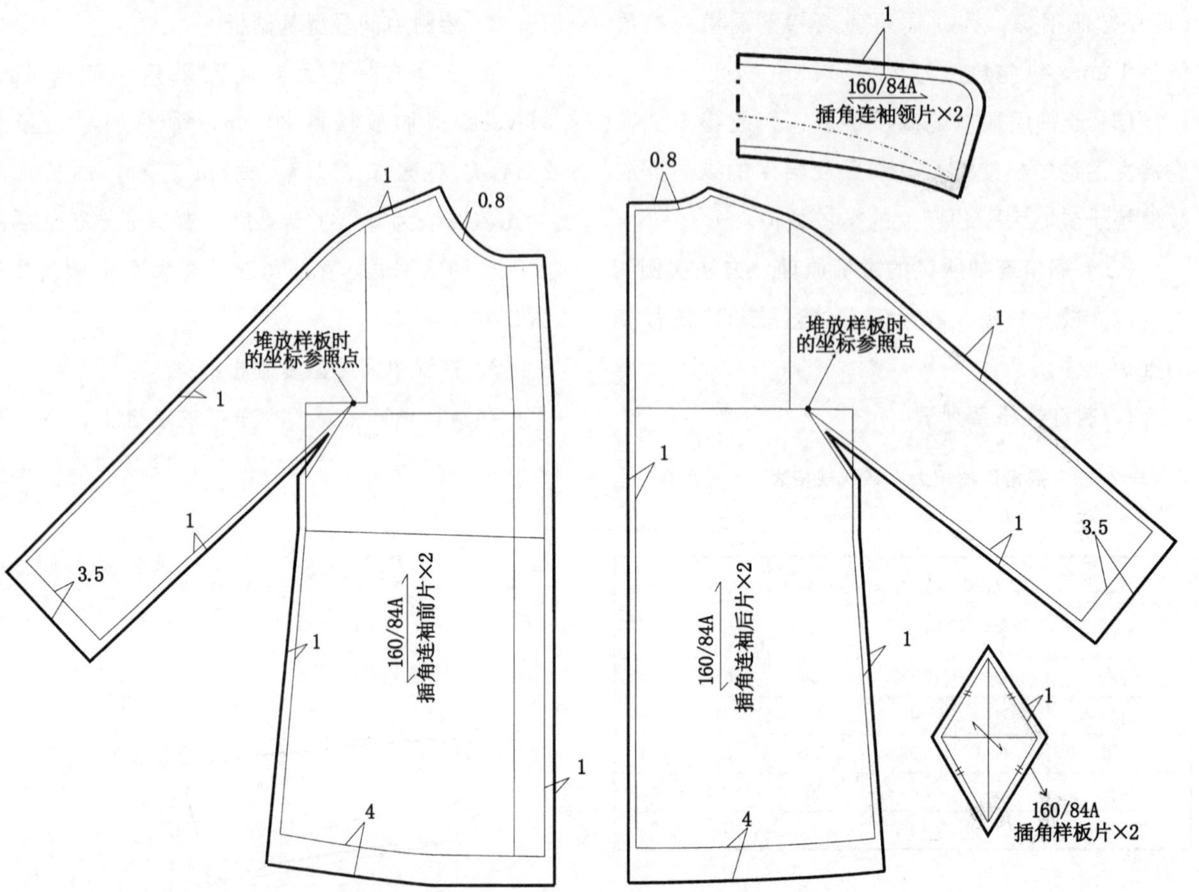


图 2-63　女插角连袖短大衣样板

**4. 选定坐标系，确定细部档差，推放样板**

采用比例法推板，选择中间号型规格样板作为标准母版，选定衣片前、后中心线作为推板时的纵向公共线，胸围线、袖山高线作为横向公共线，在标准母板的基础上推出大号和小号标准样板。各部位档差及计算公式见表 2-34，女插角连袖短大衣推板见图 2-64。

表 2-34　插角连袖大衣各部位档差及计算公式　　单位：cm

| 部位名称 | | 部位代号 | 档差及计算公式 | | | |
|---|---|---|---|---|---|---|
| | | | 纵档差 | | 横档差 | |
| 前衣片 | 小肩线 | C | 0.7 | 袖窿深差数 2/10×胸围差数 4－0.1 | 0.2 | 领宽差数 0.2，1/5×领围差数 1 |
| | | D | 0.8 | 袖窿深差 0.7＋0.1 调节数 | 0.5 | 肩宽差数 1 的 1/2 |
| | 前中心线 | A＝B | 0.5 | 袖窿深差 0.7－领宽差数 0.2 | 0 | 公共线 |
| | | L | 1.8 | 衣长差数 2.5－袖窿深差 0.7 | 0 | 公共线 |
| | 侧缝线 | H＝I | 0 | 公共线 | 1 | 1/4×胸围差数 4 |
| | | J | 0.5 | 腰节长差数 1.2－袖窿深差 0.7 | 1 | 1/4×胸围差数 4 |
| | | K | 1.8 | 衣长差数 2.5－袖窿深差 0.7 | 1 | 同 H、I、J 点 |
| | 袖肥 | E | 0 | 公共线 | 1.4 | 胸宽档差 0.6（1.5/10×胸围差数 4）＋袖肥差数 0.8（2/10 胸围差数） |
| | 袖长 | F | 不按横纵坐标推放。各档样板均通过连接 D、E 点产生袖中线，然后按袖长差数 1.5 cm 逐个画出各号袖长 | | | |
| | 袖口 | G | 不按横纵坐标推放。做袖中线 FD 的垂线 FG，在 FG 袖口线上按袖口差数量取各号袖口 | | | |

（续 表）

| 部位名称 | | 部位代号 | 档差及计算公式 | | | |
|---|---|---|---|---|---|---|
| | | | 纵档差 | | 横档差 | |
| 后衣片 | 后小肩线 | B | 0.8 | 袖窿深差数 2/10×胸围差数 4 | 0.2 | 领宽差数 0.2，1/5×领围差数 1 |
| | | C | 0.9 | 袖窿深差 0.8+0.1 调节数 | 0.5 | 肩宽差数 1 的 1/2 |
| | 后中心线 | A | 0.75 | 袖窿深差 0.8－领宽差数 0.2×1/3 | 0 | 公共线 |
| | | K | 1.8 | 同前片 K、F 点 | 0 | 公共线 |
| | 侧缝线 | G=H | 0 | 公共线 | 1 | 1/4×胸围差数 4 |
| | | I | 0.5 | 腰节长差数 1.2－袖窿深差 0.7 | 1 | 1/4×胸围差数 4 |
| | | J | 1.8 | 同 K 点 | 1 | 同 G、H、I 点 |
| | 袖肥 | D | 0 | 公共线 | 1.4 | 胸宽档差 0.6（1.5/10×胸围差数 4）＋袖肥差数 0.8（2/10 胸围差数） |
| | 袖长 | E | 不按横纵坐标推放。各档样板均通过连接 D、E 点产生袖中线，然后按袖长差数 1.5 cm 逐个画出各号袖长，并复核前后片内、外袖缝长度，使其等长 | | | |
| | 袖口 | F | 不按横纵坐标推放。做袖中线 FD 的垂线 FG，在 FG 袖口线上按袖口差数量取各号袖口 | | | |
| 裆布 | 不推放，各档样板插角大小相等 | | | | | |

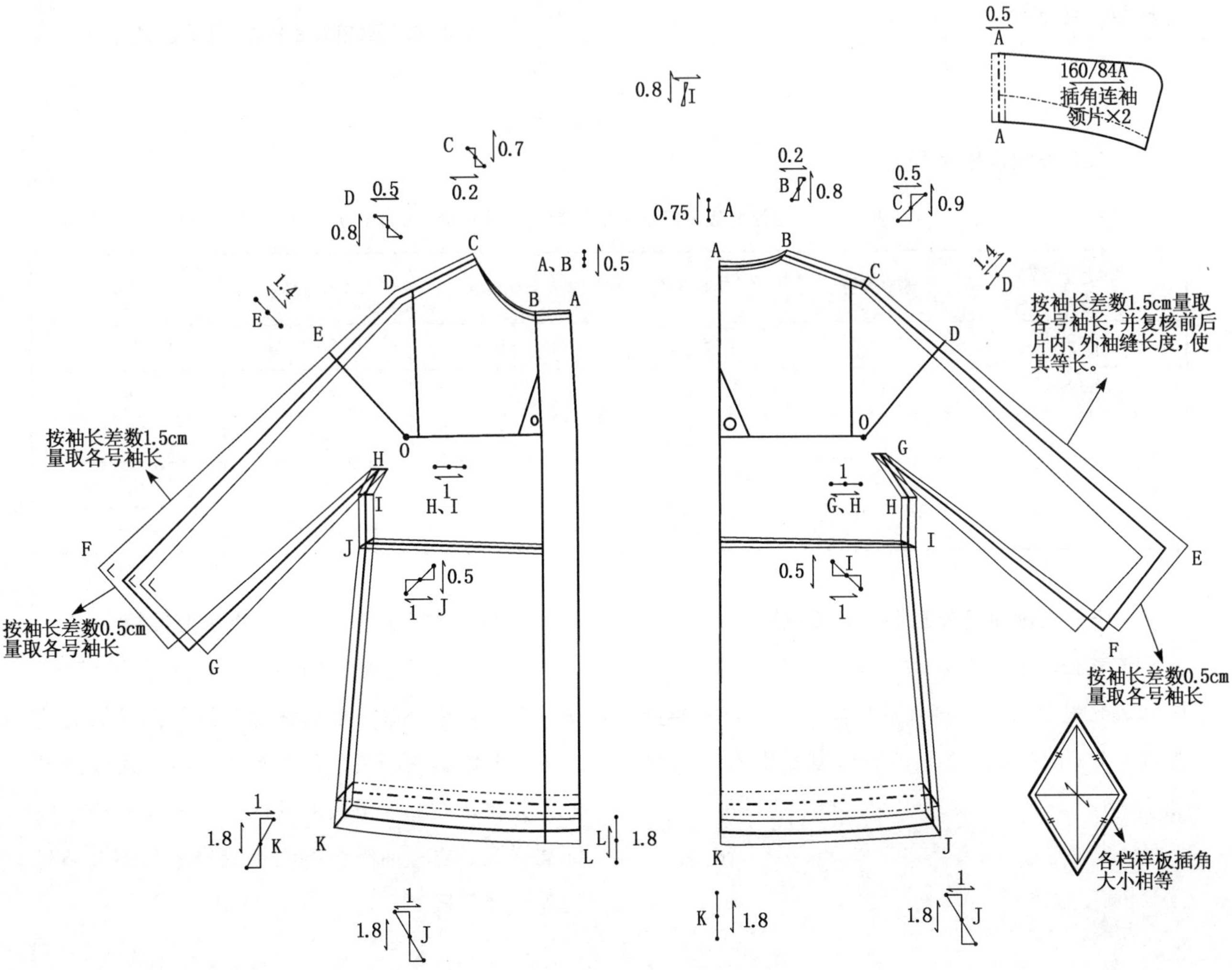


图 2-64 女插角连袖短大衣推板图

## 六、女装工业样板推放拓展二：立领曲线分割女上衣

### （一）款式特征与样板推放要点分析

立领曲线分割女上衣是以分割为主的四开身上衣，前衣片的肩胸部有三个平行斜线分割，在胸部处有纵向分割，分割线中加插袋设计，底边有横向分割，前衣片下摆为圆下摆，门襟处另加贴边，前开口绱拉链。立领曲线分割女上衣后片为过肩，过肩下有刀背分割，后中心断开。圆装袖，袖身上有纵向及斜向分割，袖口另加贴边。在推板时重点是在前后衣片的分割处理上，一是要把握纵向分割的部位，应使所有分割片围度档差总和等于总的胸围、背宽、胸宽等围度和宽度档差；横向分割的部位，应使所有分割片长度档差总和等于总的衣长、腰节长、袖窿深等长度部位档差。款式见图 2-65。

图 2-65　立领曲线分割女上衣款式

### （二）编制规格系列表

表 2-35　立领曲线分割女上衣系列规格设计表　5.4 系列　　单位：cm

| 部位 \ 号型 | 部位代号 | 155/80A | 160/84A | 165/88A | 档差 |
|---|---|---|---|---|---|
| 衣长 | L | 53.5 | 55 | 56.5 | 1.5 |
| 胸围 | B | 86 | 90 | 94 | 4 |
| 肩宽 | S | 35 | 36 | 37 | 1 |
| 领围 | N | 35.2 | 36 | 36.8 | 0.8 |
| 袖长 | SL | 53.5 | 55 | 56.5 | 1.5 |

### （三）立领曲线分割女上衣工业制板

该款公主缝女装采用中间号型 160/84A，胸围加放松量 8 cm，领围加放松量是 2 cm，总肩宽加放 0.6 cm 左右。立领曲线分割女上衣样板见图 2-66。

### （四）立领曲线分割女上衣工业推板

选取中间号型规格样板作为标准母板，选定衣片前、后中心线、侧缝线袖中线作为推板时的纵向公共线，胸围线、袖山高线、腰节线作为横向公共线，在标准母板的基础上推出大号和小号标准样版。立领曲线分割女上衣推板见图 2-67，档差设计见表 2-36。

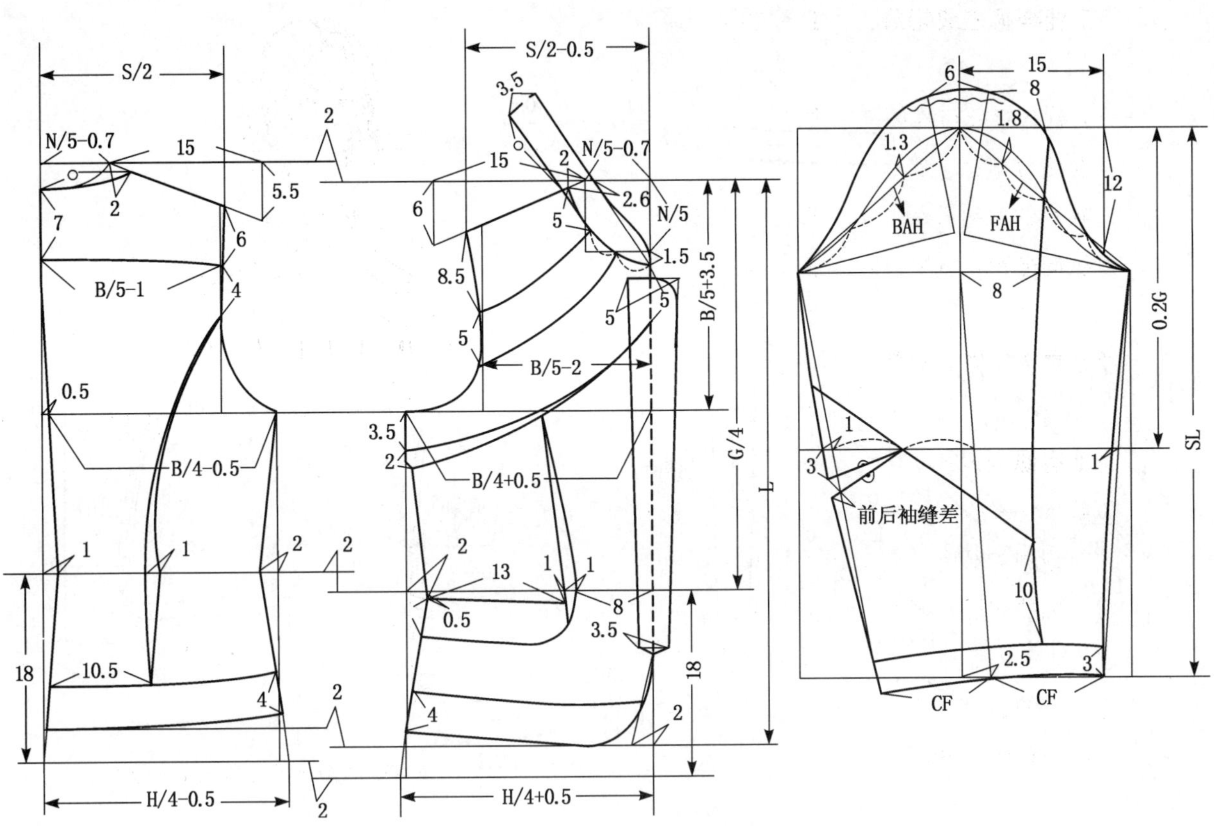


图 2-66　立领曲线分割女上衣袖片结构图

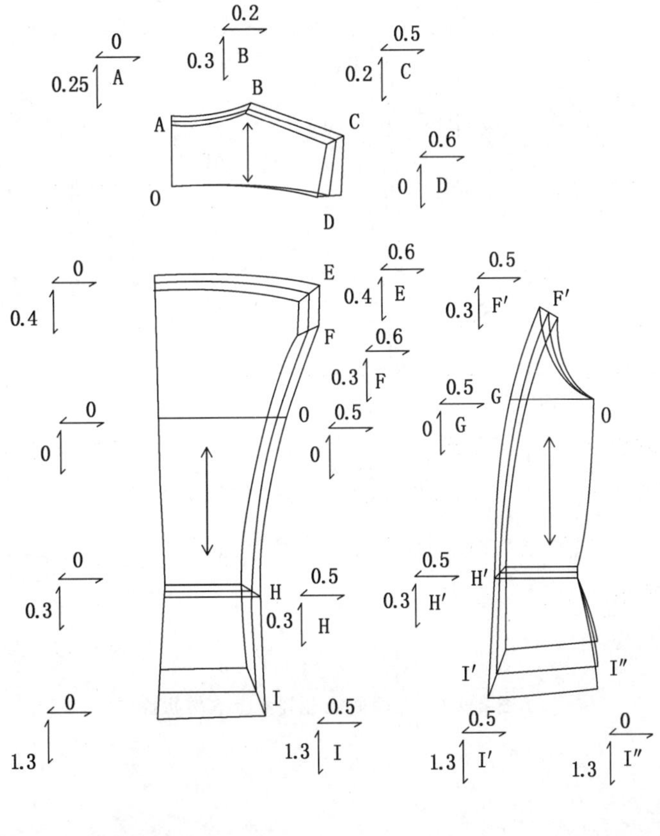

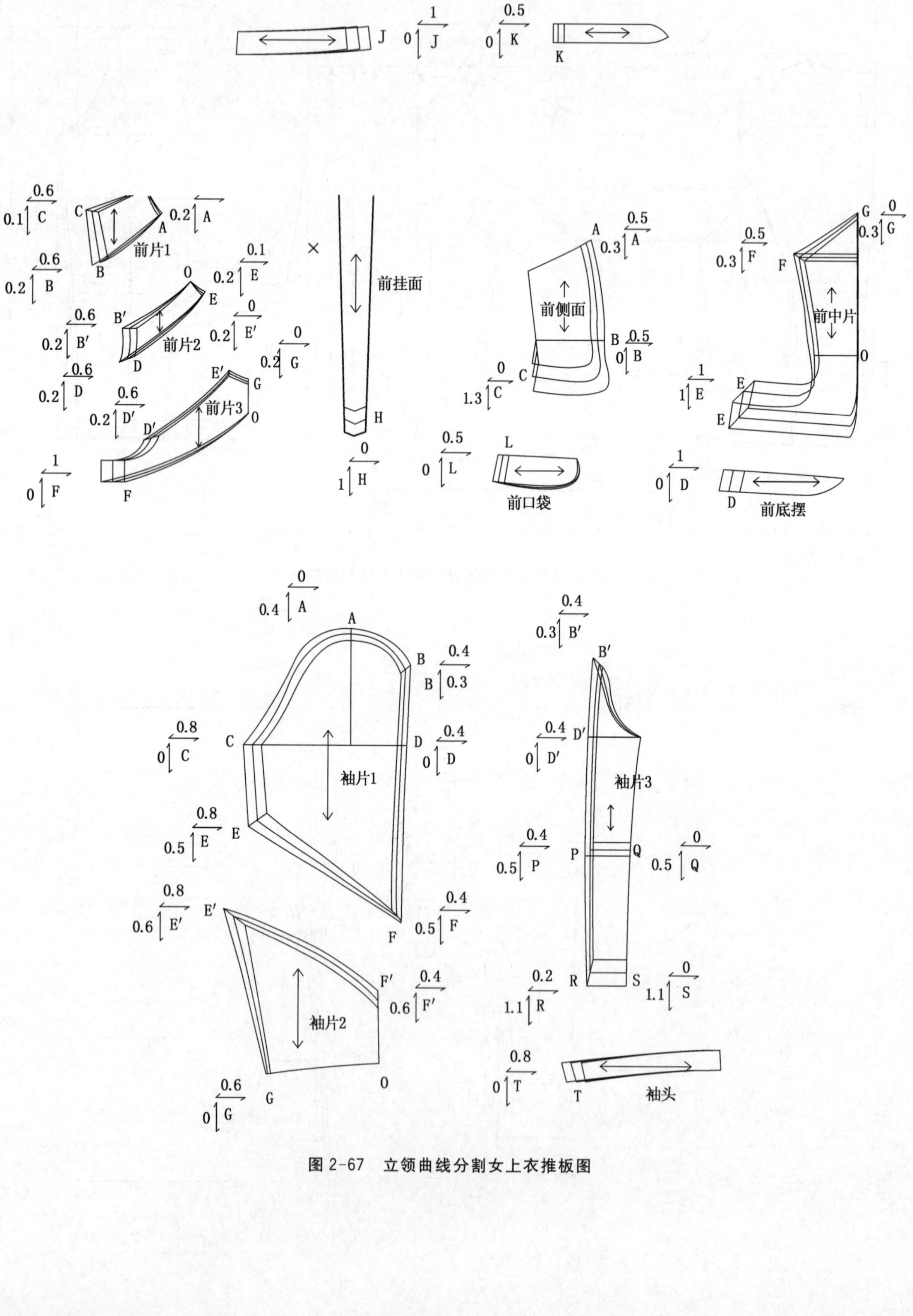


图 2-67 立领曲线分割女上衣推板图

**表 2-36 立领曲线分割女上衣各部位档差及计算公式** 单位：cm

| 部位名称 | | 部位代号 | 档差及计算公式 | | | |
|---|---|---|---|---|---|---|
| | | | 纵档差 | | 横档差 | |
| 前衣片 | 前片 1 | A | 0.2 | 袖窿深差 0.6 的 1/3 | 0.1 | 领宽差数 0.2 的 1/2 |
| | | B | 0.2 | 同 A 点 | 0.6 | 胸宽档差 0.6 |
| | | C | 0.1 | 肩斜差数 | 0.5 | 肩宽差数 0.5 |
| | 前片 2 | B′ | 0.2 | 袖窿深差 0.8 - 领宽差数 0.2 | 0.6 | 公共线 |
| | | D | 0.2 | 袖窿深差 0.6 的 1/3 | 0.6 | 胸宽档差 0.6 |
| | | E | 0.2 | 袖窿深差 0.6 的 1/3 | 0.1 | 领宽差数 0.2 的 1/2 |
| | 前片 3 | E′ | 0.2 | 袖窿深差 0.6 的 1/3 | 0 | 领深 0.2 - 0.2 |
| | | G | 0.2 | 袖窿深差 0.6 的 1/3 | 0 | 公共线 |
| | | D′ | 0.2 | 袖窿深差 0.6 的 1/3 | 0.6 | 胸宽档差 0.6 的 1/2 |
| | | F | 0 | 公共线 | 1 | 胸围 /4 档差 1 |
| | 前侧片 | A | 0.3 | 腰节长差数 1 - 袖窿深差 0.7 | 0.5 | 胸围 /4 档差 1 的 1/2 |
| | | B | 0 | 公共线 | 0.5 | 同 A 点 |
| | | C | 1.3 | 衣长差数 2 - 袖窿深差 0.7 | 0 | 公共线 |
| | 前中片 | G | 0.3 | 同 F 点 | 0 | 公共线 |
| | | F | 0.3 | 腰节长差数 1 - 袖窿深差 0.7 | 0.5 | 胸围 /4 档差 1 的 1/2 |
| | | E | 1 | 衣长差数 2 - 腰节差数 1 | 1 | 胸围 /4 档差 1 |
| 后衣片 | 后过肩 | A | 0.25 | 过肩差数 0.3 - 0.05 | 0 | 公共线 |
| | | B | 0.3 | 过肩差数 0.3 | 0.2 | 领宽差数 |
| | | C | 0.2 | 过肩差数 0.3 - 肩斜 0.1 | 0.5 | 肩宽差数 1 的 1/2 |
| | | D | 0 | 公共线 | 0.6 | 背宽档差 0.6 |
| | 后中片 | E | 0.4 | 袖窿差数 0.7 - 过肩差数 0.3 | 0.6 | 背宽档差 0.6 |
| | | F | 0.3 | E 点 - 0.1 | 0.6 | 背宽档差 0.6 |
| | | H | 0.3 | 腰节长差数 1 - 袖窿深差 0.7 | 0.5 | 胸围 /4 档差 1 的 1/2 |
| | | I | 1.3 | 衣长差数 2 - 袖窿深差 0.7 | 0.5 | 胸围 /4 档差 1 的 1/2 |
| | 后侧片 | F′ | 0.3 | 同后中片 F 点 | 0.5 | 胸围 /4 档差 1 的 1/2 |
| | | G | 0 | 公共线 | 0.5 | 同 F′点 |
| | | H′ | 0.3 | 腰节差数 1 - 袖窿深差 0.7 | 0.5 | 同 G 点 |
| | | I′ | 1.3 | 衣长差数 2 - 袖窿深差 0.7 | 0.5 | 同 G 点 |
| 袖片 | 袖片 1 | A | 0.4 | 袖山高差数 0.4 | 0 | 公共线 |
| | | B | 0.3 | 袖山高差数 0.4 - 0.1 | 0.4 | 袖肥差数 0.8 的 1/2 |
| | | C | 0 | 公共线 | 0.8 | 袖肥差数 |
| | | D | 0 | 公共线 | 0.4 | 同 B 点 |
| | | E | 0.5 | 袖长档差 1.5 的 1/3 | 0.8 | 同 C 点 |
| | | F | 0.5 | 同 E 点 | 0.4 | 同 D 点 |
| | 袖片 2 | E′ | 0.6 | 袖长档差 1.5 - 袖片 1 长度差数 0.9 | 0.8 | 袖肥差数 |
| | | F′ | 0.6 | 同 E′点 | 0.4 | 袖肥差数 0.8 的 1/2 |
| | | G | 0 | 公共线 | 0.6 | 袖口档差 0.8 - 袖片 3 差数 0.2 |

（续 表）

| 部位名称 | | 部位代号 | 档差及计算公式 | | | |
|---|---|---|---|---|---|---|
| | | | 纵档差 | | 横档差 | |
| 袖片 | 袖片 3 | B′ | 0.3 | 同袖片 1B 点 | 0.4 | 同袖片 1B 点 |
| | | D′ | 0 | 公共线 | 0.4 | 同 B′点 |
| | | P | 0.5 | 袖长档差 1.5 的 1/3 | 0.4 | 同 B′点 |
| | | Q | 0.5 | 袖长档差 1.5 的 1/3 | 0 | 公共线 |
| | | R | 1.1 | 袖长档差 1.5 - 袖山高差数 0.4 | 0.2 | 袖口档差 0.8 - 袖片 2 差数 0.6 |
| | | S | 1.1 | 同 R 点 | 0 | 公共线 |

## 第六节　男装工业样板推放

### 一、男衬衫工业样板的推放

#### （一）款式特征与样板推放要点分析

男衬衫是男性主要服装品种之一，为四开身一片袖的典型结构。本款衬衫为尖角翻立领，六粒扣，左前胸贴明袋一个，装双层过肩，后片两个褶裥，略收腰身，平下摆，装袖带圆头袖头，袖口宝剑型开衩两个褶裥。在推板时重点是在前后衣片过肩分割处理上，把握横向分割的部位，应使所有分割片长度档差总和等于总的衣长、腰节长、袖窿深等长度部位档差，袖头的宽窄大小号保持一致，不推放，袖长档差全部放在袖身推放。男衬衫款式见图 2-68。

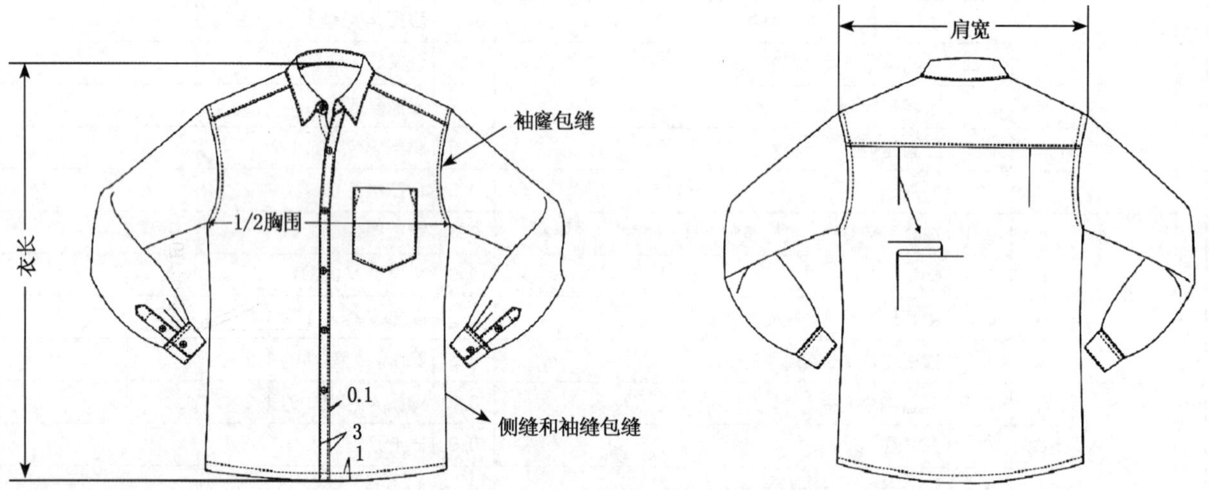


图 2-68　男衬衫款式图

#### （二）编制规格系列表

表 2-37　男衬衫系列规格设计表　5.4 系列

单位：cm

| 部位 \ 号型 | 部位代号 | 165/84A | 170/88A | 175/92A | 档差 |
|---|---|---|---|---|---|
| 衣长 | L | 72 | 74 | 76 | 2 |
| 胸围 | B | 102 | 106 | 110 | 4 |
| 肩宽 | S | 44.4 | 45.6 | 46.8 | 1.2 |
| 领围 | N | 39 | 40 | 41 | 1 |
| 袖长 | SL | 57 | 58.5 | 60 | 1.5 |
| 袖口围 | CF | 23.2 | 24 | 24.8 | 0.8 |

#### （三）男衬衫工业制板

男衬衫制图采用中间号型 170/88A，胸围加放松量 18 cm，领围加放松量是 2 cm，总肩宽加放 1.2～2 cm 左右，衣长按总体高的 43%～44% 计算，袖长加放 3 cm 左右。男衬衫结构见图 2-69。在男衬衫净样的基础上，四周加上缝份，在需要标位处打剪口，完成男衬衫的面布样板见图 2-70。

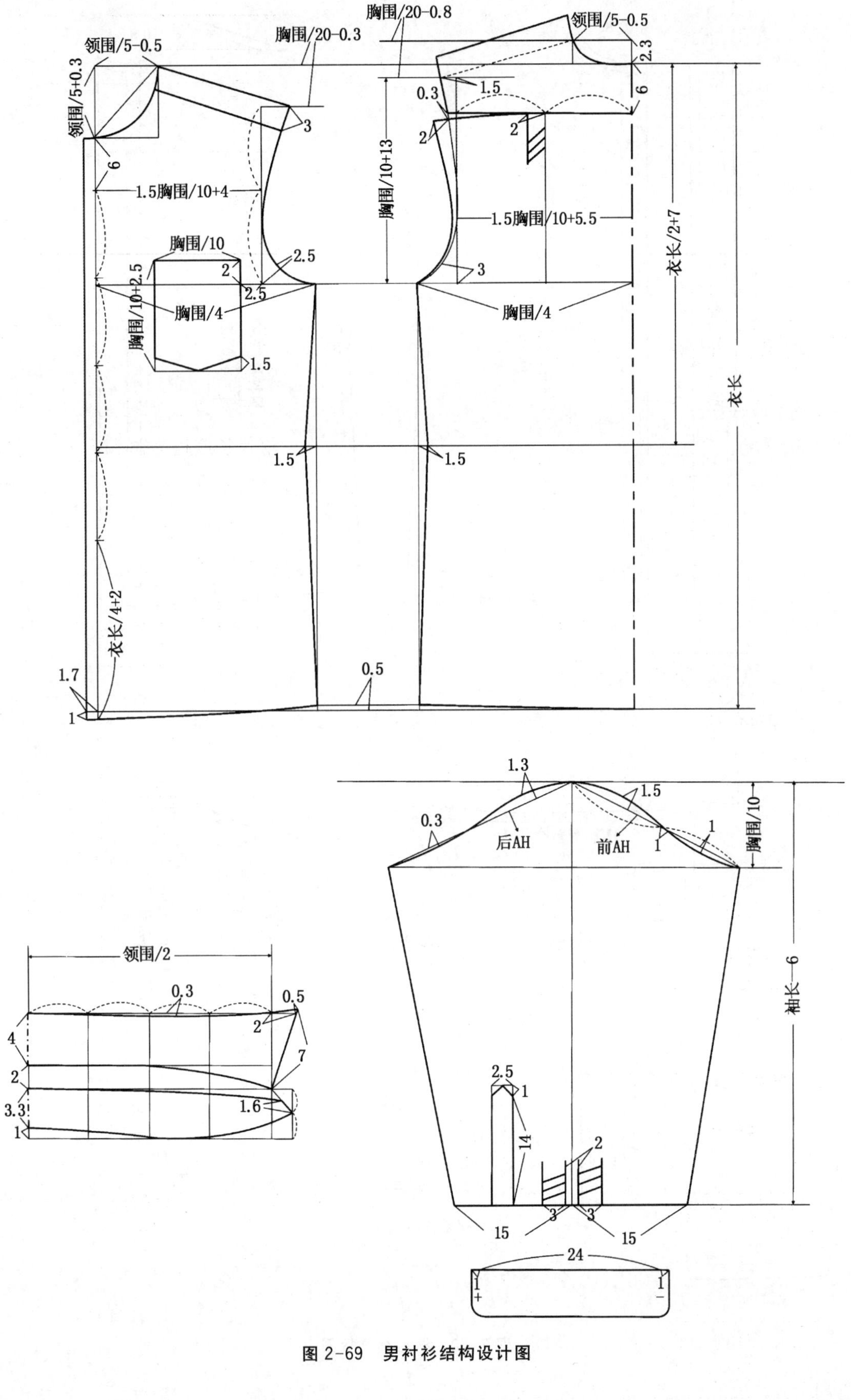


图 2-69 男衬衫结构设计图

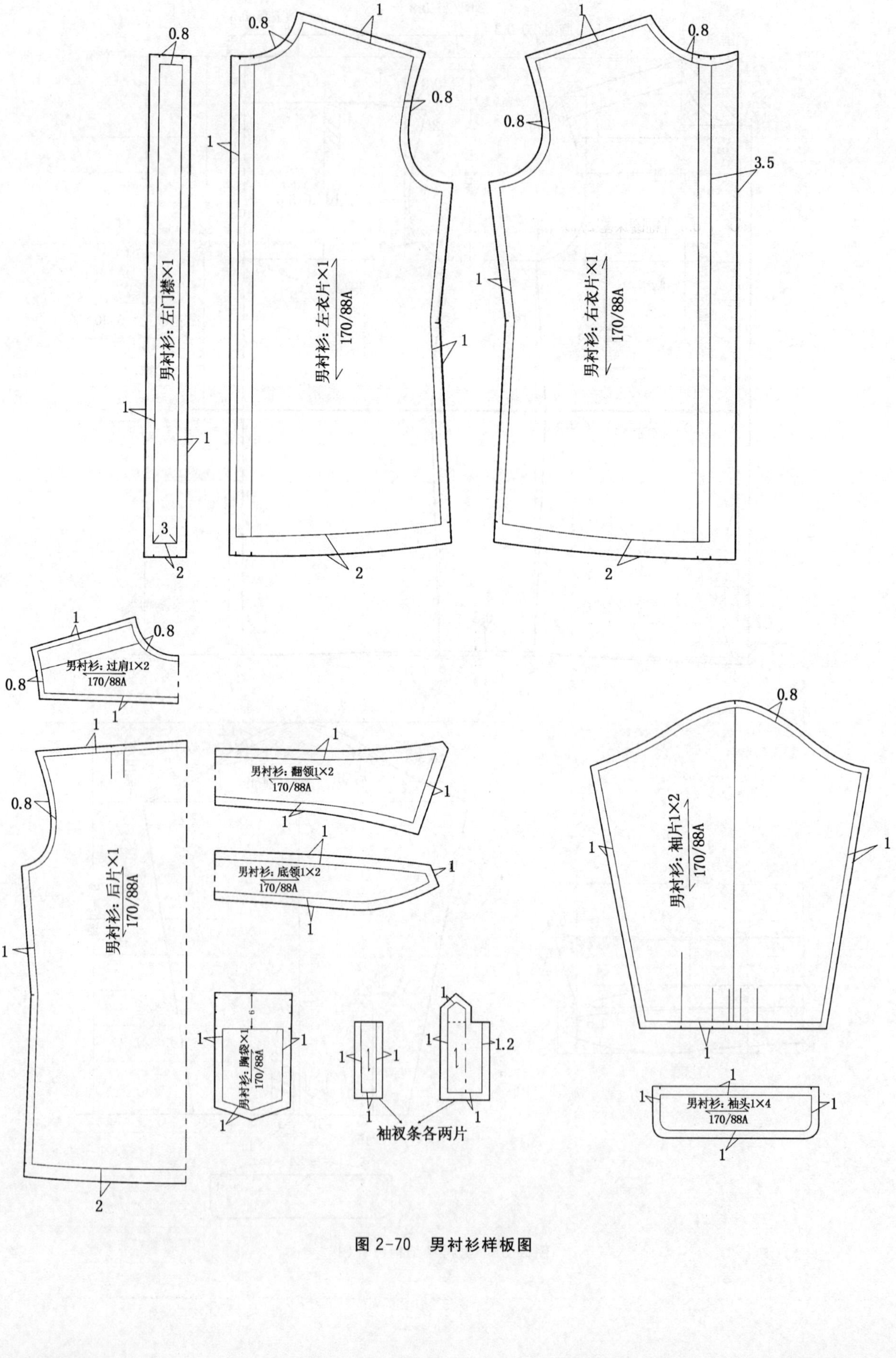
男衬衫：左门襟×1
男衬衫：左衣片×1
170/88A
男衬衫：右衣片×1
170/88A
男衬衫：过肩1×2
170/88A
男衬衫：后片×1
170/88A
男衬衫：翻领1×2
170/88A
男衬衫：底领1×2
170/88A
男衬衫：袖片1×2
170/88A
男衬衫：胸袋×1
170/88A
袖衩条各两片
男衬衫：袖头1×4
170/88A

图 2-70 男衬衫样板图

### （四）男衬衫工业推板

选取中间号型规格样板作为标准母板，选定衣片前胸宽线、后中心线、袖中线作为推板时的纵向公共线，胸围线、袖山高线作为横向公共线，在标准母板的基础上推出大号和小号标准样板。男衬衫档差设计见表2-38，男衬衫推板见图2-71。

表2-38　男衬衫各部位档差及计算公式

单位：cm

| 部位名称 | | 部位代号 | 档差及计算公式 | | | |
|---|---|---|---|---|---|---|
| | | | 纵档差 | | 横档差 | |
| 前衣片 | 小肩线 | C | 0.7 | 袖窿深差2/10×胸围差数4-0.1 | 0.4 | 胸宽差数0.6-领宽差数0.2 |
| | | B | 0.5 | 袖窿深差0.7-肩斜差数0.2（胸围差数4的5%） | 0 | 肩宽差数1.2的1/2-胸宽差数0.6 |
| | 前中心线 | E=D | 0.5 | 袖窿深差0.7-领宽差数0.2 | 0.6 | 推放胸宽差数：1.5/10×胸围差数4 |
| | | F | 0 | 公共线 | 0.6 | 同E、D点 |
| | | H=G | 1.3 | 衣长差数2-袖窿深差0.7 | 0.6 | 同E、D、F点 |
| | 侧缝线 | A | 0 | 公共线 | 0.4 | 1/4胸围差数1-胸宽差数0.6 |
| | | I | 0.3 | 腰节长差数1-袖窿深差0.7 | 0.4 | 同A点 |
| | | J | 1.3 | 同H、G点 | 0.4 | 同A、I点 |
| | 胸宽线 | K | 0.17 | AB之间差数0.5的1/3 | 0 | 公共线 |
| | 袋口线 | M | 0 | 由于靠近公共线，所以使各档样板袋口距胸围线相等 | 0.3 | 袋口大档差0.3 |
| | 挂面 | Y | 2 | 推放衣长档差 | 0 | 各档样板宽度相等 |
| 后衣片 | 后背分割线 | A | 0.47 | 袖窿深差0.7-过肩宽度0.23 | 0 | 公共线 |
| | | D | 0.47 | 同A点 | 0.6 | 推放背宽档差1.5/10×胸围差数4 |
| | | C=B | 0.47 | 同A、D点 | 0.3 | 背宽差数0.6的1/2 |
| | 侧缝线 | F | 0 | 公共线 | 1 | 胸围差数4的1/4 |
| | | G | 0.3 | 与前片I点是对位点I=G，腰节长差数1-袖窿深差0.7 | 1 | 同F点 |
| | 底边线 | H | 1.3 | 与前片J点是对位点J=H，衣长差数2-袖窿深差0.7 | 1 | 同F、G点 |
| | | I | 1.3 | 同H点 | 0 | 公共线 |
| | 背宽线 | E | 0.17 | 同前片K点 | 0.6 | 同D点 |
| 过肩 | 后颈点 | A | 0.18 | 0.23-1/3领宽差数0.2 | 0 | 公共线 |
| | 颈侧点 | B | 0.23 | 袖窿深差0.7-后片A点推放值0.47 | 0.2 | 1/5×领围差数1 |
| | 肩宽点 | C | 0.03 | 0.5-后片D点差数0.47 | 0.6 | 1/2×肩宽差数1.2 |
| | 过肩背宽点 | D | 0 | 公共线 | 0.6 | 推放背宽差数 |
| 袖片 | 袖中线 | A | 0.4 | 推放袖山高度，0.8×衣片袖窿差数0.5 | 0 | 公共线 |
| | 袖山高线 | D=E | 0 | 公共线 | 0.7 | D、E是对称点缩放袖子的肥度，1.5/10胸围差数+0.1 |
| | 袖山弧线 | B=C | 0.2 | 1/2×袖山高度差数0.4 | 0.35 | 1/2×袖子肥度差数0.7 |
| | 袖口线 | G=F | 1.1 | 袖长差数1.5-袖山高度差数0.4 | 0.4 | 1/2×袖口肥度差数0.8 |
| | | H=I | 1.1 | 与F、G点是等高点，同F、G点 | 0.2 | 1/2×后袖口肥度差数0.4 |

（续 表）

| 部位名称 | | 部位代号 | 档差及计算公式 | | | |
|---|---|---|---|---|---|---|
| | | | 纵档差 | | 横档差 | |
| 袖头 | 袖头长度 | R | 0 | 各档样板袖头宽度相等，只推长度方向 | 0.8 | 袖口肥度差数 0.8 |
| 领子 | 后领中心线 | P=O | 0 | 各档样板领子宽度相等，只推长度方向 | 0.5 | 领围差数 1 的 1/2 |
| 口袋 | 口袋尖 | A | 0 | 保证口袋尖角相等 | 0.15 | 1/2 袋口大差数 0.3 |
| | 口袋边 | B | 0 | 保证口袋尖角相等 | 0.3 | 袋口大差数 0.3 |
| | | C | 0.4 | 口袋长度差数 1/10×胸围差数 4 | 0.3 | 同 B 点 |

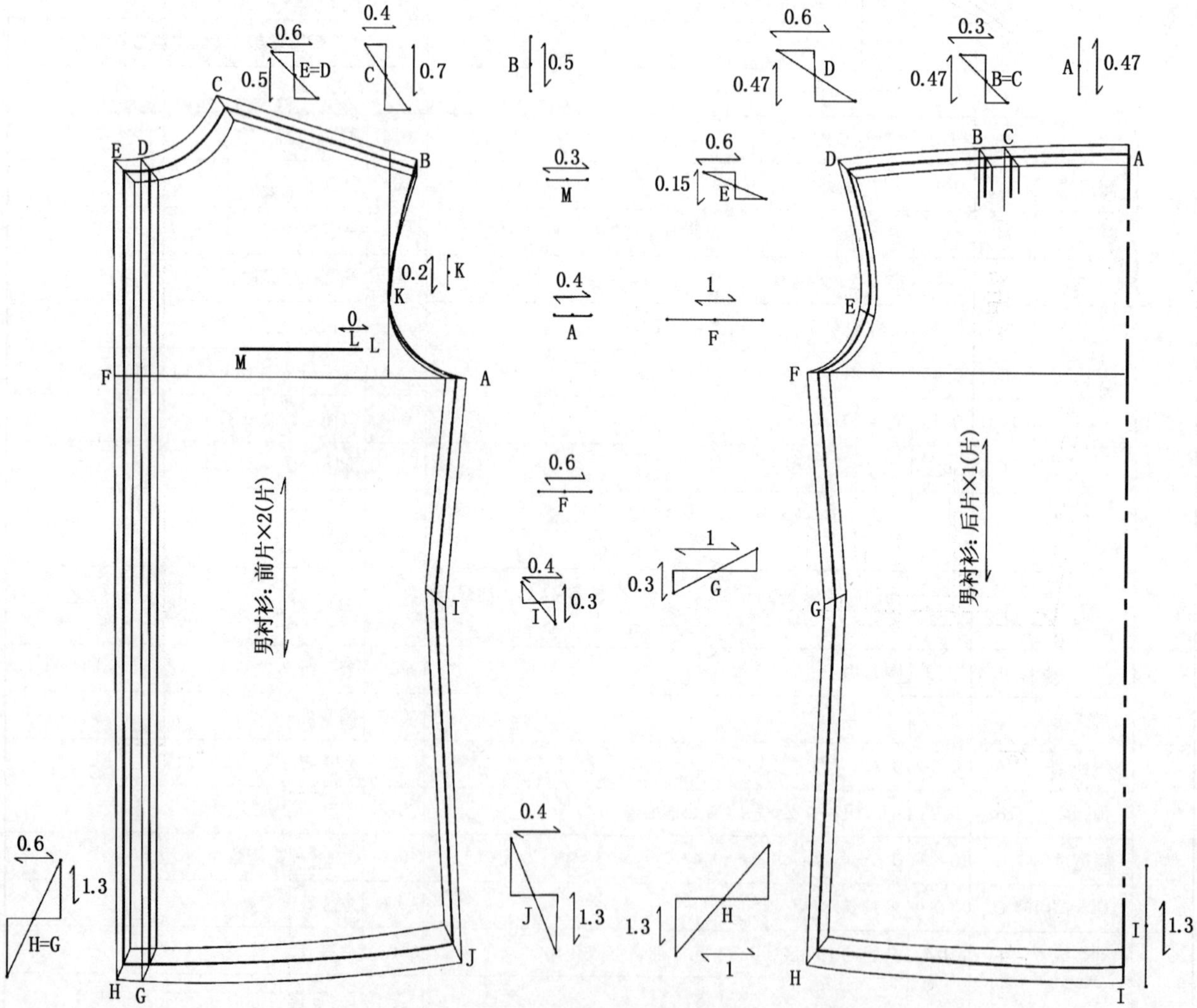


图 2-71 男衬衫推板图

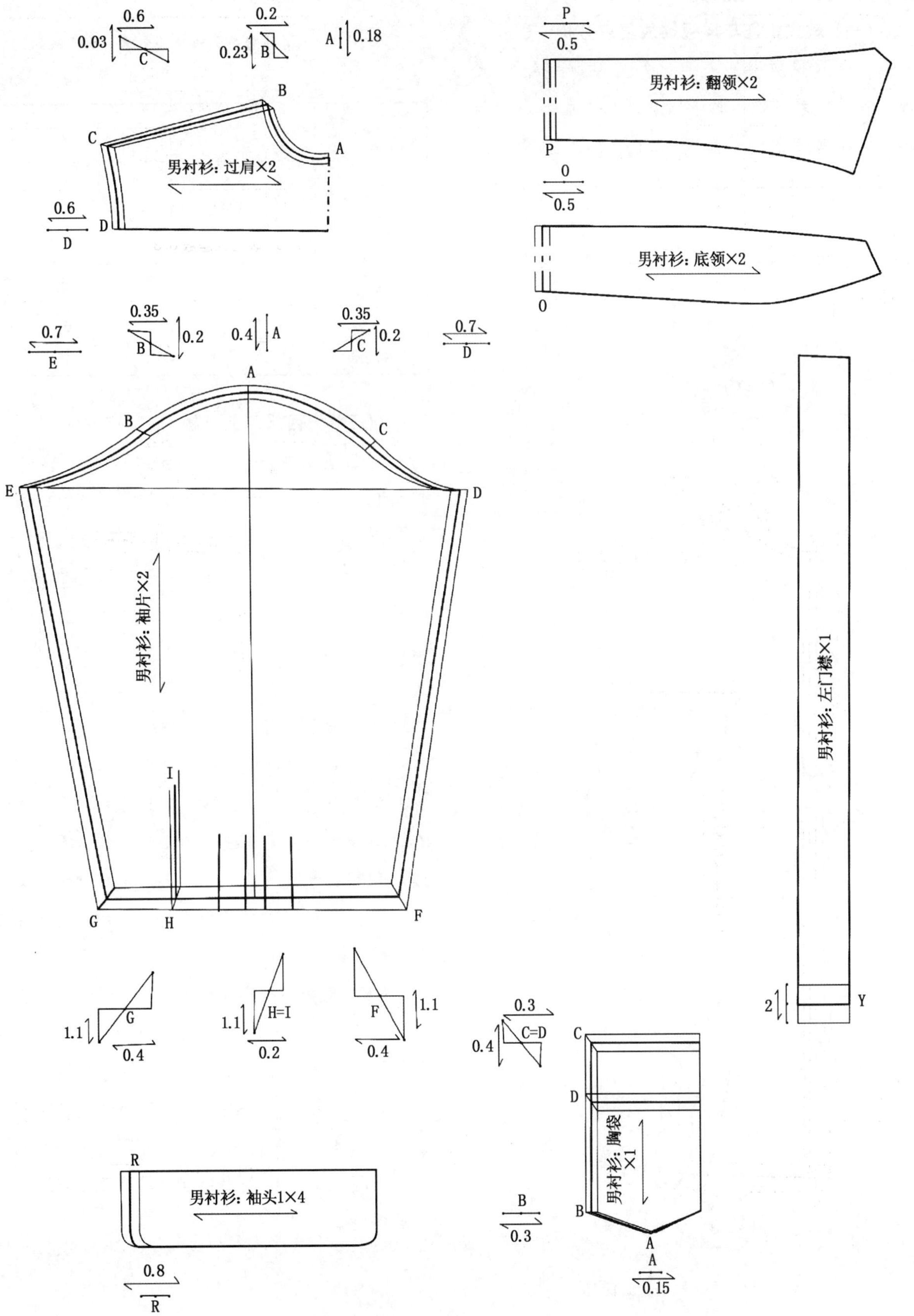


图 2-71　男衬衫推板图（续）

## 二、男西服工业样板的推放

### (一) 款式特征与样板推放要点分析

男西服是男装三开身、两片袖服装结构代表。在规格系列确定时依然遵循5.4系列确定档差，重点是胸围档差为4 cm时，后片围度档差为背宽0.6 cm，前片围度档差为0.6 cm，前侧片围度档差为0.8 cm。衣片止口处为保证形状不变，应使相交的领口线平行推放。男西服款式见图2-72。

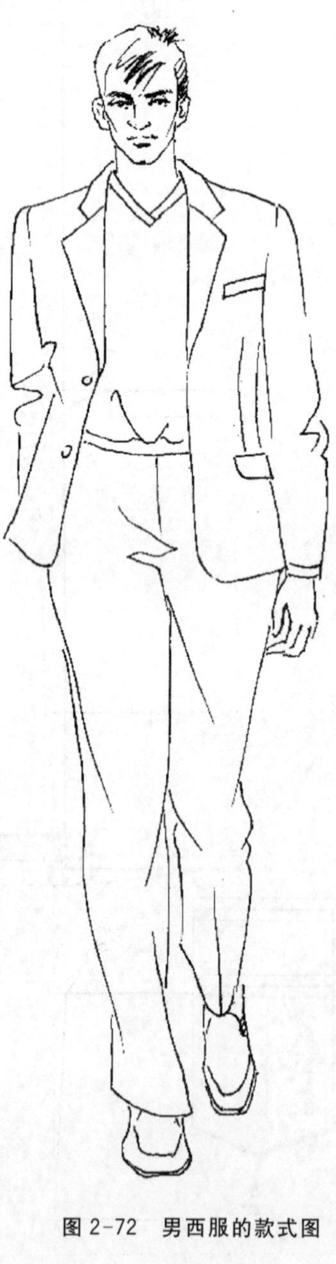

图2-72 男西服的款式图

### (二) 编制规格系列表

表2-39 男西服系列规格设计表 5.4系列

单位：cm

| 部位 \ 号型 | 部位代号 | 165/84A | 170/88A | 175/92A | 档差 |
|---|---|---|---|---|---|
| 衣长 | L | 74 | 76 | 78 | 2 |
| 胸围 | B | 100 | 104 | 108 | 4 |
| 肩宽 | S | 42.8 | 44 | 45.2 | 1.2 |
| 领围 | N | 41 | 42 | 43 | 1 |
| 袖长 | SL | 58 | 59.5 | 61 | 1.5 |
| 袖口围 | CW | 14 | 14.5 | 15 | 0.5 |

### (三) 男西服工业制板

男西服制图采用中间号型170/88A，胸围加放松量16 cm，领围加放松量是4.2 cm，总肩宽加放0.4 cm左右，衣长按总体高的43%～44%计算。结构制图见图2-73。在男西服净样的基础上，四周加上缝份，在需要标位处打剪口，完成男西服的面布、里布样板见图2-74、图2-75。

### (四) 男西服面布工业推板

选取中间号型规格样板作为标准母板，选定衣片前中心线、后中心线、前袖缝线作为推板时的纵向公共线，胸围线、袖山高线作为横向公共线，在标准母板的基础上推出大号和小号标准样板。男西服面布档差设计见表2-40，男西服面布推板见图2-76。

### (五) 男西服里布工业推板

选取中间号型规格样板作为标准母板，选定衣片前中心线、后中心线、前袖缝线作为推板时的纵向公共线，胸围线、袖山高线作为横向公共线，在标准母板的基础上推出大号和小号标准样板。男西服里布档差设计见表2-41，男西服里布推板见图2-77。

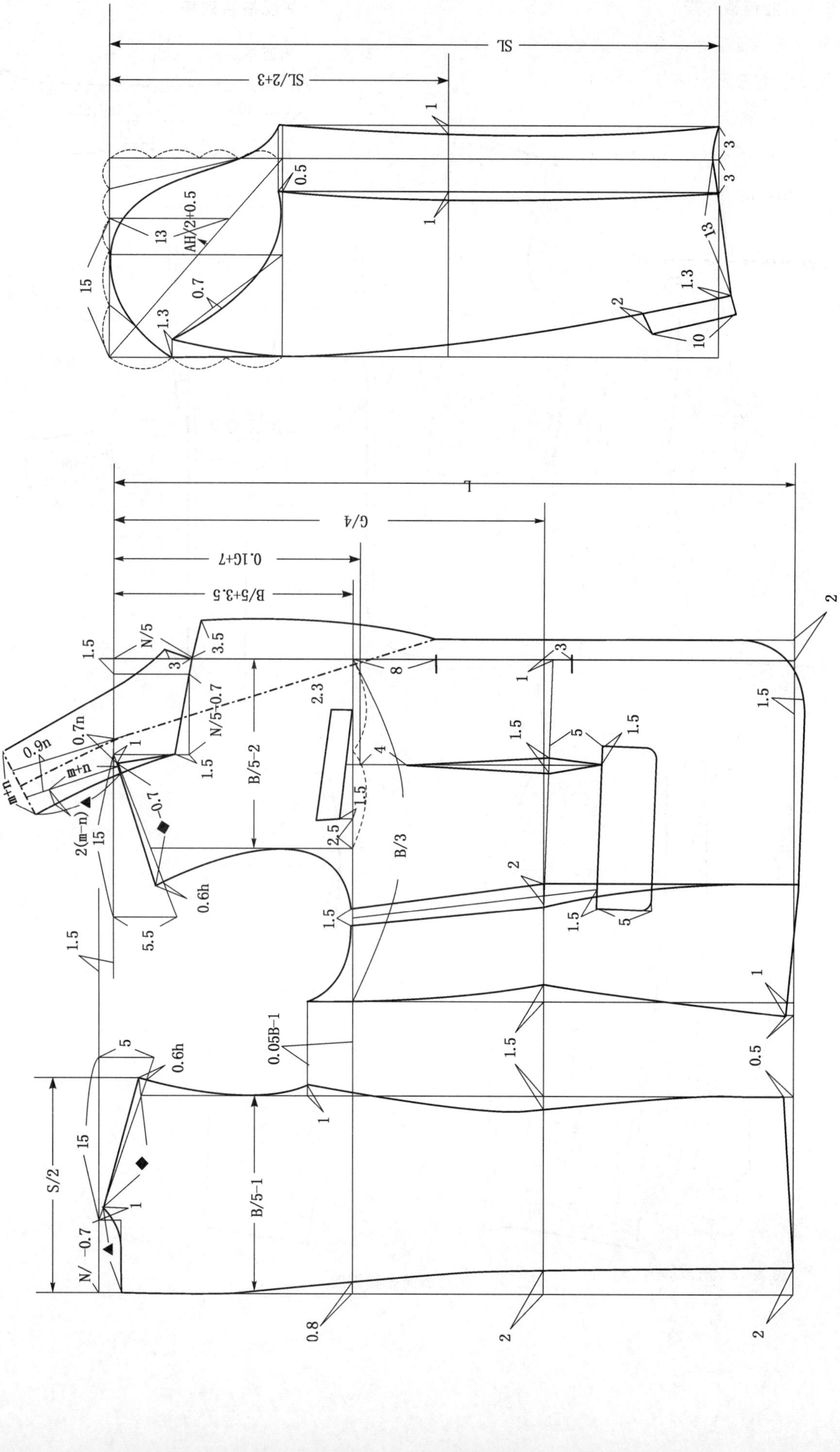


图2-73　男西服结构设计图

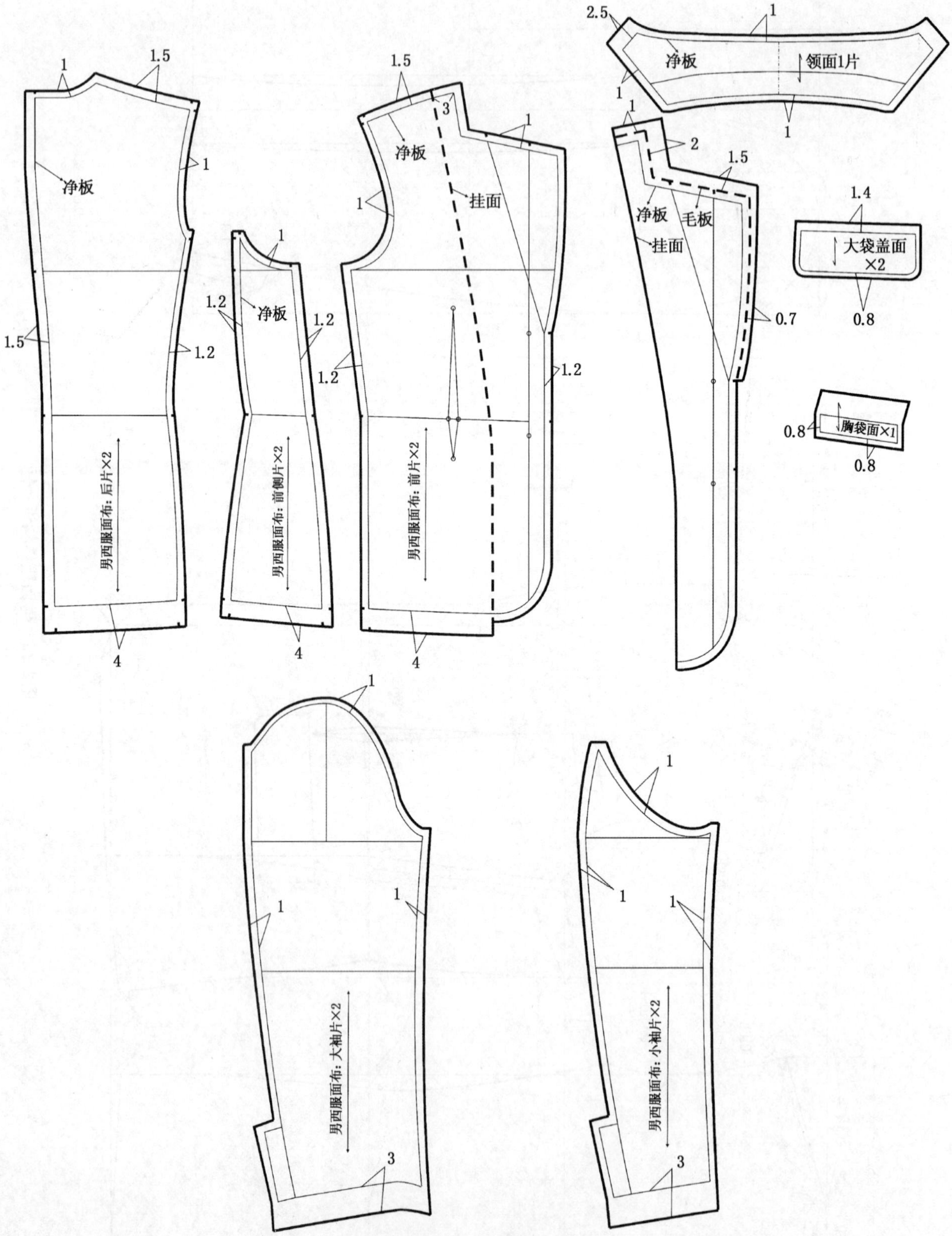


图 2-74 男西服面布样板图

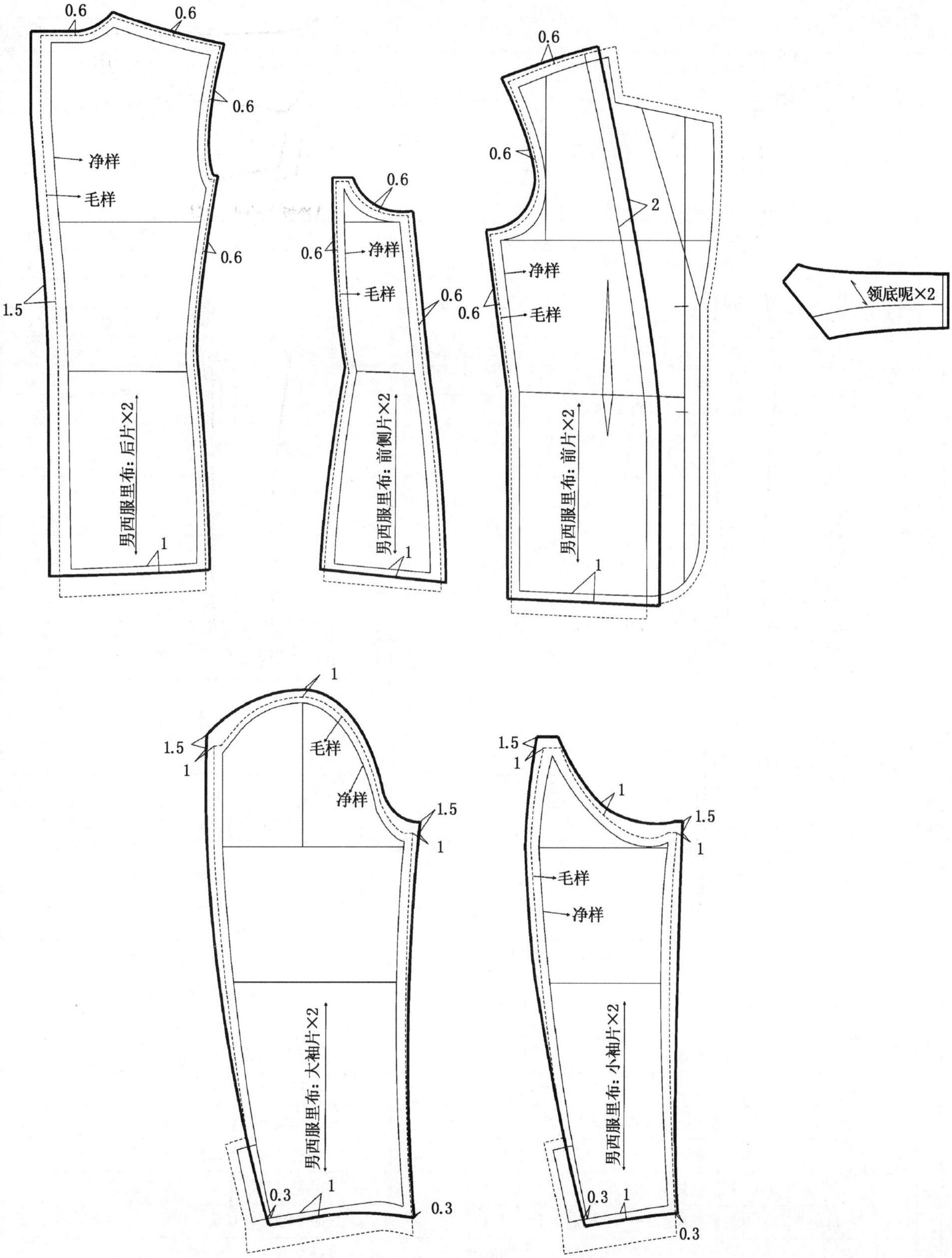


图 2-75　男西服里布样板图

**表 2-40 男西服面布各部位档差及计算公式** 单位：cm

| 部位名称 | | 部位代号 | 档差及计算公式 | | | |
|---|---|---|---|---|---|---|
| | | | 纵档差 | | 横档差 | |
| 前衣片 | 小肩线 | A | 0.8 | 袖窿深差 2/10×胸围差数 | 0.2 | 领宽差数 0.2 |
| | | B | 0.6 | 袖窿深差 0.8－肩斜差数 0.2（胸围差数 4 的 5%） | 0.6 | 肩宽差数 1.2 的 1/2 |
| | 前中心线 | D | 0.6 | 袖窿深差 0.8－领宽差数 0.2 | 0 | 公共线 |
| | | C | 0.6 | 同 D 点 | 0.2 | 领宽差数 0.2 |
| | | L | 1.2 | 衣长差数 2－袖窿深差 0.8 | 0 | 公共线 |
| | 侧缝线 | F | 0 | 公共线 | 0.6 | 胸宽差数 0.6 |
| | | I | 0.2 | 腰节长差数 1－袖窿深差 0.8 | 0.6 | 同 F 点 |
| | | K | 1.2 | 同 L 点 | 0.6 | 同 F、I 点 |
| | 胸宽线 | E | 0.2 | FB 之间差数 0.6 的 1/3 | 0.6 | 推放胸宽差数：1.5/10×胸围差数 4 |
| | 省位线 | M | 0 | 由于靠近公共线，使各档样板省尖距胸围线相等 | 0.3 | 胸宽档差 0.6 的 1/2 |
| | | O、N | 0.2 | 同 I 点 | 0.3 | 同 M 点 |
| 后衣片 | 小肩线 | B | 0.8 | 袖窿深差 2/10×胸围差数 | 0.2 | 领宽差数 0.2 |
| | | C | 0.6 | 袖窿深差 0.8－肩斜差数 0.2（胸围差数 4 的 5%） | 0.6 | 肩宽差数 1.2 的 1/2 |
| | 后中心线 | A | 0.75 | 袖窿深差 0.8－领宽差数 0.2×0.3 | 0 | 公共线 |
| | | F | 0 | 公共线 | 0.6 | 胸宽档差 0.6 |
| | | G | 0.2 | 腰节长差数 1－袖窿深差 0.8 | 0 | 公共线 |
| | | I | 1.2 | 同前片 K 点 | 0 | 公共线 |
| | 侧缝线 | D | 0.2 | 袖窿深差 0.6 的 1/3 | 0.6 | 背宽档差 0.6 |
| | | E | 0 | 公共线 | 0.6 | 背宽档差 0.6 |
| | | H | 0.2 | 同 G 点 | 0.6 | 背宽档差 0.6 |
| | | J | 1.2 | 同 I 点 | 0.6 | 背宽档差 0.6 |
| 前侧片 | 省缝分割线 | B | 0 | 公共线 | 0 | 公共线 |
| | | E | 0.2 | 同前片 I 点 | 0 | 公共线 |
| | | G | 1.2 | 同前片 K 点 | 0 | 公共线 |
| | 侧缝线 | A | 0.2 | 同后片 D 点 | 0.8 | 1/2×胸围差数 2－背宽档差 0.6－胸宽档差 0.6 |
| | | C | 0 | 公共线 | 0.8 | 同 A 点 |
| | | D | 0.2 | 同 E 点 | 0.8 | 同 A 点 |
| | | F | 1.2 | 同 G 点 | 0.8 | 同 A 点 |
| 大袖片 | 袖中线 | A | 0.4 | 推放袖山高度，0.8×衣片袖窿差数 0.5 | 0.4 | 袖子的肥度，2/10 胸围差数×1/2 |
| | 后袖缝线 | B | 0.3 | 推放袖山高度 0.4×2/3 | 0.8 | 袖子的肥度，2/10 胸围差数 |
| | | C | 0 | 公共线 | 0.8 | 袖子的肥度，2/10 胸围差数 |
| | | D | 0.5 | 袖长差数 1.5×1/3 | 0.6 | 袖肘肥度差数 0.6 |
| | | F=G | 1.1 | 袖长差数 1.5－袖山高度 0.4 | 0.5 | 袖口肥度差数 0.5 |
| 小袖片 | 后袖缝线 | A | 0.3 | 推放袖山高度 0.4×2/3 | 0.8 | 袖子的肥度，2/10 胸围差数 |
| | | B | 0 | 公共线 | 0.8 | 袖子的肥度，2/10 胸围差数 |
| | | C | 0.5 | 袖长差数 1.5×1/3 | 0.6 | 袖肘肥度差数 0.6 |
| | | G=F | 1.1 | 袖长差数 1.5－袖山高度 0.4 | 0.5 | 袖口肥度差数 0.5 |
| 领子 | 后领中心线 | P=O | 0 | 各档样板领子宽度相等，只推长度方向 | 0.4 | 领围差数 1 的 1/2－0.1 |
| | 前领嘴 | N | 0 | 各档样板领子宽度相等，只推长度方向 | 0.2 | 领围差数的 0.2 |

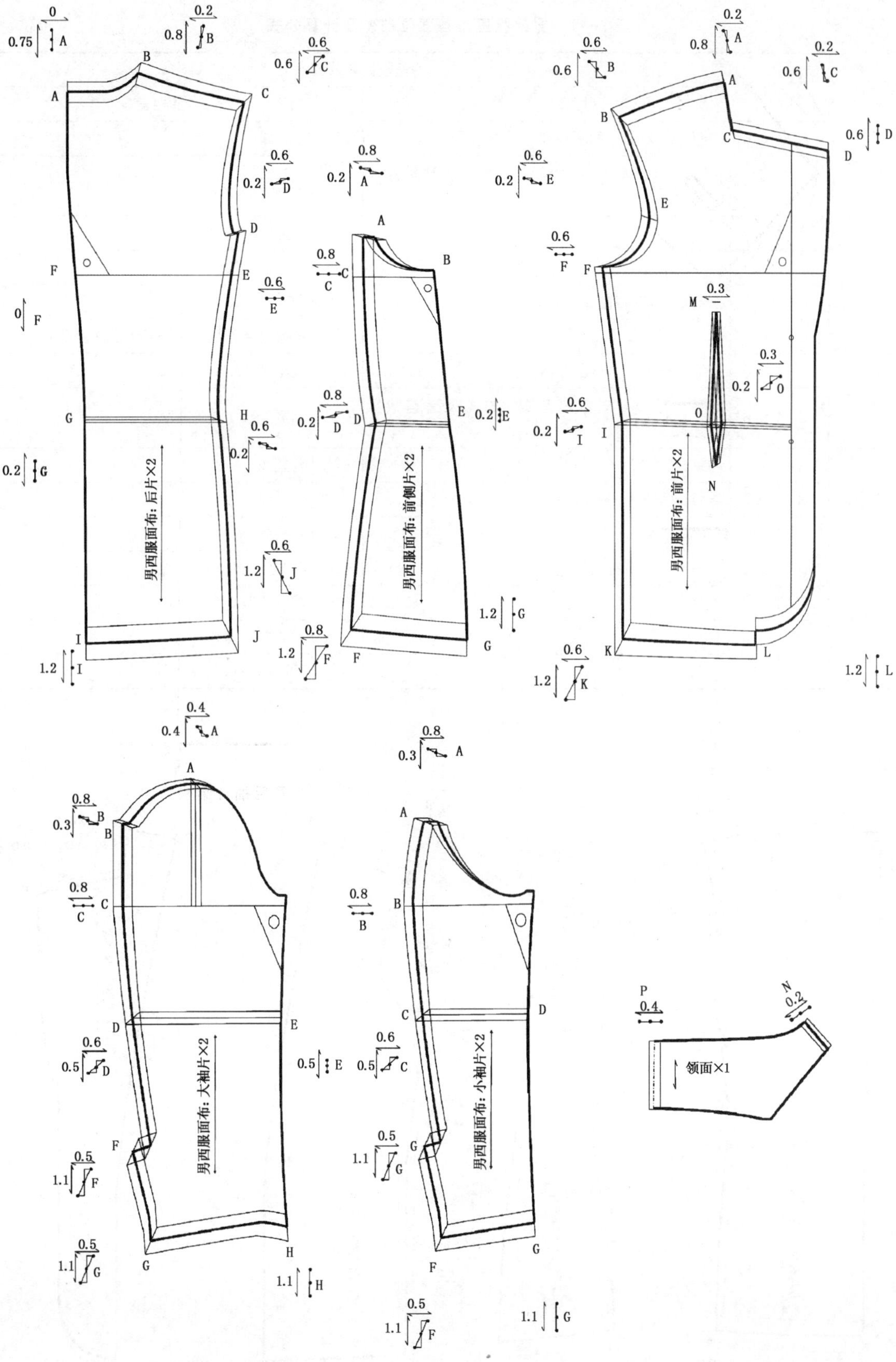


图 2-76　男西服面布推板图

**表 2-41 男西服里布各部位档差及计算公式** 单位：cm

| 部位名称 | | 部位代号 | 档差及计算公式 | | | |
|---|---|---|---|---|---|---|
| | | | 纵档差 | | 横档差 | |
| 前衣片 | 小肩线 | A | 0.8 | 袖窿深差 2/10×胸围差数 | 0 | 公共线 |
| | | B | 0.6 | 袖窿深差 0.8 − 肩斜差数 0.2（胸围差数 4 的 5%） | 0.6 | 肩宽差数 1.2 的 1/2 |
| | 侧缝线 | F | 0 | 公共线 | 0.6 | 胸宽差数 0.6 |
| | | I | 0.2 | 腰节长差数 1 − 袖窿深差 0.8 | 0.6 | 同 F 点 |
| | | K | 1.2 | 衣长差数 2 − 袖窿深差 0.8 | 0.6 | 同 F、I 点 |
| | 胸宽线 | E | 0.2 | FB 之间差数 0.6 的 1/3 | 0.6 | 推放胸宽差数：1.5/10×胸围差数 4 |
| 后衣片 | 小肩线 | B | 0.8 | 袖窿深差 2/10×胸围差数 | 0.2 | 领宽差数 0.2 |
| | | C | 0.6 | 袖窿深差 0.8 − 肩斜差数 0.2（胸围差数 4 的 5%） | 0.6 | 肩宽差数 1.2 的 1/2 |
| | 后中心线 | A | 0.75 | 袖窿深差 0.8 − 领宽差数 0.2×0.3 | 0 | 公共线 |
| | | G | 0.2 | 腰节长差数 1 − 袖窿深差 0.8 | 0 | 公共线 |
| | | I | 1.2 | 同前片 K 点 | 0 | 公共线 |
| | 侧缝线 | D | 0.2 | 袖窿深差 0.6 的 1/3 | 0.6 | 背宽档差 0.6 |
| | | E | 0 | 公共线 | 0.6 | 背宽档差 0.6 |
| | | H | 0.2 | 同 G 点 | 0.6 | 背宽档差 0.6 |
| | | J | 1.2 | 同 I 点 | 0.6 | 背宽档差 0.6 |

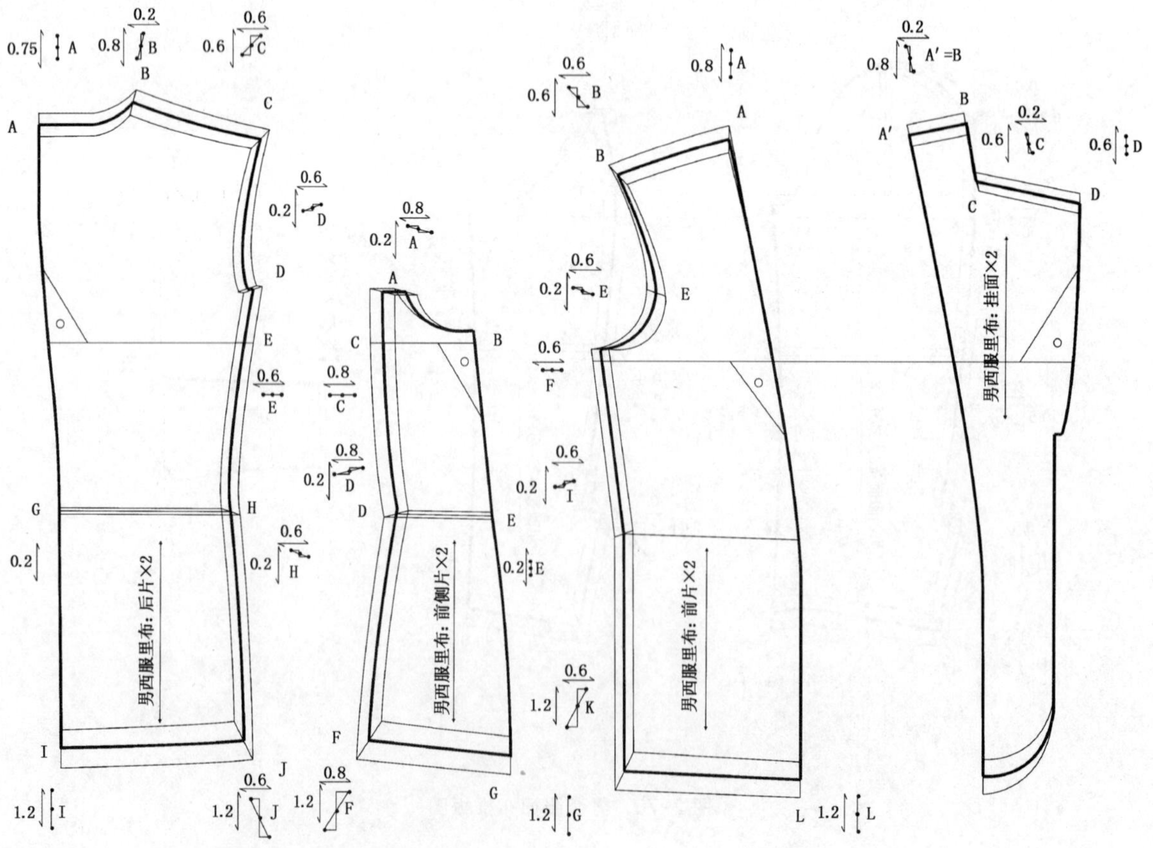

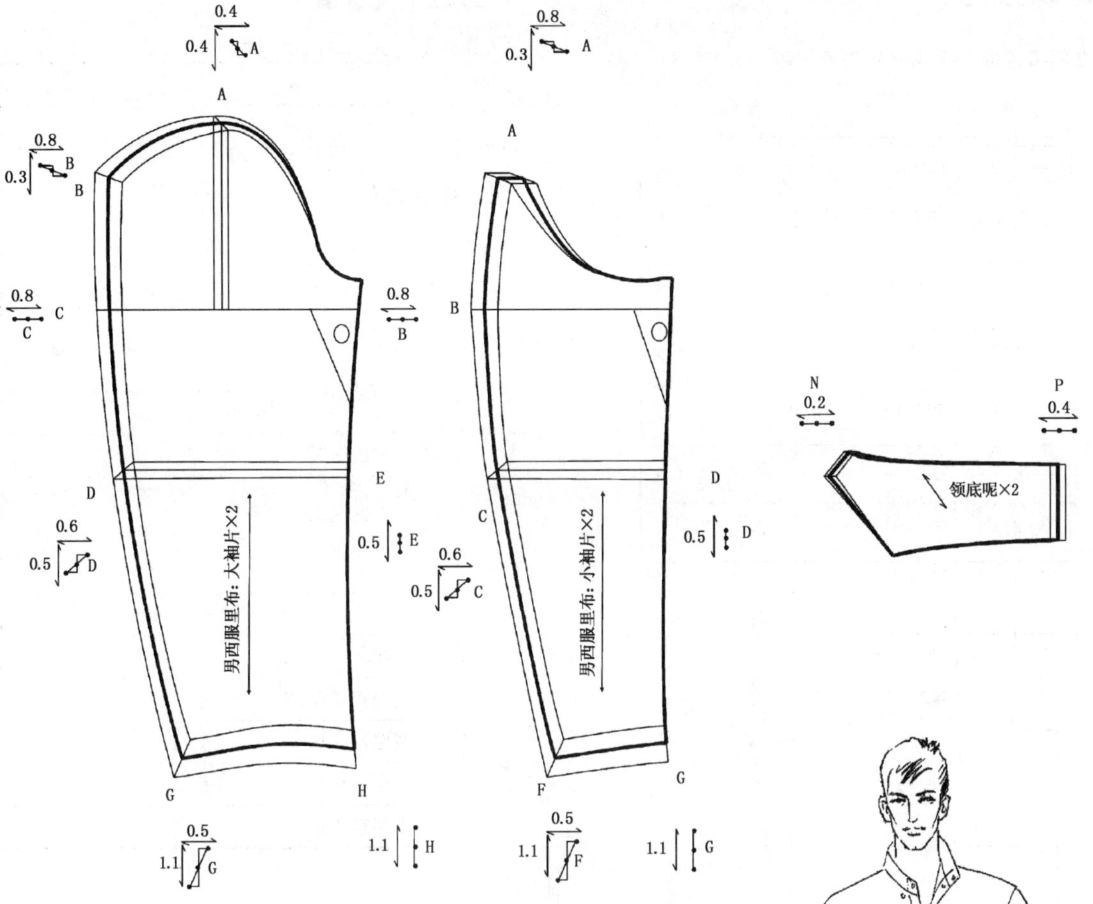


图 2-77　男西服里布推板图

## 三、男装工业样板推放拓展一：立领刀背分割夹克衫

### （一）款式特征与样板推放要点分析

立领刀背分割夹克衫是以分割为主的四开身男夹克衫，前衣片的胸部有刀背分割，在刀背分割线下有斜向分割线，斜向分割线下有单嵌线挖袋，挖袋与斜向分割线平行。后衣片肩背部有横向分割线育克，育克下有曲线分割。在推板时重点是在前后衣片的分割处理上，一是要把握纵向分割的部位，应使所有分割片围度档差总和等于总的胸围、背宽、胸宽等围度和宽度档差；横向分割的部位，应使所有分割片长度档差总和等于总的衣长、腰节长、袖窿深等长度部位档差。款式图见图 2-78。

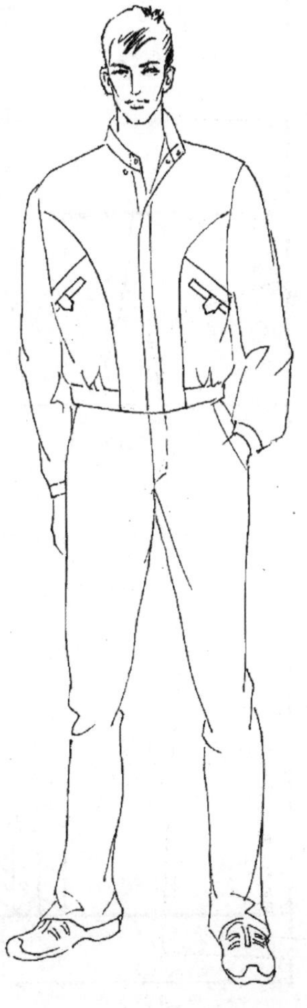

图 2-78　立领刀背分割夹克衫款式图

（二）规格系列表

表 2-42 立领刀背分割夹克衫规格系列表 5.4 系列

单位：cm

| 部位＼号型 | 部位代号 | 165/84A | 170/88A | 175/92A | 档差 |
|---|---|---|---|---|---|
| 衣长 | L | 70 | 72 | 74 | 2 |
| 胸围 | B | 112 | 116 | 120 | 4 |
| 肩宽 | S | 48.8 | 50 | 51.2 | 1.2 |
| 领围 | N | 47 | 48 | 49 | 1 |
| 袖长 | SL | 59.5 | 61 | 62.5 | 1.5 |
| 袖口围 | CF | 11.7 | 12.5 | 13.3 | 0.8 |

（三）绘制样板图

基础样板图采用中间号型 170/88A，胸围加放松量 28 cm。立领刀背分割夹克衫前后衣片结构制图见图 2-79，领片、袖片结构制图略。

（四）样板缩放

选取中间号型规格样板作为标准母板，选定中心线作为衣片及袖片推板时的纵向公共线，袖窿深线作为衣片横向公共线，在标准母板的基础上推出大号和小号标准样板。立领刀背分割夹克衫各部位档差及计算公式见表 2-43，袖片领片表中省略，推板见图 2-80。

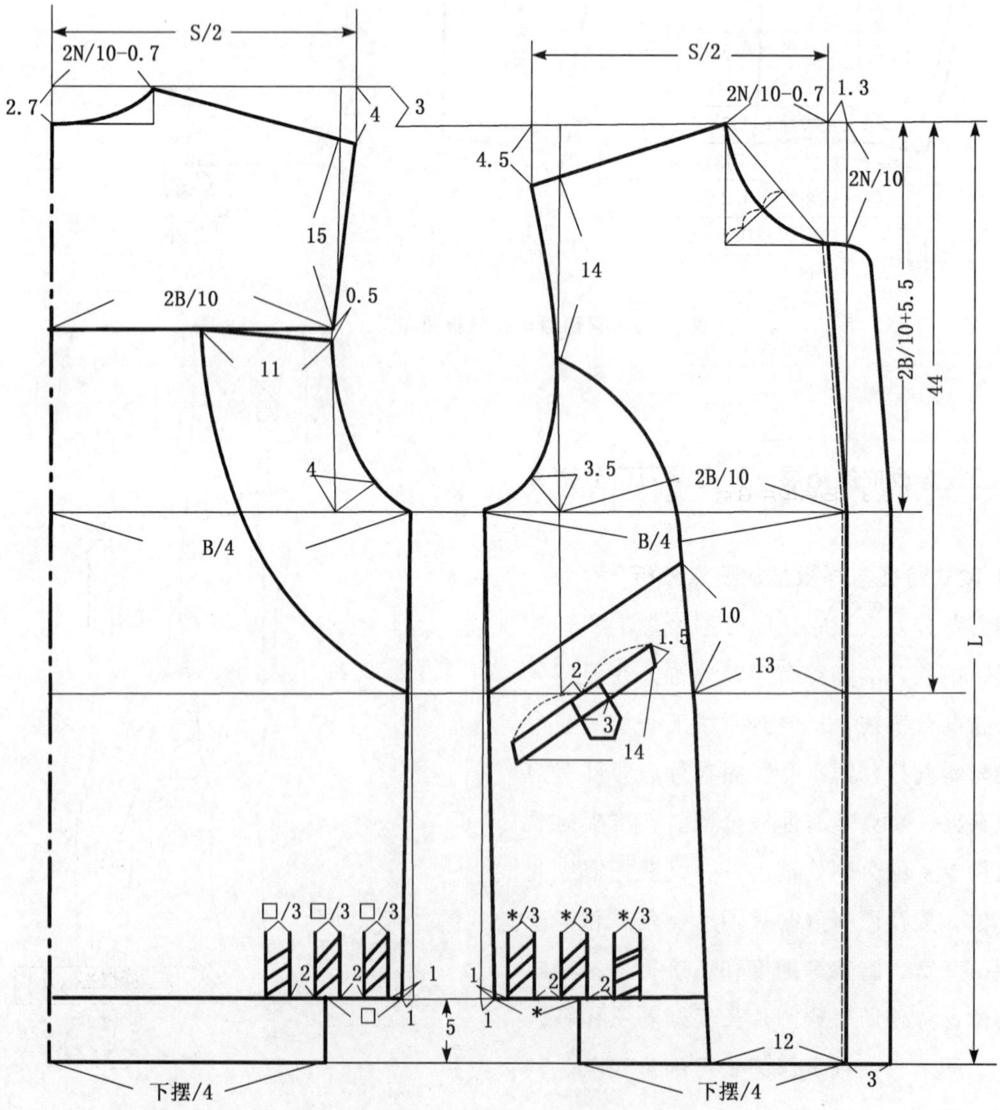


图 2-79 立领刀背分割夹克衫前后衣片结构制图

表 2-43 立领刀背分割夹克衫各部位档差及计算公式 单位：cm

| 部位名称 | | 部位代号 | 档差及计算公式 | | | |
|---|---|---|---|---|---|---|
| | | | 纵档差 | | 横档差 | |
| 前衣片 | 前中片 | A | 0.7 | 袖窿深差 2/10×胸围差数 4－0.1 | 0.2 | 领宽差数 0.2 |
| | | B | 0.5 | | 0 | 公共线 |
| | | C | 0.6 | 袖窿深差 0.7－肩斜差数 0.1 | 0.6 | 肩宽差数 1.2 的 1/2 |
| | | D | 0.3 | 袖窿深差 0.6 的 1/2 | 0.6 | 推放胸宽差数：1.5/10×胸围差数 4 |
| | | E | 0 | 公共线 | 0.3 | 胸宽差数 0.6 的 1/2 |
| | | F | 0.3 | 腰节长差数 1－袖窿深差 0.7 | 0.3 | 同 E 点 |
| | | G | 1.3 | 衣长差数 2－袖窿深差 0.7 | 0.3 | 同 E 点 |
| | | H | 1.3 | 同 G 点 | 0 | 公共线 |
| | 前侧片上 | D′ | 0 | 胸宽 0.6 已在前中片 D 点处推放 | 0.3 | 同前中片 D 点一致 |
| | | I | 0.3 | 同前中片 E 点一致 | 0.7 | 1/4 胸围差数 1－0.3 |
| | | H | 0.3 | 腰节长差数 1－袖窿深差 0.7 | 0 | 公共线 |
| | 前侧片下 | G′ | 1 | 衣长差数 2－腰节差数 1 | 0.7 | 1/4 胸围差数 1－0.3 |
| | | I′ | 0 | 公共线 | 0.7 | 同 G 点 |
| | | J | 1 | 同 G′点 | 0 | 公共线 |
| | 前门襟 | M | 1 | 衣长档差的 1/2 | 0 | 公共线 |
| 后衣片 | 后过肩 | A | 0.25 | 0.3－领宽差数 0.2 的 1/3 | 0 | 肩宽差数 1.2 的 1/2 |
| | | B | 0.3 | 袖窿深的 1/2＋0.1 | 0.2 | 领宽差数 0.2 |
| | | C | 0.2 | B 点 0.3－肩斜 0.1 | 0.6 | 肩宽差数 1.2 的 1/2 |
| | | D | 0 | 肩宽差数 1.2 的 1/2 | 0.6 | 背宽差数 |
| | 后中片 | E | 0.4 | 袖窿深差 0.7－过肩 0.3 | 0 | 公共线 |
| | | F | 0.4 | 同 E 点 | 0.3 | 背宽差数的 1/2 |
| | | G | 0.3 | 腰节长差数 1－袖窿深差 0.7 | 1 | 1/4 胸围差数 |
| | | I | 1.3 | 衣长差数 1－袖窿深差 0.7 | 1 | 1/4 胸围差数 |
| | | J | 1.3 | 同 I 点 | 0 | 公共线 |
| | 后侧片 | H | 0.4 | 同后中片 F 点 | 0 | 公共线 |
| | | F′ | 0.4 | 同 H 点 | 0.3 | 背宽差数 0.6－后中片 0.3 |
| | | G′ | 0.3 | 同后中片 G 点 | 0 | 公共线 |

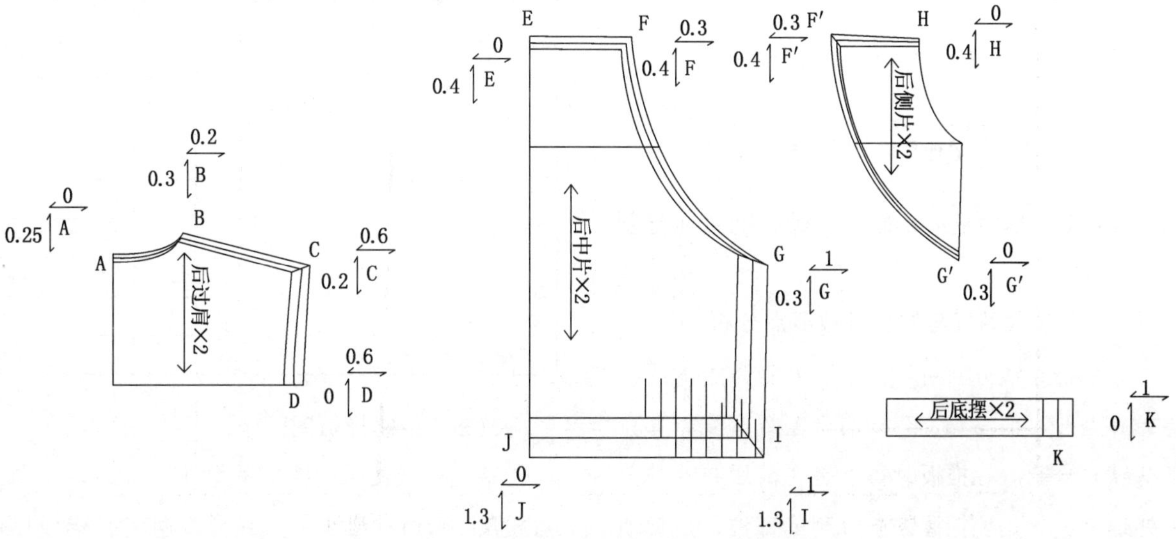


图 2-80 立领刀背分割夹克衫前后衣片推板图

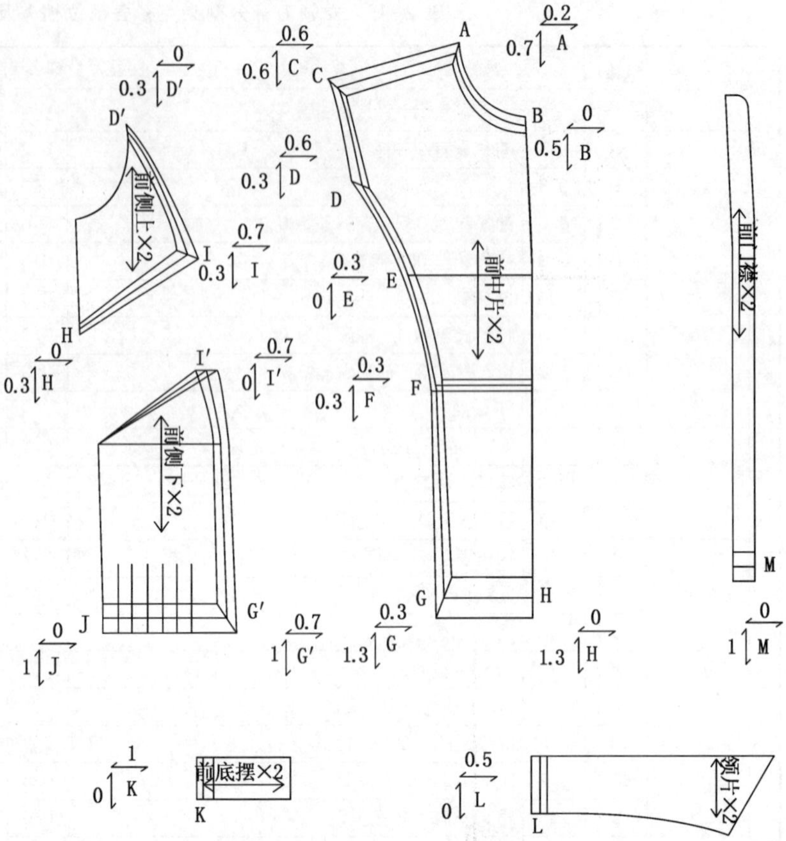


图 2-80 立领刀背分割夹克衫前后衣片推板图（续）

图 2-81 圆装袖直线分割两用衫款式图

## 四、男装工业样板推放拓展二：圆装袖直线分割两用衫

### （一）款式特征与样板推放要点分析

圆装袖直线分割两用衫是以分割为主的四开身男夹克衫，前后衣片有横向分割线育克，育克下有纵向分割。在推板时重点是在前后衣片的分割处理上，一是要把握纵向分割的部位，应使所有分割片围度档差总和等于总的胸围、背宽、胸宽等围度和宽度档差；横向分割的部位，应使所有分割片长度档差总和等于总的衣长、腰节长、袖窿深等长度部位档差。款式见图 2-81。

### （二）规格系列表

表 2-44 圆装袖直线分割两用衫衫规格系列表 5.4 系列

单位：cm

| 部位＼号型 | 部位代号 | 165/84A | 170/88A | 175/92A | 档差 |
|---|---|---|---|---|---|
| 衣长 | L | 63 | 65 | 67 | 2 |
| 胸围 | B | 104 | 108 | 112 | 4 |
| 肩宽 | S | 42.8 | 44 | 45.2 | 1.2 |
| 领围 | N | 39 | 40 | 41 | 1 |
| 袖长 | SL | 58.5 | 60 | 61.5 | 1.5 |
| 袖口围 | CF | 14.2 | 15 | 15.8 | 0.8 |

### （三）绘制样板图

基础样板图采用中间号型 170/88A，胸围加放松量 20 cm。圆装袖直线分割两用衫样板见图 2-82。

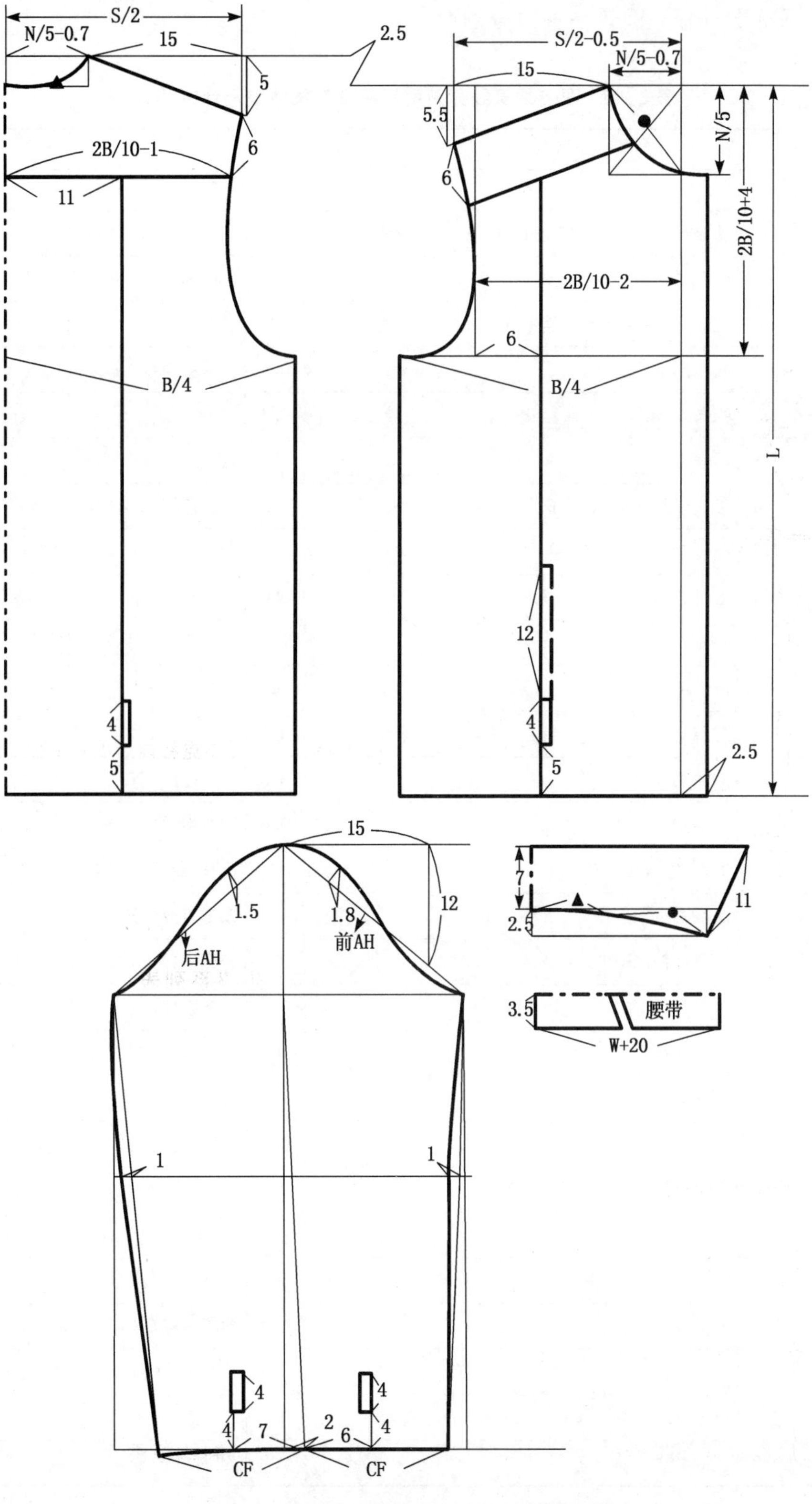


图 2-82　圆装袖直线分割两用衫结构制图

**（四）样板缩放**

选取中间号型规格样板作为标准母板，选定

中心线作为衣片及袖片推板时的纵向公共线，袖窿深线作为衣片横向公共线，在标准母板的基础上推出大号和小号标准样板。圆装袖直线分割两用衫各部位档差及计算公式见表 2-45，袖片领片表中省略。推板见图 2-83。

**表 2-45 圆装袖直线分割两用衫各部位档差及计算公式** 单位：cm

| 部位名称 | | 部位代号 | 档差及计算公式 | | | |
|---|---|---|---|---|---|---|
| | | | 纵档差 | | 横档差 | |
| 前衣片 | 前中片 | F | 0.5 | 袖窿深差 2/10×胸围差数 4－0.2 过肩高 | 0.1 | 领宽差数 0.2 的 1/2 |
| | | E | 0.5 | 同 F 点 | 0.3 | 肩宽差数 1.2 的 1/2 |
| | | G | 0.5 | 袖窿深差 0.7－肩斜差数 0.1 | 0 | |
| | | I | 0 | 公共线 | 0.4 | 占胸围差数 1 的 4/10 |
| | | J | 1.3 | 衣长差数 2－袖窿深差 0.7 | 0.4 | 同 I 点 |
| | | M | 1.3 | 同 J 点 | 0 | 公共线 |
| | 前侧片 | D | 0.4 | 袖窿深差 0.6－过肩 0.2 | 0.3 | 肩宽差数 0.6 的 1/2 |
| | | Z | 0.5 | 同前中片 E 点一致 | 0 | 公共线 |
| | | H | 0 | 公共线 | 0.6 | 1/4 胸围差数 1－前中片宽度 0.4 |
| | | L | 1.3 | 同前中片 J 点 | 0.6 | 同 H 点 |
| | | K | 1.3 | 同 L 点 | 0 | 公共线 |
| | 前过肩 | A | 0.2 | 过肩 0.2 | 0.2 | 领宽差数 0.2 |
| | | B | 0.2 | 同 A 点 | 0.6 | 肩宽差数 0.6 |
| | | C | 0.2 | 同 A 点 | 0.6 | 同 B 点 |
| 后衣片 | 后过肩 | B | 0.15 | 0.2－领宽差数 0.2 的 1/3 | 0 | 公共线 |
| | | A | 0.2 | 过肩高度 | 0.2 | 领宽差数 0.2 |
| | | C | 0.1 | A 点 0.2－肩斜 0.1 | 0.6 | 肩宽差数 1.2 的 1/2 |
| | | D | 0 | 公共线 | 0.6 | 背宽差数 |
| | 后中片 | E | 0.5 | 袖窿深差 0.7－过肩 0.3 | 0 | 公共线 |
| | | F | 0.5 | 同 E 点 | 0.3 | 背宽差数的 1/2 |
| | | X | 0 | 公共线 | 0.4 | 分割宽度 |
| | | K | 1.3 | 衣长差数 1－袖窿深差 0.7 | 0.4 | 同 X 点 |
| | | J | 1.3 | 同 K 点 | 0 | 公共线 |
| | 后侧片 | G | 0.5 | 同后中片 F 点 | 0 | 公共线 |
| | | H | 0.5 | 同 G 点 | 0.3 | 背宽差数 0.6－后中片 0.3 |
| | | I | 0 | 公共线 | 0.6 | 1/4 胸围差数 1－前中片宽度 0.4 |
| | | M | 1.3 | 同后中片 K 点 | 0.6 | 同 I 点 |
| | | G′ | 1.3 | 同 M 点 | 0 | 公共线 |

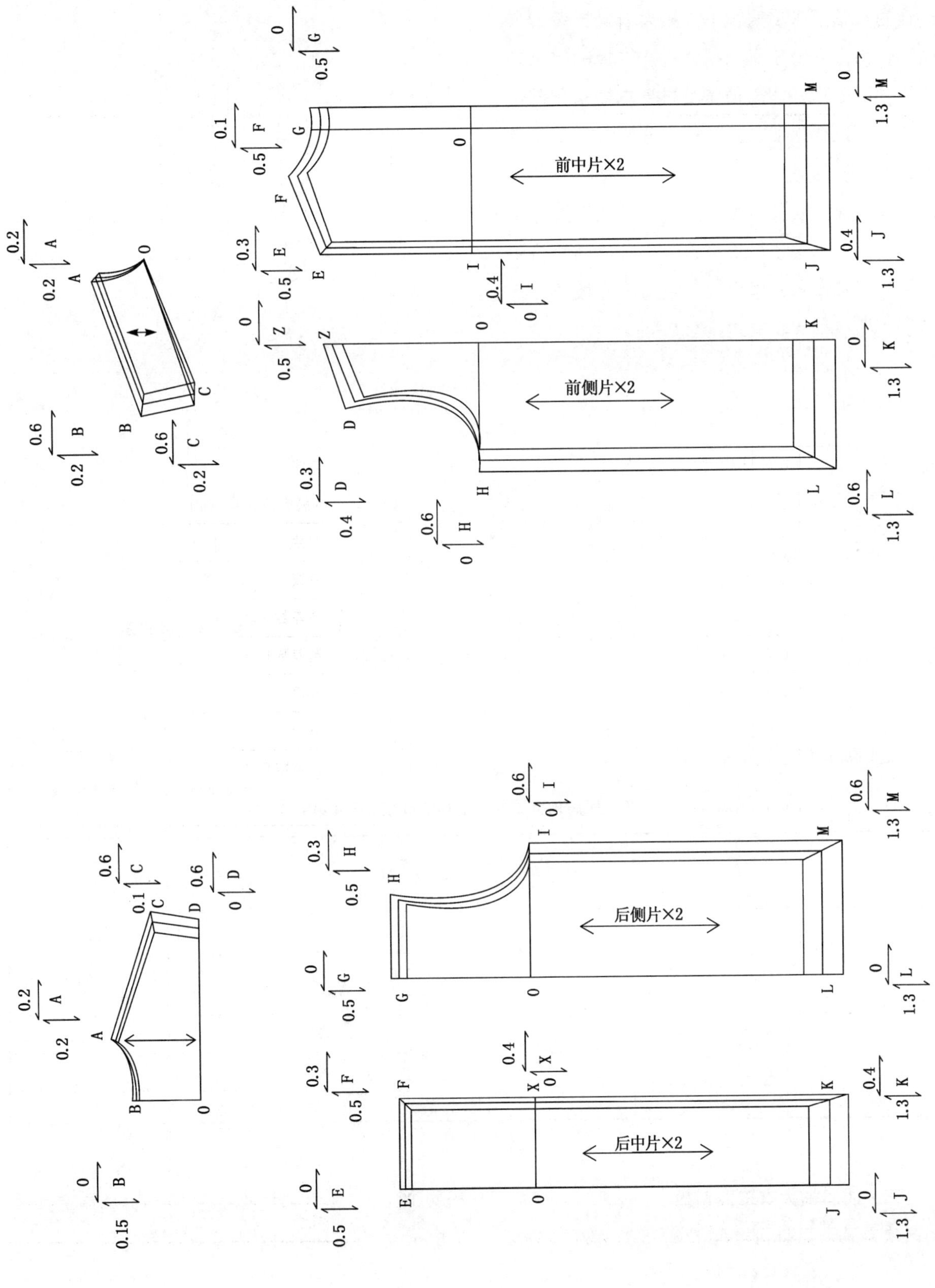


图2-83　圆装袖直线分割两用衫推板图

## 五、男装工业样板推放拓展三：插肩袖大衣

### （一）款式特征与样板推放要点分析

连翻领暗门襟插肩袖单排扣大衣是男装的典型品种，为四开身较宽松型上衣。推板的重点在于插肩袖的处理，插肩袖属于衣身与袖子分割线的设计，因此要保证衣身与袖子分割线长度保持一致，即放码长度保持一致。为降低推板难度、保证样板形状，衣身与袖子的横向坐标系选择相同的结构线，则袖子与衣身的对应点放码数值相同；另外要把握各档样板袖中线角度推板前后保持不变。插肩袖大衣款式见图 2-84。

图 2-84 插肩袖大衣款式图

### （二）编制规格系列表

表 2-46 插肩袖大衣系列规格设计表 5.4 系列

单位：cm

| 号型<br>部位 | 部位代号 | 165/84A | 170/88A | 175/92A | 档差 |
|---|---|---|---|---|---|
| 衣长 | L | 93 | 95 | 97 | 2 |
| 胸围 | B | 116 | 120 | 124 | 4 |
| 肩宽 | S | 46.8 | 48 | 49.2 | 1.2 |
| 领围 | N | 44 | 45 | 46 | 1 |
| 袖长 | SL | 60.5 | 62 | 63.5 | 1.5 |

### （三）插肩袖大衣工业制板

该款男装采用中间号型 170/88A，胸围加放松量 18 cm，领围加放松量是 2 cm，总肩宽加放 0.6 cm 左右。插肩袖样板见图 2-85。

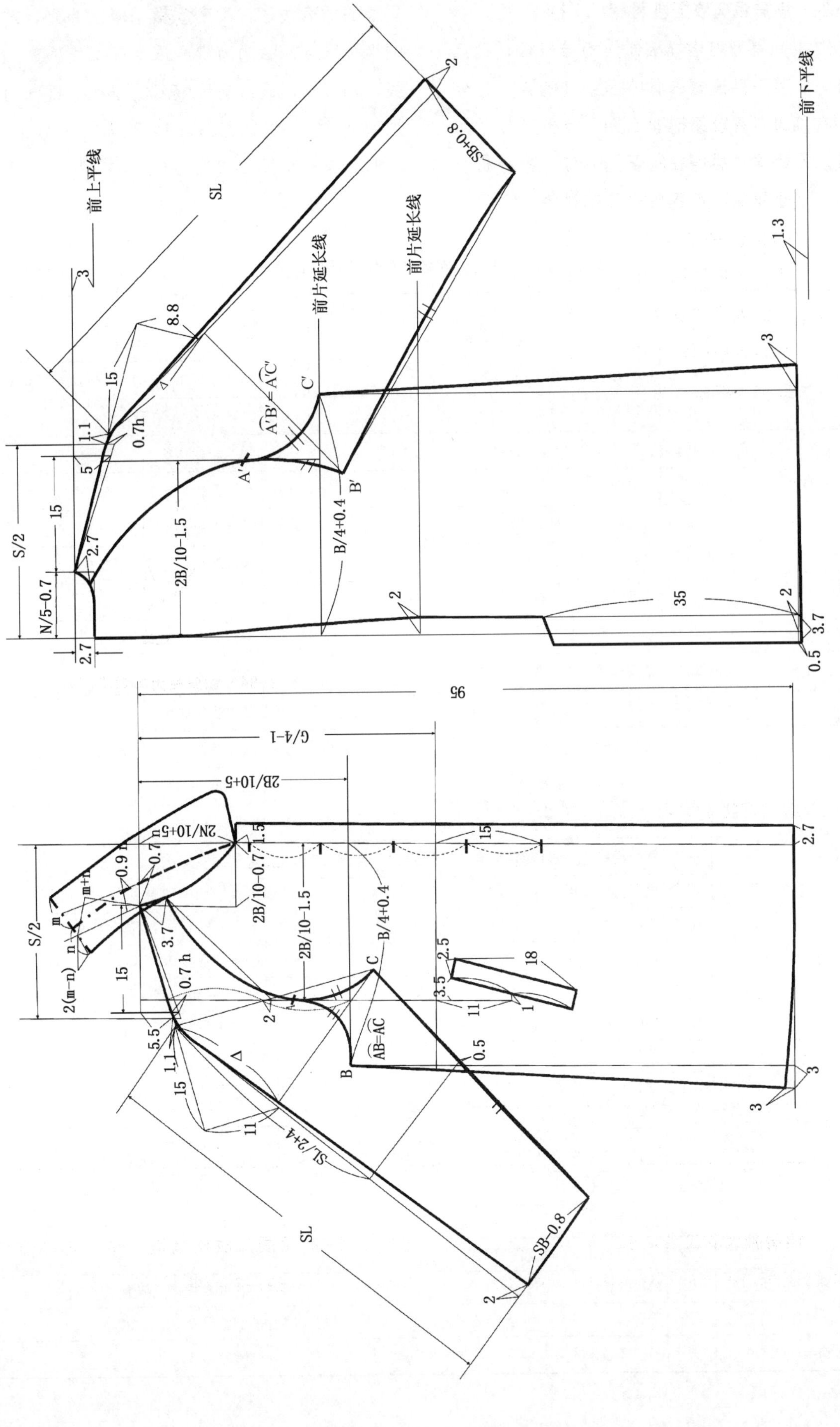


图2-85　插肩袖大衣结构设计图

## （四）插肩袖大衣工业推板

选取中间号型规格样板作为标准母板，插肩袖因袖与衣身肩头连成一体，因结构的特殊性使得我们在确定其坐标系时也有别于其他常规的服装款式。其确定的原则，一要充分保证推板板型的准确；二是推板的可操作性和简洁性；三是各号型的插肩线形状不变。根据以上原则，插肩袖的坐标系选择纵向为衣身采用前胸宽线、后中心线，袖片采用通过前后腋点的垂线。横向为前后袖窿深线、袖山高线。插肩袖档差设计见表2-47，推板见图2-86。

**表 2-47　插肩袖大衣各部位档差及计算公式**

单位：cm

| 部位名称 | | 部位代号 | 档差及计算公式 | | | |
|---|---|---|---|---|---|---|
| | | | 纵档差 | | 横档差 | |
| 前衣片 | 插肩线 | A | 0.8 | 袖窿深差 2/10×胸围差数 | 0.4 | 肩宽差数 1.2 的 1/2－领宽差数 0.2 |
| | | D | 0.2 | 袖窿差 0.6 的 1/3 | 0 | 公共线 |
| | 前中心线 | B、C | 0.6 | 袖窿深差 0.8－领宽差数 0.2 | 0.6 | 胸宽差数 0.6 |
| | | F | 0 | 公共线 | 0.6 | 胸宽差数 0.6 |
| | | H | 1.2 | 衣长差数 2－袖窿深差 0.8 | 0.6 | 胸宽差数 0.6 |
| | 侧缝线 | E | 0 | 公共线 | 0.4 | 胸围差数 /4－胸宽差数 0.6 |
| | | G | 1.2 | 腰节长差数 1－袖窿深差 0.8 | 0.4 | 同 E 点 |
| | 插袋 | X | 0.5 | 袋口长度差数 0.5 | 0 | 口袋宽窄一致 |
| 后衣片 | 插肩线 | A | 0.8 | 袖窿深差 2/10×胸围差数 | 0.2 | 领宽差数 0.2 |
| | | D | 0.2 | 袖窿差 0.6 的 1/3 | 0.6 | 胸宽差数 0.6 |
| | 后中心线 | B | 0.8 | 袖窿深差 0.8 | 0 | 公共线 |
| | | H＝H′ | 1.2 | 衣长差数 2－袖窿深差 0.8 | 0 | 公共线 |
| | 侧缝线 | E | 0 | 公共线 | 1 | 胸围差数 /4 |
| | | G | 1.2 | 衣长差数 2－袖窿深差 0.8 | 0.6 | 背宽档差 0.6 |
| 前袖片 | 插肩线 | D′ | 0.2 | 同前衣片 D 点 | 0 | 公共线 |
| | 袖中缝线 | A′＝A″ | 0.9 | 在前衣片 A 点 0.8 的基础上＋0.1 的吃势 | 0.4 | 胸宽差数 0.6－领宽差数 0.2 |
| | | H | 0.6 | 袖山高度 0.6 | 0.4 | 袖子的肥度 0.8－E′点 0.4 |
| | | I | 0 | 公共线 | 0.4 | 袖子的肥度 0.8－E′点 0.4 |
| | | J | 0.9 | 袖长差数 1.5－袖山高度 0.6 | 0.4 | 同 I 点 |
| | 前袖缝线 | E′ | 0 | 公共线 | 0.4 | 与前片 E 点推放数值相等 |
| | | K | 0.9 | 同 J 点 | 0.1 | 袖口肥度 0.5－J 点 0.4 |
| 后袖片 | 插肩线 | D′ | 0.2 | 同后衣片 D 点 | 0 | 公共线 |
| | 袖中缝线 | A′＝A″ | 0.9 | 在后衣片 A 点 0.8 的基础上＋0.1 的吃势 | 0.4 | 背宽差数 0.6－领宽差数 0.2 |
| | | H | 0.6 | 袖山高度 0.6 | 0.4 | 袖子的肥度 0.8－E′点 0.4 |
| | | I | 0 | 公共线 | 0.4 | 袖子的肥度 0.8－E′点 0.4 |
| | | J | 0.9 | 袖长差数 1.5－袖山高度 0.6 | 0.4 | 同 I 点 |
| | 前袖缝线 | E′ | 0 | 公共线 | 0.4 | 与后片 E 点推放数值相等 |
| | | K | 0.9 | 同 J 点 | 0.1 | 袖口肥度 0.5－J 点 0.4 |
| 领子 | 后领中心线 | V＝O | 0 | 各档样板领子宽度相等，只推长度方向 | 0.5 | 领围差数 1 的 1/2 |

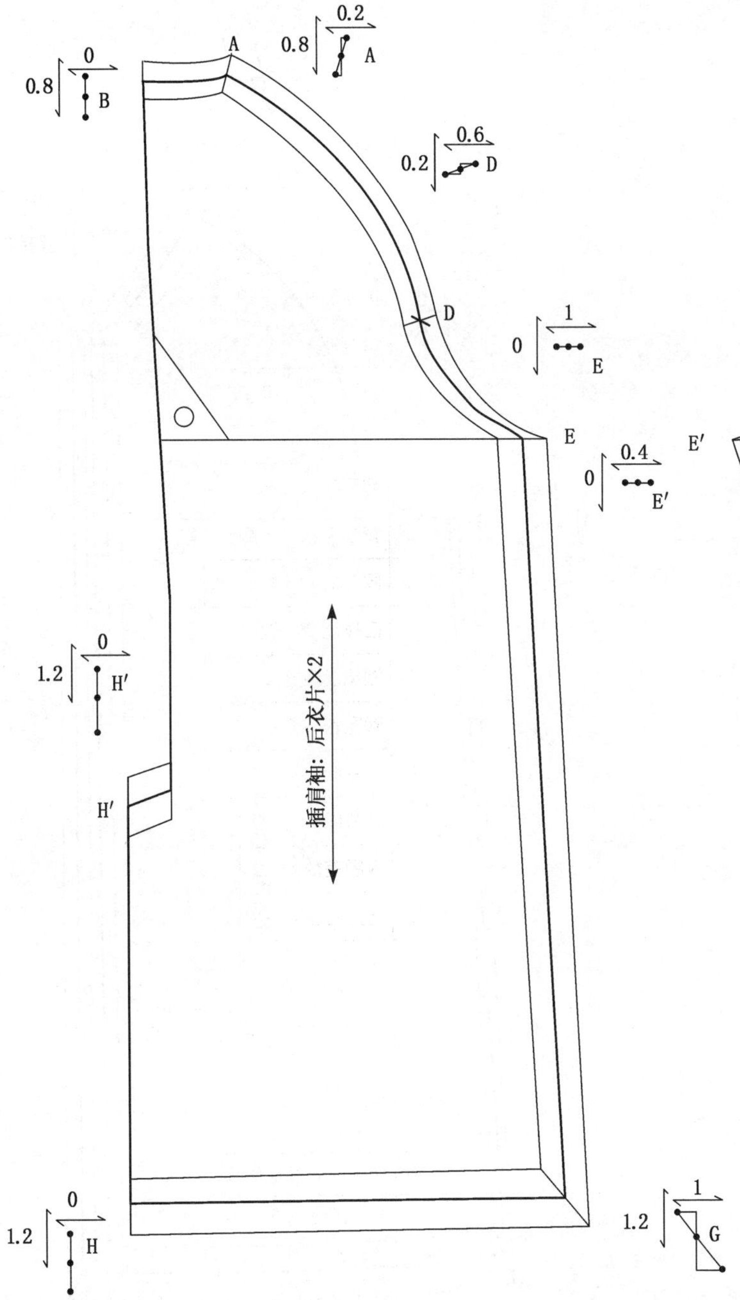

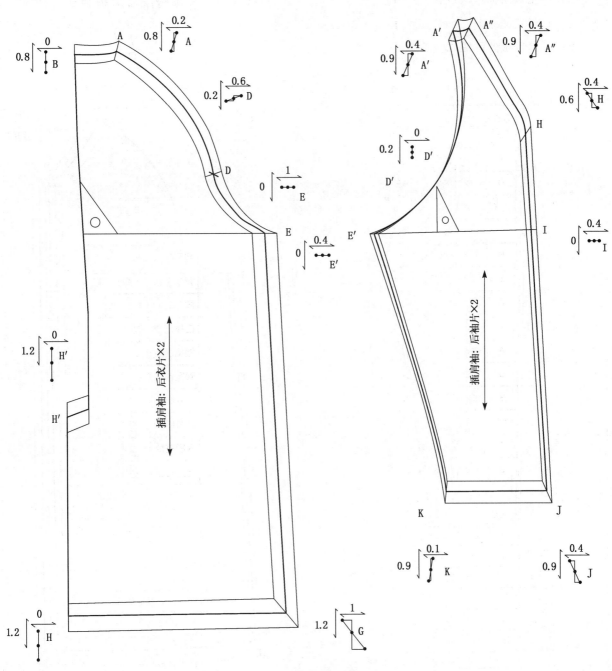


图 2-86　插肩袖大衣推板图

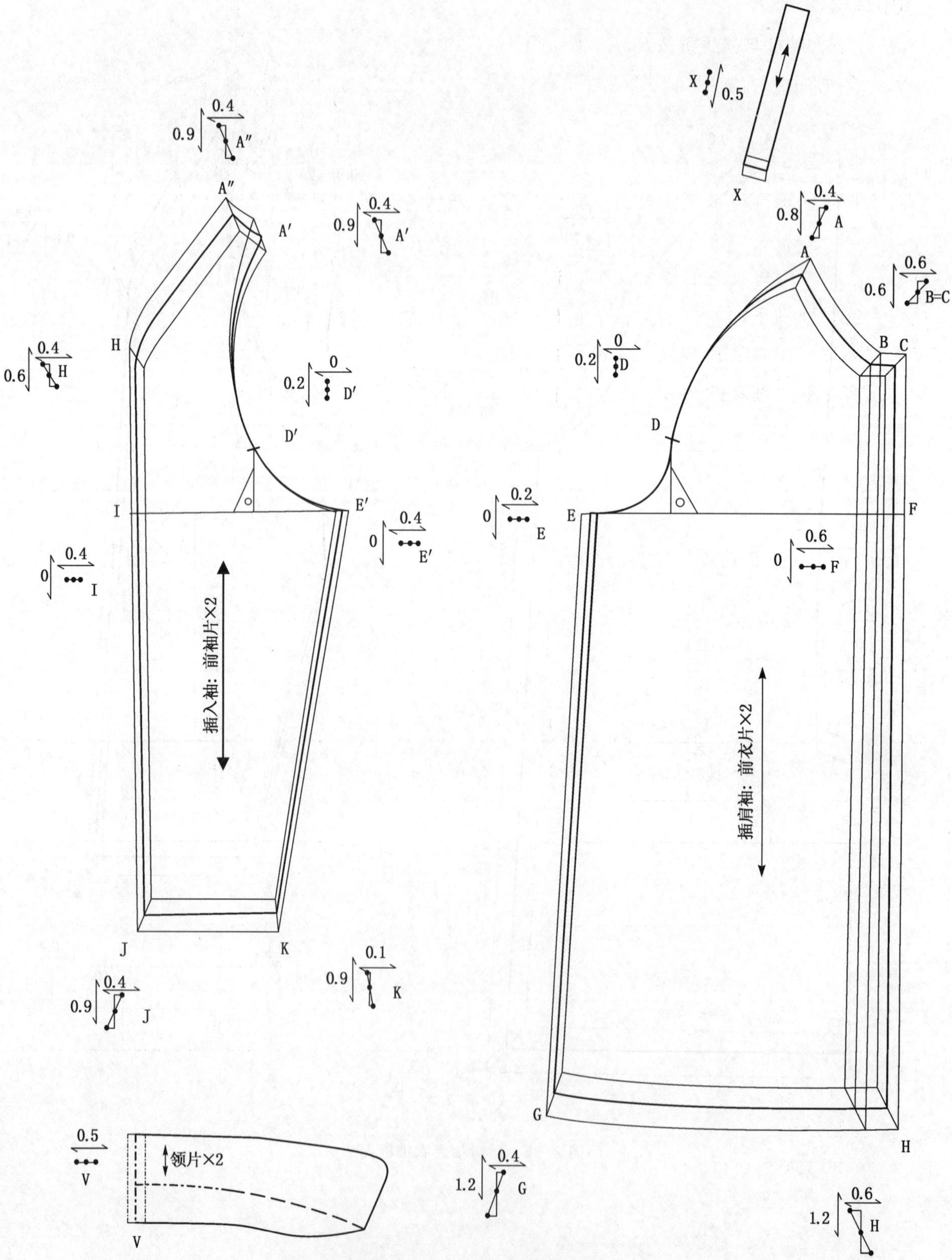


图 2-86 插肩袖大衣推板图（续）

## 六、男装工业样板推放拓展四：翻立领插肩袖双排扣男风衣

### （一）款式特征与样板推放要点分析

翻立领插肩袖双排扣男风衣是男装的典型品种，为四开身较宽松型上衣。推板的重点在于插肩袖的处理，插肩袖属于衣身与袖子分割线的设计，因此要保证衣身与袖子分割线长度保持一致，即放码长度保持一致。为降低推板难度、保证样板形状，衣身与袖子的横向坐标系选择相同的结构线，则袖子与衣身的对应点放码数值相同；另外要把握各档样板袖中线角度推板前后保持不变。翻立领插肩袖双排扣男风衣款式见图 2-87。

图 2-87　翻立领插肩袖双排扣男风衣款式图

### （二）规格系列表

表 2-48　翻立领插肩袖双排扣男风衣规格系列表　5.4 系列　　单位：cm

| 号型<br>部位 | 部位代号 | 165/84A | 170/88A | 175/92A | 档差 |
|---|---|---|---|---|---|
| 衣长 | L | 106 | 110 | 114 | 4 |
| 胸围 | B | 106 | 110 | 114 | 4 |
| 肩宽 | S | 44.8 | 46 | 47.2 | 1.2 |
| 领围 | N | 46 | 47 | 48 | 1 |
| 袖长 | SL | 61.5 | 63 | 64.5 | 1.5 |
| 袖口围 | CF | 16.2 | 17 | 17.8 | 0.8 |

### （三）绘制样板图

基础样板图采用中间号型 170/88A，胸围加放松量 22 cm。翻立领插肩袖双排扣男风衣样板见图 2-88。

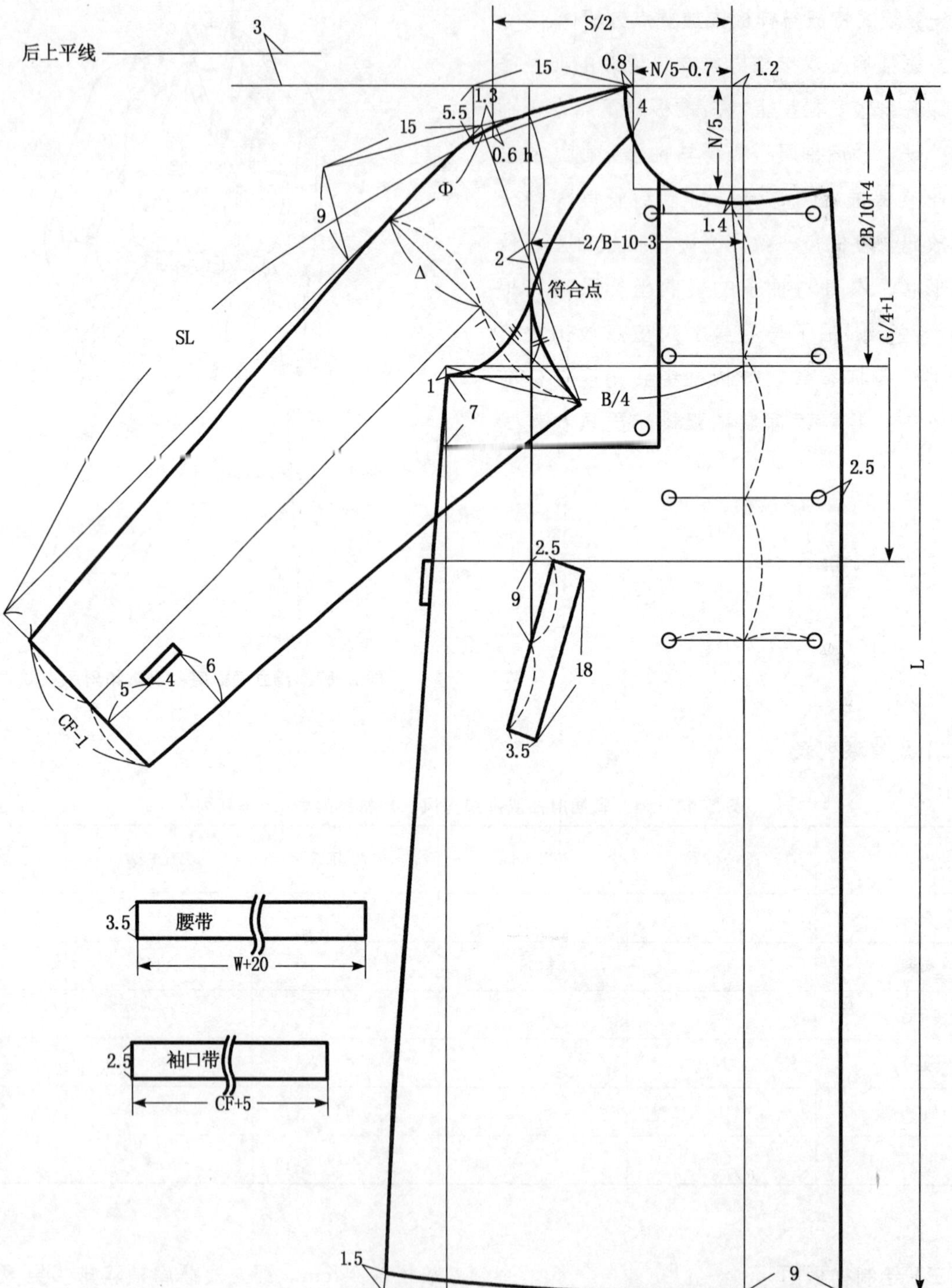


图 2-88（1） 翻立领插肩袖双排扣男风衣后衣片及后袖片结构制图

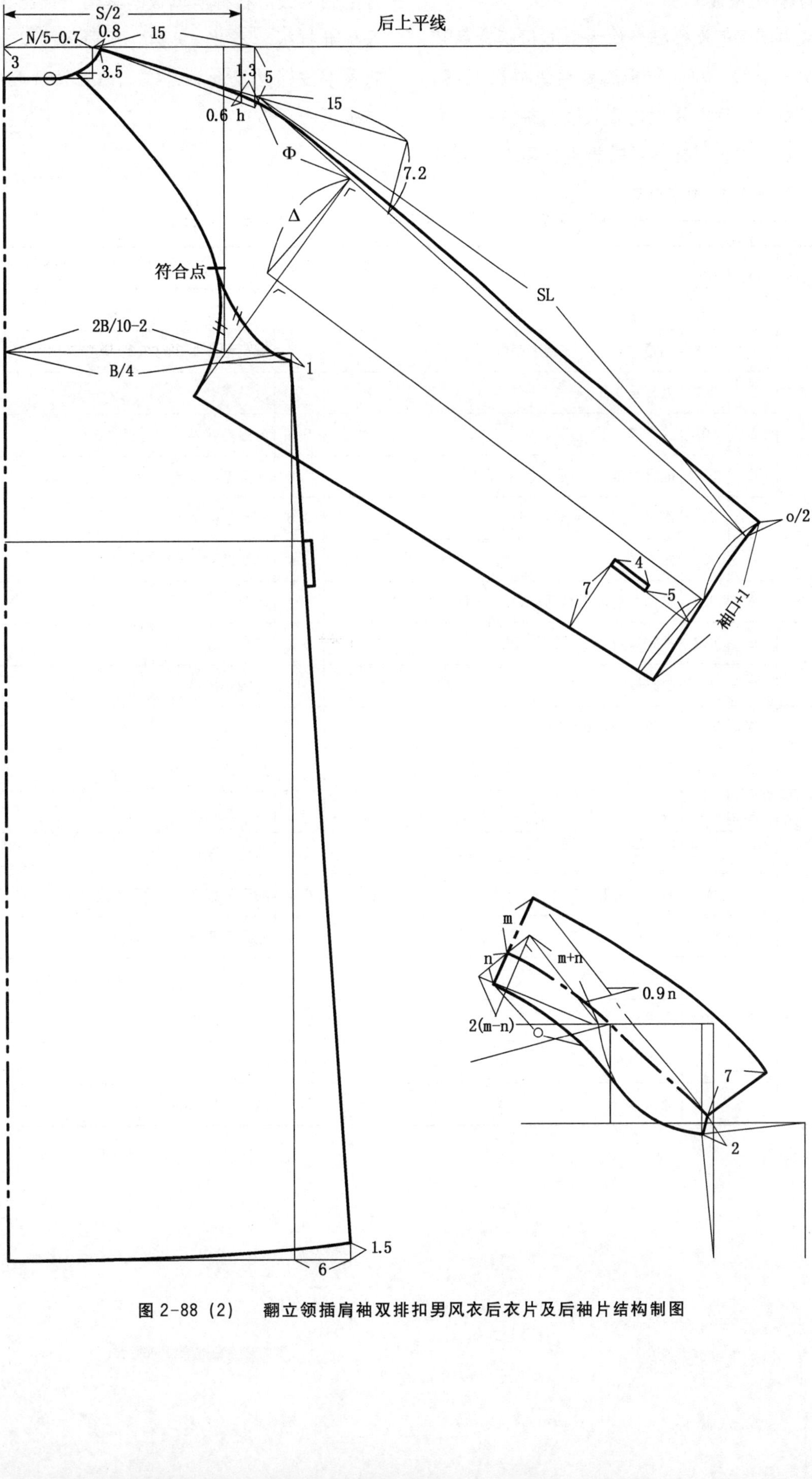


图 2-88（2）　翻立领插肩袖双排扣男风衣后衣片及后袖片结构制图

### （四）样板缩放

选取中间号型规格样板作为标准母板，后片衣身选定中心线、前片选择胸宽线纵向公共线，袖窿深线做为前后衣片横向公共线。袖片袖山高线、过与衣身重合的插肩线转折点作垂线，为袖片的公共线。在标准母板的基础上推出大号和小号标准样板。表 2-49 翻立领插肩袖双排扣男风衣各部位档差及计算公式，袖片领片表中省略。推板见图 2-89。

**表 2-49　翻立领插肩袖双排扣男风衣各部位档差及计算公式**　　单位：cm

| 部位名称 | | 部位代号 | 档差及计算公式 | | | |
|---|---|---|---|---|---|---|
| | | | 纵档差 | | 横档差 | |
| 前衣片 | 插肩线 | F | 0.8 | 袖窿深差 2/10×胸围差数 | 0.4 | 肩宽差数 1.2 的 1/2－领宽差数 0.2 |
| | | E | 0.2 | 袖窿差 0.6 的 1/3 | 0 | 公共线 |
| | | D | 0 | 公共线 | 0.4 | 胸围差数/4－胸宽差数 0.6 |
| | 前中心线 | G | 0.6 | 袖窿深差 0.8－领宽差数 0.2 | 0.6 | 胸宽差数 0.6 |
| | | B | 3.2 | 衣长差数 4－袖窿深差 0.8 | 0.6 | 胸宽差数 0.6 |
| | 侧缝线 | D | 0 | 公共线 | 0.4 | 胸围差数/4－胸宽差数 0.6 |
| | | A | 3.2 | 腰节长差数 1－袖窿深差 0.8 同 B 点 | 0.4 | 同 D 点 |
| 后衣片 | 插肩线 | B | 0.8 | 袖窿深差 2/10×胸围差数 | 0.2 | 领宽差数 0.2 |
| | | C | 0 | 公共线 | 1 | 胸围差数/4 |
| | 后中心线 | A | 0.75 | 袖窿深差 0.8－0.05 | 0 | 公共线 |
| | | D | 3.2 | 同前片 A、B 点 | 0 | 公共线 |
| | 侧缝线 | C | 0 | 公共线 | 1 | 胸围差数/4 |
| | | E | 3.2 | 同 D 点 | 0.6 | 背宽档差 0.6 |
| 前袖片（后袖片与前袖片相同，表中省略） | | I | 0.8 | 同前衣片 F 点 | 0.4 | 胸宽差数 0.6－领宽差数 0.2 |
| | | J | 0 | 公共线 | 0.4 | 袖肥 0.8－C 点 0.4 |
| | | H | 0.2 | 同前衣片 E 点 | 0 | 公共线 |
| | | C | 0 | 公共线 | 0.4 | 同前衣片 D 点 |
| | | K | 1.5 | 袖长档差 | 0.4 | 同 J 点 |
| | | L | 1.5 | 同 K 点 | 0.1 | 袖口 0.5－K 点 0.4 |

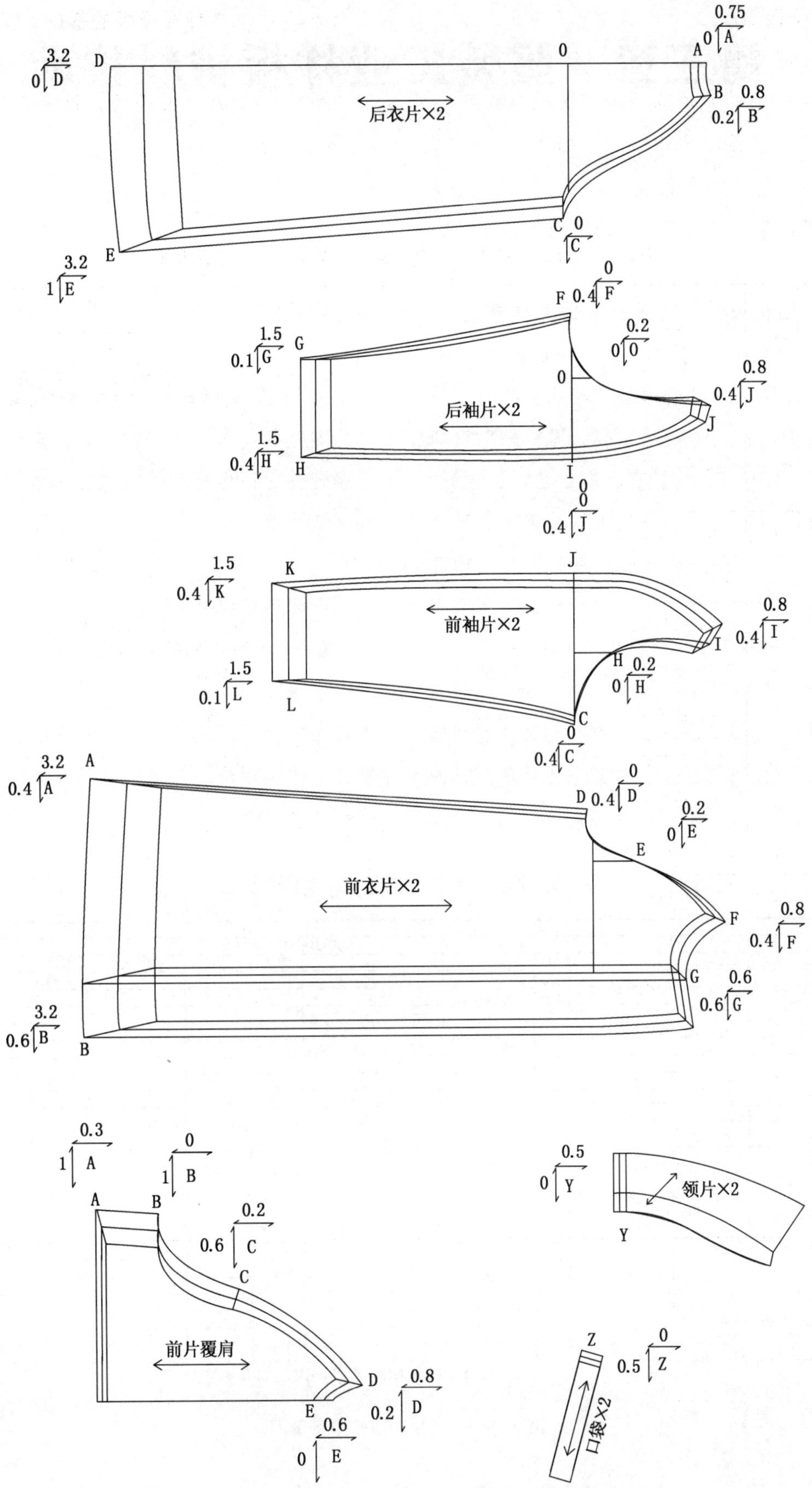


图 2-89　翻立领插肩袖双排扣男风衣推板图

# 第三章　服装工业样板排料技术

服装排料是对面料的使用方法及使用量所进行的有计划的工艺操作。服装工业样板排料是服装工业样板结构设计、制板及推板的具体应用，也是服装工业化生产裁剪前的重要工艺设计环节。其主要特征是运用成套的号型规格系列样板，按照合理的裁剪方案，进行手工或计算机辅助套排和画样输出，完成工业化裁剪下料工艺设计过程。服装工业样板排料实施工业化批量裁剪，保证成衣规格的系列化和裁片质量的标准化，其对提高成衣生产的机械化、自动化，有效节约服装面辅料和降低生产成本有举足轻重的作用。

服装排料技术是服装管理和技术人员必须具备的技能，因为科学地选择和运用材料已成为现代服装设计与生产的首要条件，尤其是对于从事产品设计或生产管理的人员来说，只有掌握成衣的生产工艺，掌握科学的排料知识，了解面料的塑性特点，了解服装的质量检测标准，才能够根据服装的设计及生产要求做出准确的、合理的、科学的决策。

## 第一节　服装排料技术准备

在进行排料、画样前，要认真做好工艺技术准备工作，以便更好的完成后续的服装排料画样技术工作。

### 一、了解产品的总体情况

#### （一）了解产品的基本情况

了解产品的基本情况实质是熟知生产通知单的详细内容，包括投产产品的名称、编号、批量配比、号型规格、面辅料货号及颜色搭配等的生产要求，见图 3-1。

××× 服饰有限公司生产通知单

缩率面料：经　%　纬%

| 品名: | | | | 合同号: | | | 生产工厂: | | 款号: | | 数量: |
|---|---|---|---|---|---|---|---|---|---|---|---|
| 配比 | | | | | 数量 | 合计 | 原面辅料顶额发料单 | | | | |
| 颜色 尺码 | S | M | L | XL | | | 品名 | 单位 | 单位用料 | 定额用料 | 备注 |
| BLACK | 250 | 600 | 600 | 350 | 1800 | 3600 | fP7100水洗皮 | M | | | 138.厘米 |
| 奶白色CREAM8223 | | 100 | 100 | 100 | 300 | | BLACK | | | | |
| 茶色COGNAC#6912 | | 250 | 250 | 250 | 750 | | CREAM8223(白色) | | | | |
| 深棕色DR BROWN#8879 | 100 | 100 | 100 | | 300 | | 茶色COGNAC#6912 | | | | |
| 浅沙色LIGHT SAND8911 | 150 | 150 | 150 | | 450 | | 深棕色DR BROWN#8879 | | | | |
| | | | | | | | 浅沙色LIGHT SAND8911 | | | | |
| | | | | | | | BLACK | M | | | 148.厘米 |
| 门拉 | 66.4 | 67 | 67.6 | 68.2 | | | CREAM8223(白色) | | | | |
| 胸拉 | 8.6 | 8.9 | 9.2 | 9.5 | | | 茶色COGNAC#6912 | | | | |
| 车线202 | | | | | | | 深棕色DR BROWN#8879 | | | | |
| 车线402 | | | | | | | 浅沙色LIGHT SAND8911 | | | | |
| 工艺要求 | | | | | | | | | | | |
| 后道包装要求 | | | | | | | | | | | |
| 价格牌:打在尺码上 | | | | | | | | | | | |
| 水洗:成衣水洗 | | | | | | | | | | | |

注:请仔细核对面辅料表,发现问题及时返回信息!!!!

图 3-1　服装生产通知单示例图

注：本章中的示例图均来自于工厂的实际资料，所以示例图中的单位等使用保留了原样。

### （二）了解产品的总体结构

了解产品的总体结构包括衣片结构和深层结构两个部分，体现在款式结构设计图中。其中，衣片结构包括衣身结构、部件、配件结构，主要包括结构缝、断缝及省道、褶裥的形式和特征等。深层结构包括衣面、衣里和衬料、填料的结构形式和特征。样例的产品总体结构见图 3-2。

### （三）了解面料、里料、衬料、填料

在进行排料、画样前要了解产品的面料、里料、衬料、填料。通过对面料、里料、衬料、填料的用途、成分、性能、幅宽、匹长、厚薄、颜色、花型、表面特点及缩水率、热缩率等情况的全面了解，以便排料时有调整余地。样例的面辅料配置见图 3-3。

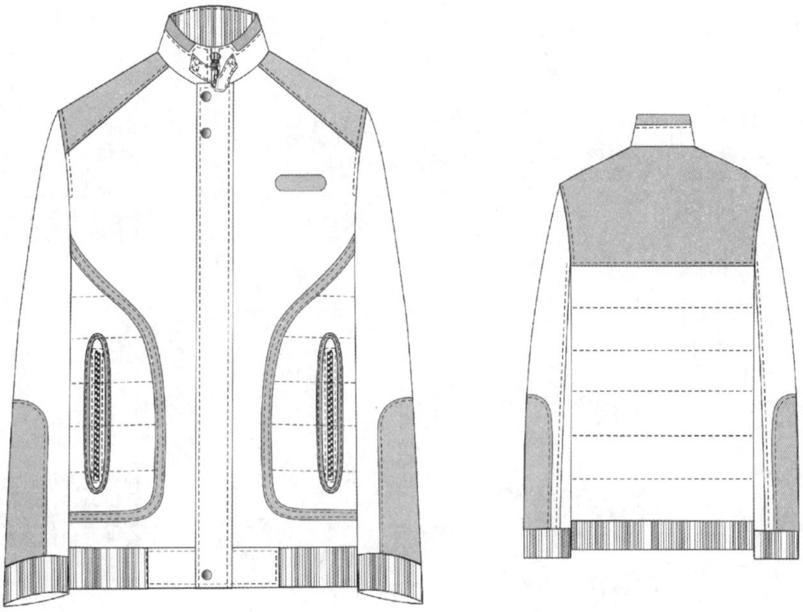

图 3-2 生产款式图

| 辅料清单 | | | | | | | |
|---|---|---|---|---|---|---|---|
| 名称 | 规格 | 所用位置 | 单件用量 | 单位 | 正常损耗% | 合计数量 | 备注 |
| 主标 | | 商标贴 | 1 | 枚 | 1% | 0 | |
| 尺码 | | 商标贴 | 1 | 枚 | 1% | 0 | |
| 纽扣 | | 商标贴下面 | 1 | 粒 | 1% | 0 | |
| 洗唛 | | 里袋 | 1 | 枚 | 1% | 0 | |
| 树脂扣 | 22型 | 里袋 | 2 | 粒 | 2% | 0 | |
| 备用扣 | ABCD四件套 | 备用扣 | 1 | 套 | 0% | 0 | |
| 门襟拉链 | 5#树脂开口链 | 门襟 | 1 | 条 | 1% | 0 | |
| 插袋拉链 | 5#防水闭口链 | 插袋 | 2 | 条 | 1% | 0 | |
| 四合扣面扣 | 明扣面板（A件） | 门襟 | 4 | 粒 | 1% | 0 | |
| 四合扣面扣 | 暗扣面板（A件） | 门襟，帽子 | 6 | 粒 | 1% | 0 | |
| 四合扣底扣 | 下三件（BCD件） | 门襟，帽子 | 10 | 套 | 1% | 0 | |
| 罗纹 | (25*16)*2只 | 袖口 | 1 | 套 | 1% | 0 | |
| 圆橡筋 | 0.3直径 | 下摆 | 1.22 | 米 | 2% | 0 | |
| 气眼 | | 下摆 | 4 | 付 | 1% | 0 | |
| 松紧扣 | 锌合金弹簧扣 | 下摆 | 2 | 只 | 1% | 0 | |
| 织带 | | 里布 | | 米 | 2% | 0 | |
| 织带 | 1.4cm | 下摆 | 0.12 | 米 | 2% | 0 | |
| 无纺衬：领里上*1，挂面*2，里襟*1，领袢*1，下摆贴*1，袖口贴*2，里开里垫*4，商标垫*1<br>布　衬：领里插色*1，领面贴*1，商标垫*1，门襟里*1<br>100g压缩棉：领*1，里襟*1，领袢*2<br>80g复合棉：门襟*1（对折做） | | | | | | | |
| 制单 | | 技术 | | | 经理 | | |

图 3-3 生产辅料清单示例图

**（四）了解裁剪、缝制工艺技术要求及特点**

在进行排料、画样前要了解产品的裁剪、缝制工艺技术和特点的要求。主要是工艺制作方法对缝份大小的特别要求，防止因工艺制作方法的不同而影响服装的正确尺寸。样例生产工艺见图3-4、图3-5。

单号：×××　　　　　　　　品牌：×××

| 申请单号： | 加工厂：××× | 工艺编辑：××× | 样板制作：××× |
|---|---|---|---|
| 款号：××× | 类型：单上衣 | 预计交期： | 送工厂时间： |
| 样板号：××× | 规格：×× | 数量：×件 | |

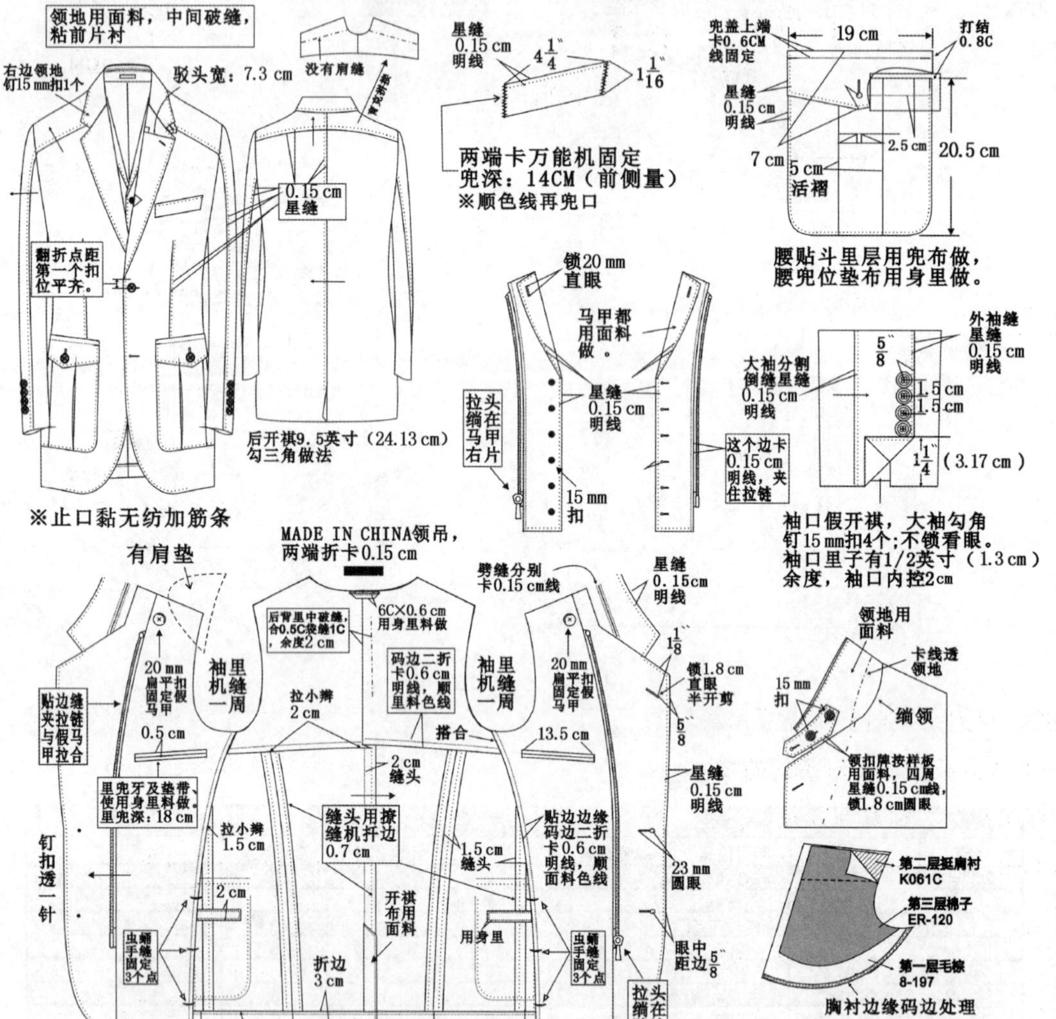


1. 此款单排平驳头，止口2粒扣；前后片肩部有育克拼接；领底用面料；有胸兜牌；腰兜贴兜带兜盖，兜盖锁眼钉扣（看图）；后开祺，勾三角；驳头有看眼，有可拆卸领牌；贴边有可拆卸的假马甲，要求如图。
2. 胸衬搭配PLJ-950如图，有袖窿条、有肩垫。注意袖山劈缝。
3. 前片里、后背里、腰兜盖里层、袖里、垫省布、领吊，里兜牙及垫带，都使用04A1-72#里料做；大贴边式样，贴边边缘码边二折卡0.6 cm线，顺面料色线，工厂代用，其它看图。
4. 外观有0.15 cm 星缝，用在止口、领子、兜盖、胸斗牌、前片省、后中缝、外袖缝、前后片育克缝，假马甲止口和下摆；用50号线，顺面料色线。
5. 止口钉20 mm扣2个；袖口钉15 mm扣左右各4个；领地钉15 mm扣3个；假马甲钉15 mm扣6个；钉扣按+钉。
6. 制作时注意肩部造型要自然圆顺效果。
7. 粘合衬工艺。
8. 顺毛裁剪。
9. 样品面料要"缩绒"，再裁剪。

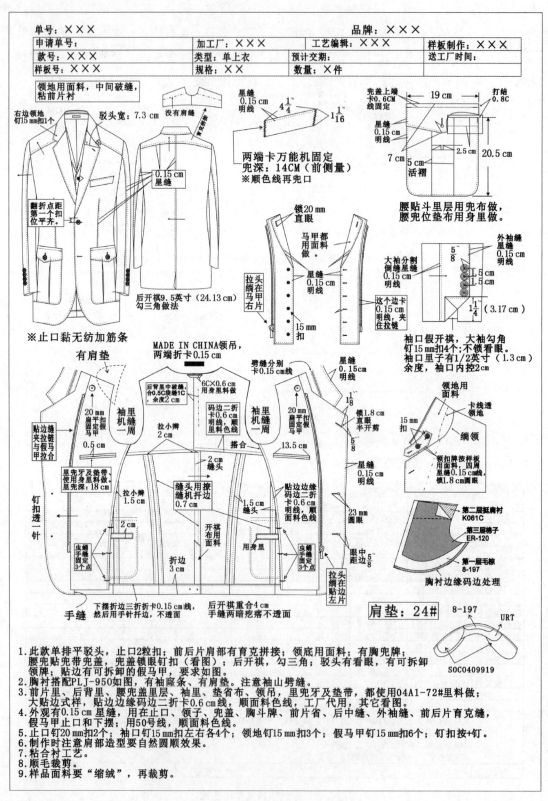

图3-4 生产工艺说明示例图

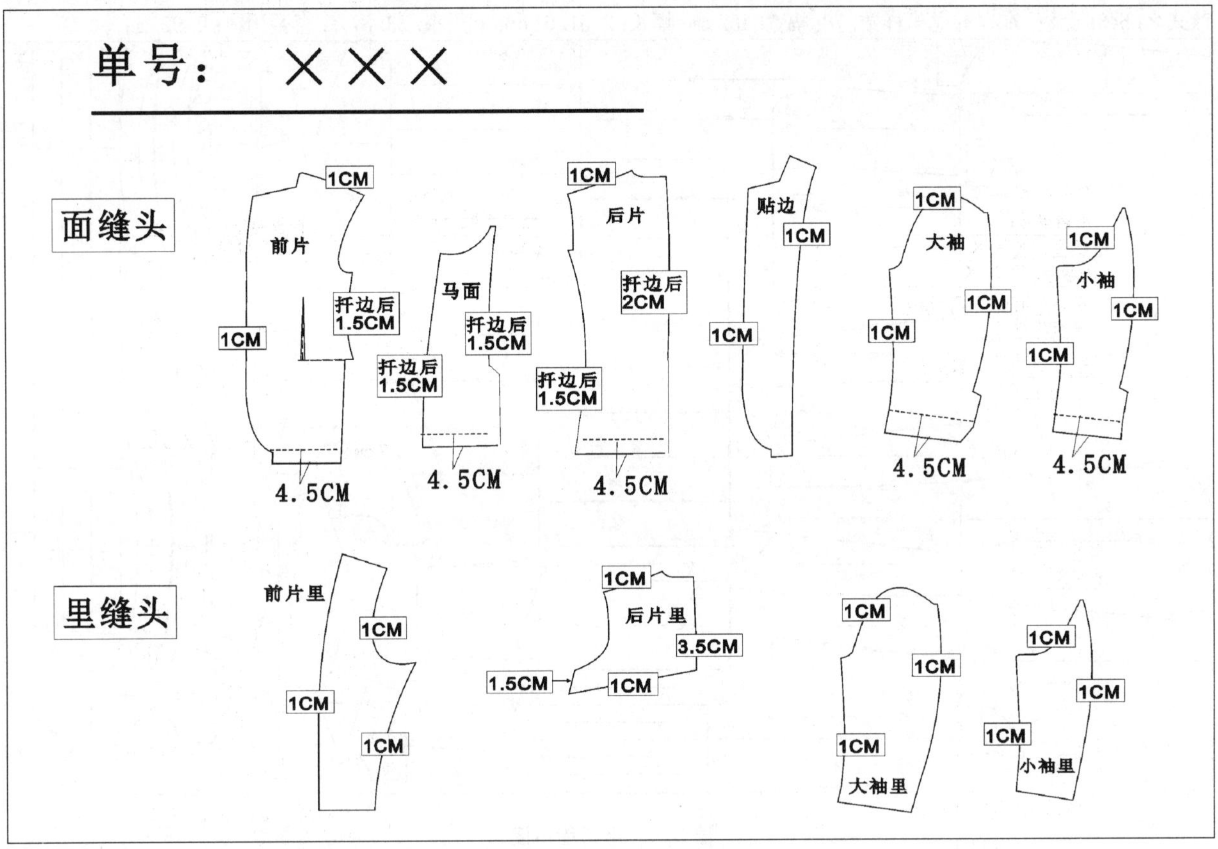


图 3-5　缝份要求示例图

## 二、清点、核对、检验全套样板和面料

### （一）认真阅读、核对相关的技术文件

排料画样前要认真阅读相关的技术文件，如生产通知单、领料单等。核对所裁产品品种的款式、号型、面料花样、规格搭配、颜色搭配、条格搭配、裁剪数量及裁片零部件的样板数量是否与裁制任务通知单吻合，不能有任何缺漏。

### （二）绘制排料小样

根据排料小样即排料缩小图制订每批及各档规格的用料定额，做到排料画样手中有据、心中有数。检验排料缩小图上规定的布料品类、品种、幅宽、长度、数量与实际排料计算有无差距，并仔细分析运用排料图进行 1∶1 的排板、排料。排料缩小样见图 3-6。

### （三）排料前检查样板质量

样板是否经过企业技术部门的审核、确认；样板的标位、文字标注、预缩量、加放量是否符合技术要求和预缩标准；样板的规格是否准确；对反复使用、多次翻单的样板，要确认号型规格、大小是否有变形、磨损、抽缩，以保证裁片质量。审核样板样例见图 3-7。

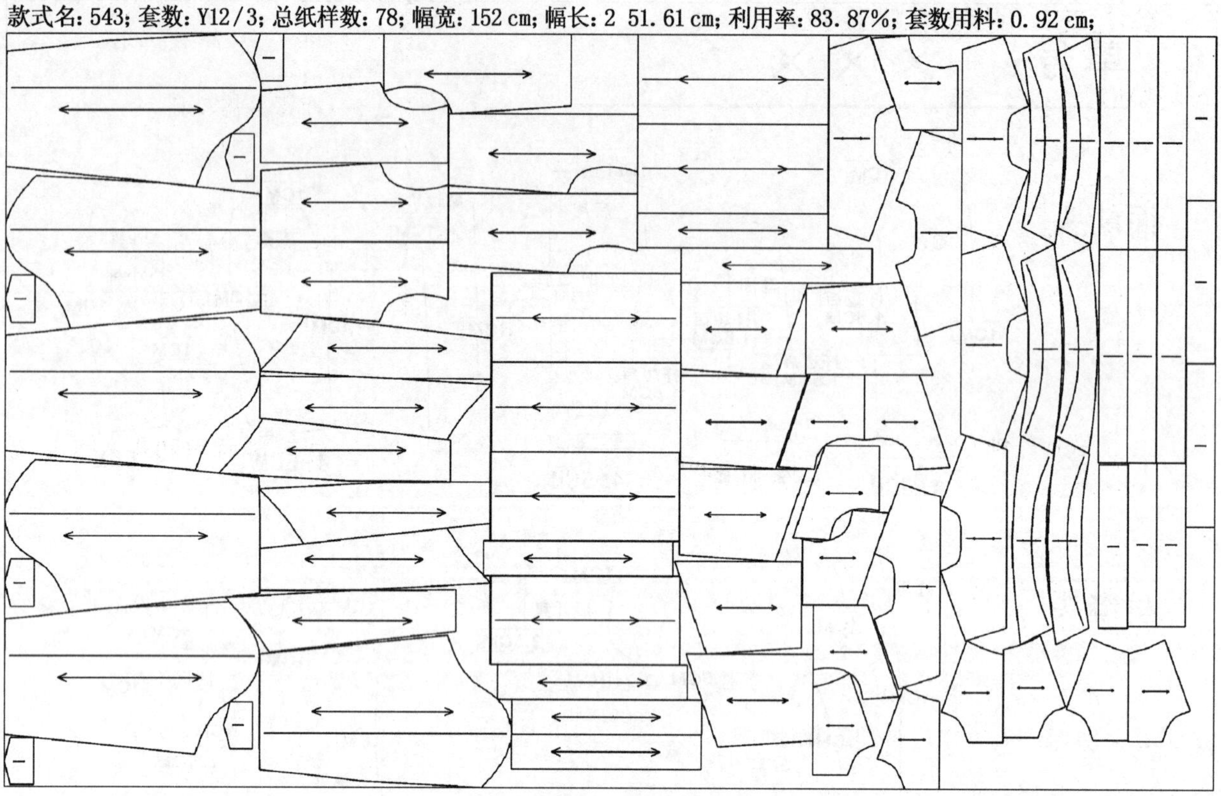

款式名: 543; 套数: Y12/3; 总纸样数: 78; 幅宽: 152 cm; 幅长: 2 51.61 cm; 利用率: 83.87%; 套数用料: 0.92 cm;


图 3-6 排料缩小图

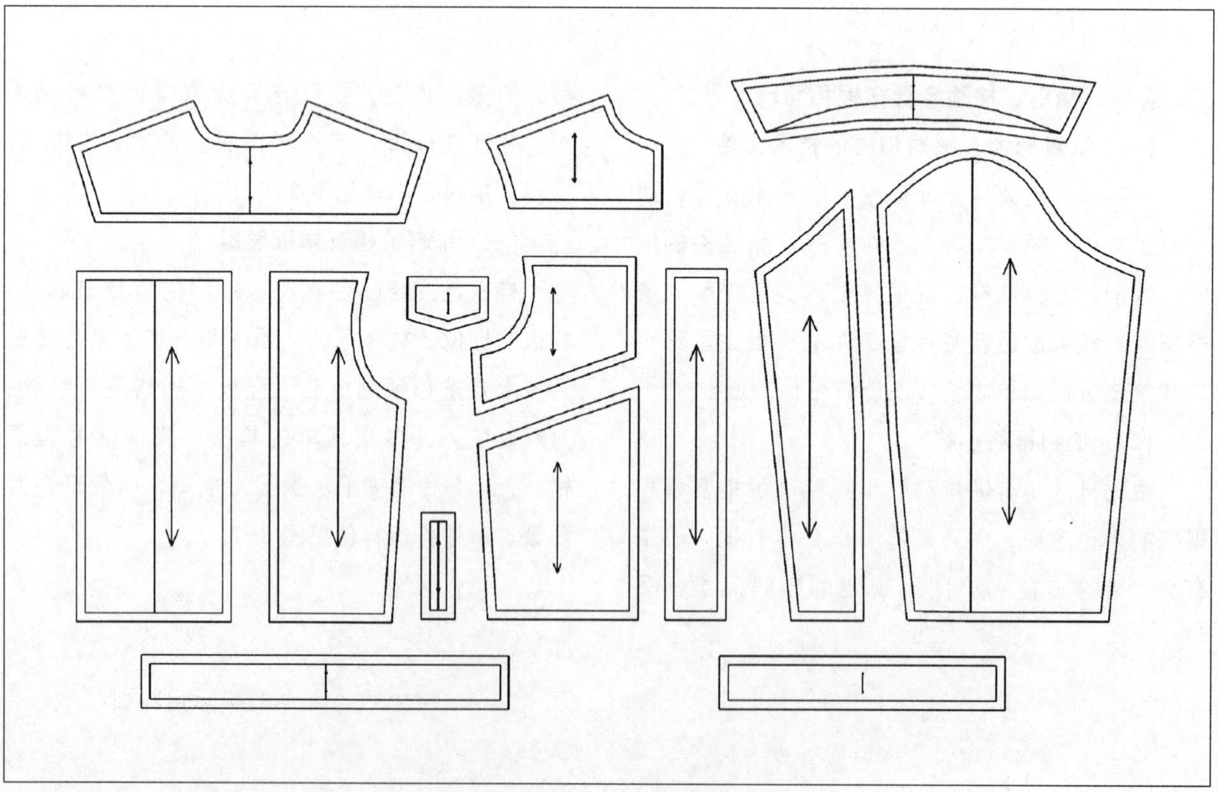

图 3-7 待审核样板图

## 第二节 服装排料及算料方法

### 一、排料方法

按排料件数分，排料方法可分为单件排料和多件套排两种方法。

**（一）单件排料**

单件排料就是只排一件制品的所有部件样片，适用于只生产单一规格产品的小批量多规格的情况。

**（二）多件套排**

两件或两件以上制品所有样板混合排列的方法称为多件套排（又称混合排料）。混合排料适合于批量生产的情况，可充分利用有限面积，减少空余面积，达到节约用料的目的。

多件混合套排，虽然可以节省面料，但并非件数越多越好，套排件数增多，裁剪时铺料长度就要随之增加，而铺料长度受裁床长度的制约，另外铺料过长难以控制面料的平整度。

### 二、排料、画样、用料计算

服装工业裁剪的排料画样工艺，主要目的是为保证产品（裁片）数量、质量，提高效率，节约用料。每一批产品排料画样的用料结果，都是裁剪消耗用料的统计计算依据。衡量排料、画样结果是否合理，通常都是以产品对比的结果为依据。通常有以下三种计算方法和衡量指标。

**（一）按排料长度计算、核算平均单耗**

这是指对每一幅排料图，先测量其用料长度（m），再除以排画件数，即可得到平均单耗（m）数。由于一般衣料也是以长度计量的，也是用作一般排料计量的常用方法。但在进行耗料对比时，则需要与相同幅宽的排料平均单耗作对比。

例如：幅宽 91 cm 布料排 2 件女外衣，共用料长度 3.36m，总耗料面积和平均单耗面积为：

总耗料面积＝0.91×3.36＝3.576 $m^2$

两件平均单耗面积＝3.576÷2＝1.788 $m^2$

**（二）按排料面积计算平均单耗**

以排料图的长度与衣料的幅宽相乘，得到用料面积的平方米数，再用用料面积除以排画件数得到每件平均单耗。这种方法多用于对不同幅宽的排料平均单耗作对比。用单耗面积进行对比计算举例如下。

例：幅宽 76 cm 布料排 2 件相同女外衣，共用料长度 4.75 m，总耗料面积和平均单耗面积为：

总耗料面积＝0.76×4.75＝3.61 $m^2$

两件平均单耗面积＝3.61÷2＝1.805 $m^2$

对比结论：用幅宽 91 cm 的面料排裁 2 件女外衣，比用幅宽 76 cm 面料排裁 2 件同款型规格的女外衣，每件衣服平均耗料节省 0.017 $m^2$。说明用幅宽较宽的布料排料更适于科学合理套排，利于省料。

**（三）布料利用率计算**

**1. 材料利用率**

材料利用率是指排料画样图中所有的衣片、配件所占有的实际面积与排料面积的比例。在一般情况下，排料图的边角、空隙越少，材料利用率就高，反之利用率越低，用材料的利用率进行同产品耗料对比是更为精确的核算方法。

**2. 材料利用率的计算方法**

按照实际排料图面，以 1/10 的比例缩小后，绘制在方格坐标纸上，计算空余面积，累计小方格的面积（其中小于 1/2 方格的舍去，大于 1/2 方格以一格计入），即为排料画样的空余面积近似值。用排料用料的总面积减去排料图上空余总面积，即为衣片主、配件的实际用料面积，方格坐标方法见图 3-8。

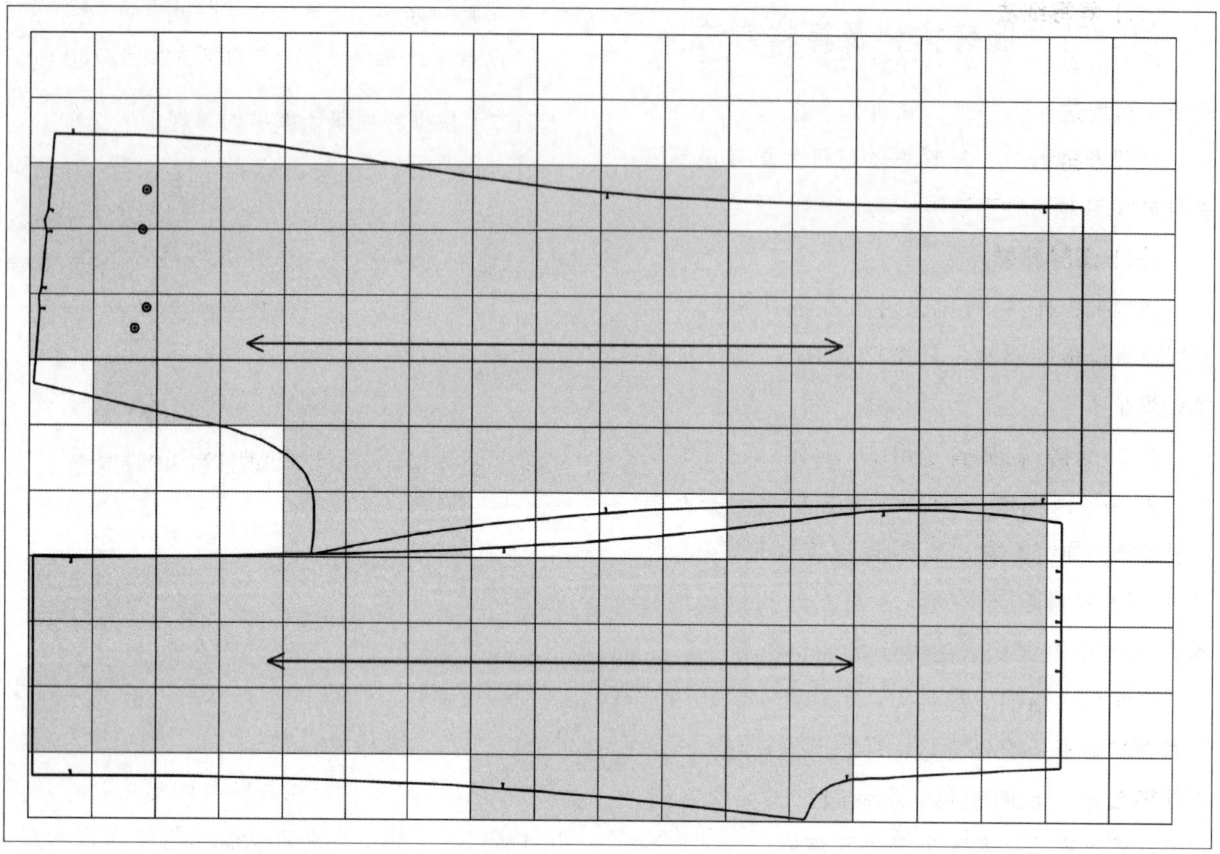

图 3-8 方格坐标纸法

材料利用率计算公式：

材料利用率＝(排画用料面积－空余面积)

÷排画用料面积×100％

＝衣片样板实际（消耗）面积

÷排画用料面积×100％

例：用幅宽 89 cm 的布料，排画两件以上女上衣，用料 3.5 m，总面积为 31 150 $cm^2$，经缩图空余量为1 640小格（$cm^2$），代入排料利用率计算公式：

材料利用率＝（31 150－1 640）÷31 150×100％

＝94.7％

经计算得出该排料画样图的材料利用率为 94.7％。

这种计算方法，因为需要缩图、数格，所以较麻烦，也不精确。随着服装 CAD 技术的发展，现在多为计算机排料系统自动计算。

上述方法皆可用于对比、衡量材料用量以及用料是否合理、节省。但注意对比必须是在产品品种、款型、结构、分体型搭配的号型规格及衣料各个特点都相同或基本相同的条件下才有可比性。

## 三、画样方法

排料的结果通过画样绘出裁剪图，以保证裁剪顺利进行。绘制排料图的方式，在实际生产中有以下几种方法。

### (一) 铅笔画样

选择一张与实际生产所用的面料幅宽相同的纸张，排好料后用铅笔将每个样板的形状画在各自排定的部位，便得到一张排料图。裁剪时将这张排料图铺在面料的表层，沿着图上的轮廓线与面料一起裁剪。采用这种方式画样比较方便，并且线迹清晰，但此排料图只可使用一次。

**（二）复写纸法**

在大批量生产中，若同样的排料图需要重复使用，可以采用复写的方法，用专门的复写纸同时绘制几张排料图。一般最多不超过 5 张，否则下层排料图的图样不清晰，容易走样。

**（三）面料画样**

将样板在面料的反面直接进行排料，排好后用划粉将样板的形状画在面料上，铺布时将这块面料铺在最上层，按面料上画出的轮廓线进行裁剪。这种画样方式节省了用纸，但遇颜色较深的面料时，布上不如纸上画样清晰，并且不易改动，对于条格的面料则需要采用面料画样的方式。

**（四）漏板画样**

排料在一张与面料幅宽相同的厚纸上进行。排好后先用铅笔画出排料图，然后用针沿画出的轮廓线扎出密布的小孔，便得到一张由小孔组成的排料图，此排料图称为漏板。将此漏板铺在面料上，用小刷子黏上粉末沿小孔涂刷，使粉末漏过小孔在面料上形成样板的形状，便可按此进行裁剪。采用这种画样方式制成的漏板可以多次使用，适合生产大批量的服装产品，可以大大减轻排料画样的工作量。

**（五）计算机画样**

用数字化仪将纸样形状输入计算机或将在服装 CAD 打板模块中做好的样板转入排料模块，再运用服装 CAD 软件中的排料功能，按照排料的原则进行人机对话排料或计算机自动排料，然后由计算机控制的绘图仪把结果自动绘制成排料图或与裁床直接连接进行裁剪。计算机排料大大节省了时间与人力，并能够控制面料的使用率，资料也易于保存，计算机排料在企业中的应用日益广泛。

以上五种方法是服装企业通常运用的服装排料方法。排料画样后，要对排料画样图进行全面、细致的检查。首先将各部位的全套样板收齐、归类、清点，检查是否按照样板配准划齐；其次，检查画样丝绺和画样线条是否准确无误，各种标记符号是否齐全；然后做好书面记录，将整个图板移交铺料工序。

## 四、铺料方式

生产中铺料方式有单向铺料和双向铺料两种。单向铺料又分为单跑皮和双跑皮。

**（一）单向铺料**

单向铺料是指每铺完一层布料其末端都要断开，然后再从头铺下一层的铺料方式。

单跑皮：单跑皮是指铺料时各层面料的正面（或反面）均朝一个方向的铺料方式。一般多为正面朝上。这种铺料方式，各层面料方向一致，可用于各种面料，特别是有方向性的绒毛织物、花纹图案织物和条格织物，必须采用这种铺料方式，才能保证产品达到设计要求。另外，这种铺料方式裁剪出衣片后，因各层面料方向一致，打号时也方便准确。缺点是铺料时，每层布料均需剪开，费工费时（图 3-9）。

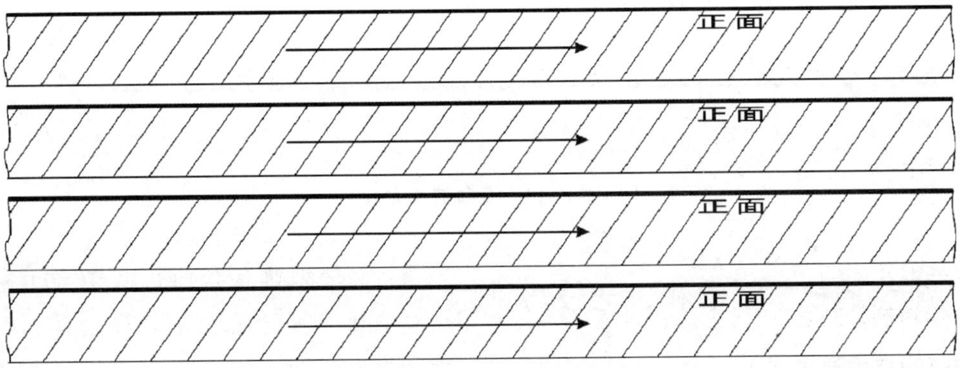


图 3-9 单跑皮方式

双跑皮：双跑皮是指铺料时一层正面向上、一层正面向下，形成正面与正面相对、反面与反面相对的铺料方式。这种铺料方式在排料画样时，对称衣片只排一次，裁剪后邻近两层布料为一件服装的两片对称衣片。也可以单片排料，裁剪后邻近两层布料组成两件服装的对称衣片。采用这种铺料方式，可以避免排料时两片对称衣片顺向的问题。打样板时，对称衣片可以只裁一片，省时又省纸板。裁剪后衣片是成对出现的，缝制时不容易正反面搞错（图 3-10）。

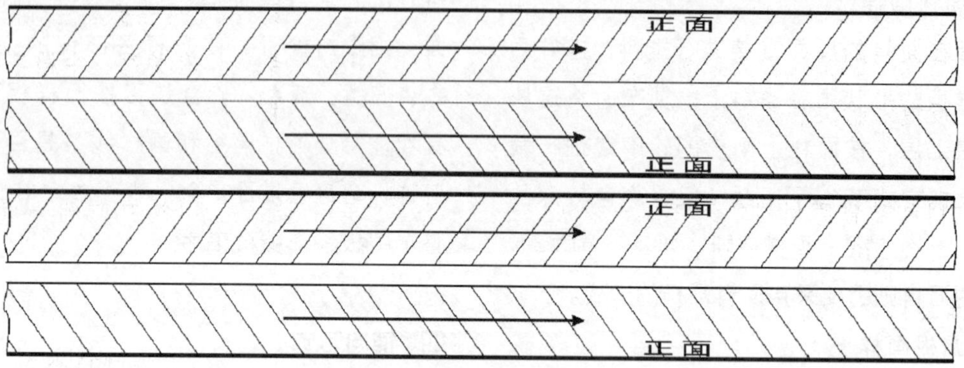


图 3-10　双跑皮方式

**（二）双向铺料（又称折叠铺料）**

双向铺料是指将面料来回折叠的铺料方式，形成各层之间正面与正面相对、反面与反面相对。

这种铺料方式面料可以沿两个方向连续展开，每层之间也不必剪开，工作效率比单向铺料高。对于无方向性要求的面料，可采用双向铺料方式，如素色平纹织物，布面本身不具方向性，正反面也无显著区别，此类面料可以采用双向铺料方式，使操作简化，效率提高。有些面料虽然分正反面，但无方向性，也可以采用双向铺料方式，这时可利用每相邻的两层面料组成一件服装，由于两层面料是相对的，自然形成两片衣片的左右对称，排料时可以不考虑左右衣片的对称问题，使排料更为灵活，有利于提高面料的利用率。但双向铺料方式不能用于有方向性的面料（图 3-11）。

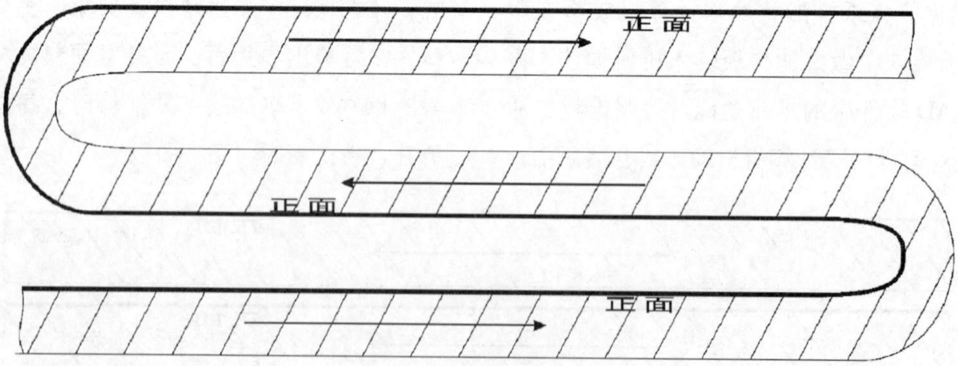


图 3-11　双向铺料方式

## 第三节　排料的技术要求和工艺技巧

### 一、服装排料的技术要求

排料画样技术的总体要求是部件齐全，排列紧凑，丝缕正确，减少空隙，两端齐口（图面两头横边要“顶天立地”，不留空隙），保证质量，节约布料。

### （一）经、纬纱向要求

经、纬纱向的要求俗称丝缕要求。裁片经、纬纱向的排列是否标准、正确，是决定产品质量好坏的重要因素。各种衣片样板都有经、纬纱向的标志，每个产品的技术标准都有经、纬、斜的规定。但在排料画样时经常会出现“摆正排不下，倾斜则有余”的情况，必须参照国家标准，精心设计，反复对比，求得裁片丝缕既标准正规又能节约原辅料。为了在经、纬纱向问题上恰当解决合理排料和节省原材料的矛盾，就要认识、掌握以下四个方面的问题。

**1. 弄清衣料经、纬、斜纱向的结构特征和用途**

(1) 经纱（直丝缕）：强力高，张力强，光滑耐磨，具有结实、挺直、不易伸长变形的优点。适宜按人体垂直方向和容易磨损部位的使用。主要是取其经向稳定不变形、结实耐磨的特点。

(2) 纬纱（横丝缕）：虽然强力较低、张力较小，但纱质柔软，适于按人体横向使用，主要用于服装的围度及局部宽度。有丰满、扩展的效果，可随人体活动、运动变化，张弛自如。

(3) 斜纱（斜丝缕）：主要指经、纬纱交叉点的斜向摆列。特点是伸缩性大，有弹性，具有良好的可塑性，易于弯曲变形。根据这一特性，多用于滚条、牙边、压条的取料方向，能获得条边丰满的效果。

(4) 各种衣片、部件，都可能存在着经、纬、斜纱向的丝缕问题。服装样板的结构设计，特别是排料画样的工艺设计和运用，必须弄清楚衣料的经、纬、斜三种纱向的区别和特性，以及它们在衣片结构的主件、部件、附件、装饰件中所起的特殊作用，必须进行缜密的设计、摆排和排料画样。这是服装工程中不可忽视的工艺设计和技术工作。行家要会看“丝道”，会用丝缕，才能使每一件服装各部位平整妥帖，各侧面均衡，线条顺畅，不产生涌起、吊缕、横波斜缕等。凡衣服各部位中出现起皱、牵缕、动作不畅等弊病，除样板结构设计尺寸、裁制工艺存在问题外，主要是摆错、用歪样板方向和丝缕造成的。这就要求在排料画样中，严格按照GB 2669—81服装号型规格标准进行排料画样。

**2. 国家服装标准有关高、中档毛呢服装经、纬纱向技术要求**

(1) 男、女毛呢高中档上衣经、纬向要求。

前衣身：经纱，以领开门线为准，不允许偏斜。

后衣身：经纱，以背中线为准，高档服装倾斜不大于 1 cm，中档服装倾斜不大于 1.5 cm。条、格料不允许倾斜。

袖子：经纱，以前袖线为准，高、中档服装大袖倾斜都不大于 1 cm，条、格料不允许倾斜。

领面：横领料，纬纱倾斜不大于 1 cm；斜领料面、里纱向一致，条、格料左右对称。

袋盖：与衣身纱向一致，斜料左右对称。

(2) 男、女毛呢裤经、纬纱向要求。

前裤片：经纱，以中心线（挺缝线）为准，倾斜不大于 1.5 cm，高档裤条、格料不允许倾斜，中档裤倾斜不大于 1 cm。

后裤片：经纱，以中心线为准，左右倾斜不大于 2 cm，条、格料左右倾斜不大于 1.5 cm。

裤腰：倾斜不大于 1 cm，条、格料不允许倾斜。

**3. 国家标准中布料服装主要品种经、纬纱向技术要求**

(1) 中山装的经、纬纱向要求。

前衣身：经纱，以领开门线为准，倾斜不大于 1 cm。

后衣身：经纱，以背中心为准，倾斜不大于 2 cm。

袖子：经纱，以前袖缝为准，袖口处向前倾斜不大于 2 cm，向后倾斜不大于 3 cm。小袖片袖口处向前倾斜不大于 3 cm，向后倾斜不大于 4 cm。

领片：横直均可，领面倾斜不大于 2 cm，领里倾斜不大于 3 cm。面，里经、纬纱向要求一致。

（2）布料裤子经、纬纱向要求。

前裤片：经纱，以裤中心为准，裤口线向侧缝倾斜不大于 5 cm，向下裆缝倾斜不大于 3 cm。

后裤片：经纱，以裤中心为准，裤口线向侧缝倾斜不大于 6 cm，向下裆缝倾斜不大于 4 cm。

裤腰：经纱，男裤倾斜不大于 1 cm，女裤倾斜不大于 2 cm。

（3）衬衫经、纬纱向要求。

前衣片：领子、过肩、袖头、胸袋等，经纱都不允许倾斜。

后衣片：经纱，以背中心为准，倾斜不大于 0.6 cm。

袖子：经纱，以袖中线为准，左右倾斜不大于 0.6 cm。

**4. 国家标准有关丝绸服装经、纬纱向技术要求**

（1）丝绸连衣裙经、纬纱向要求（经、纬纱向允许倾斜度以百分比表述）。

前衣身：经纱，以领开门为准，不允许倾斜。

后衣身：经纱，以背中心为准，不允许倾斜。

袖子：经纱，不允许倾斜。

衣袋（贴袋）：经纱，倾斜不大于 5%，条、格料不允许倾斜。

（2）丝绸男女裤经、纬纱向要求。

前裤片：经纱，不允许倾斜。

后裤片：经纱，素色料，以裤中心线为准，裤口缝倾斜不大于 5%，下裤缝倾斜不大于 3%。

裤腰：经纱，不允许倾斜。

**（二）拼接互借范围技术要求**

服装的各主件、辅件、部件在不影响产品标准、规格质量要求的前提下可以拼接、互借，但一定要符合国家标准规定。在有潜力可挖的情况下，尽量不拼接为佳，有利于保证产品质量，减少裁制工作量。

按 GB 2669-81 国家服装规格标准规定：

（1）衬衫拼接要求，袖子允许拼角，但不大于袖围的 1/4；胸围前后身可以互借，但袖窿保持原板不变，按 B/4 计算，可借 0.6 cm，但前衣身最好不互借。

（2）男女裤拼接要求男裤的裤腰拼接缝必须在后缝处，女裤拼接允许在后腰一处，部位可以不限制；裤后裆（大裆）允许拼角，但长不超过 20 cm，宽不大于 7 cm，不小于 3 cm。

## 二、特殊面料排料的技术要求

特殊衣料排料画样的技术性较强，难度也较大，主要有以下几种。

**（一）倒顺毛、倒顺光衣料排料画样**

**1. 倒顺毛衣料排料**

倒顺毛是指织物表面绒毛有方向性的倒伏。排料分三种情况处理：

（1）顺毛排料。对于绒毛较长、倒伏较重的衣料，如顺毛大衣呢、人造毛皮、兔毛呢等，必须顺毛排料画样，以免倒毛排料显露绒毛空隙而影响外观，而且容易聚积灰尘。

（2）倒毛排料。对于绒毛较短如灯芯绒织物，为了毛色顺和应采用倒毛（逆毛向上）排料。

（3）组合排料。对一些绒毛倒向不明显或没有明确要求的衣料，为了节约衣料，可以一件倒排、一件顺排进行套排画样。但是，在同一件产品中的各个部件、零件中，不论其绒毛长短和倒顺程度如何，都应与主件的倒顺向一致，而不能有倒有顺。领面的倒顺毛方向，应使成品的领面翻下后与后衣身绒毛的倒向保持方向一致。

### 2. 倒顺光衣料排料

有一些织物，虽然不是绒毛状的，但由于整理时轧光等原因，有倒顺光，即织物的倒与顺两个方向的光泽不同。一般均采用逆光向上排料以免反光，但不允许在一件（条）或一套服装上有倒光、顺光的排料。

## （二）倒顺花衣料排料画样

服装面料的花型图案基本上分为两大类。一类是没有规则、没有方向性的花型图案，俗称“乱头花”“乱花样”。对这种花型衣料画样和素色衣料基本相同。另一种花型图案是有方向性、有规则的排列形式，如倒顺花、阴阳格、团花等图案，要根据花型特点进行画样。

倒顺花是指有显著方向性的花型图案，如人像、山、水、桥、亭、树等不可以倒置的图案。画样时必须保持图案与人体直立方向一致，应顺向画样，不能一片倒、一片顺，更不能全部倒置画样。

另外有些面料是专用花型图案，如用于女裙、女衫上。排料不但专用性强，而且排画的位置也是基本固定的。如某些裙料，裙摆一端是专用图案，花型密集，颜色较重，越往上色越浅、花越稀。对于这类衣料，在排料画样时，位置一定要固定。

## （三）对条对格衣料排料画样

选用条格原料做服装，是为了外形美观，画样时，必须对条对格，任意乱画就会条格杂乱，影响外观。高档服装的对条对格要求更严格，画样时必须做到条格对称、吻合。

### 1. 对条

条子衣料多为经向竖条形式，横条很少，画样对条除了左右对称外，主要是横向或斜向结构上的直丝对条；明贴袋或暗袋的袋盖、袋板条与衣身对条；横领面与背领口对条；挂面的拼接对条；裤后袋、前斜插袋与裤身对条；后缝斜线左右对称呈人字形条纹。

### 2. 对格

对格的要求更高，难度更大。不但要求横缝、斜缝上下格子相对外，还要求对横条、对格画样。主要对格的部位有：上衣的左右门襟；前后身的摆缝，后背的背缝；后领与后背；胸侧的袖子与袖窿，大袖与小袖；明贴袋或暗袋的袋盖、袋板条与衣身；裤子的前缝、门襟、侧缝，下裆缝的中裆以下；后袋盖、前斜插袋、横插袋与裤身；驳领两片挂面格、左右袋嵌线等。由于对条对格费时、费工、费料，在实际生产中，要根据原料的价格和款式以及客户要求，对高、中、低档产品要求的程度有所区别。一般低档产品可以只对门襟、里襟、摆缝以及裤子的侧缝和直裆等部位。

### 3. 对条对格方法

对条对格方法主要有两种：一种是在画样时，将需要对条对格的部位条格画准。这种画法，在铺料时一定要采取对格、对条的铺料方法，否则在画样一层以下的各层裁片的条格就难于对准，一般服装采取这种画样方法。另一种画样方法是将对条、对格的其中一片画准，将另一片采取放格的方法，开刀时裁下毛坯，然后再将两片对称、吻合劈剪。这种方法精确度虽高，但费工、费料，一般在高档服装画样时才使用。

为了避免原料纬斜和条格稀密不匀而影响对条、对格质量，画样时尽可能将需要对格的部件，画在同一纬度。

袖子与大身对格、对条，一般是对横不对直。对横时要准确，计算袖山头层势，有三种方法：

（1）根据前衣身外肩斜，将袖山低 2 cm 与衣身横格相对。

（2）将大袖片样板丝绺归直，按前衣片对横格配袖片。

（3）在衣身胸围线以上 2 cm 处画一条线，然后将这条线与袖窿深线重叠配大袖片。

**4. 对条对格画样次序**

先画出前片（衣片、裤片），再按条格画出后片及其他部位、部件。次序是：以前片摆缝的条格为准，排画后片；再按前袖窿胸侧条格为准排大袖片，按大袖条格画小袖；领面按背缝找准条、格；贴袋暗袋的袋盖、袋板条以前身的袋位条格为准画排；裤子也是以前片的侧缝及下裆缝的条格为准画出后片及其他部位。

**5. 国家标准中对各种服装主要品种对条对格技术要求**

国家服装标准中对男女衬衫，男女单服，男女毛呢上衣、大衣，男女毛呢裤等都有明确而严格的对条、对格技术标准要求。见表 3-1～表3-3。

（1）服装对条对格规定衬衫面料有明显条格在 1 cm 以上的，按表 3-1 规定。

**表 3-1 衬衫对条对格规定表**

| 部位名称 | 对条对格规定 | 备 注 |
|---|---|---|
| 左右前身 | 条料对中心（领眼、钉钮）条、格料对格，互差不大于 0.3 cm | 格子大小不一致，以前身的 1/3 上部为准 |
| 袋与前身 | 条料对条、格料对格，互差不大于 0.2 cm | 格子大小不一致，以袋前部的中心为准 |
| 斜料双袋 | 左右对称，互差不大于 0.3 cm | 以明显条为主（阴阳条例外） |
| 左右领尖 | 条格对称，互差不大于 0.2 cm | 阴阳条格以明显条格为主 |
| 袖头 | 左右袖头条格顺直，以直条对称，互差不大于 0.2 cm | 以明显条为主 |
| 后过肩 | 条料顺直，两头对比互差不大于 0.4 cm | |
| 长袖 | 条格顺直，以袖山为准，两袖对称，互差不大于 1.0 cm | 3.0 cm 以下格料不对横，1.5 cm 以下条料不对条 |
| 短袖 | 条格顺直，以袖口为准，两袖对称，互差不大于 0.5 cm | 2.0 cm 以下格料不对横，1.5 cm 以下条料不对条 |

（2）男女西服、大衣面料有明显条格在 1 cm以上的，按表 3-2 规定。

**表 3-2 男女西服、大衣对条对格规定表**

| 部位名称 | 对条、对格规定 |
|---|---|
| 左右前身 | 条料对条，格料对格，互差不大于 0.3 cm |
| 手巾袋与前身 | 条料对条，格料对格，互差不大于 0.2 cm |
| 大袋与前身 | 条料对条，格料对格，互差不大于 0.3 cm |
| 袖与前身 | 袖肘线以上与前身格料对格，两袖互差不大于 0.5 cm |
| 袖缝 | 袖肘线以下，前后袖缝，格料对格，互差不大于 0.3 cm |
| 背缝 | 以上部为准条料对称，格料对格，互差不大于 0.2 cm |
| 背缝与后领面 | 条料对条，互差不大于 0.2 cm |
| 领子、驳头 | 条格料左右对称，互差不大于 0.2 cm |
| 摆缝 | 袖窿以下 10 cm 处，格料对格，互差不大于 0.3 cm |
| 袖子 | 条格顺直，以袖山为准，两袖互差不大于 0.5 cm |

（3）男女西裤面料有明显条格在 1 cm 以上的，按表 3-3 规定。

**表 3-3 男女西裤对条对格规定表**

| 部位名称 | 对条、对格规定 |
|---|---|
| 侧缝 | 侧缝袋口下 10 cm 处格料对格，互差不大于 0.3 cm |
| 前后裆缝 | 条料对称，格料对格，互差不大于 0.3 cm |
| 袋盖与大身 | 条料对条，格料对格，互差不大于 0.3 cm |

**（四）对花衣料排料画样**

对花是指衣料上的花型图案，经过缝制成为服装后，其明显的主要部位组合处的花型图案，仍要保持一定程度的完整性或呈一定的排列。对花的花型，一般是丝织品上较大的团花。如龙、凤及福、禄、寿字等不可分割的团花图案。对花是我国传统服装的特点之一。

排画对花产品，首先要计算好花型的组合。如前身两片在门襟前要对花，在画样时要划准。对花的主要部位有两前襟、背缝、袖中缝、领后对背中、口袋对衣身等。由于花型图案的大小、距离各不相同，在排料画样时应首先安排好胸部、背部花型图案的上下位置和间隔。一般要把图案和花型在前门襟及背缝上取中以保持花型完整，具体要求如下。

**1. 花型图案不得颠倒**

针对有花型图案的面料排料，花型图案不得颠倒，有文字的按主要文字图案为标准，无文字的按主要花纹、花型为准。

**2. 花型图案倒顺处理**

花型有方向性的要全部顺向排画。花型中有倒有顺，但其中文字图案则力求顺向排画。花纹中大部分无明显倒顺，但某一主体花纹、花型不得倒置排画。花纹中有倒有顺或全部无明显倒顺，允许两件套排一倒一顺，但在同一件内不可有倒有顺。

**3. 图案在胸前的位置**

前身左右两衣片在胸部位置的排花、团花要求对准，不能错位。

**4. 袖上图案的位置**

左右两袖的排花、团花要与前身的排花、团花对位，做到美观、协调。散花可以不对位。

**5. 团花和散花的排花对位**

团花和散花的排花，只对横排不对直排。

**6. 误差要求**

对花允许误差，排花高低误差不大于 2 cm，团花拼接误差不大于 0.5 cm。

**(五) 有色差的衣料排料画样**

衣料色差有四种情况：同色号中各匹布料之间的色差；同匹衣料左、中、右之间的色差（俗称深浅边）；同匹衣料中前后段的色差（俗称头尾色差）；素色衣料的正反面的色差。后三种色差与服装排料画样关系较大。

**1. 色差排料画样的要求**

(1) 两边色差画样。注意把部件与零部件中需要互相配合的裁片（特别是要缝合的裁片）靠近在一边排料画样，并做好组合搭配标记。

(2) 两端色差画样。画样套排不宜拉得过长，特别是需要组合的裁片和部件尽可能排划在同一纬度上。

(3) 正反面色差的素色料画样。注意认清正面、反面，防止搞错。

(4) 色差所允许的部位。色差，即衣料各部位颜色深浅存在差异的程度，以等级划分，它是和色牢度相关的指标，按有关标准规定分为 1～5 级。等级越小，如 1 级，表示染色的色牢度极差，与合格的颜色相比，色差大，基本上属于废次品。等级越高如 4 级、5 级，则表示染色好，色牢度好，色差就小。

**2. 国家标准中服装各部位允许色差的等级**

(1) 男女呢、绒服装：主要表面部位色差不低于 4～5 级，其他部位不低于 4 级。主要部位基本上不允许有色差。

(2) 布服装：表面部位不低于 4 级。

(3) 衬衫：表面部位不低于 4 级。

丝绸服装：门襟、前身、背缝、袖中缝、贴袋色差在 4 级以上，其余部位 4 级。基本上不允许有色差。

## 三、服装排料画样工艺技巧

排料画样工艺技术，是服装工业裁剪中各种规格、形状衣片样板的结构配合和排列组合的排板工艺设计。它既是服装工程工艺设计首要的环节，也是最重要、难度较大的环节。由于各种衣片主体部件、配件、零件样板都是大小不一的异形体，又都有一定的经、纬斜纱向要求，结构组合千变万化，无固定的格式，要做到排列紧凑、疏密有序、保证质量、节约材料。

寻找排料画样的规律，最重要的一环就是要根据各种样板边缘轮廓形态，分析、总结可归类的规律特征。如上衣虽然品种不同，款式多种多样，但它们的领口、袖窿、肩斜的结构特征，边缘形状基本相似；各款式的上衣都是前门襟顺直，底边前平后翘，大袖山圆凸，小袖山凹弯，结构和边缘轮廓形状基本类同。裤子总是前缝直，小裆窄，后缝斜有后翘，大裆弯宽（是小裆宽的三倍）也多类似。其他配件、零件，如袋盖、裤腰头也为类同。细致找出不同样板的结构匹配的互补关系，便能总结出一些常用、有效的排料画样的一般规律和工艺技巧。

有效的排料画样方法和工艺技巧，主要体现在以下两个方面。

**（一）灵巧设计、多样安排**

根据服装裁片主、辅件，配件，零件的结构特征和各种样板边缘形状呈现的特点，进行设计、排板，概括为："齐边平靠，斜边颠倒，弯弧相交，凸凹互套，大片定局，小件填空，经短求省，纬满在巧"。

**1. 齐边平靠、斜边颠倒**

（1）齐边平靠是指凡样板有平直边，不论主件、辅件、大件、小件，力求相互并齐靠拢，尽量平贴于衣料一边。如上衣的门襟止口宜靠于经纱布边；裤腰的直边互贴、靠边；大贴袋两直线边并作一线更能节约原料。见图 3-12。

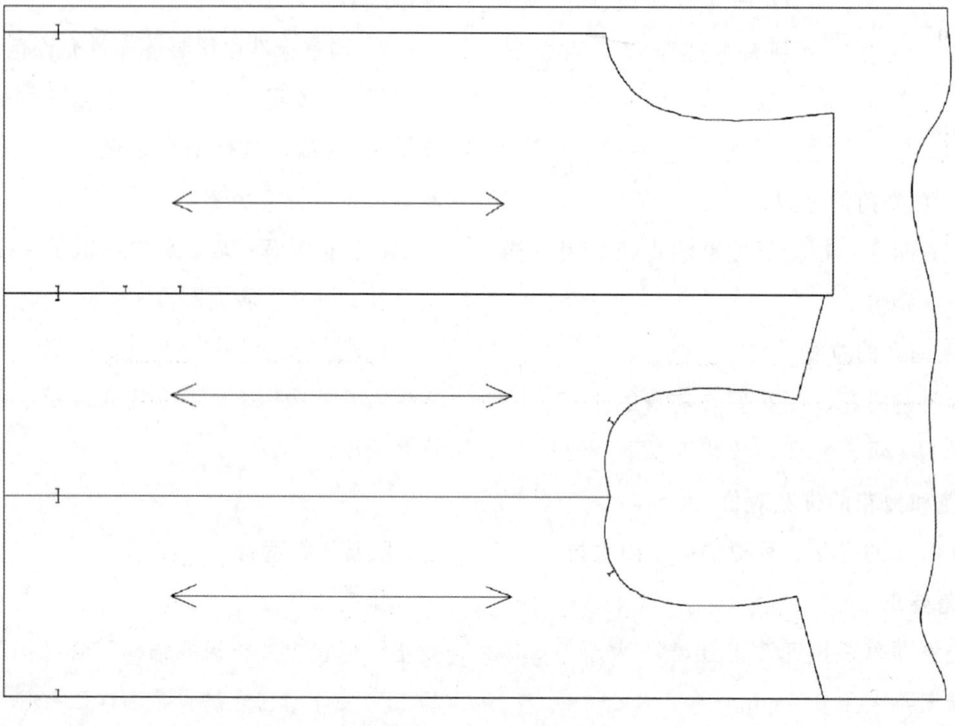

图 3-12 齐边平靠

（2）斜边颠倒是指凡两斜边样板如背向顶对或随意排板，必然留下空隙，如颠倒其一使两斜边顺向一致，并使两斜边并成一线，则消灭空当，合理省料。如前后肩缝、大小袖片、袖口排料画样，见图 3-13。

**2. 弯弧相交、凸凹互套**

（1）弯弧相交。即充分利用样板中相近似的内弯、外弧的边缘，取其相互吻合或比较吻合的结构组合关系而紧靠排板，以减少空隙，节省衣料。在排料设计中，此类情况较多。如两裤片的侧缝颠倒并拢，衣领上口的外弧对靠另一衣领下口的内弯等。见图 3-14。

（2）凸凹互套。样板中常有显著的凹缺和外凸的边弧，充分利用其接近的余缺关系互相套进、咬合，达到套排合理省料。见图 3-15。

**3. 大片定局、小件填空**

（1）大片定局是指每一个排料画样的图板设计都应使主要部件、大件，如上衣的前后衣片、裤子的前后裤片，按照"大片定局"的原则，在排料总图的定长第一层布料上两边排齐，两端排满，不落空边，不留空头，形成基本格局。

(2) 小件填空是指在大片排板定局后，大片排料中一定会有很多空当，将小片、小件、零配件小样板灵巧地进行排放，巧妙地填满空当。大片定局、小件填空设计，要求认真思考、分析，反复推敲，试排比较，以取得最佳排料画样工艺效果。见图 3-16。

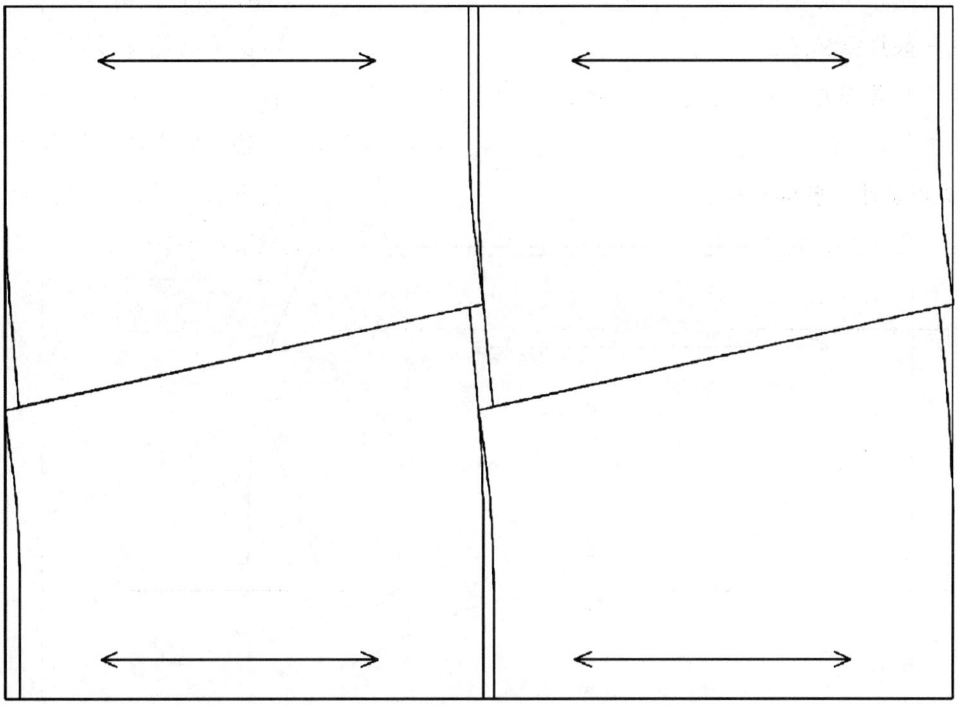

图 3-13 斜边颠倒

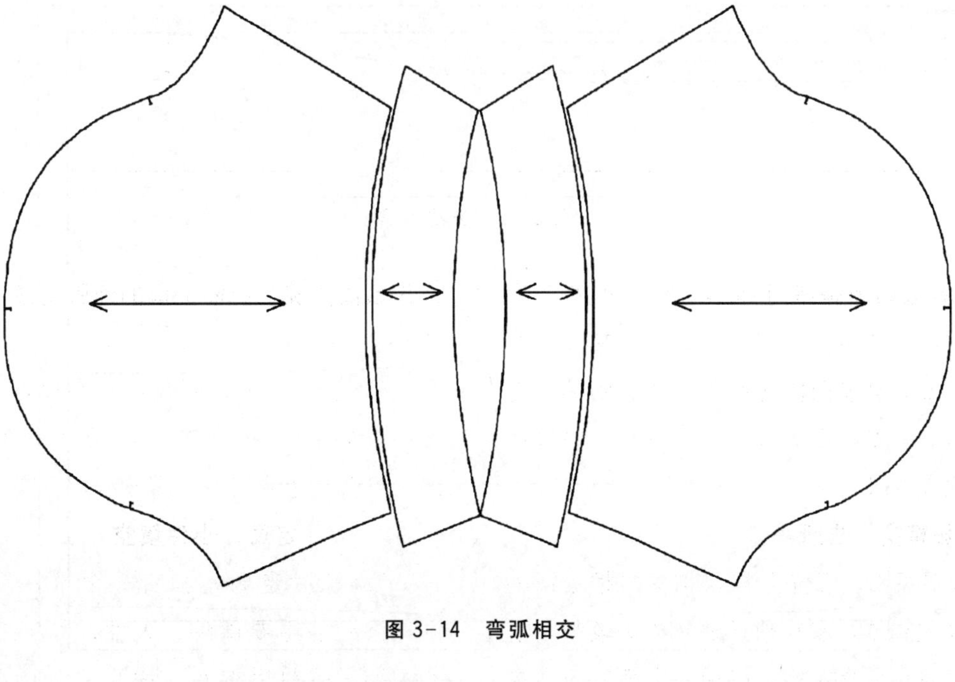

图 3-14 弯弧相交

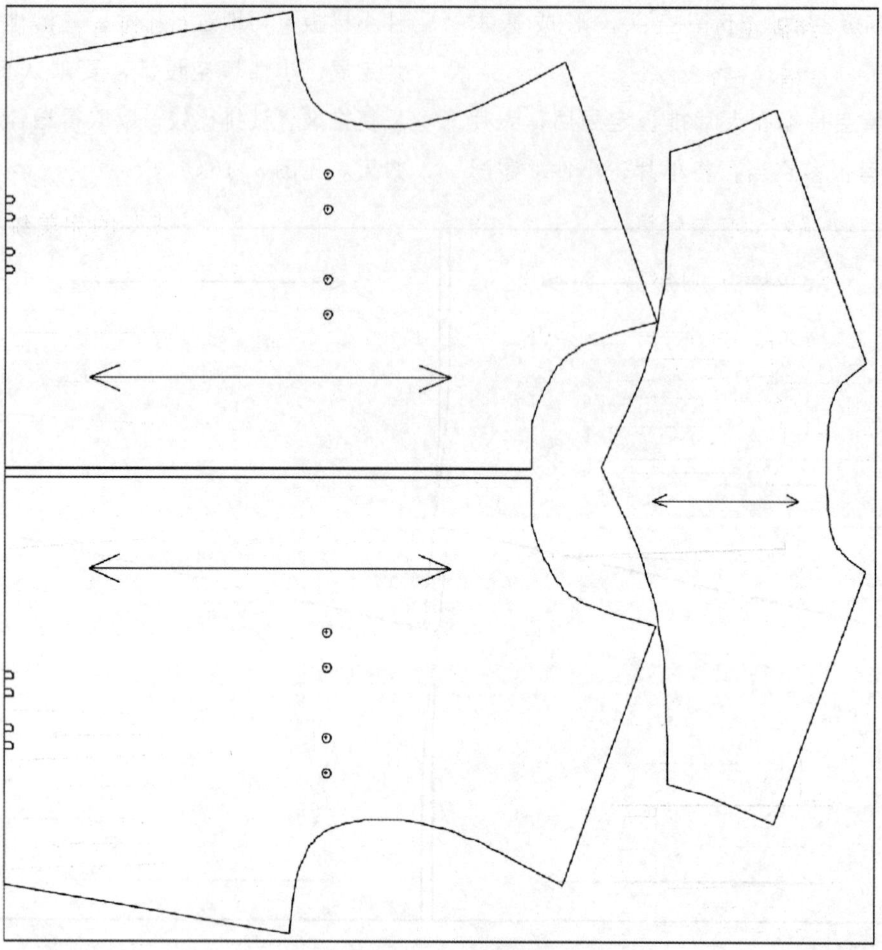

图 3-15　凸凹互套

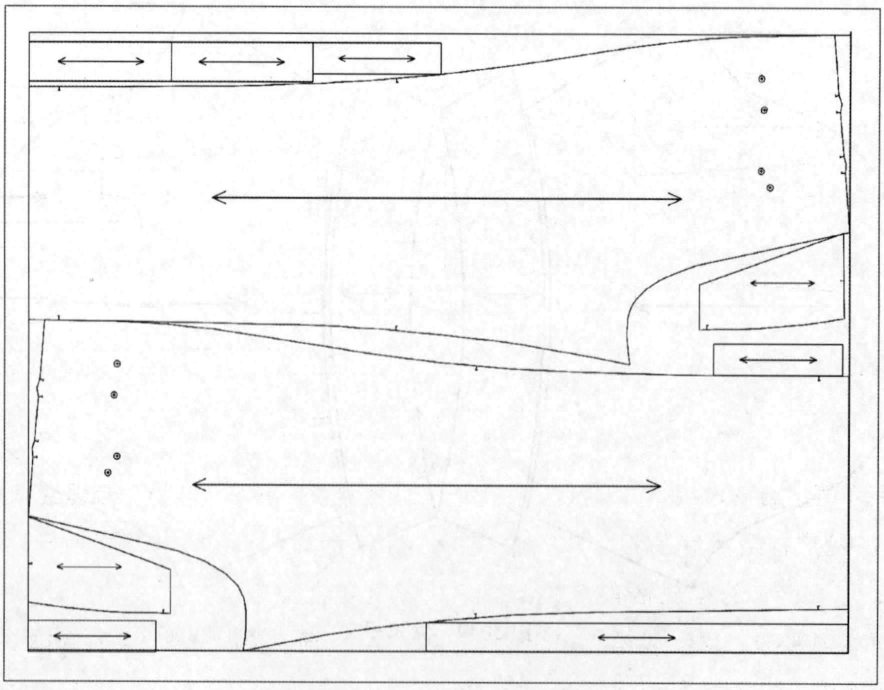

图 3-16　大片定局、小件填空

#### 4. 经短求省、纬满在巧

(1) 经短求省是指在进行排料画样工艺设计时，要力求占用的经向布料长度越短越好。在大批量工业裁剪中，经向长度衣料排板，每多用或少用 2 cm，以铺料平均 200 层计算，会产生节省或浪费4 m衣料的经济效果，日积月累十分可观。

(2) 纬满在巧，排料画样设计，在达到“经短求省”的同时，还要注意在大片之间的排料空隙，精心设计、灵巧安排，利用小件、配件，尽量合理地排料，填满空间。做到经向长短的“省”与纬向空间“满”的完美统一，使排料既精又省。见图 3-17。

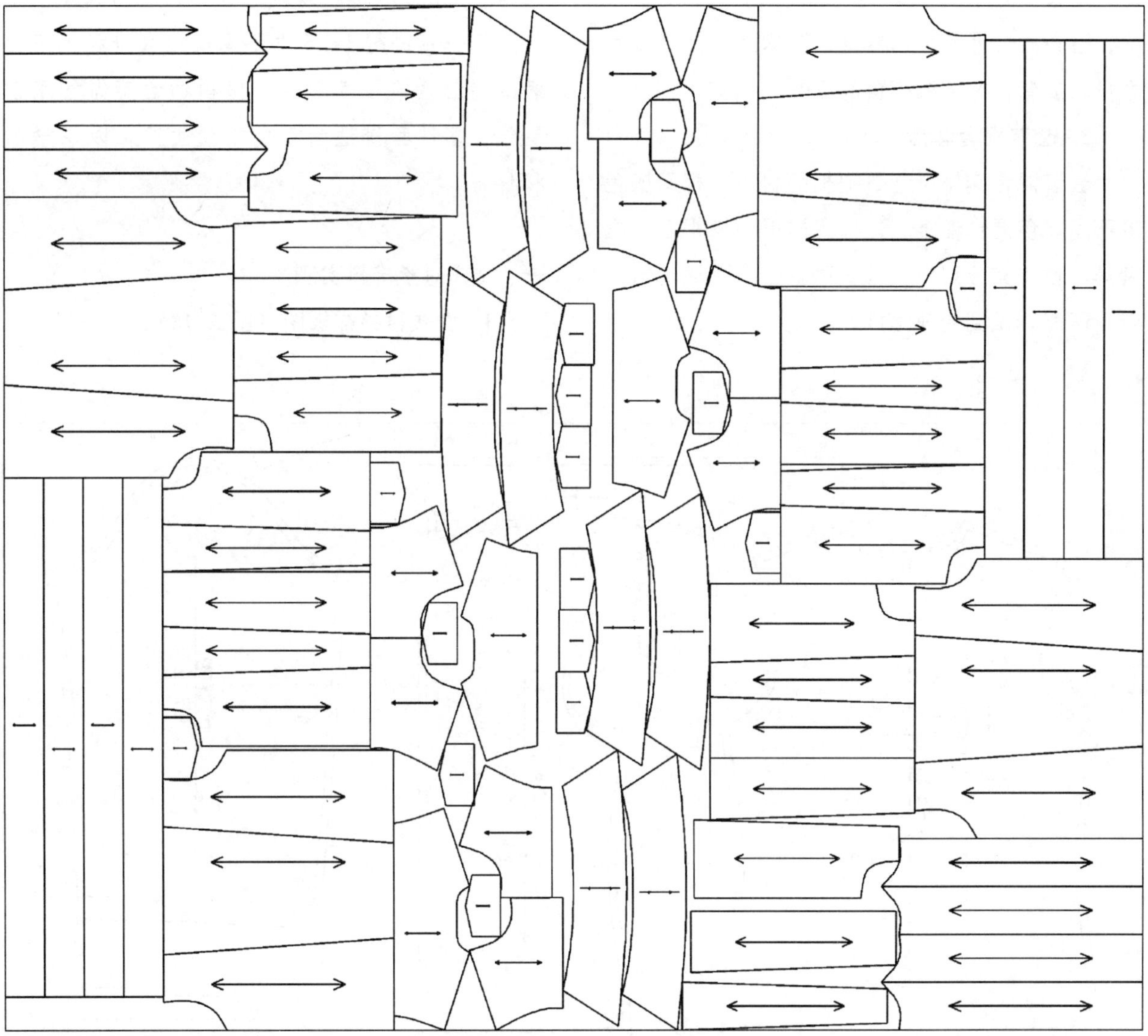

图 3-17 经短求省、纬满在巧

### (二) 利用差异、合理套排

每一批产品投产，虽然有品种、款式的不同，批量有大、小之分，号型规格有多少之别，但按照服装号型标准要求，男女成年装必须进行Y、A、B、C 四种体型搭配的号型规格系列的成批生产。因此利用差异、合理套排的排料画样工艺设计，必须围绕号型规格进行，基本上有三种套排组合方式。

#### 1. 同规格的多件（条）套排

这是单件独排设计的扩大，主要目的是为了

创造较多的合理套排条件。因为在同一个排料设计图面内，排画的件数越多，越利于各式各样主件、配件互相套进而节省衣料。

**2. 不同规格的搭配套排**

在服装商品的批量裁制中，有大小不同的分体型不同号型规格搭配的比例要求，在套排设计时，可按其数量比例，选择相宜的不同规格样板，进行相互匹配合理套排，以达到既保证裁片数量、质量，又节约布料的目的。

**3. 套装混合套排**

套装混合套排设计是把相同材质、相同颜色的不同款色混合套排。这样套排更容易相互穿插套排，便于充分利用各横直边、凸凹弧线进行吻合、匹配，做到合理套排。

## 第四节　女装典型款式排料

本节为女装典型款式排料示例，并配有完整的样板图。分别选取了女式衬衫、女式刀背短袖连衣裙、女式直裙、女式西装四种典型款式，在统一的常规 1.5 m 幅宽面料上，充分运用本章第1至3节的排料规则与技巧，针对独立款式的实例分别进行 1～5 件不同规格套排和上下套装的混合套排，其中单件排料适合定做和家庭制作，多件套排适合工业批量生产，以供学习和参考。

### 一、女式衬衫排料实例

**1. 女式衬衫样板图（图 3-18）**

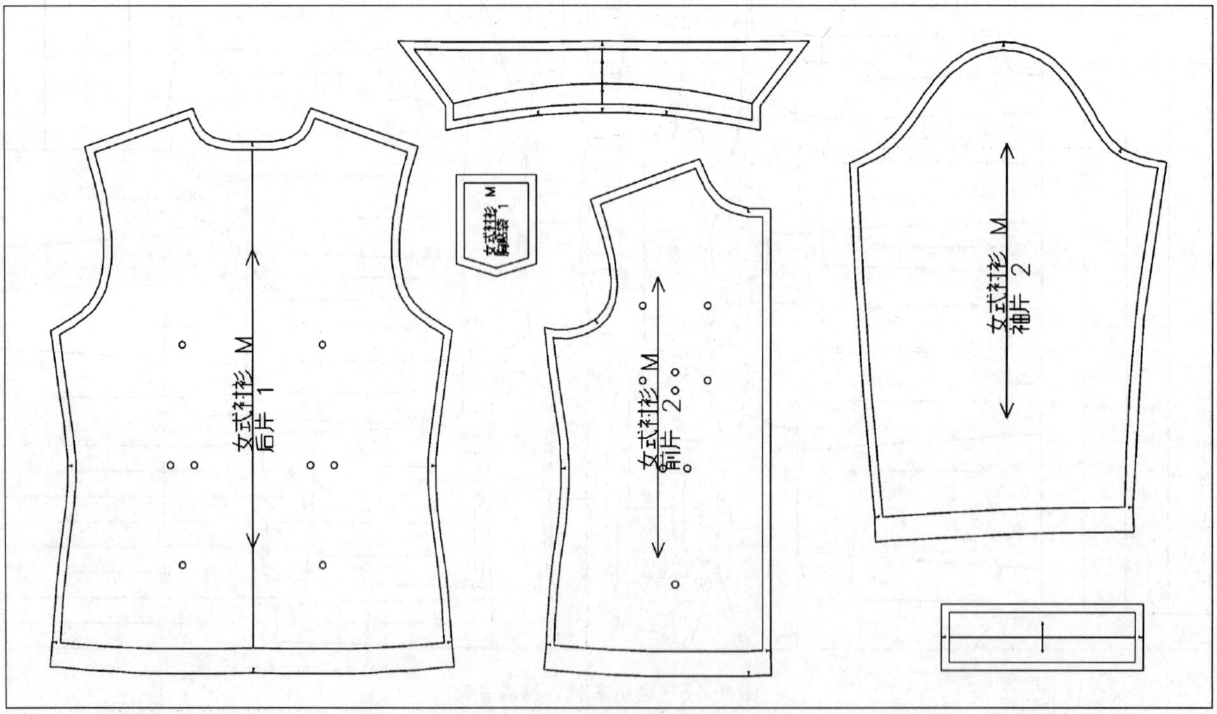


图 3-18　女式衬衫样板图

**2. 女式衬衫 M 号一件排料图（图 3-19）**

款式名：女式衬衫。套数：M/1（总纸样数：10）。幅长：109.84 cm。幅宽：150 cm。利用率：66.63%（每套用料：109. 84 cm）。

排料规则与技巧：首先保证经向要短，利用缺口合并，凹凸合并，相似斜度紧密套排。

**3. 女式衬衫 M、S 号两件排料图（图3-20）**

款式名：女式衬衫。套数：M/1，S/1（总纸样数：20）。幅长：180.48 cm；幅宽：150 cm。利用率：81.11%（每套用料：90.24 cm）。

排料规则与技巧：利用先大后小，斜线对斜线相似斜度紧密套排。

**4. 女式衬衫 M、S、L 号三件排料图（图 3-21）**

款式名：女式衬衫。套数：M/1，S/1，L/1（总纸样数：30）。幅长：271.62 cm；幅宽：150 cm。利用率：80.84%（每套用料：90.54 cm）。

排料规则与技巧：利用规格搭配，先大后小，先经短后纬满，相似斜度紧密套排，两端齐平。

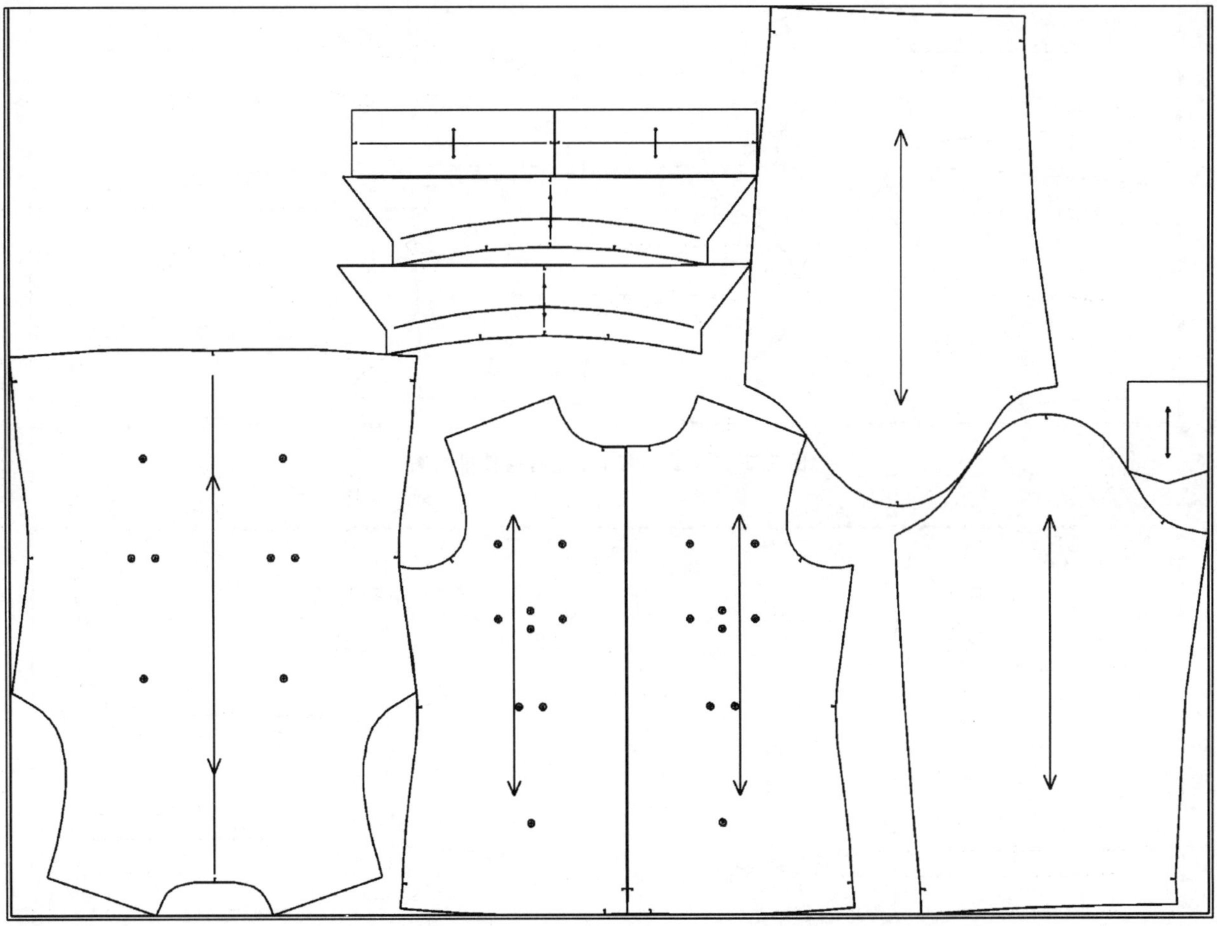

图 3-19　女式衬衫 M 号一件排料图

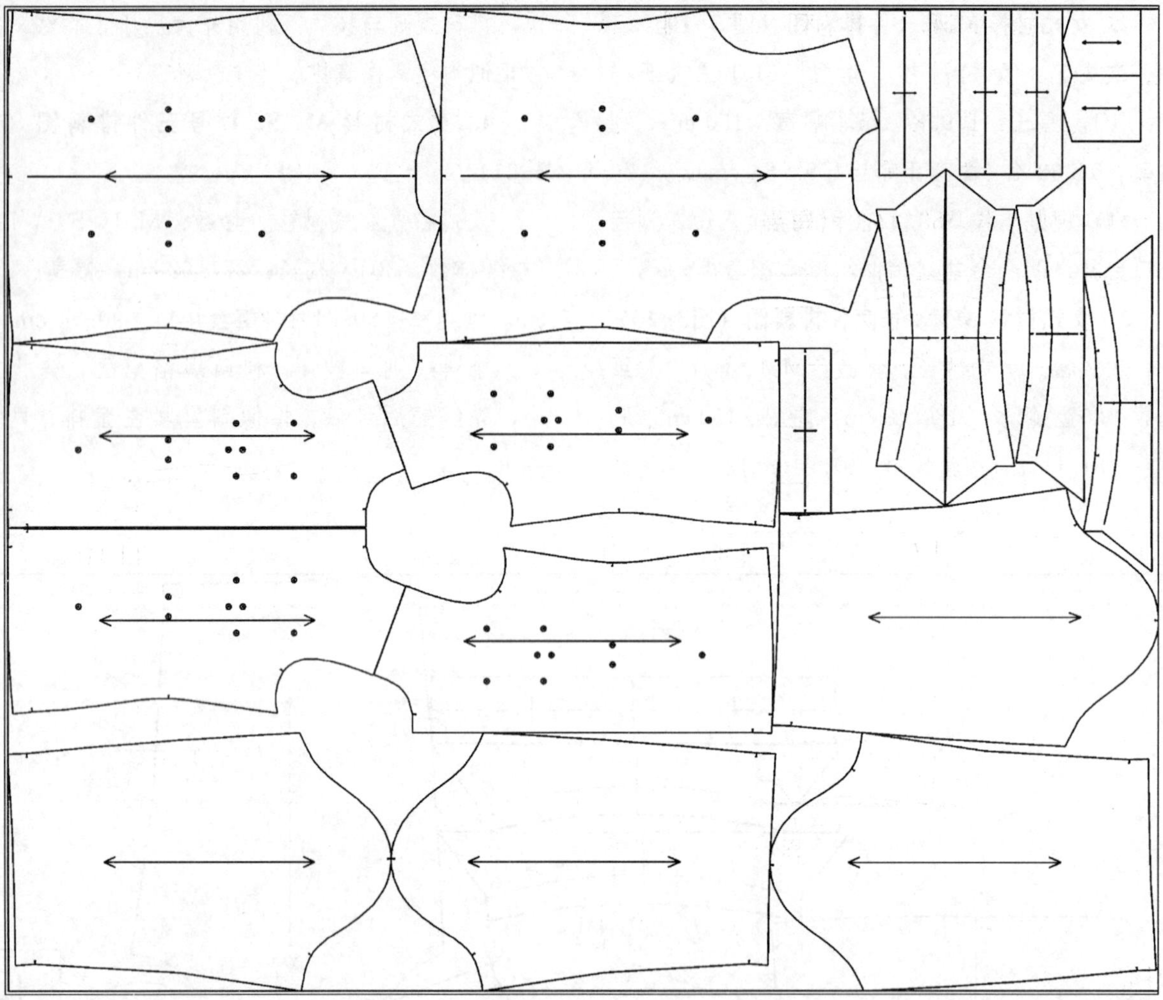

图 3-20 女式衬衫 M、S 号两件排料图

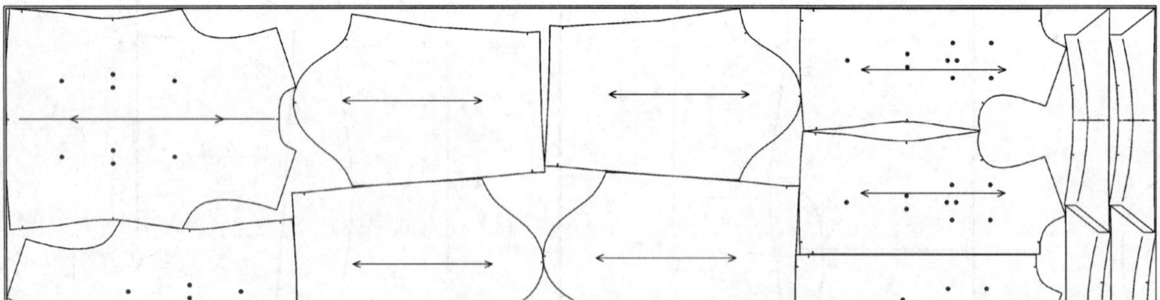

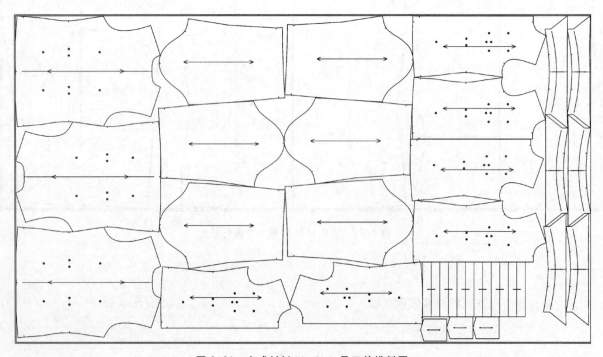

图 3-21 女式衬衫 M、S、L 号三件排料图

**5. 女式衬衫 M、S、L、XL 号四件排料图（图 3-22）**

款式名：女式衬衫。套数：M/1，S/1，L/1，XL/1（总纸数：40）。幅长：351.80 cm；幅宽：150 cm。利用率：83.22%（每套用料：87.95 cm）。

排料规则与技巧：利用规格搭配，先大后小（凹凸互套），先经短后纬满，相似斜度紧密套排，两端齐平。

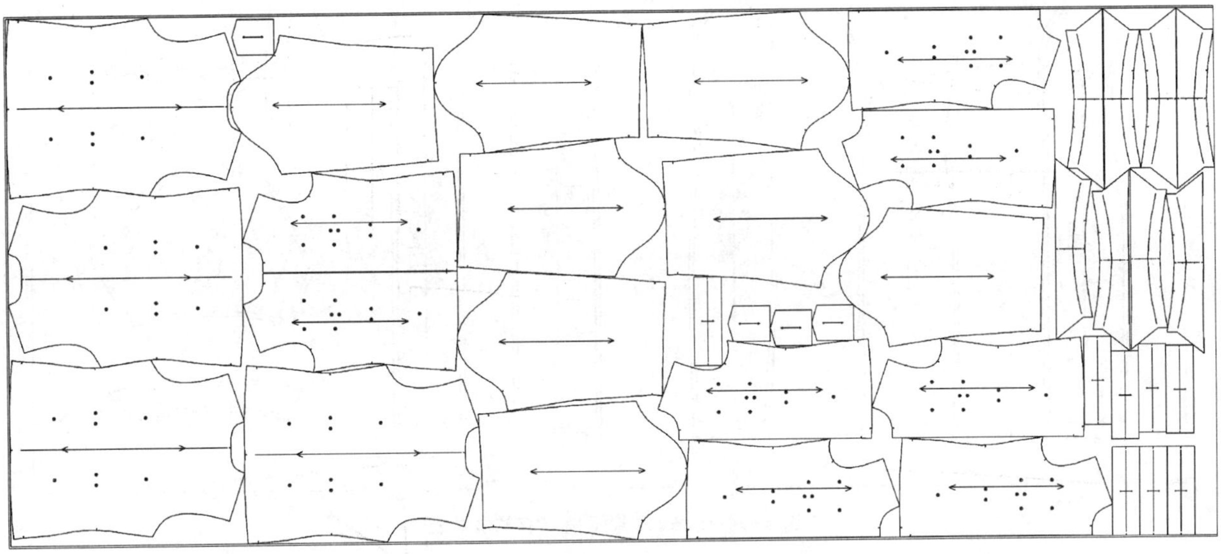

图 3-22　女式衬衫 M、S、L、XL 号四件排料图

**6. 女式衬衫 M、S、L、XL、XXL 号五件排料图（图 3-23）**

款式名：女式衬衫。套数：M/1，S/1，L/1，XL/1，XXL/1（总纸样数：50）。幅长：441.3 cm；幅宽：150 cm。利用率：82.93%（每套用料：88.26 cm）。

排料规则与技巧：利用规格搭配，先大后小，先经短后纬满，相似斜度紧密套排，两端齐平。

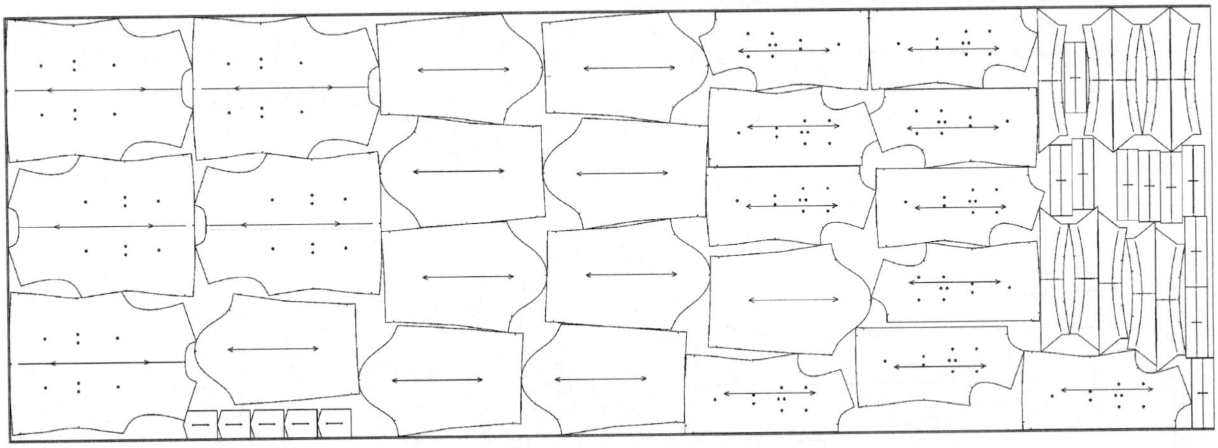

图 3-23　女式衬衫 M、S、L、XL 号四件排料图

## 二、女式刀背短袖连衣裙排料实例

**1. 女式刀背短袖连衣裙样板图（图 3-24）**

**2. 女式刀背短袖连衣裙 M 号一件排料图（图 3-25）**

款式名：女式公主连衣裙。套数：M/1（总纸

样数：16)。幅长：194.64 cm；幅宽：150 cm。利用率：66.21%（每套用料：194.64 cm)。

排料规则与技巧：先大后小，缺口合并，凹凸合并，利用相似斜度紧密套排，可进行整床倒插。

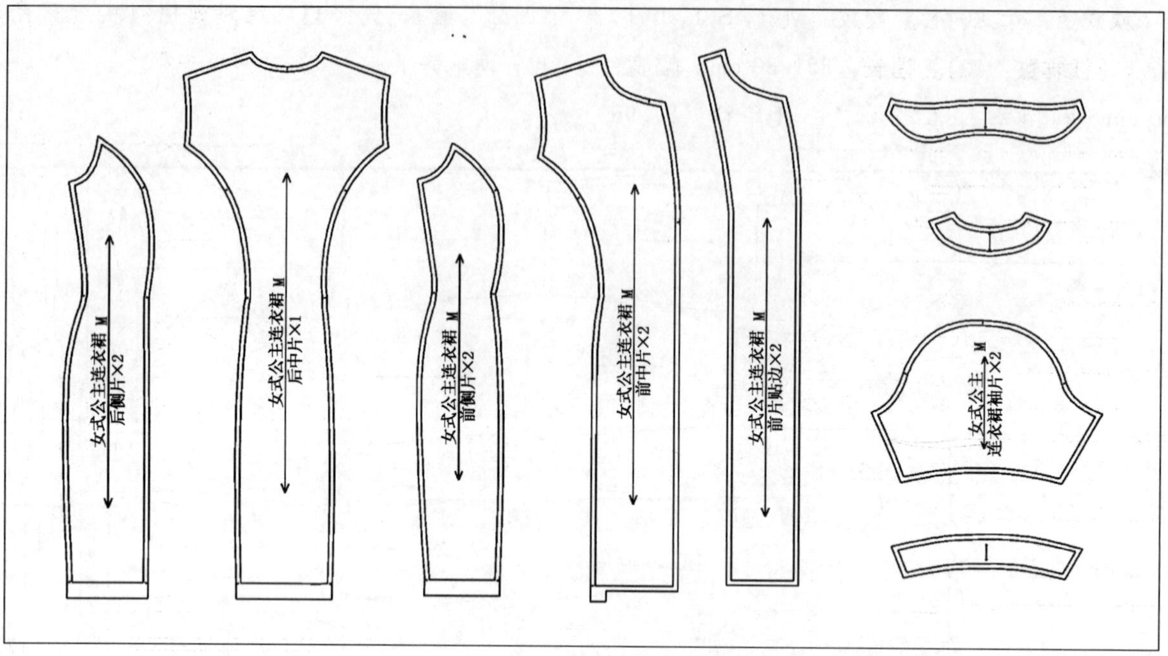


图 3-24　女式刀背短袖连衣裙样板图

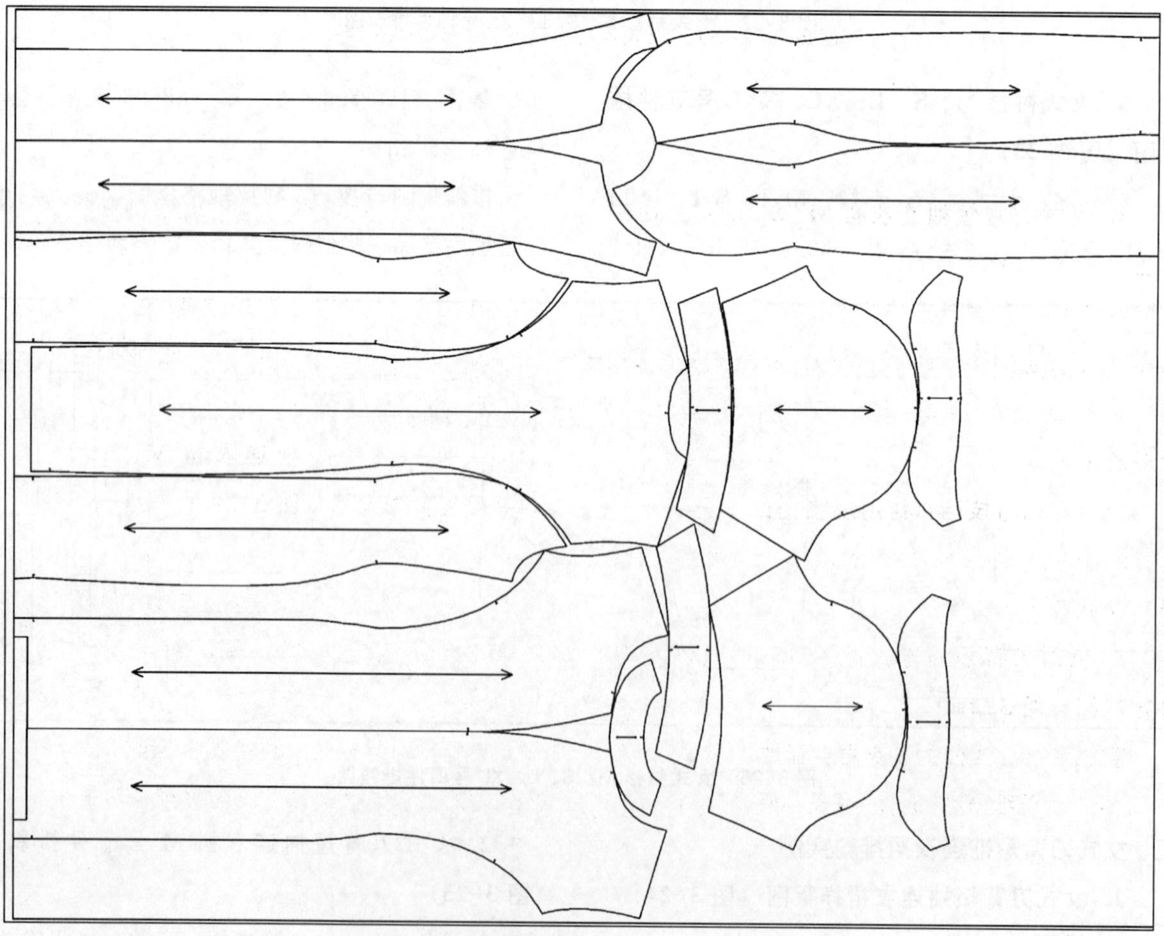

图 3-25　女式刀背短袖连衣裙 M 号一件排料图

**3. 女式刀背短袖连衣裙 M、S 号两件排料图（图 3-26）**

款式名：女式公主连衣裙。套数：M/1，S/1（总纸样数：32）。幅长：329.22 cm；幅宽：150 cm。利用率：78.29%（每套用料：164.61 cm）。

排料规则与技巧：利用规格搭配，先大后小，相似斜度紧密套排，两端齐平。

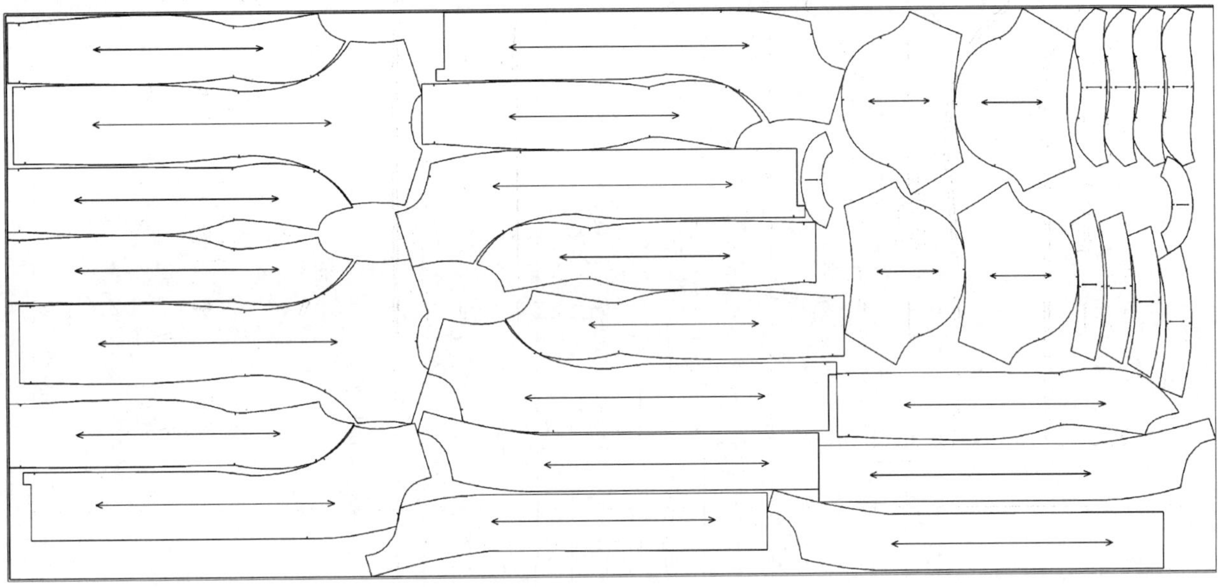

图 3-26　女式刀背短袖连衣裙 M、S 号两件排料图

**4. 女式刀背短袖连衣裙 M、S、L 号三件排料图（图 3-27）**

款式名：女式公主连衣裙。套数：M/1，S/1，L/1（总纸样数：48）。幅长：474.65 cm；幅宽：150 cm。利用率：81.45%（每套用料：158.22 cm）。

排料规则与技巧：利用规格搭配，先大后小（弯弧相交），先经短后纬满，相似斜度紧密套排，两端齐平。

**5. 女式刀背短袖连衣裙 M、S、L、XL 号四件排料图（图 3-28）**

款式名：女式公主连衣裙。套数：M/1，S/1，L/1，XL/1(总纸样数:64)。幅长：651.74 cm；幅宽：150 cm。利用率：79.09%（每套用料：162.93 cm）。

排料规则与技巧：利用规格搭配，先大后小（弯弧相交），先经短后纬满，相似斜度紧密套排，两端齐平。

**6. 女式刀背短袖连衣裙 M、S、L、XL、XXL 号五件排料图（图 3-29）**

款式名：女式公主连衣裙。套数：M/1，S/1，L/1，XL/1，XXL/1（总纸样数：80）。幅长：831.92 cm；幅宽：150 cm。利用率：77.45%（每套用料：166.38 cm）。

排料规则与技巧：利用规格搭配，先大后小，先经短后纬满，相似斜度紧密套排，两端齐平。

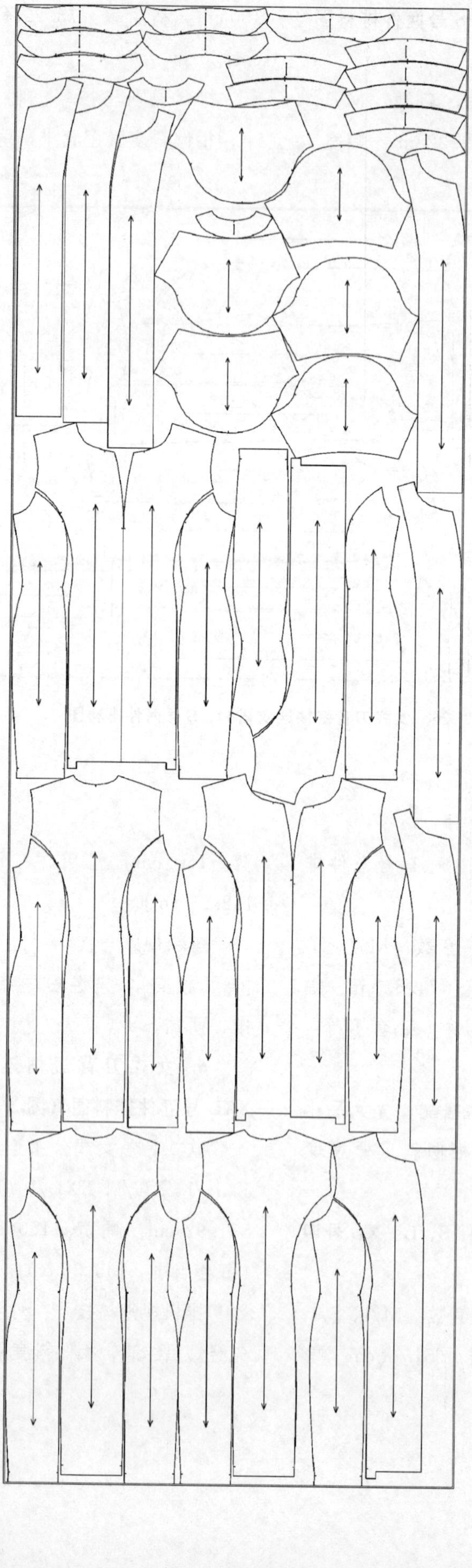

图 3-27 女式刀背短袖连衣裙 M、S、L 号三件排料图

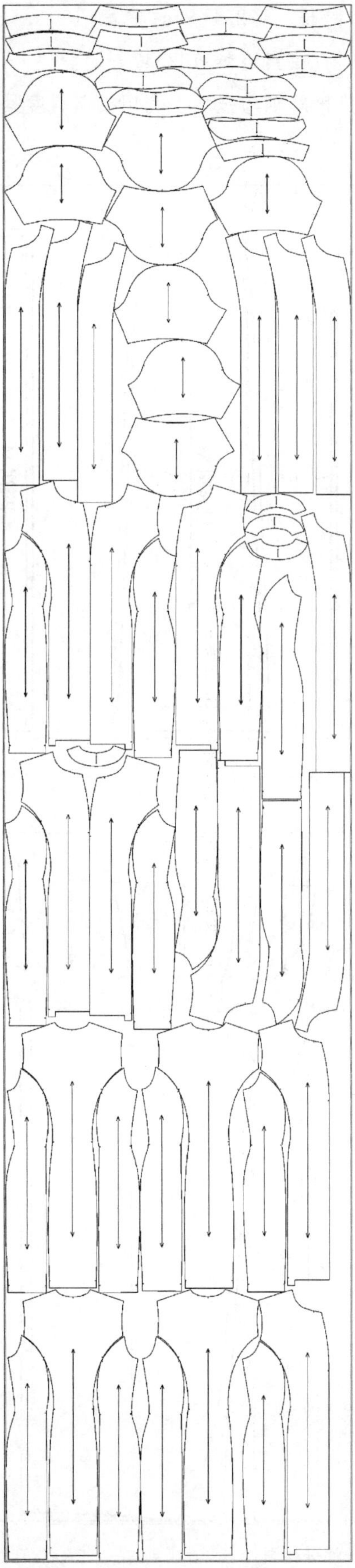

图 3-28 女式刀背短袖连衣裙 M、S、L,XL 号四件排料图

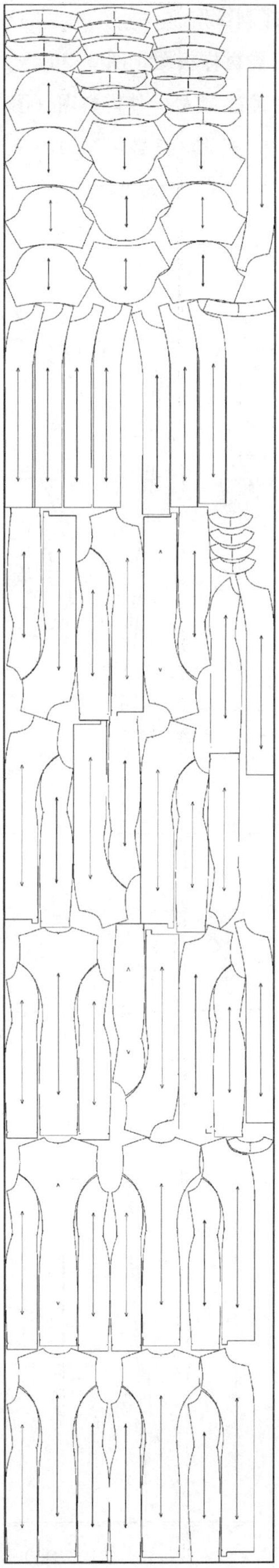

图 3-29 女式刀背短袖连衣裙 M、S、L、XL 号五件排料图

## 三、女式直裙排料实例

**1. 女式口袋裙样板图（图 3-30）**

**2. 女式口袋裙 M 号一件排料图（图 3-31）**

款式名：口袋裙。套数：M/1（总纸样数：10）。幅长：102.47 cm；幅宽：150 cm。利用率：71.79%（每套用料：102.47 cm）。

排料规则与技巧：利用相似斜度紧密套排。

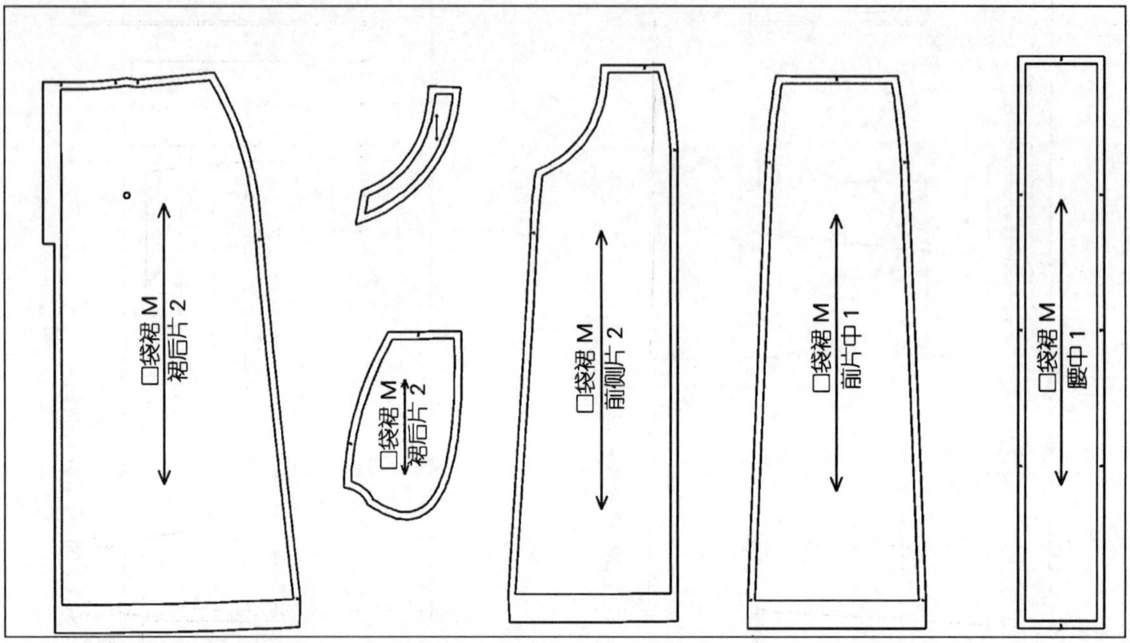


图 3-30 女式口袋裙样板图

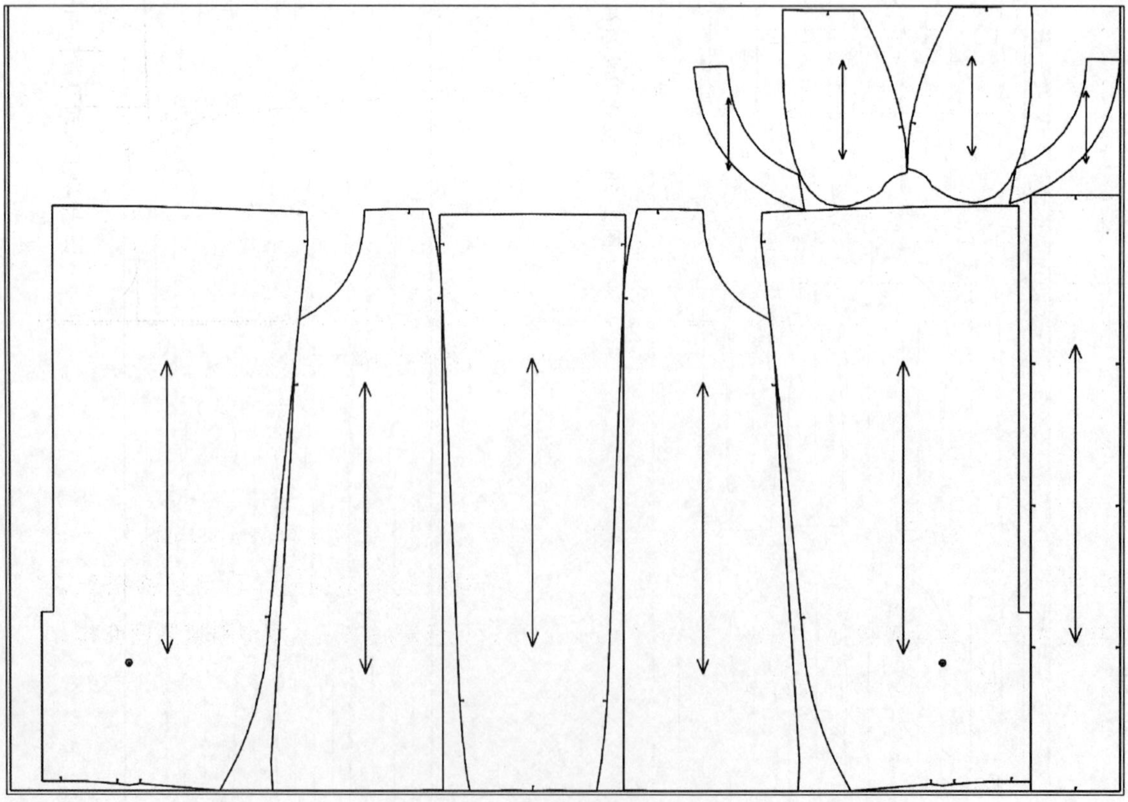

图 3-31 女式口袋裙 M 号一件排料图

**3. 女式口袋裙 M、S 号两件排料图（图 3-32）**

款式名:口袋裙。套数:M/1,S/1(总纸样数 120)。幅长:179.37 cm;幅宽:150 cm。利用率:82.02%(每套用料:89 cm)。

排料规则与技巧:利用先大后小,相似斜度紧密套排。

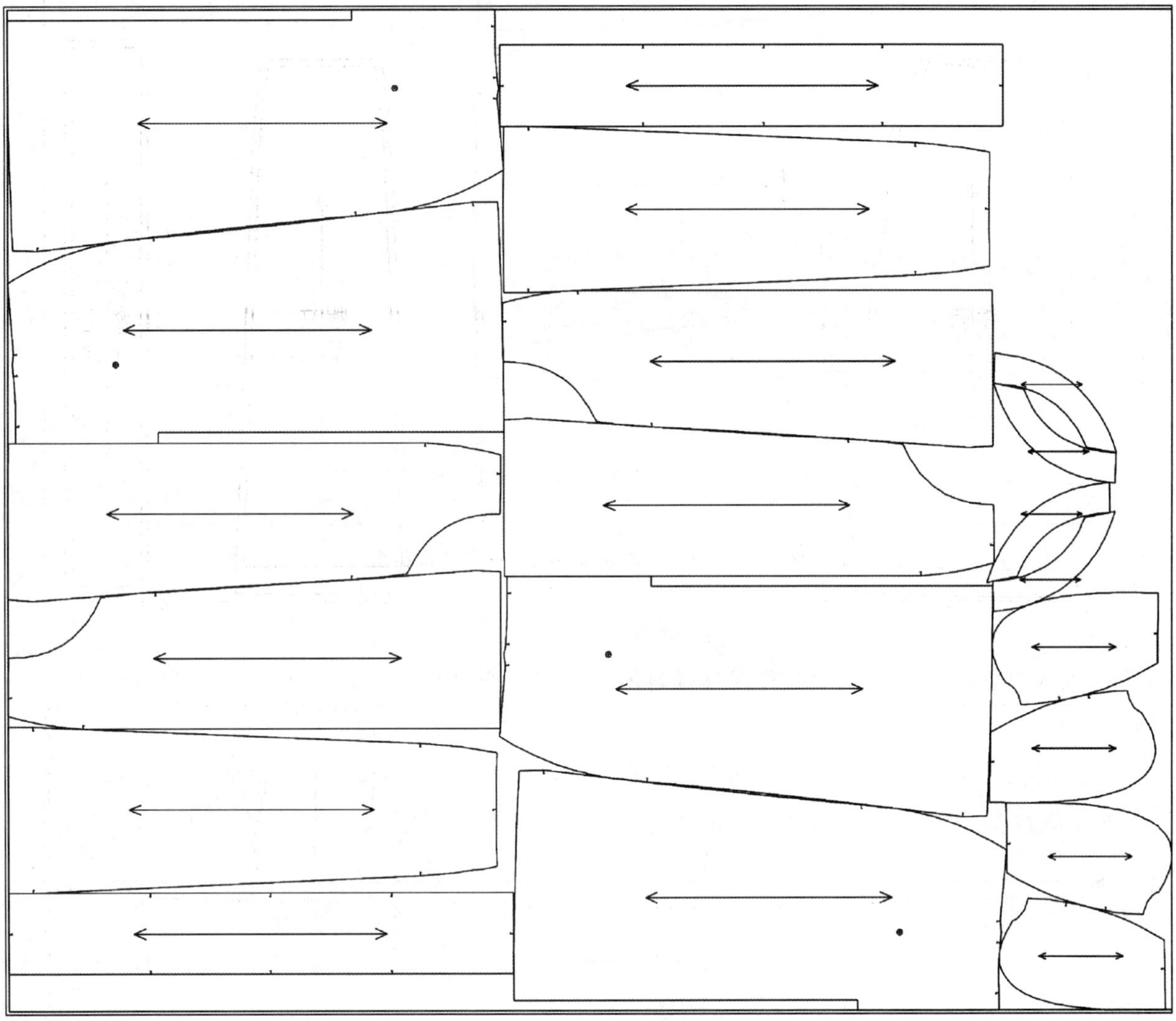

图 3-32 女式口袋裙 M、S 号两件排料图

**4. 女式口袋裙 M、S、L 号三件排料图（图 3-33）**

款式名:口袋裙。套数:M/1, S/1, L/1(总纸样数:30)。幅长:254.39 cm;幅宽:150 cm。利用率:86.75%(每件用料:84.8 cm)。

排料规则与技巧:利用规格搭配,先大后小,先经短后纬满,相似斜度紧密套排。

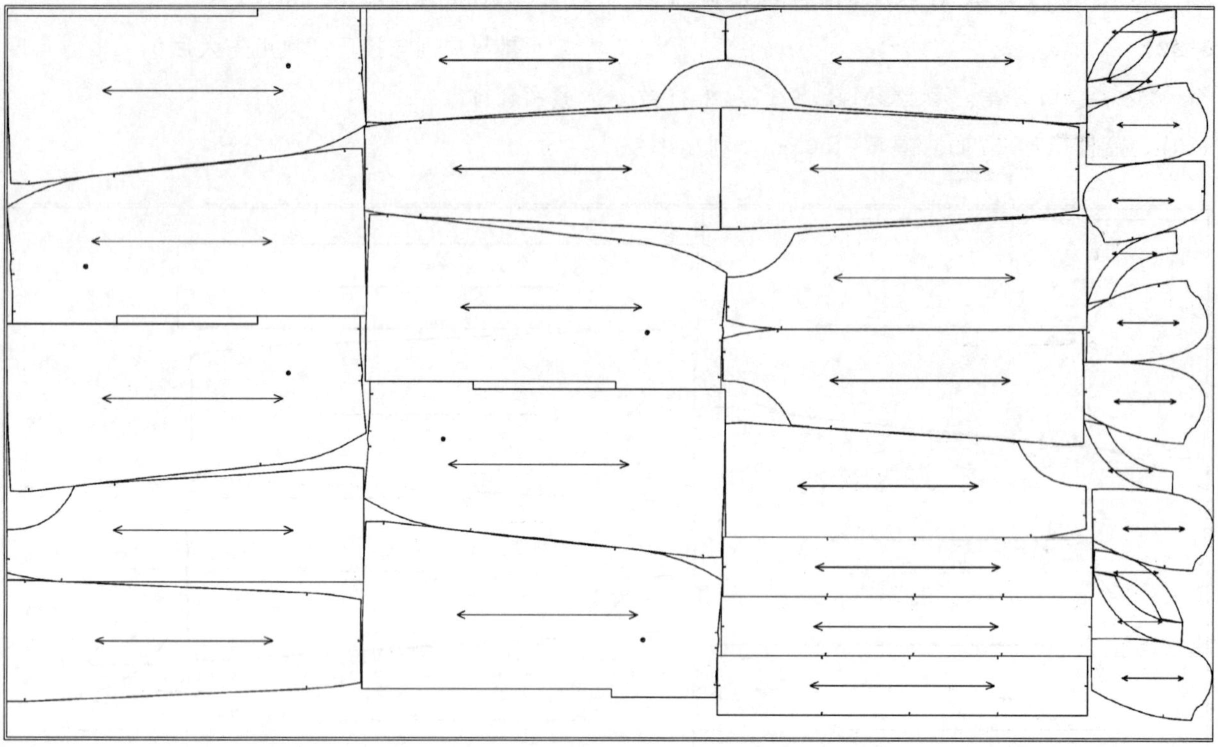

图 3-33 女式口袋裙 M、S、L 号三件排料图

**5. 女式口袋裙 M、S、L、XL 号四件排料图(图 3-34)**

款式名：口袋裙。套数：M/1，S/1，L/1，XL/1(总纸样数：40)。幅长：344.96 cm；幅宽：150 cm。利用率：85.30%(每套用料：86.24 cm)。

排料规则与技巧：利用规格搭配，先大后小，先经短后纬满，相似斜度紧密套排。

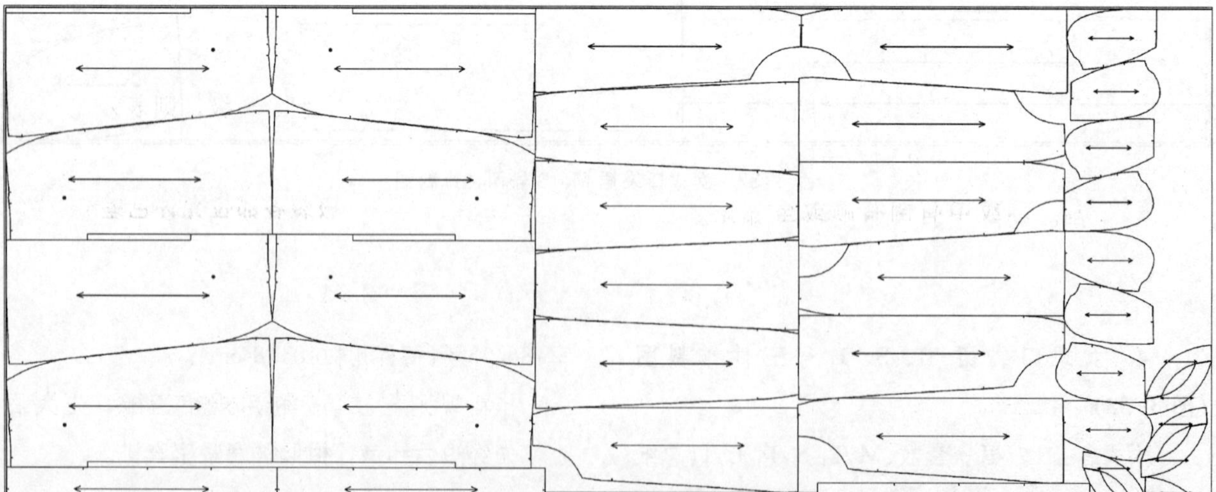

图 3-34 女式口袋裙 M、S、L、XL 号四件排料图

**6. 女式口袋裙 M、S、L、XL、XXL 号五件排料图（图 3-35）**

款式名：口袋裙。套数：M/1，S/1，L/1，XL/1，XXL/1（总纸样数：50）。幅宽：150 cm；幅长：422.86 cm。利用率：86.98%（每套用料：84.57 cm）。

排料规则与技巧：利用规格搭配，先大后小，先经短后纬满，相似斜度紧密套排。

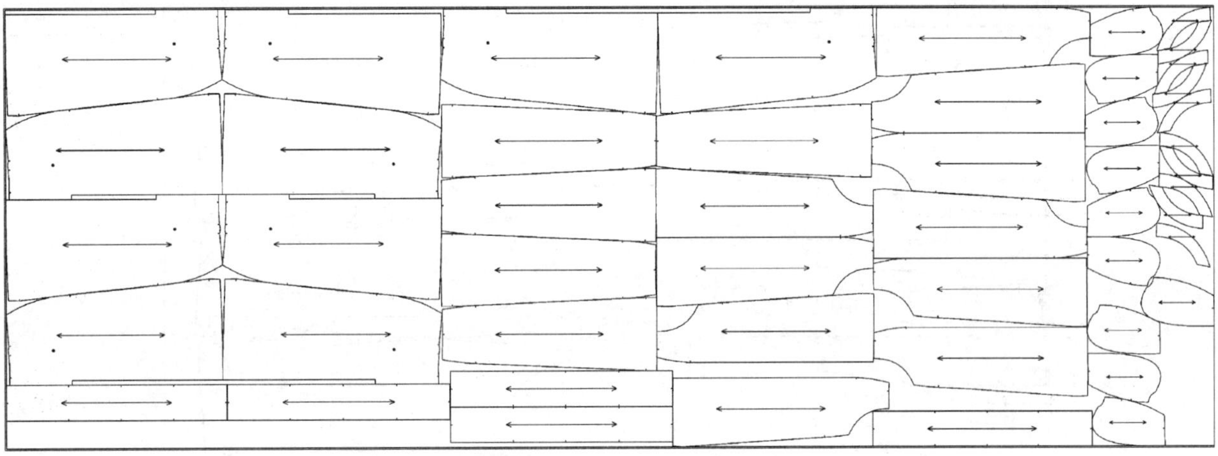

图 3-35　女式口袋裙 M、S、L、XL、XXL 号五件排料图

## 四、女式西装排料实例

**1. 女西服样板图（图 3-36）**

**2. 女西服 M 号一件排料图（图 3-37）**

款式名：女西服。套数：M/1（总纸样数：15）。幅长：139.65 cm；幅宽：150 cm。利用率：70.02%(每套用料：139.65 cm)。

排料规则与技巧：利用先大后小，相似斜度紧密套排。

**3. 女西服 M、S 号两件排料图（图 3-38）**

款式名：女西服。套数：M/1，S/1（总纸样数：30）。幅长：263.69 cm；幅宽：150 cm。利用率：74.16%(每套用料：131.85 cm)。

排料规则与技巧：利用先大后小，缺口合并，相似斜度紧密套排，可进行整床倒插。

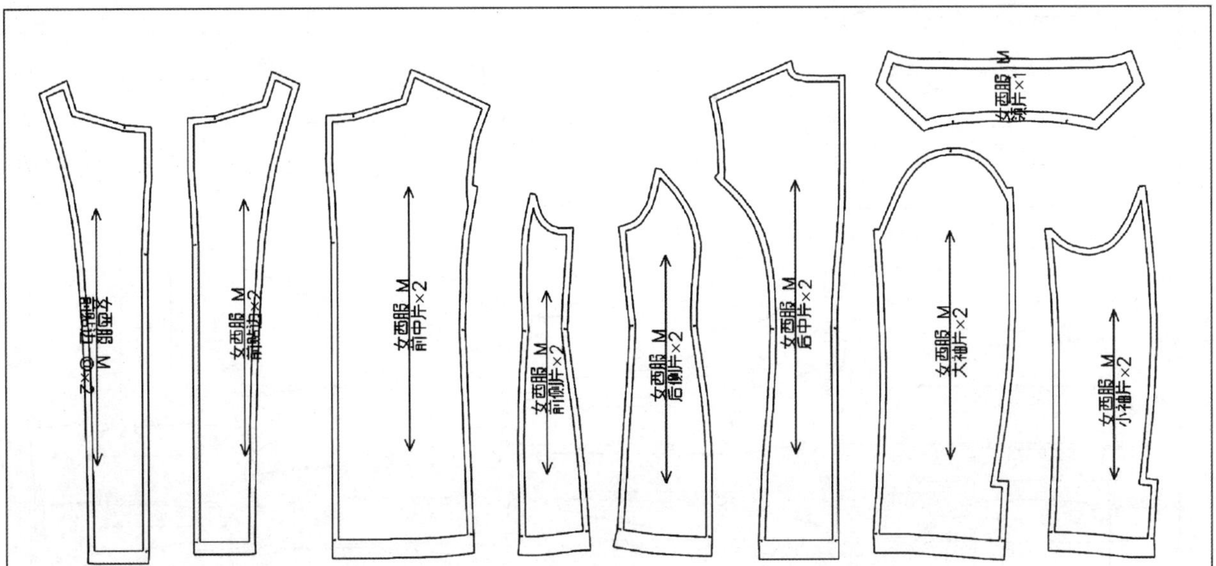


图 3-36　女西服样板图

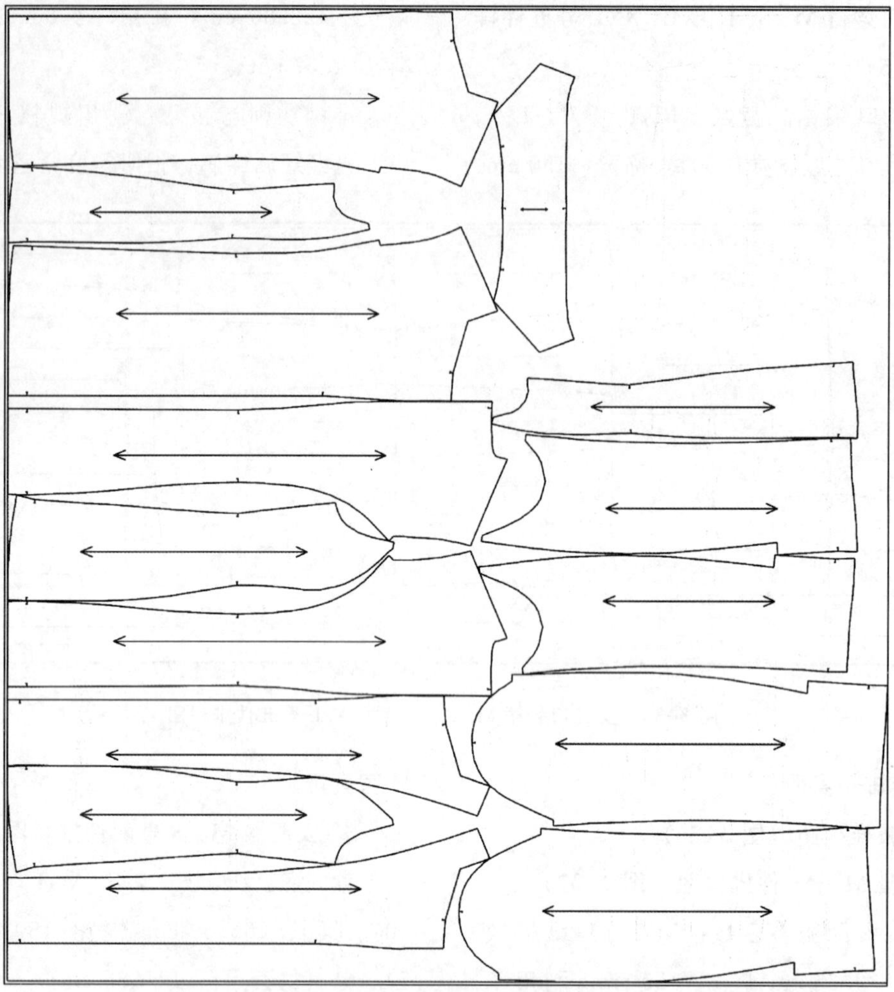

图 3-37 女西服 M 号一件排料图

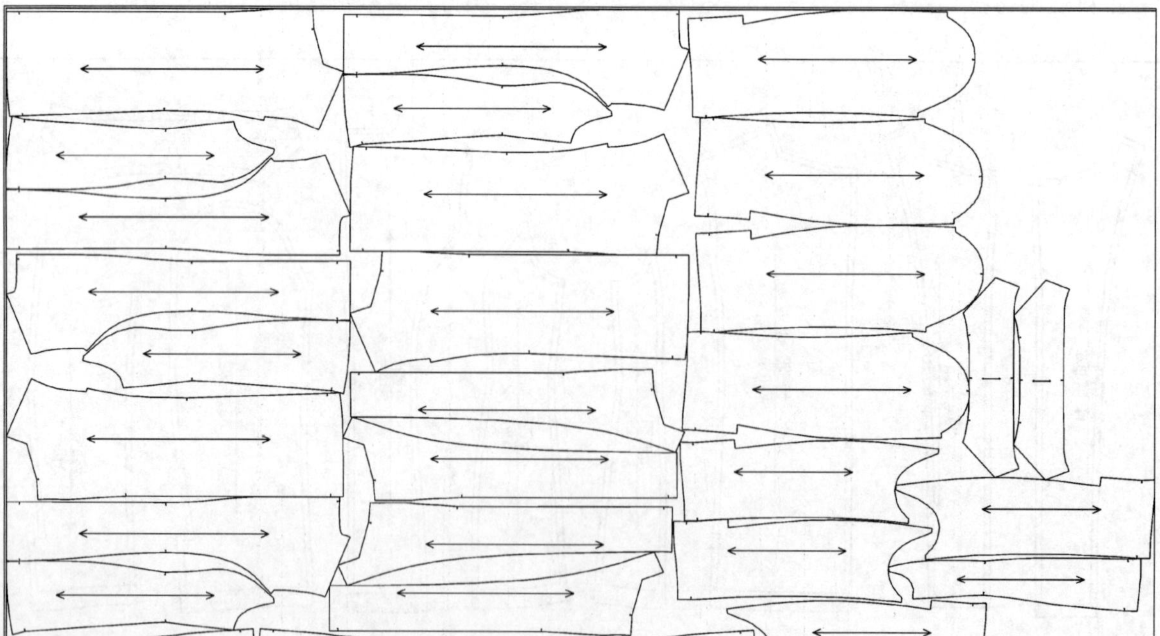

图 3-38 女西服 M、S 号两件排料图

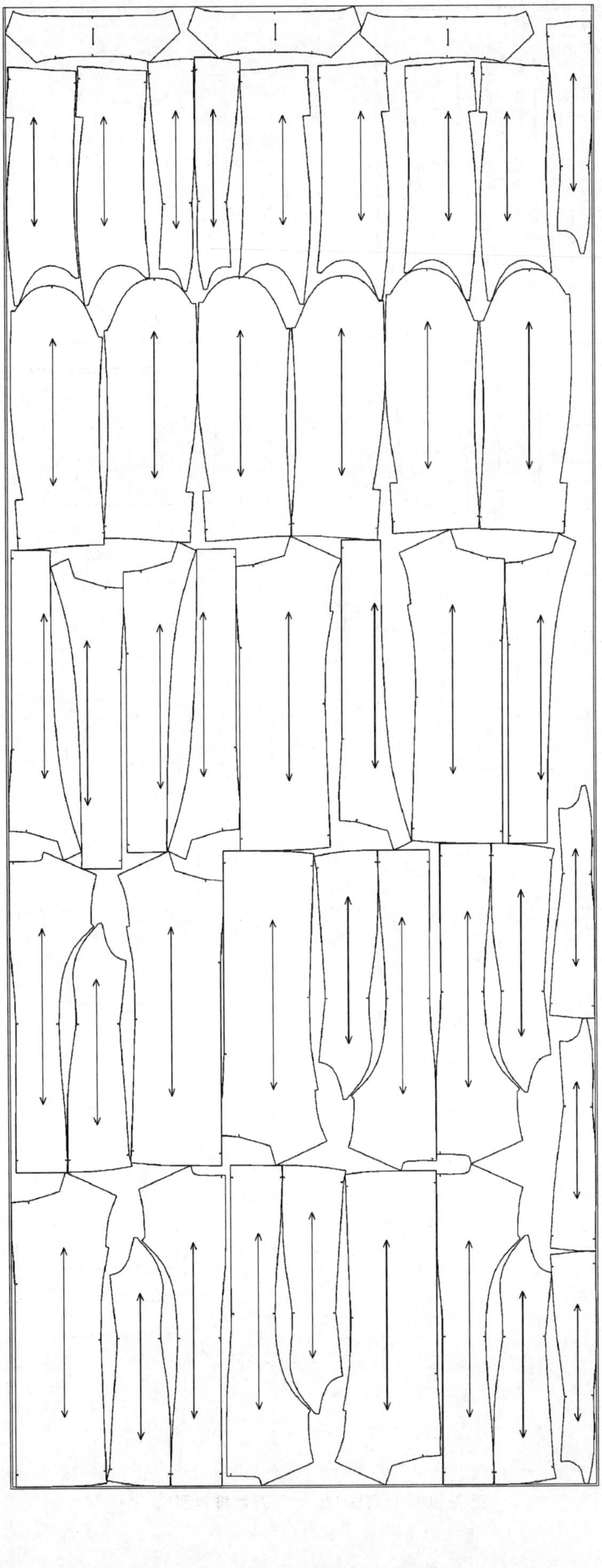

图 3-39　女西服 M、S、L 号三件排料图

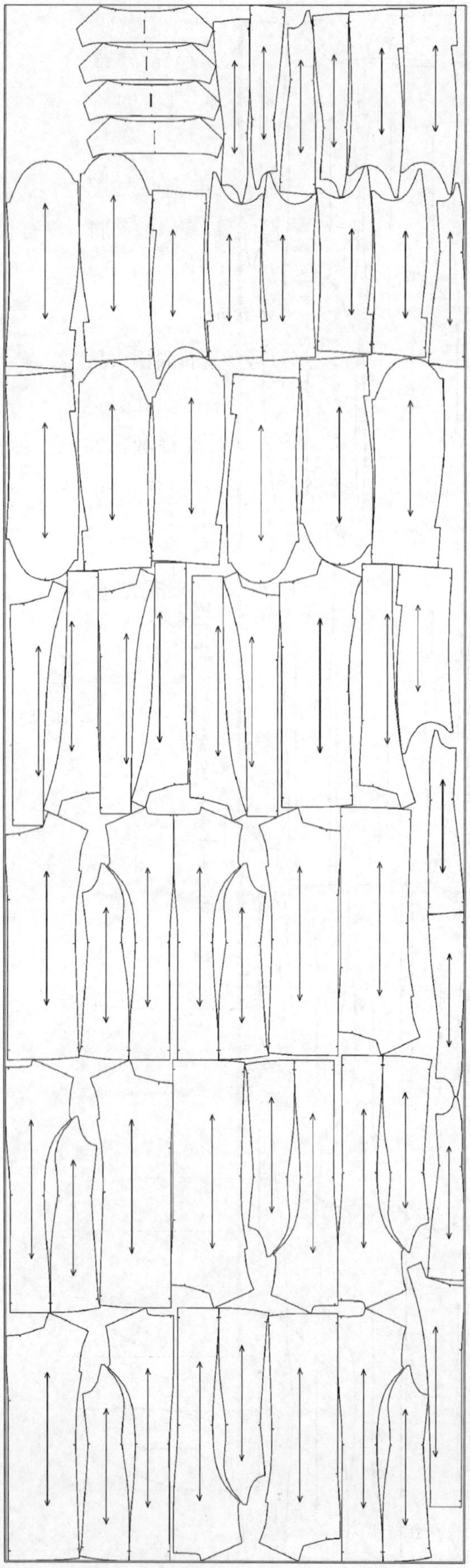

图 3-40 女西服 M、S、L、XL 号四件排料图

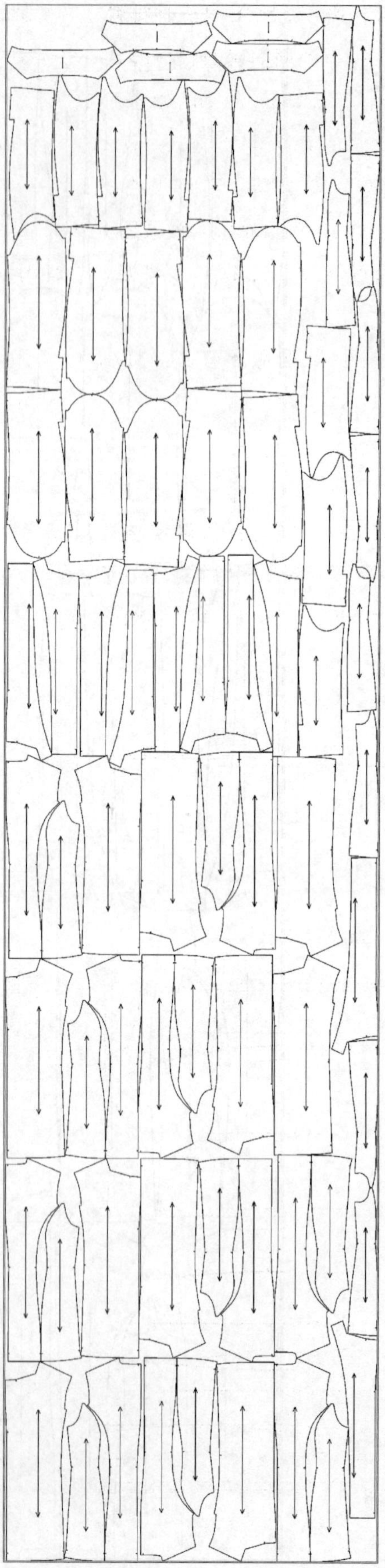

图 3-41 女西服 M、S、L、XL、XXL 号五件排料图

**4. 女西服 M、S、L 号三件排料图（图3-39）**

款式名:女西服。套数:M/1，S/1，L/1(总纸样数:45)。幅长:365.94 cm;幅宽:150 cm。利用率:80.16%(每套用料 121.98 cm)。

排料规则与技巧：利用规格搭配，先大后小，先经短后纬满，相似斜度紧密套排。

**5. 女西服 M、S、L、XL 号四件排料图（图3-40）**

款式名：女西服。套数：M/1，S/1，L/1，XL/1（总纸样数：60）。幅长：487.50 cm；幅宽：150 cm。利用率：80.23%（每套用料：121.88 cm）。

排料规则与技巧：利用规格搭配，先大后小，先经短后纬满，相似斜度紧密套排。

**6. 女西服 M、S、L、XL、XXL 号五件排料图（图 3-41）**

款式名：女西服。套数：M/1，S/1，L/1，XL/1，XXL/1（总纸样数：75）。幅宽：150 cm；幅长：606.31 cm。利用率：80.64%（每套用料：121.26 cm）。

排料规则与技巧：利用规格搭配，先大后小，先经短后纬满，相似斜度紧密套排。

## 五、女式西装套装排料实例

**1. 女西服套装 M 号一套排料图（见图 3-42）**

款式名：女西服，口袋裙。套数：（女西服）M/1，（口袋裙）M/1（总纸样数：25）。幅长：222.62 cm;幅宽：150 cm。利用率：76.97%（每套用料：111.31 cm）。

排料规则与技巧：利用缺口合并，弯弧相交，相似斜度紧密套排。

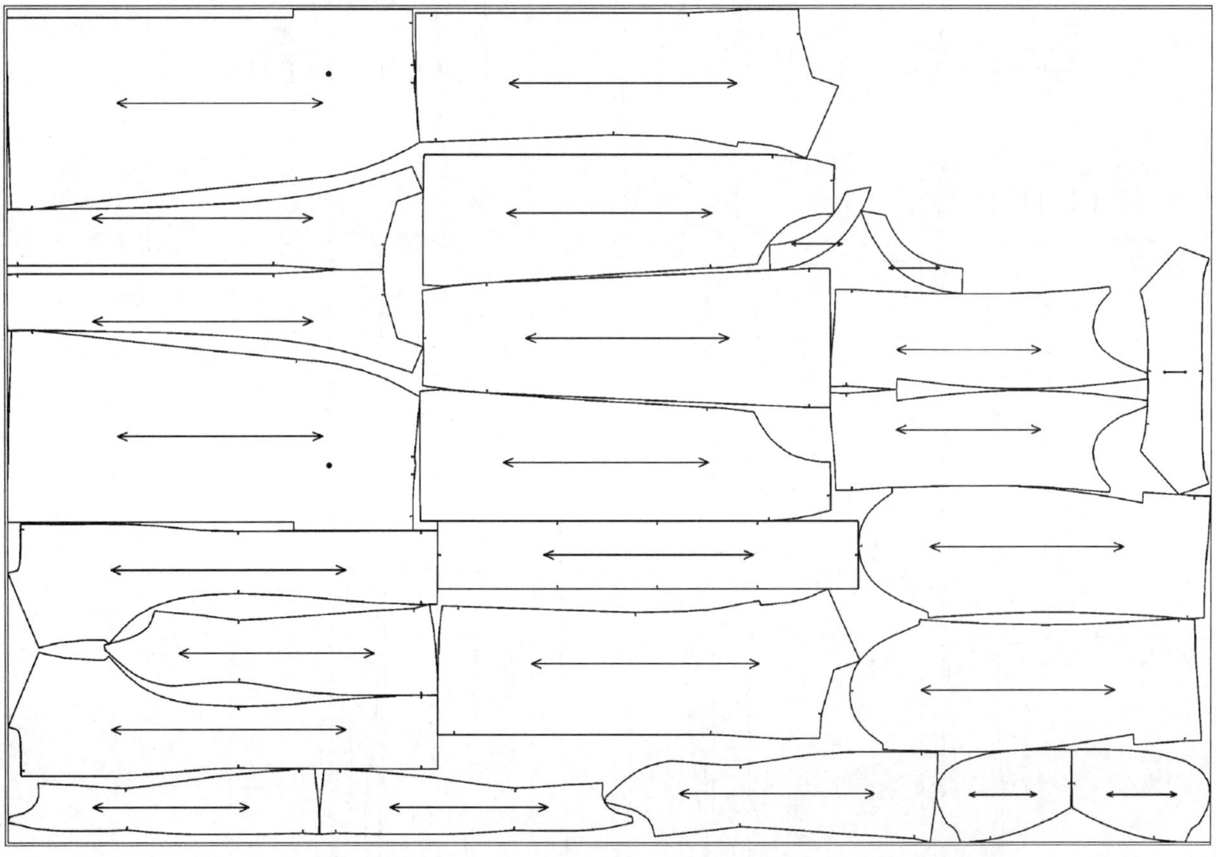

图 3-42　女西服套装 M 号一套排料图

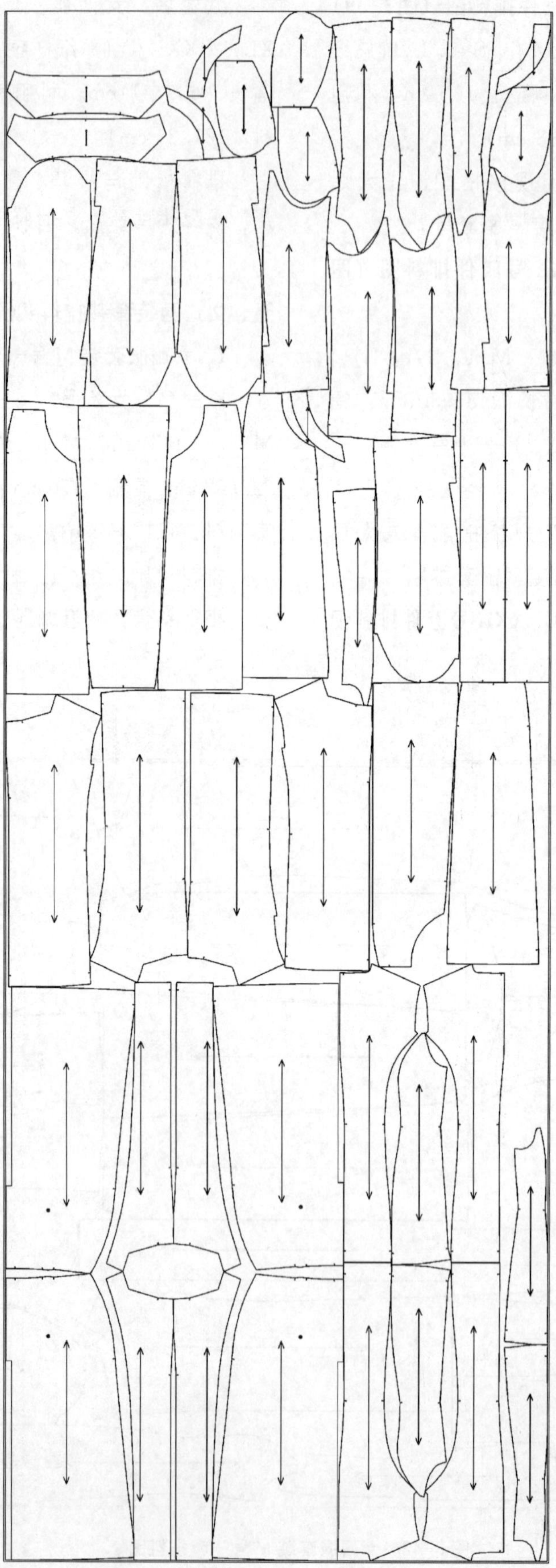

图 3-43 女西服套装 M、S 号两套排料图

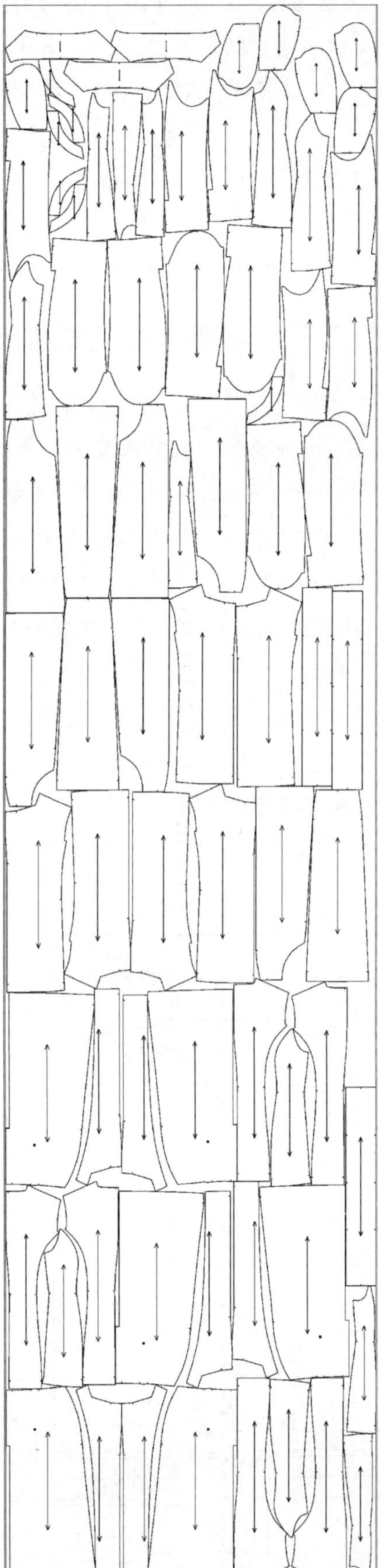

图 3-44　女西服套装 M、S、L 号三套排料图

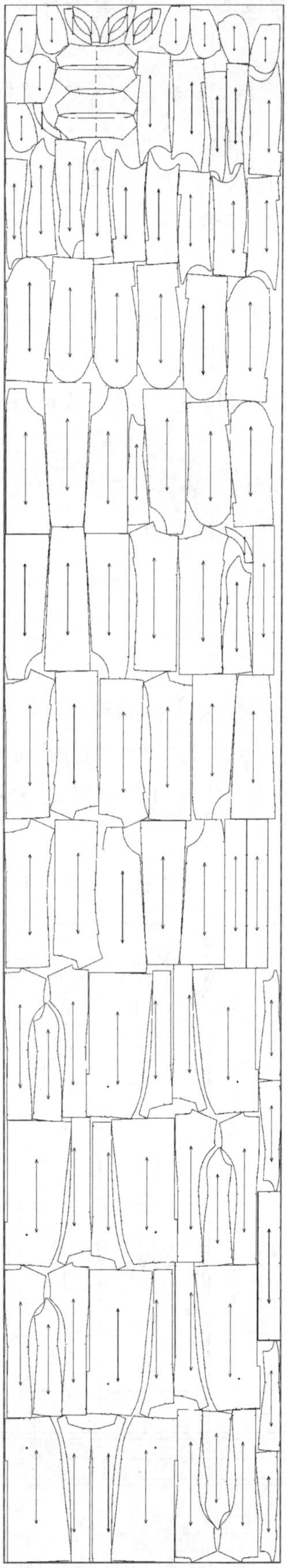

图 3-45　女西服套装 M、S、L、XL 号四套排料图

**2. 女西服套装 M、S 号两套排料图（图 3-43）**

款式名：女西服，口袋裙。套数：（女西服）M/1，（女西服）S/1，（口袋裙）M/1，（口袋裙）S/1（总纸样数：50）。幅长：411.55 cm；幅宽：150 cm。利用率：83.27%（每套用料：102.89 cm）。

排料规则与技巧：利用先大后小，缺口合并，相似斜度紧密套排。

**3. 女西服套装 M、S、L 号三套排料图（图 3-44）**

款式名：女西服，口袋裙。套数：（女西服）M/1，（女西服）S/1，（女西服）L/1，（口裙）M/1，（口袋裙）S/1，（口袋裙）L/1（总纸样数：75）。幅长：614.98 cm；幅宽：150 cm。利率：83.58%（每套用料：102.5 cm）。

排料规则与技巧：利用规格搭配，先大后小，先经短后纬满，相似斜度紧密套排，两端齐平。

**4. 女西服套装 M、S、L、XL 号四套排料图（图 3-45）**

款式名：女西服，口袋裙。套数：（女西服）M/1，（女西服）S/1，（女西服）L/1，（女西服）XL/1，（口袋裙）M/1，（口袋裙）S/1，（口袋裙）L/1，（口袋裙）XL/1（总纸样数：100）。幅长：809.34 cm；幅宽：150 cm。利用率：84.68%（每套用料：101.17 cm）。

排料规则与技巧：利用规格搭配，先大后小，先经短后纬满，相似斜度紧密套排，两端齐平。

## 第五节 男装典型款式排料

本节为男装典型款式排料示例，并配有完整的样板图。分别选取了男式夹克衫、男式马甲、男式西服、男式西裤四种典型款式，在统一的常规 1.5 m 幅宽面料上，充分运用本章第1节至3节的排料规则与技巧，针对独立款式分别进行1～5件不同规格套排和上下套装的混合套排的实例，其中单件排料适合定做和家庭生产，多件套排适合工业批量生产，以供学习和参考。

### 一、男式夹克衫排料实例

**1. 男式夹克衫样板图（图 3-46）**

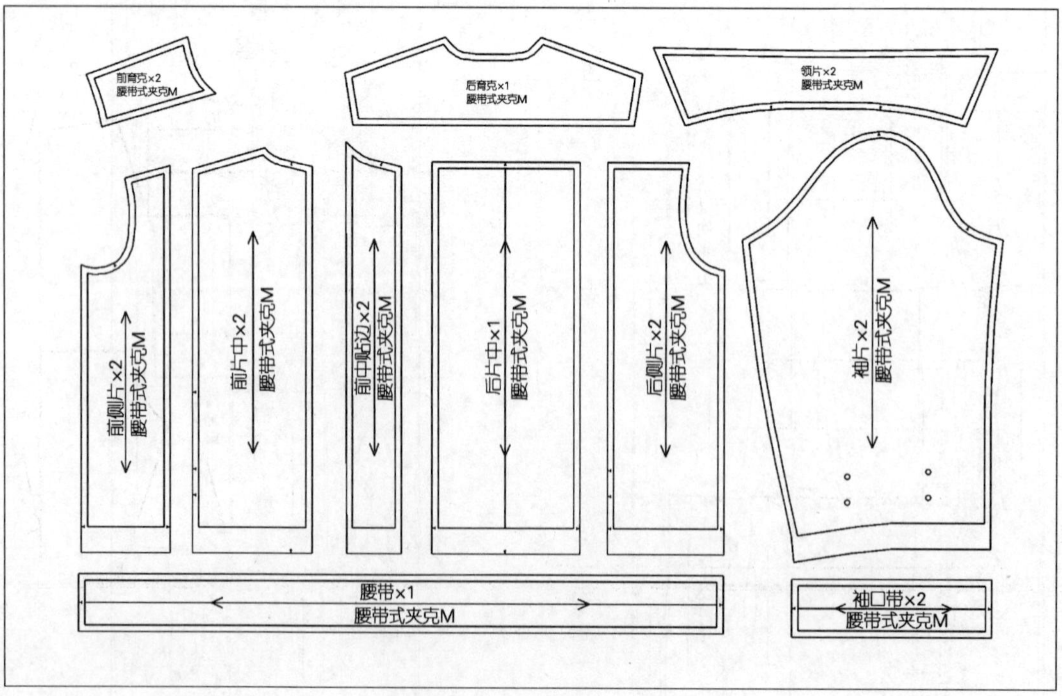


图 3-46 男式夹克衫样板图

**2. 男式夹克衫 M 号一件排料图（图3-47）**

款式名：腰带式夹克。套数：M/1（总纸样数：19）。幅长：128.79 cm；幅宽：150 cm。利用率：83.94％（每套用料：128.79 cm）。

排料规则与技巧：利用缺口合并，先经短后纬满。

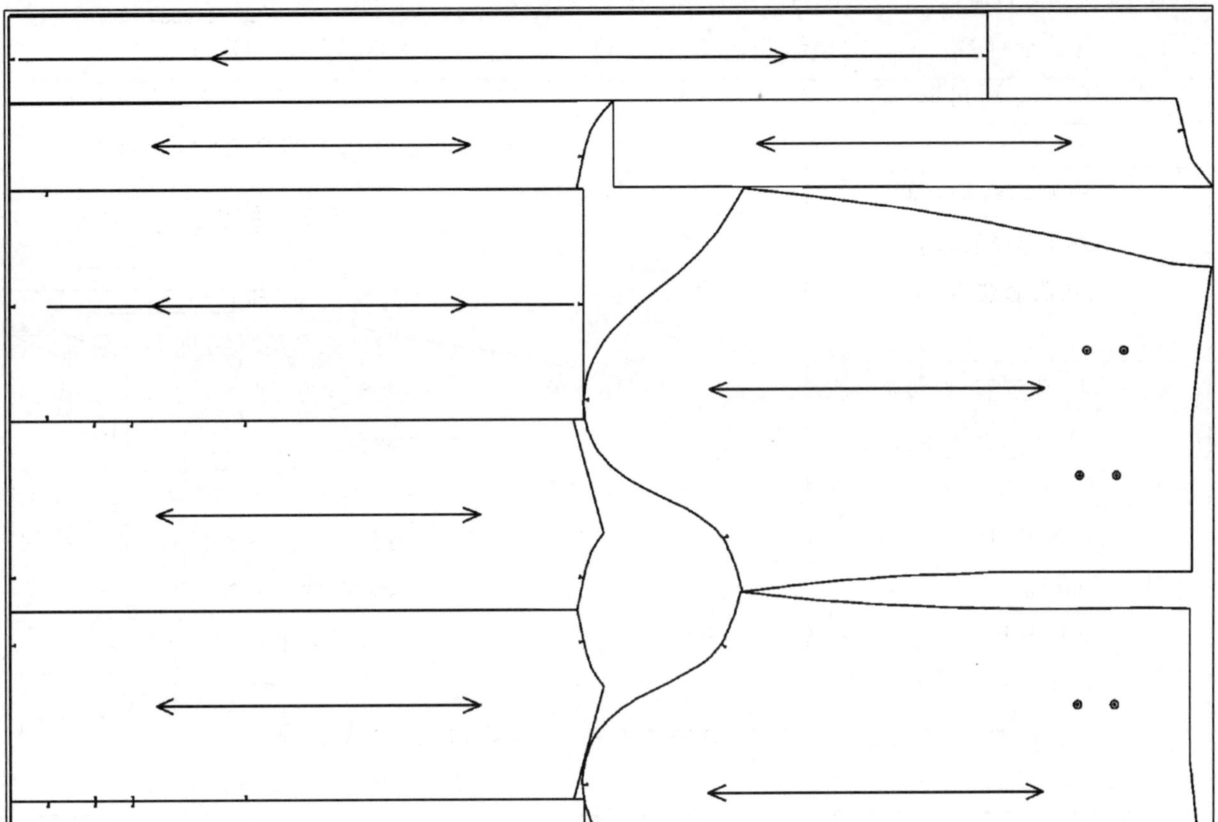

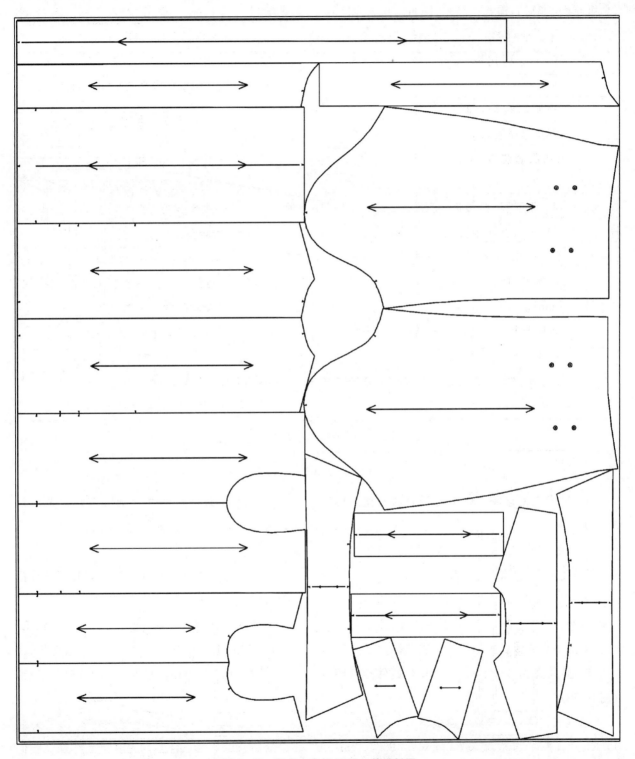

图 3-47　男式夹克衫 M 号一件排料图

**3. 男式夹克衫 M、S 号两件排料图（图 3-48）**

款式名：腰带式夹克。套数：M/1，S/1（总纸样数：38）。幅长：253.41 cm；幅宽：150 cm。利用率：85.32%（每套用料：126.71 cm）。

排料规则与技巧：利用先大后小，相似斜度紧密套排。

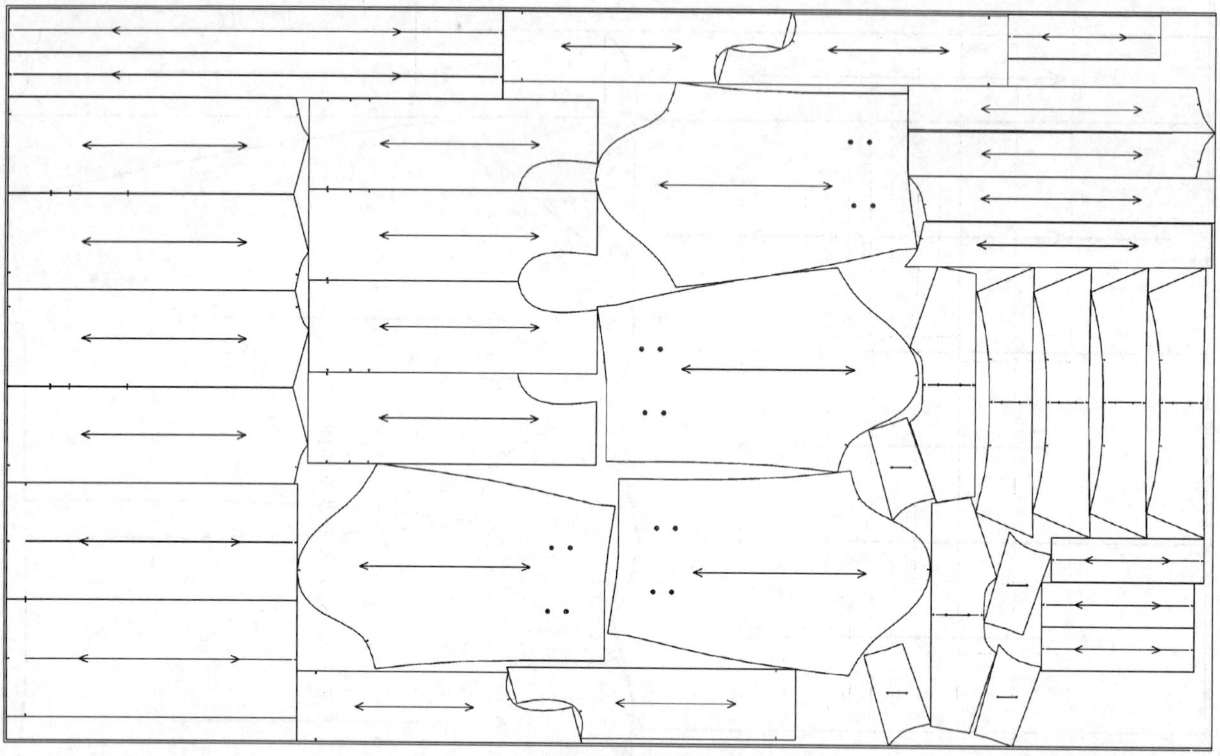

图 3-48 男式夹克衫 M、S 号两件排料图

**4. 男式夹克衫 M、S、L 号三件排料图（图 3-49）**

款式名：腰带式夹克。套数：M/1，S/1，L/1（总纸样数：57）。幅长：370.34 cm；幅宽：150 cm。利用率：86.99%（每套用料：123.45 cm）。

排料规则与技巧：利用规格搭配，先大后小，先经短后纬满，相似斜度紧密套排。

**5. 男式夹克衫 M、S、L、XL 号四件排料图（图 3-50）**

款式名：腰带式夹克。套数：M/1，S/1，L/1，XL/1（总纸样数：76）。幅长：490.76 cm；幅宽：150 cm。利用率：87.53%（每套用料：122.69 cm）。

排料规则与技巧：利用规格搭配，先大后小，缺口合并，凹凸合并，先经短后纬满，相似斜度紧密套排。

**6. 男式夹克衫 M、S、L、XL、XXL 号五件排料图（图 3-51）**

款式名：腰带式夹克。套数：M/1，S/1，L/1，XL/1，XXL/1（总纸样数：95）。幅宽：150 cm；幅长：636.29 cm。利用率：84.95%（每套用料：127.26 cm）。

排料规则与技巧：利用规格搭配，先大后小，缺口合并，凹凸合并，先经短后纬满，相似斜度紧密套排。

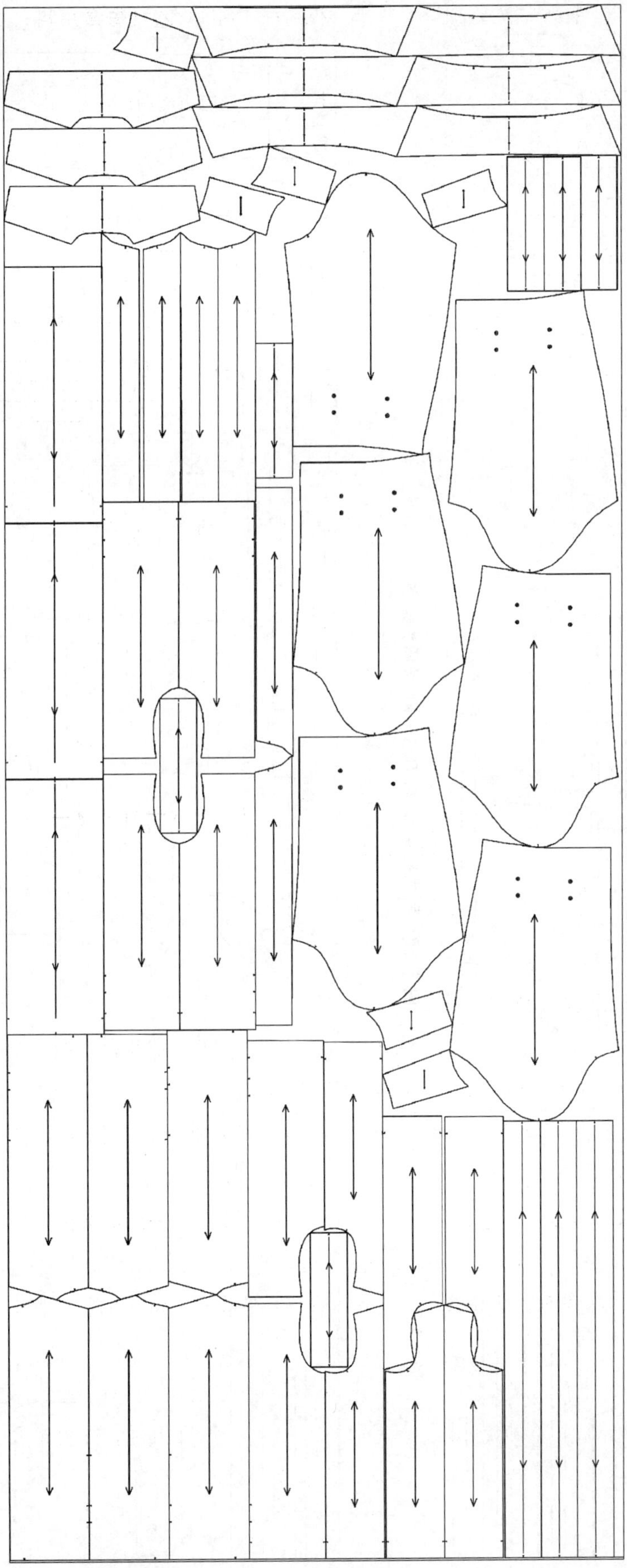

图 3-49 男式夹克衫 M、S、L 号三件排料图

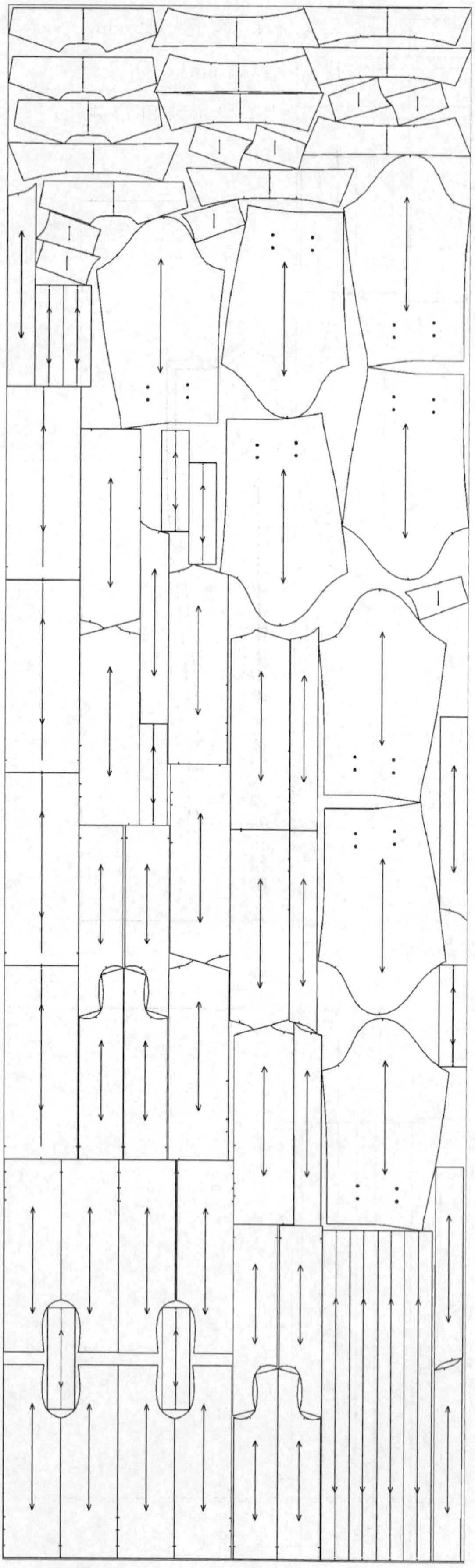

图 3-50 男式夹克衫 M、S、L、XL 号四件排料图

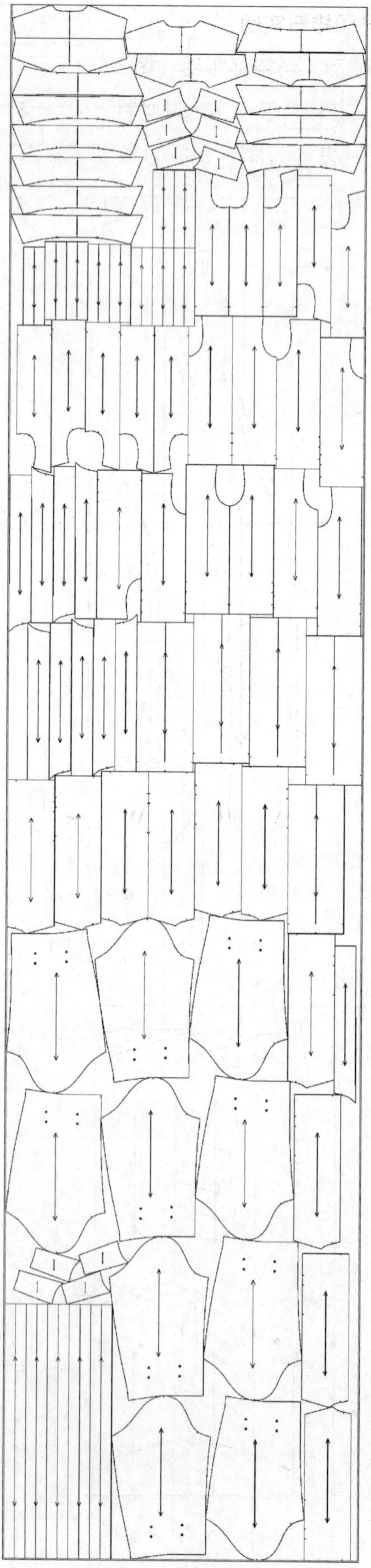

图 3-51 男式夹克衫 M、S、L、XL、XXL 号五件排料图

## 二、男式马甲排料实例

**1. 男式西服马甲样板图（图 3-52）**

**2. 男式西服马甲 M 号一件排料图(图 3-53)**

款式名：男式西服马甲。套数：M/1(总纸样数：8)。幅长：71.11 cm；幅宽：150 cm。利用率：35.94%(每套用料：71.11 cm)。

排料规则与技巧：利用缺口合并，小片填空，相似斜度紧密套排。

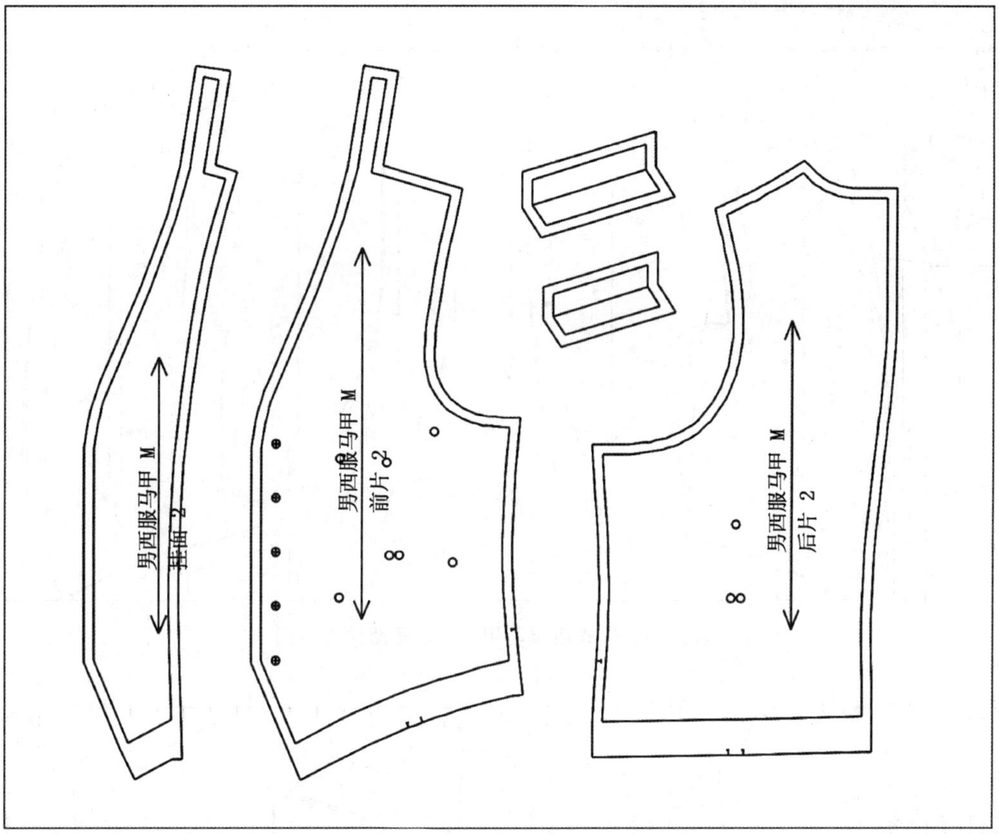


图 3-52　男式西服马甲样板图

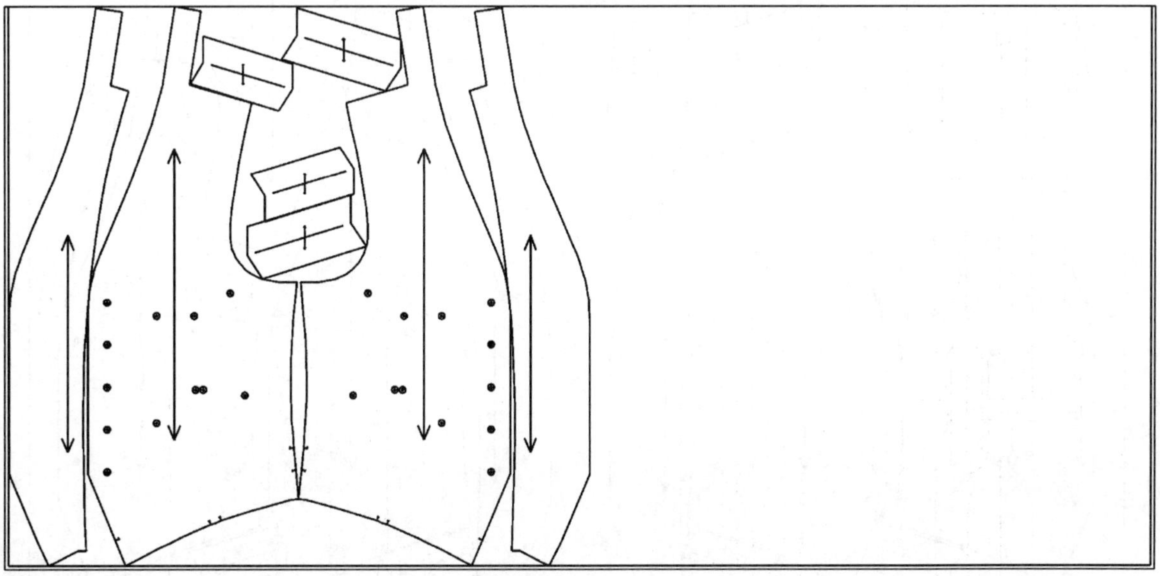

图 3-53　男式西服马甲 M 号一件排料图

**3. 男式西服马甲 M、S 号两件排料图（图 3-54）**

款式名：男式西服马甲。套数：M/1，S/1（总纸样数：16）。幅长：73.38 cm；幅宽：150 cm。利用率：69.65%（每套用料：36.96 cm）。

料规则与技巧：利用缺口合并，小片填空，相似斜度紧密套排。

**4. 男式西服马甲 M、S、L 号三件排料图（图 3-55）**

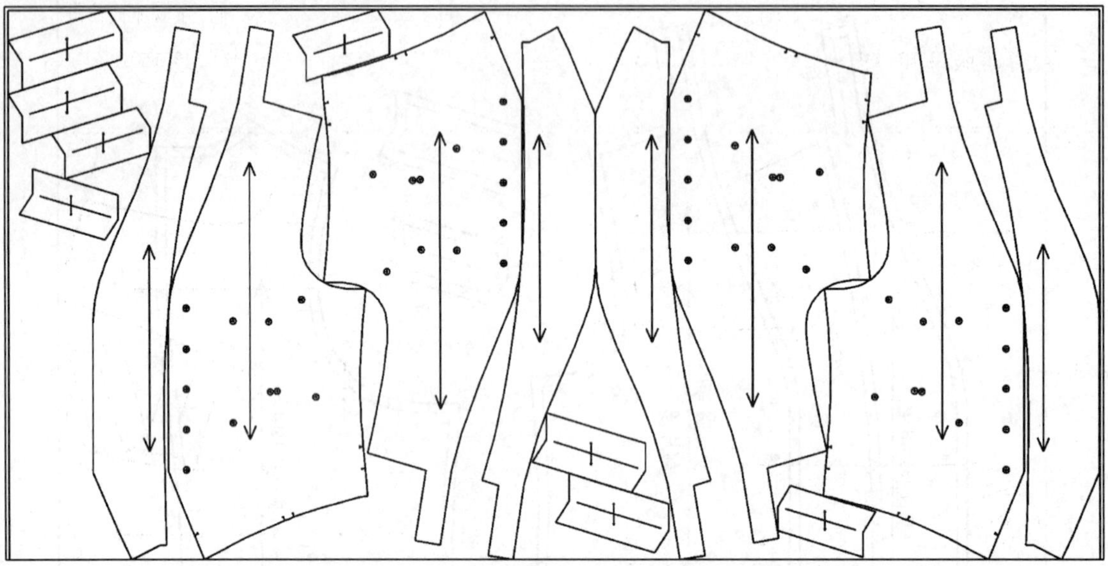

图 3-54 男式西服马甲 M、S 号两件排料图

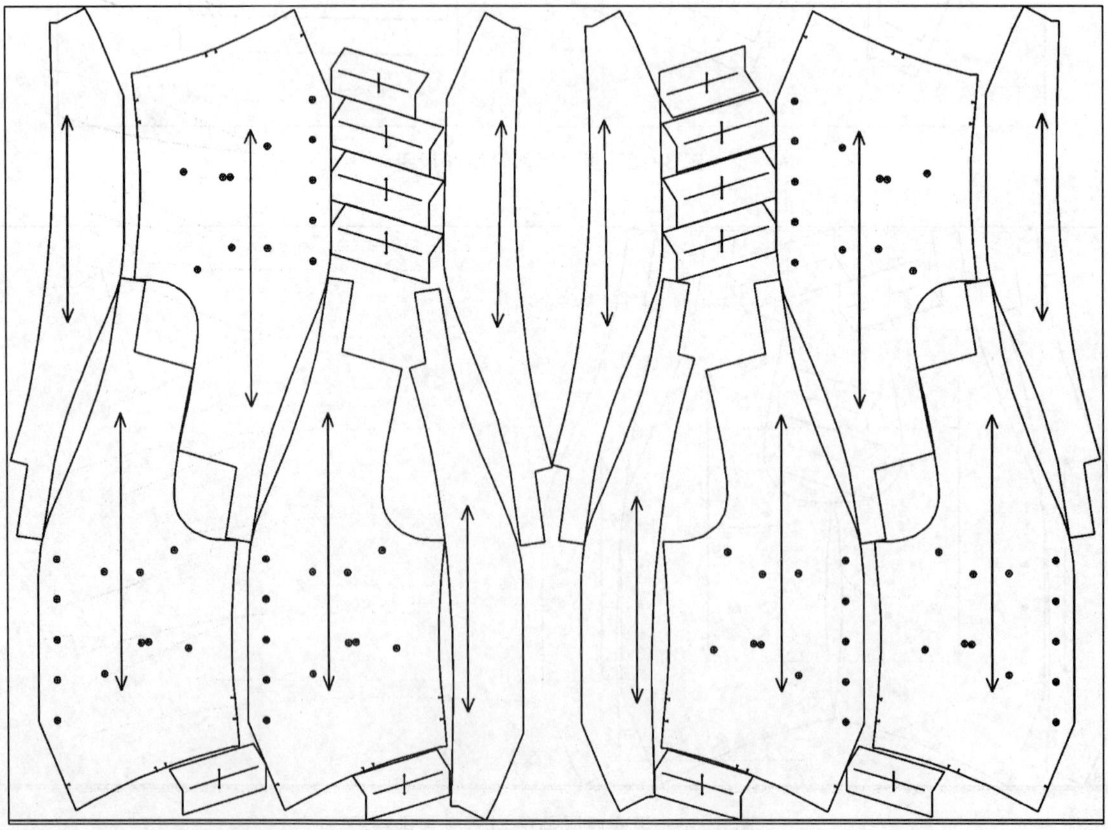

图 3-55 男式西服马甲 M、S、L 号三件排料图

款式名：男式西服马甲。套数：M/1，S/1，L/1（总纸样数：24）。幅长：108.42 cm；幅宽：150 cm。利用率：70.71%（每套用料：36.14 cm）。

排料规则与技巧：利用规格搭配，先大后小，缺口合并，先经短后纬满，相似斜度紧密套排。

**5. 男式西服马甲 M、S、L、XL 号四件排料图（图 3-56）**

款式名：男式西服马甲。套数：M/1，S/1，L/1，XL/1（总纸样数：32）。幅长：141.07 cm；幅宽：150 cm。利用率：72.46%（每套用料：35.23 cm）。

排料规则与技巧：利用规格搭配，先大后小，凹凸互套，相似斜度紧密套排。

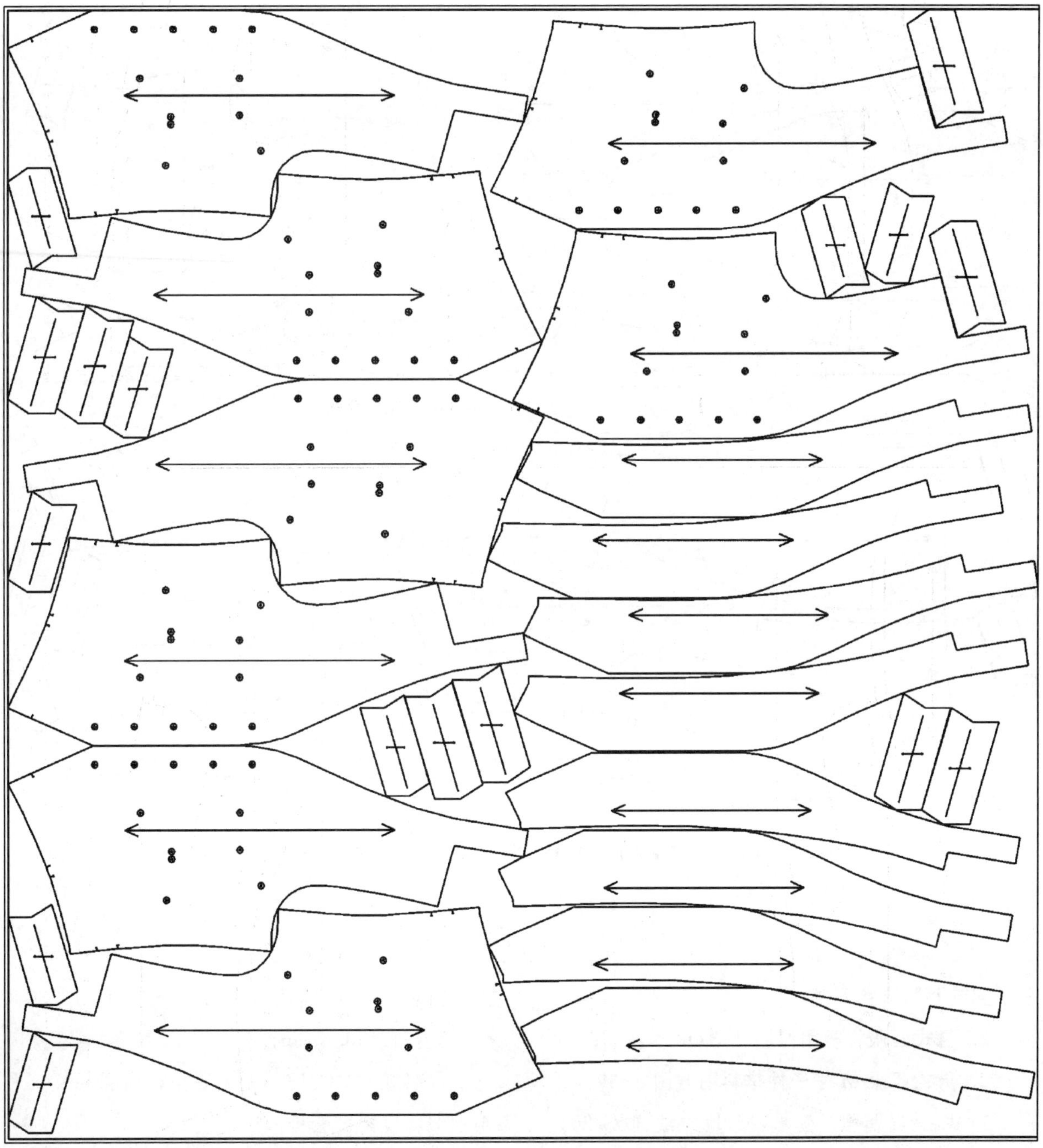

图 3-56 男式西服马甲 M、S、L、XL 号四件排料图

**6. 男式西服马甲 M、S、L、XL、XXL 号五件排料图（图 3-57）**

款式名：男式西服马甲。套数：M/1，S/1，L/1，XL/1，XXL/1（总纸样数：40）。幅宽：150 cm；幅长：174.5 cm。利用率：73.22%（每套用料：34.9 cm）。

排料规则与技巧：利用规格搭配，先大后小，相似斜度紧密套排。

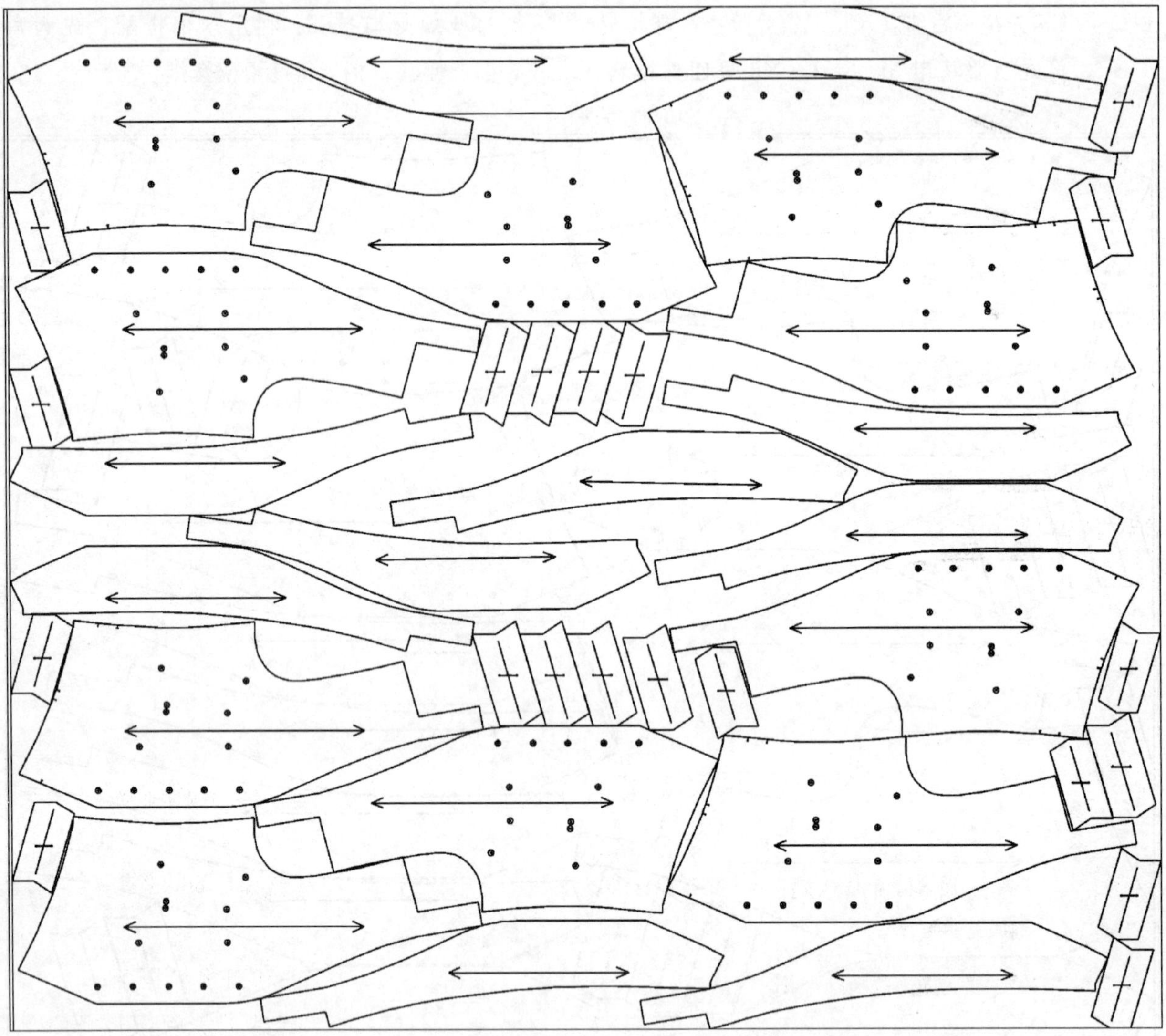

图 3-57 男式西服马甲 M、S、L、XL、XXL 号五件排料图

三、男式西服排料实例

**1. 男式西服样板图（图 3-58）**

**2. 男式西服 M 号一件排料图（图 3-59）**

款式名：男西服。套数：M/1（总纸样数：20）。幅长：143.67 cm；幅宽：150 cm。利用率：73.30%（每套用料：143.67cm）。

排料规则与技巧：先大后小，弯弧相交，利用相似斜度紧密套排。

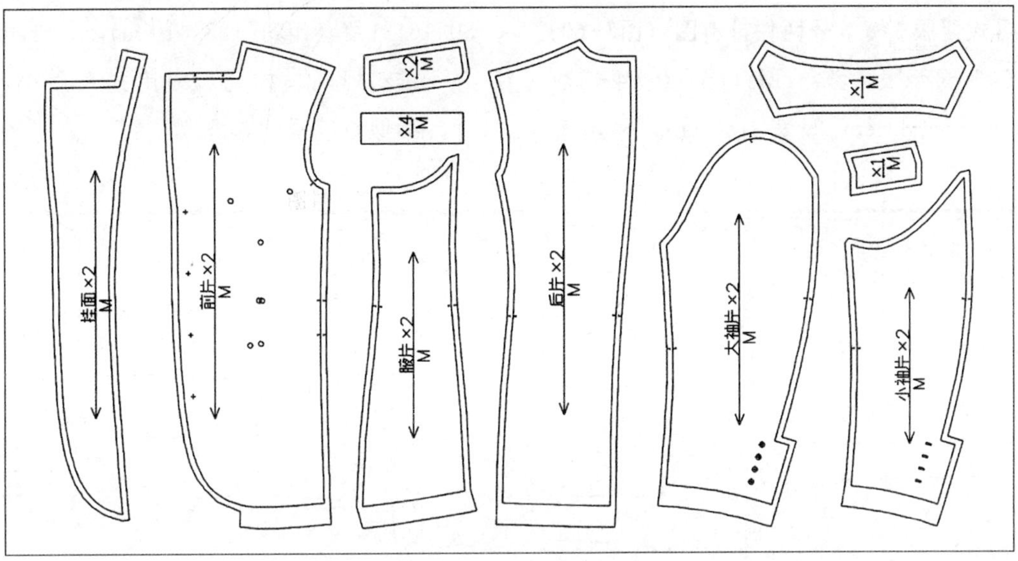


图 3-58 男式西服样板图

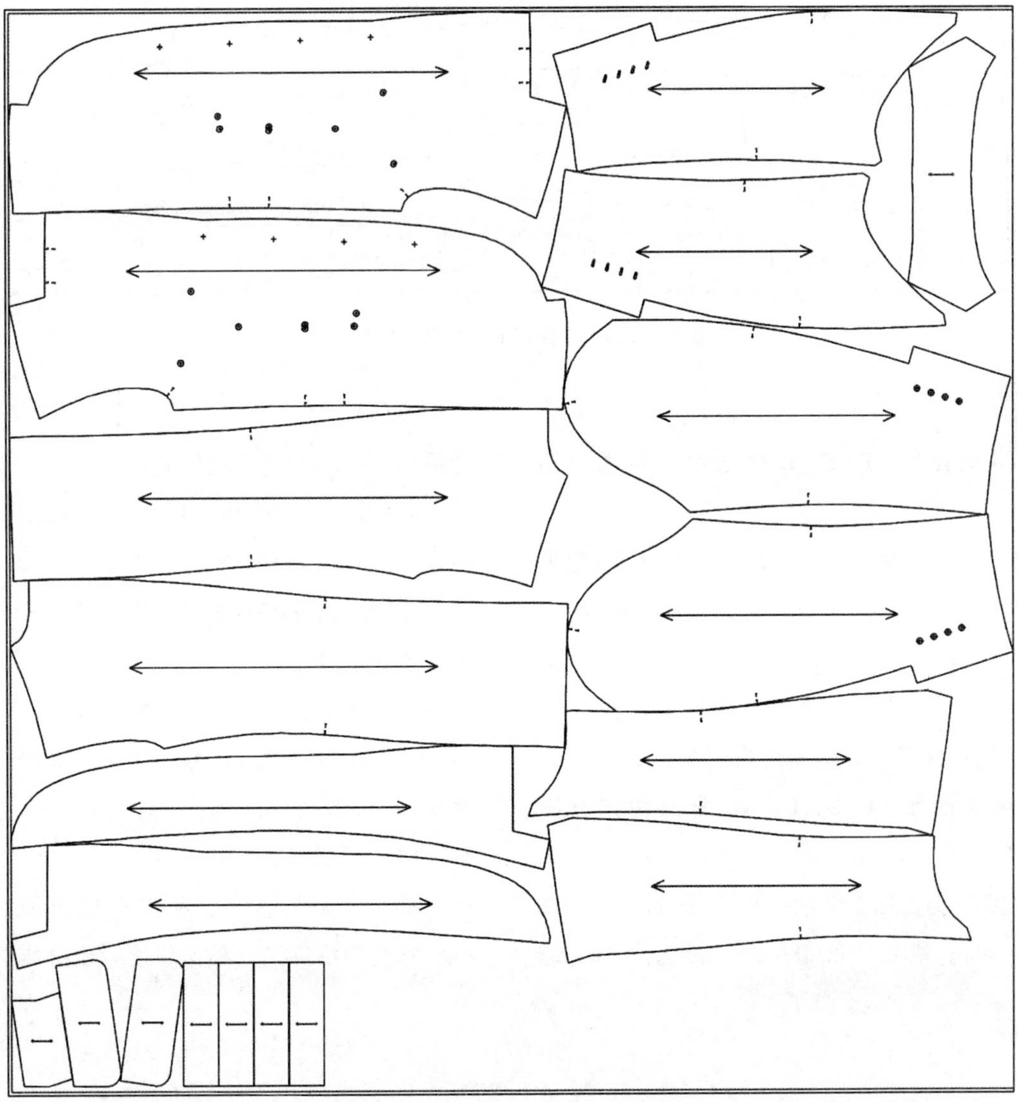

图 3-59 男式西服 M 号一件排料图

**3. 男式西服 M、S 号两件排料图（图3-60）**

款式名:男西服。套数:M/1,S/1(总纸样数:40)。幅长:256.82 cm;幅宽:150 cm。利用率:80.16%(每套用料:128.41 cm)。

排料规则与技巧：利用先大后小，凹凸合并，相似斜度紧密套排。

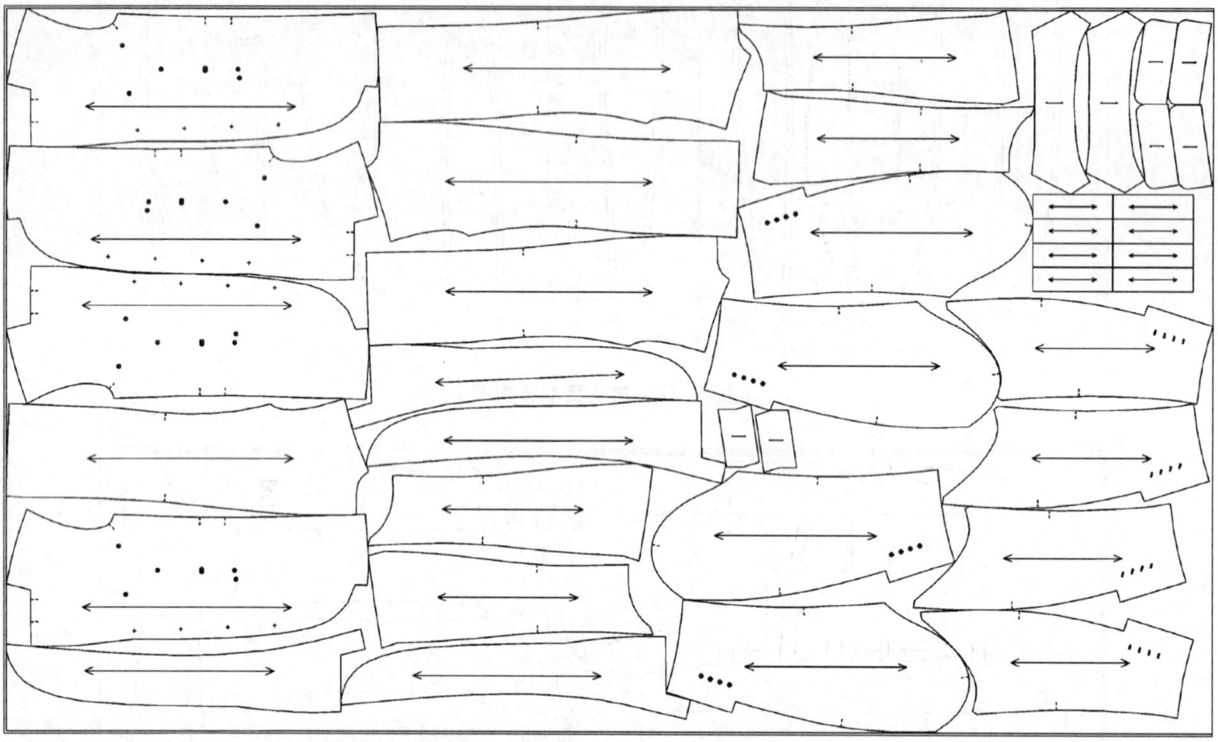

图 3-60　男式西服 M、S 号两件排料图

**4. 男式西服 M、S、L 号三件排料图（图 3-61）**

款式名:男西服。套数:M/1，S/1，L/1(总纸样数:60)。幅长:382.48 cm;幅宽:150 cm。利用率:82.61%(每套用料:127.49 cm)。

排料规则与技巧：利用规格搭配，先大后小，先经短后纬满，相似斜度紧密套排。

**5. 男式西服 M、S、L、XL 号四件排料图（图 3-62）**

款式名：男西服。套数：M/2，S/1，L/1（总纸样数：80)。幅长：521.30 cm；幅宽：150 cm。利用率：80.80%（每套用料：130.33 cm)。

排料规则与技巧：利用规格搭配，先大后小，先经短后纬满，相似斜度紧密套排。

**6. 男式西服 M、S、L、XL、XXL 号五件排料图（图 3-63）**

款式名：男西服。套数：M/1，S/1，L/1，XL/1，XXL/1（总纸样数：100)。幅宽：150 cm；幅长：651.62 cm。利用率：80.46%（每套用料：130.32 cm)。

排料规则与技巧：利用规格搭配，先大后小，先经短后纬满，相似斜度紧密套排。

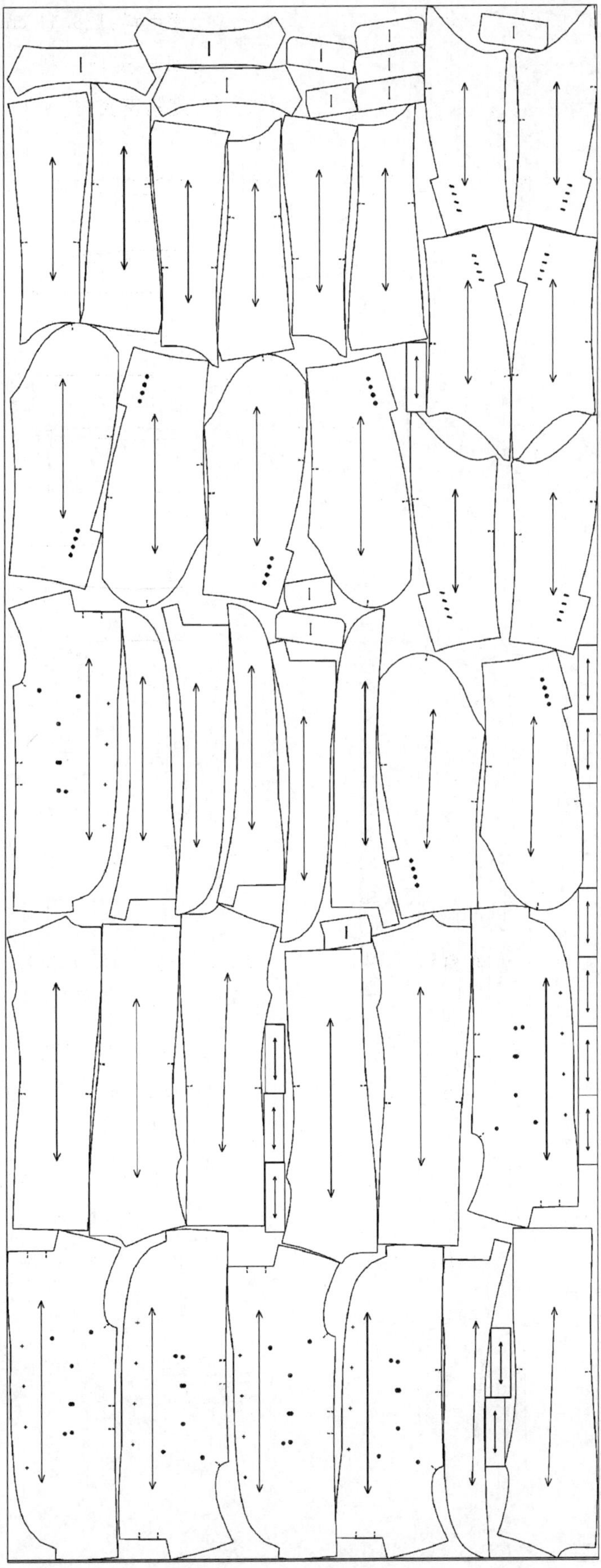

图 3-61　男式西服 M、S、L 号三件排料图

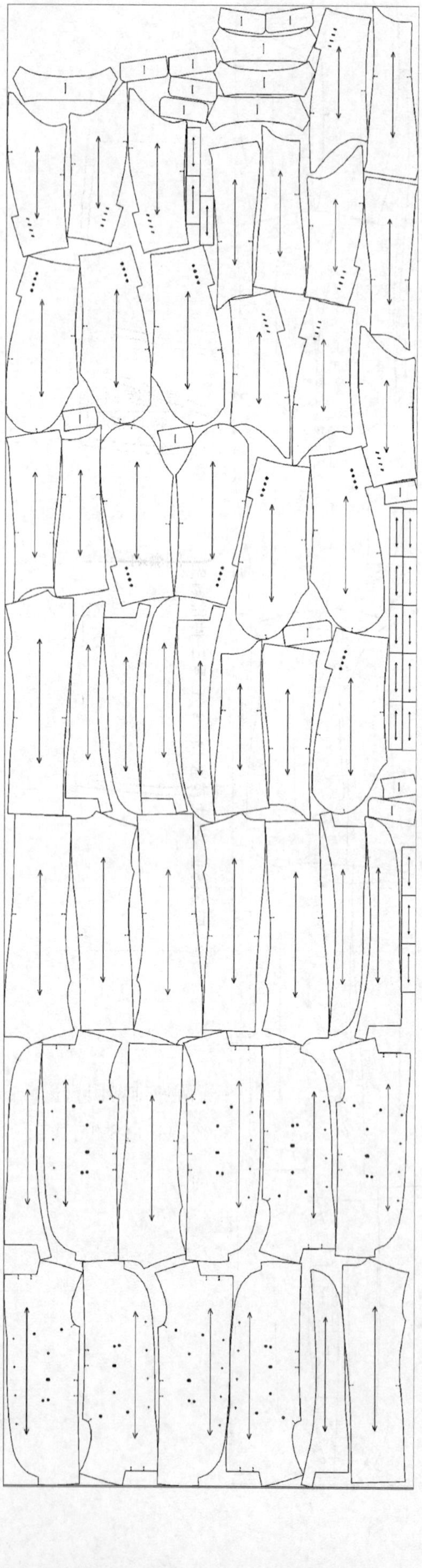

图 3-62 男式西服 M、S、L、XL 号四件排料图

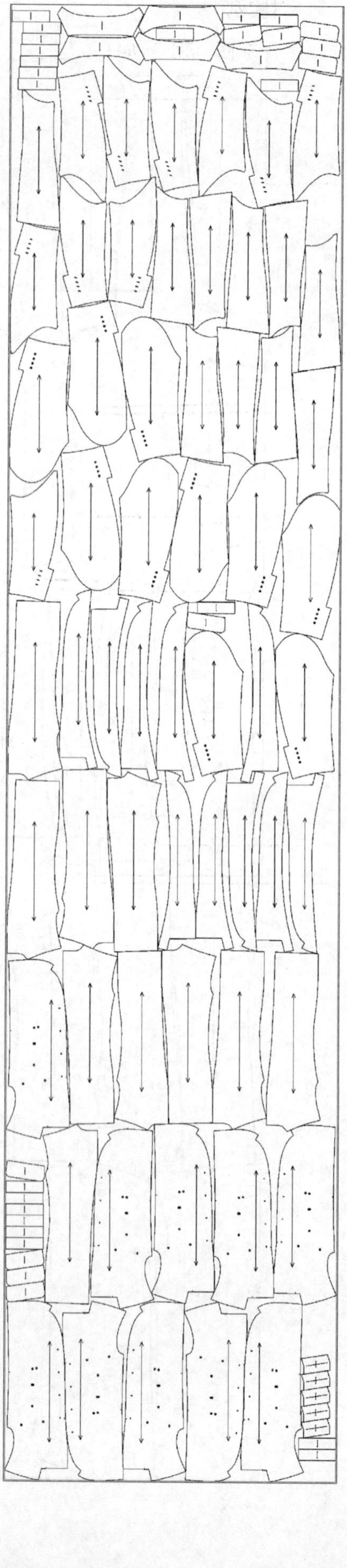

图 3-63 男式西服 M、S、L、XL、XXL 号五件排料图

## 四、男式西裤排料实例

### 1. 男式西裤样板图（图 3-64）

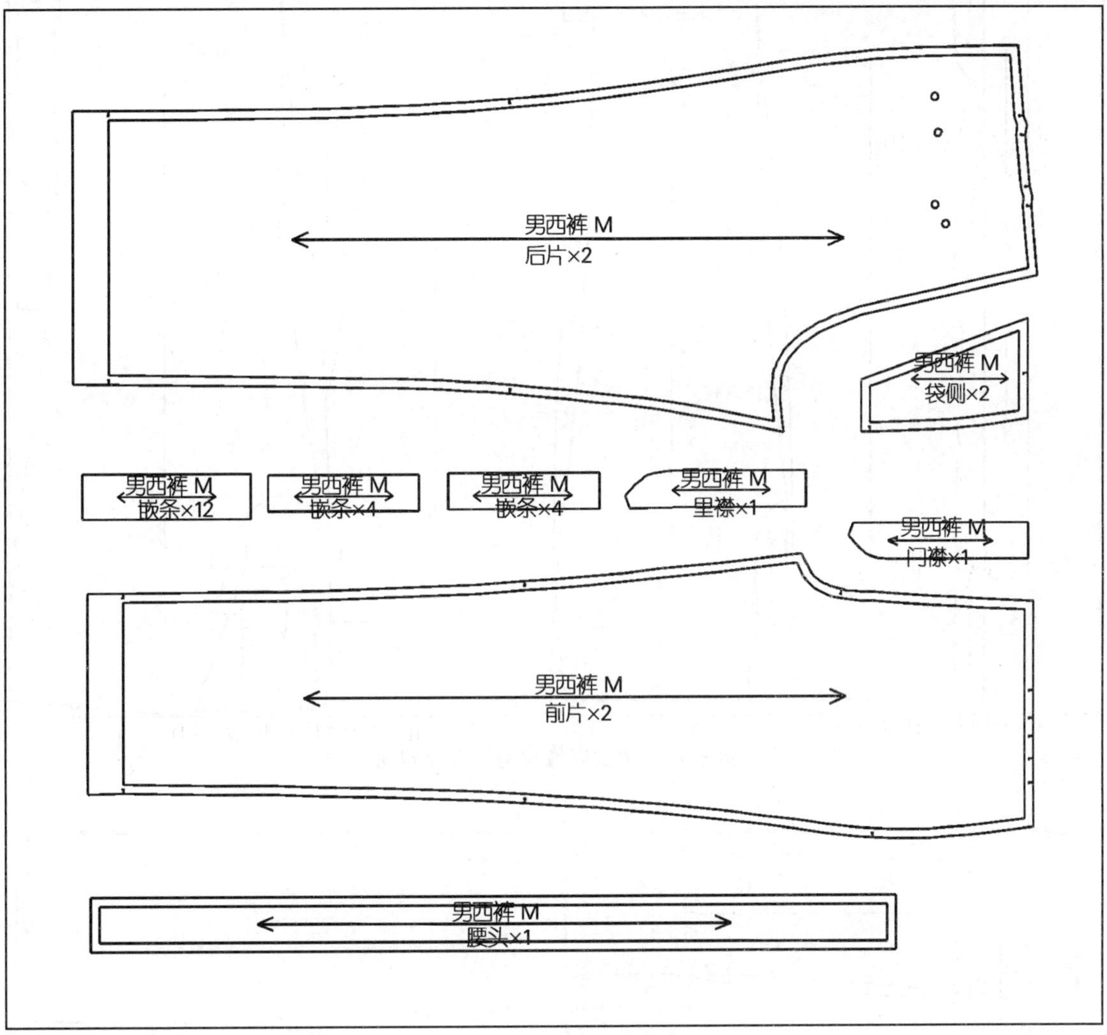


图 3-64　男式西裤样板图

### 2. 男式西裤 M 号一件排料图（图 3-65）

款式名：男西裤。套数：M/1（总纸样数：15）。幅长：109.57 cm；幅宽：150 cm。利用率：83.07%（每套用料 109.57 cm）。

排料规则与技巧：大片定局，小片填空，利用相似斜度紧密套排。

### 3. 男式西裤 M、S 号两件排料图（图3-66）

款式名：男西裤。套数：M/1，S/1（总纸样数：30）。幅长：218.65 cm；幅宽：150 cm。利用率：83.26%（每套用料：109.32 cm）。

排料规则与技巧：利用先大后小，相似斜度紧密套排。

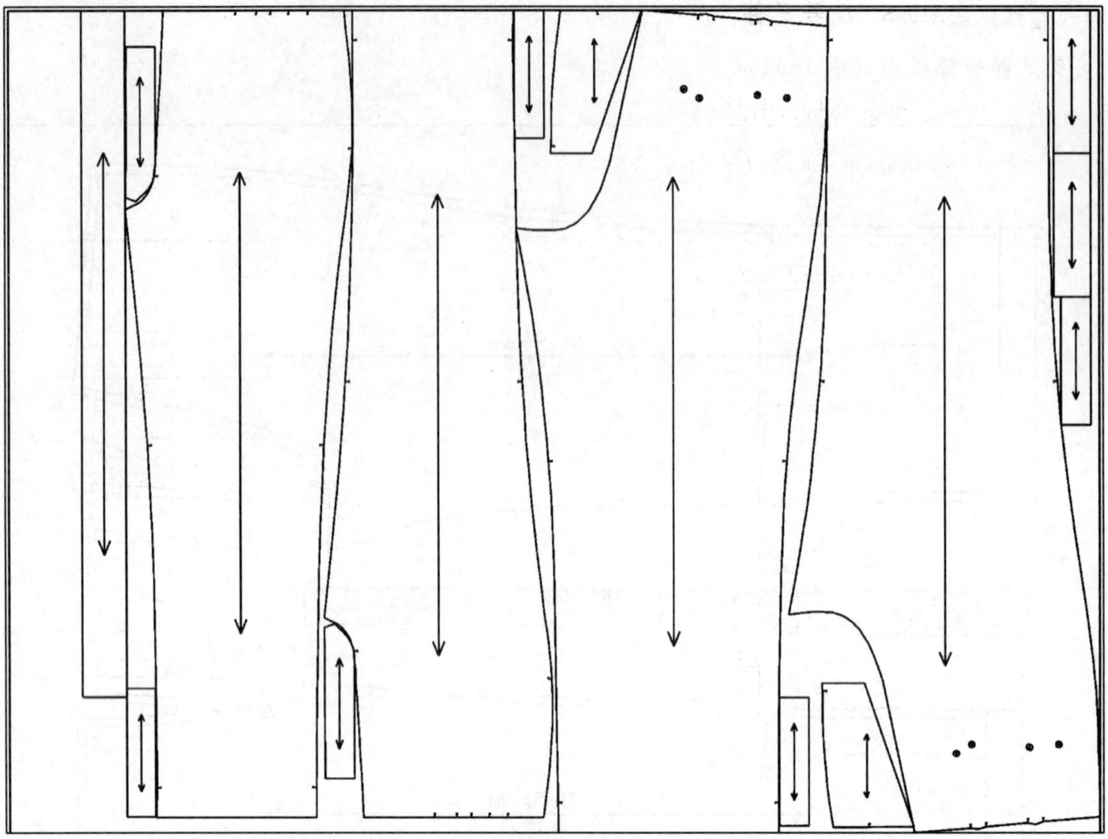

图 3-65 男式西裤 M 号一件排料图

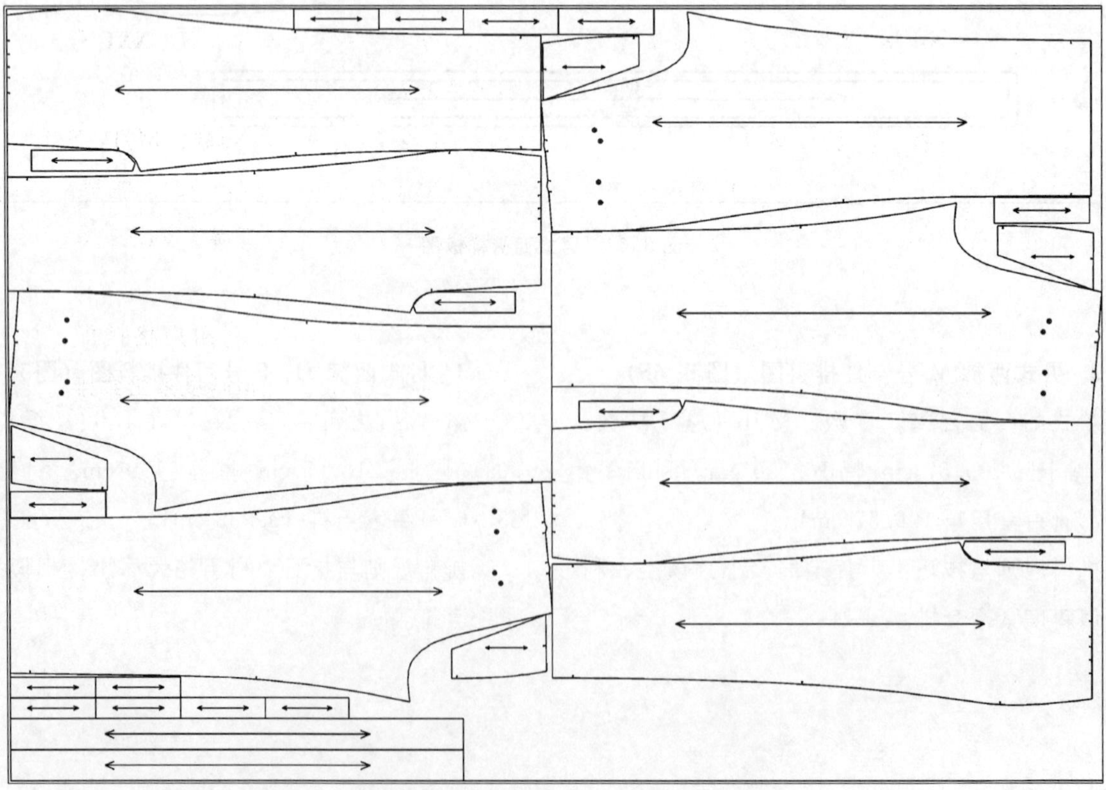

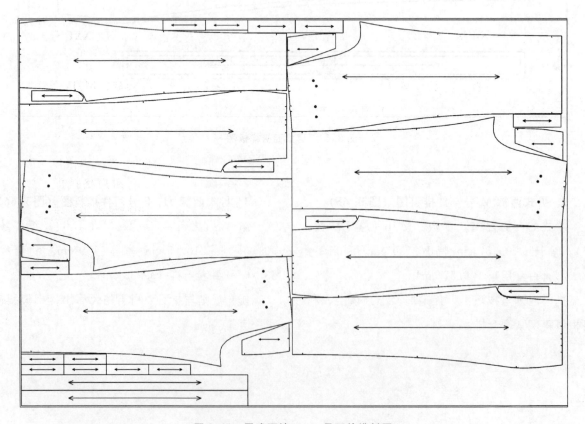

图 3-66 男式西裤 M、S 号两件排料图

**4. 男式西裤 M、S、L 号三件排料图（图 3-67）**

款式名:男西裤。套数:M/1，S/1，L/1(总纸样数:45)。幅长:325.65 cm;幅宽:150 cm。利用率:83.86%(每套用料:108.55 cm)。

排料规则与技巧：利用规格搭配，先大后小，相似斜度紧密套排。

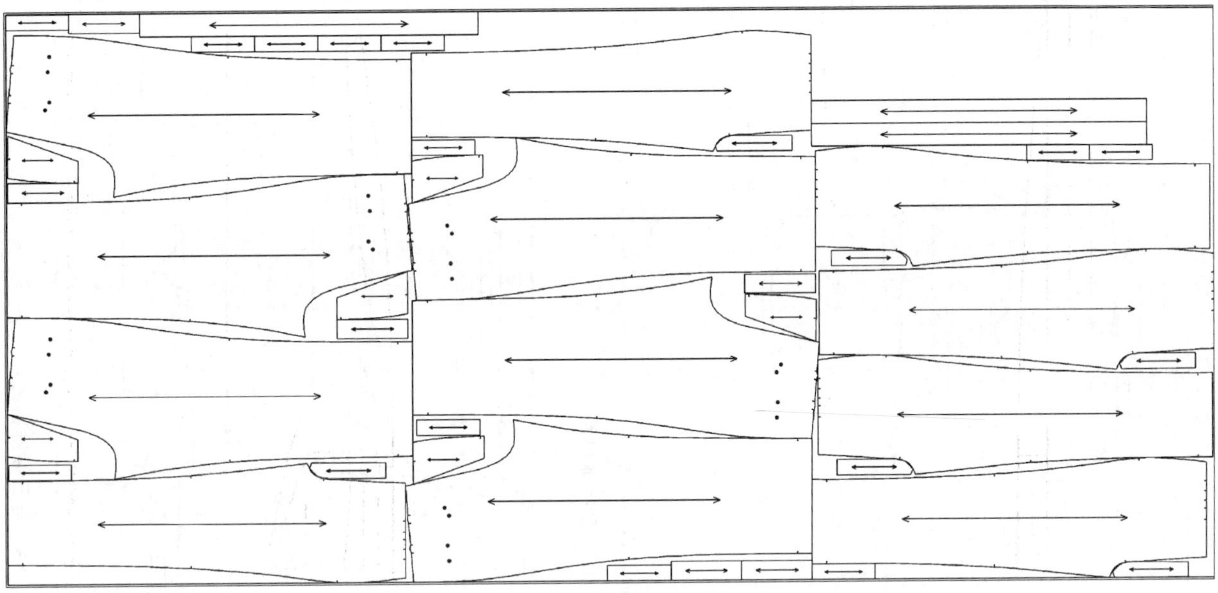

图 3-67　男式西裤 M、S、L 号三件排料图

**5. 男式西裤 M、S、L、XL 号四件排料图(图 3-68)**

款式名：男西裤。套数：M/1，S/1，L/1，XL/1（总纸样数：60）。幅长：434.01 cm；幅宽：150 cm。利用率：83.89%（每套用料：108.5 cm）。

排料规则与技巧：利用规格搭配，先大后小，先经短后纬满，相似斜度紧密套排。

**6. 男式西裤 M、S、L、XL、XXL 号五件排料图（图 3-69）**

款式名：男西裤。套数：M/1，S/1，L/1，XL/1，XXL/1（总纸样数：75）。幅宽：150 cm；幅长：541.72 cm。利用率：84.01%（每套用料：108.34 cm）。

排料规则与技巧：利用规格搭配，先大后小，先经短后纬满，相似斜度紧密套排。

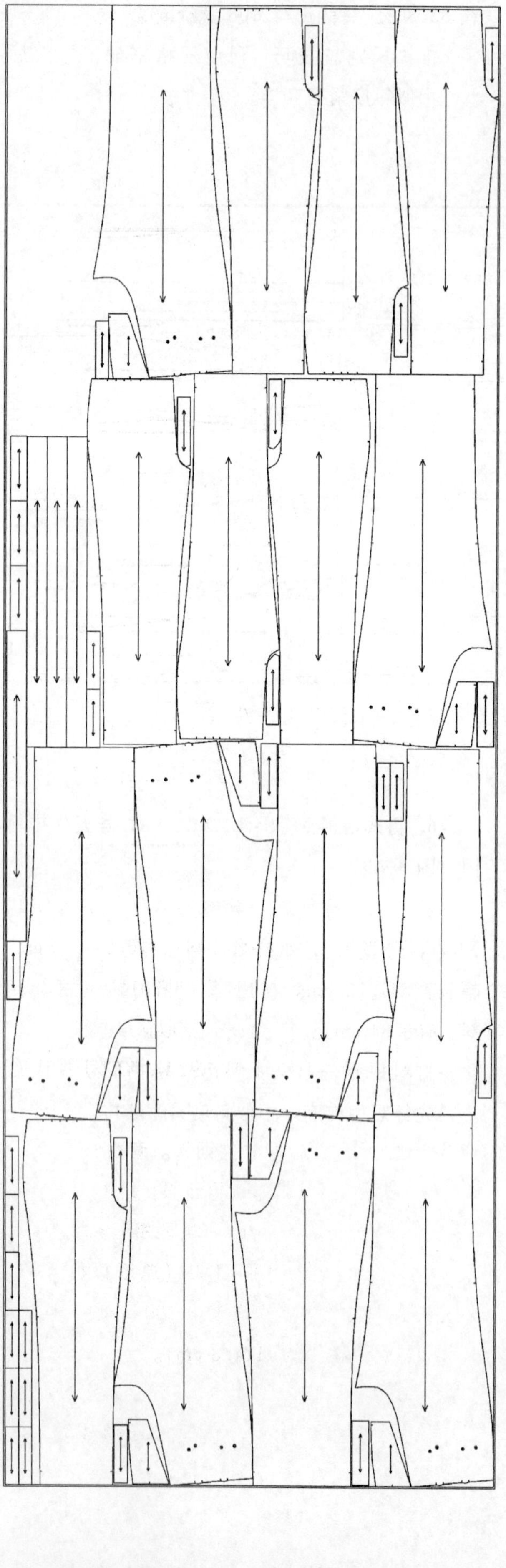

图 3-68 男式西裤 M、S、L、XL 号四件排料图

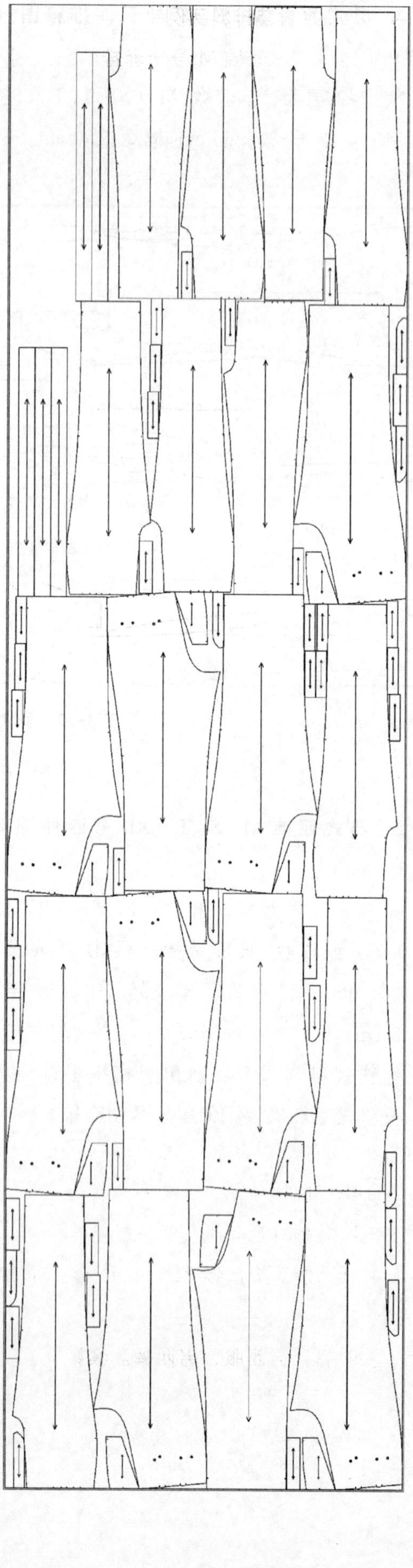

图 3-69 男式西裤 M、S、L、XL、XXL 号五件排料图

## 五、男式西服套装排料实例

### 1. 男式西服套装 M 号一套排料图（图3-70）

款式名：男西服、男西裤。套数：（男西服）M/1，（男西裤）M/1（总纸样数：35）。幅长：252.55 cm；幅宽：150 cm。利用率：77.72%（每套用料：126.27 cm）。

排料规则与技巧：利用缺口合并，凹凸合并，相似斜度紧密套排。

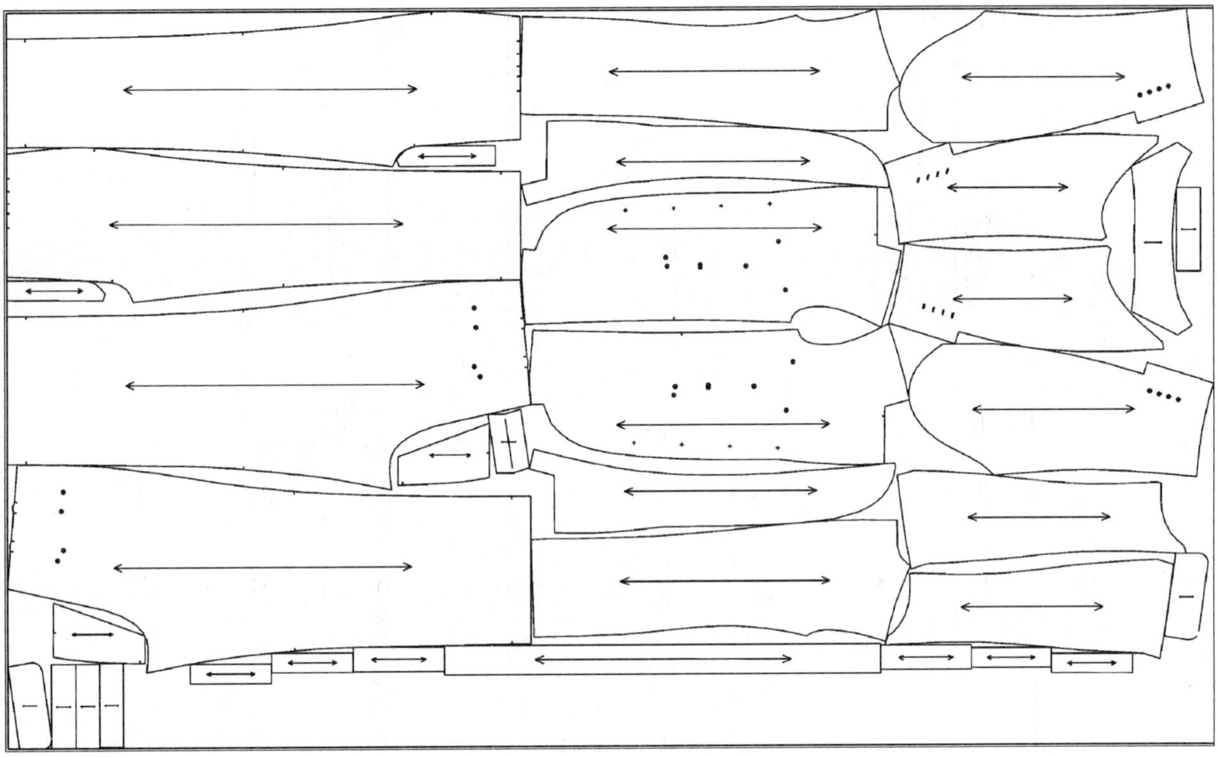

图 3-70　男式西服套装 M 号一件排料图

### 2. 男式西服套装 M、S 号两套排料图（图 3-71）

款式名：男西服、男西裤。套数：（男西服）M/1，（男西服）S/1，（男西裤）M/1，（男西裤）S/1（总纸样数：70）。幅长：481.52 cm；幅宽：150 cm。利用率：81.53%（每套用料：120.38 cm）。

排料规则与技巧：利用先大后小，相似斜度紧密套排，整理后可进行整床倒插。

### 3. 男式西服套装 M、S、L 号三套排料图（图 3-72）

款式名：男西服、男西裤。套数：（男西服）M/1，（男西服）S/1，（男西服）L/1，（男西裤）M/1，（男西裤）S/1，（男西裤）L/1（总纸样数：105）。幅长：697.26 cm；幅宽：150 cm。利用率：84.45%（每套用料：116.21 cm）。

排料规则与技巧：利用规格搭配，先大后小，凹凸合并，先经短后纬满，相似斜度紧密套排。

### 4. 男式西服套装 M、S、L、XL 号四套排料图（图 3-73）

款式名：男西服，男西裤。套数：（男西服）M/1，（男西服）S/1，（男西服）L/1，（男西服）XL/1，（男西裤）M/1，（男西裤）S/1，（男西裤）L/1，（男西裤）XL/1（总纸样数：140）。幅长：914.43 cm；幅宽：150 cm。利用率：85.86%（每套用料 114.3 cm）。

排料规则与技巧：利用规格搭配，先大后小，凹凸合并，先经短后纬满，相似斜度，两端齐平，紧密套排。

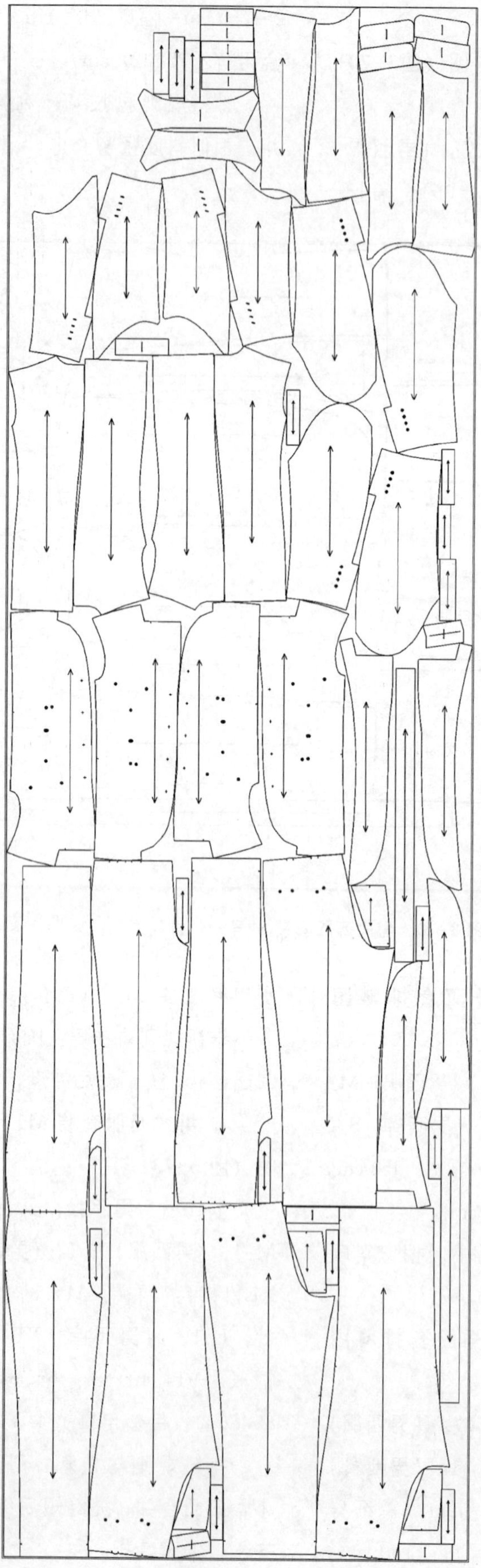

图 3-71 男式西服套装 M、S 号两套排料图

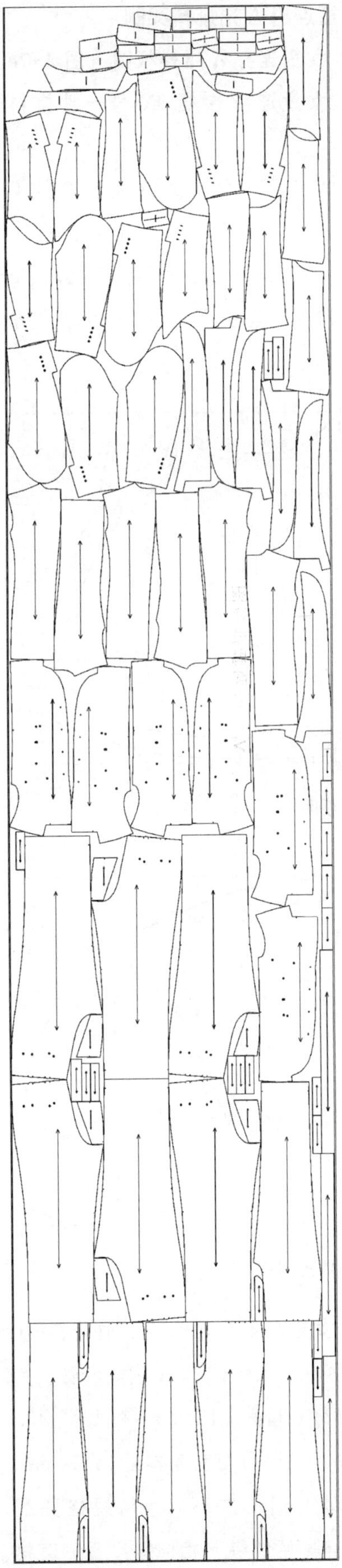

图 3-72　男式西服套装 M、S、L 号三套排料图

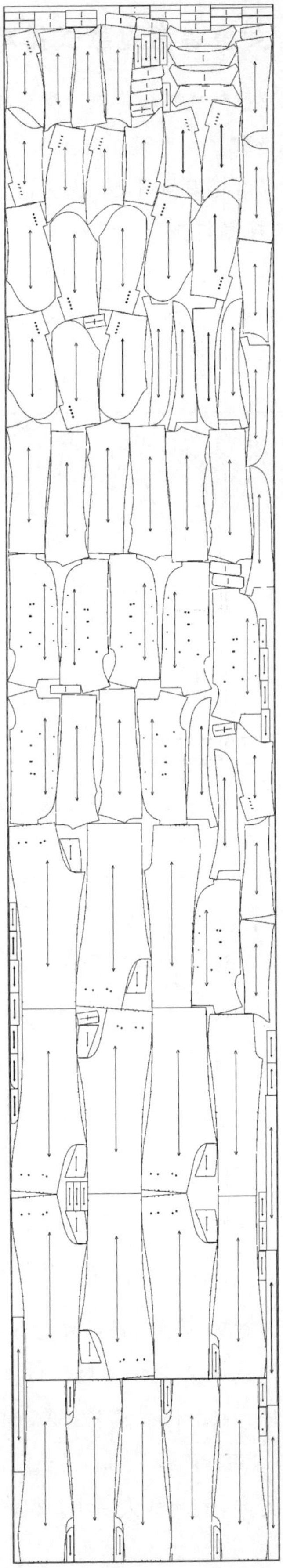

图 3-73　男式西服套装 M、S、L、XL 号四套排料图

## 第六节 女童装常见款式排料

本节为女童常见款式排料示例，并配有完整的样板图。分别选取了女童装中常见五个款式，在统一的常规 1.5 m 幅宽面料上，充分运用本章第1～3 节的排料规则与技巧，针对独立款式分别进行一件至四件不同规格的套排实例，其中单件排料适合定做和家庭生产，多件套排适合工业批量生产，以供学习和参考。

### 一、女童连身 A 裙排料实例

**1. 女童连身 A 裙样板图（图 3-74）**

**2. 女童连身 A 裙 9Y 号一件排料图（图 3-75）**

款式名：女童连身 A 裙。套数：9Y/1（总纸样数：4）。幅宽：150 cm；幅长：49.14 cm。利用率：63.33%（每套用料：49.14 cm）。

排料规则与技巧：利用相似斜度紧密套排。

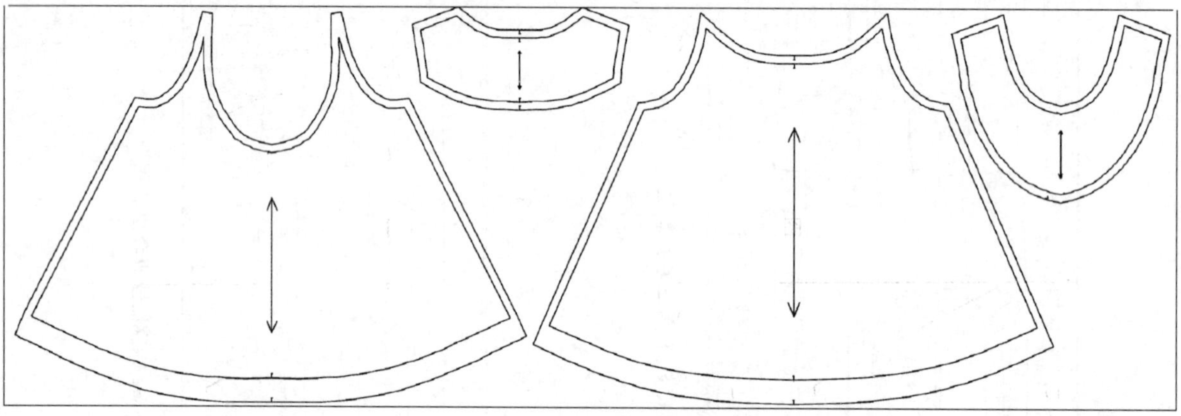

图 3-74 女童连身 A 裙样板图

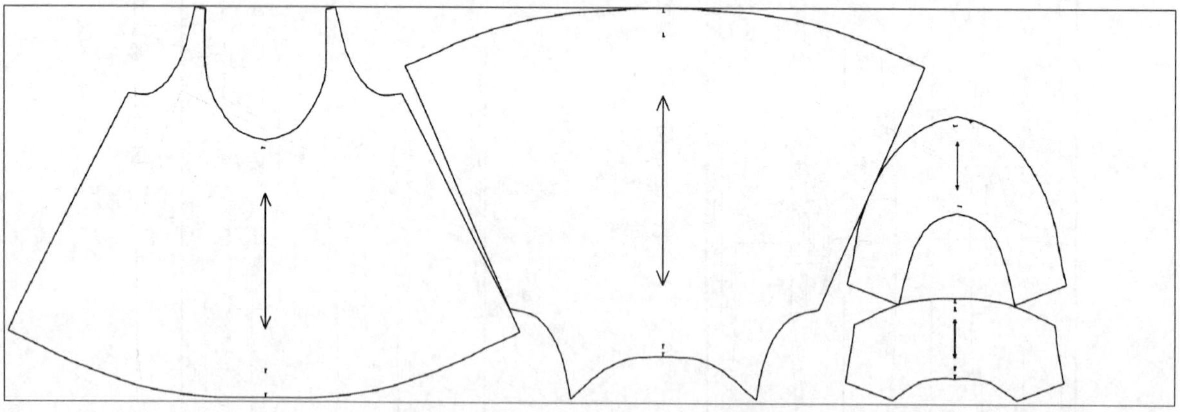

图 3-75 女童连身 A 裙 9Y 号一件排料图

**3. 女童连身 A 裙 9Y 号两件排料图(图 3-76)**

款式名：女童连身 A 裙。套数：9Y/2（总纸样数：8）。幅宽：150 cm；幅长：97.04 cm。利用率：64.14%（每套用料：48.52 cm）。

排料规则与技巧：利用先大后小，相似斜度紧密套排。

**4. 女童连身 A 裙 9Y 号三件排料图(图 3-77)**

款式名：女童连身 A 裙。套数：9Y/3（总纸样数：12）。幅宽：150 cm；幅长：145.57 cm。利用率：64.14%（每套用料：48.52 cm）。

排料规则与技巧：利用规格搭配，先大后小，先经短后纬满，相似斜度紧密套排。

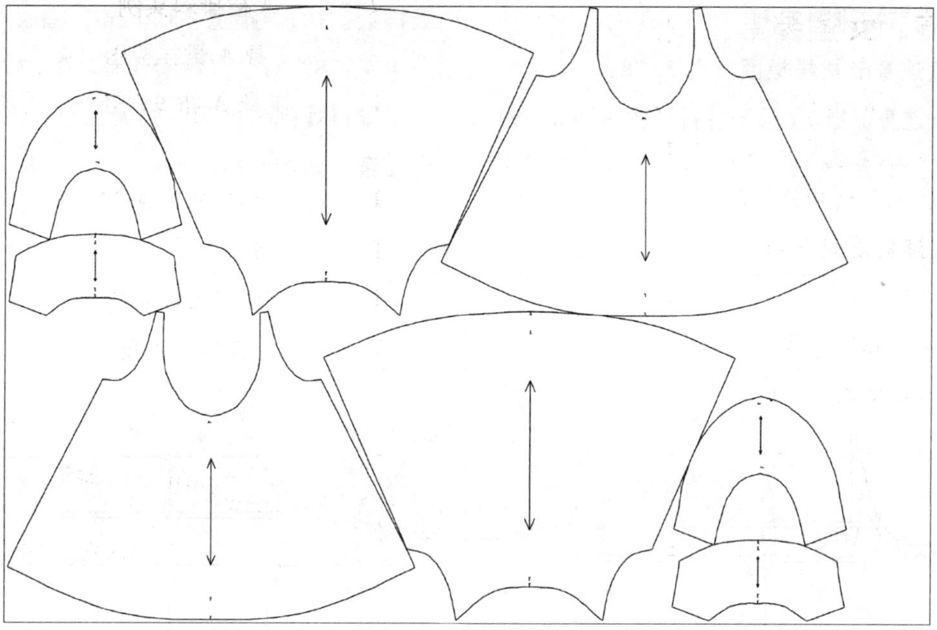

图 3-76　女童连身 A 裙 9Y 号两件排料图

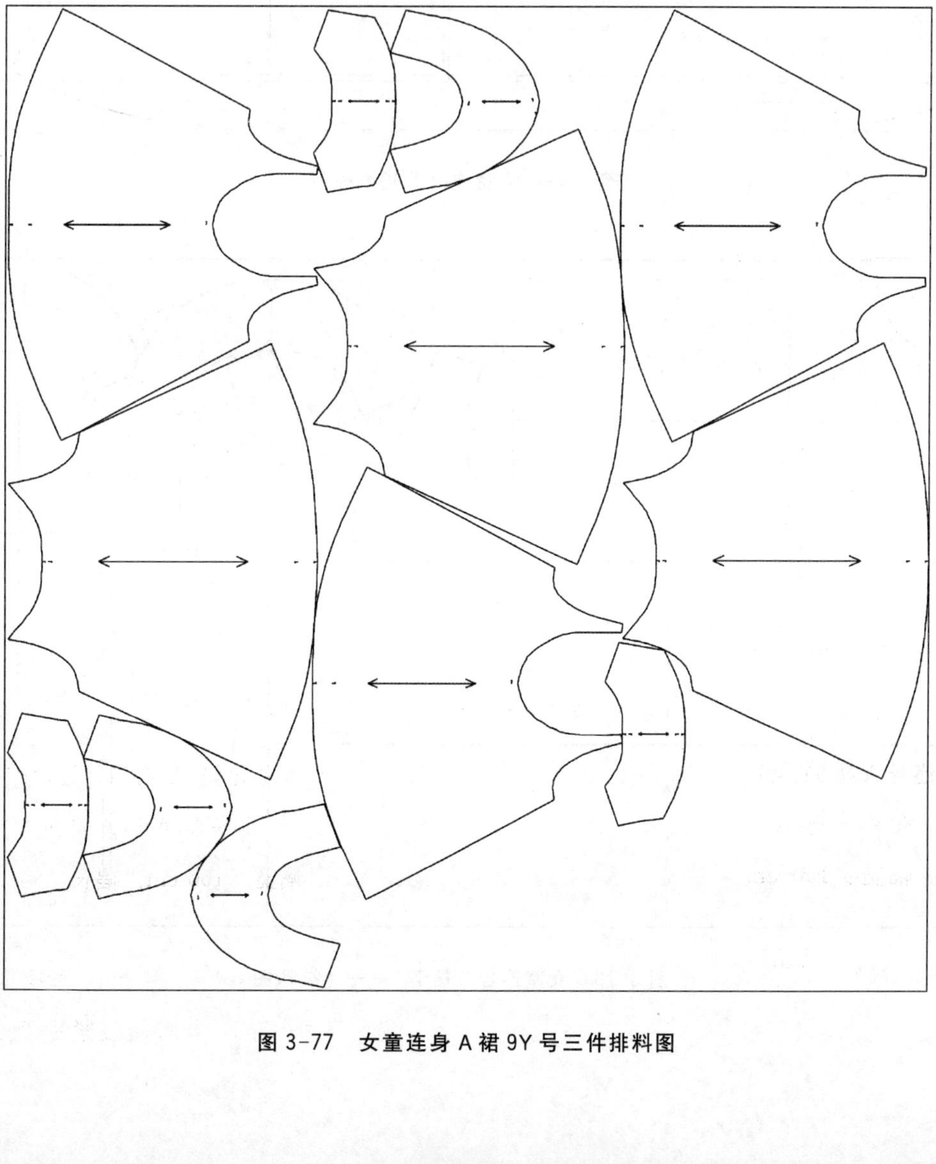

图 3-77　女童连身 A 裙 9Y 号三件排料图

## 二、女童连身节裙排料实例

**1. 女童连身节裙样板图（图 3-78）**

**2. 女童连身节裙 7Y 号一件排料图（图 3-79）**

款式名：女童连身节裙。套数：7Y/1（总纸样数：10）。幅宽：150 cm；幅长：80.39 cm。利用率：82.31%（每套用料：80.39 cm）。

排料规则与技巧：先大后小，齐边平靠，凹凸互套，紧密套排。

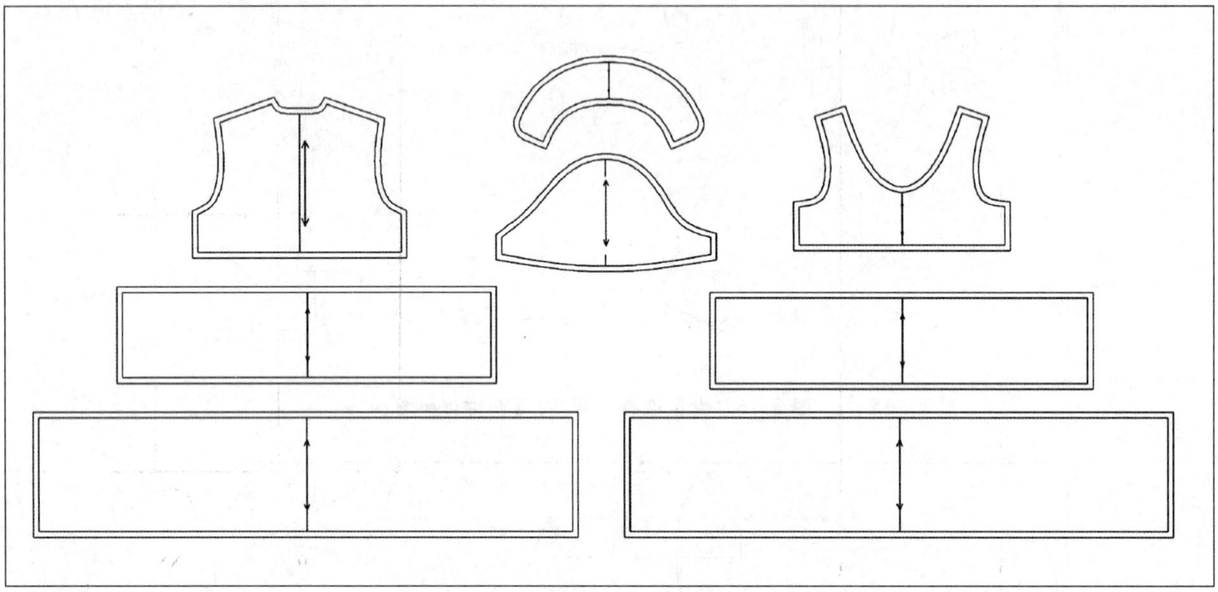

图 3-78 女童连身节裙样板图

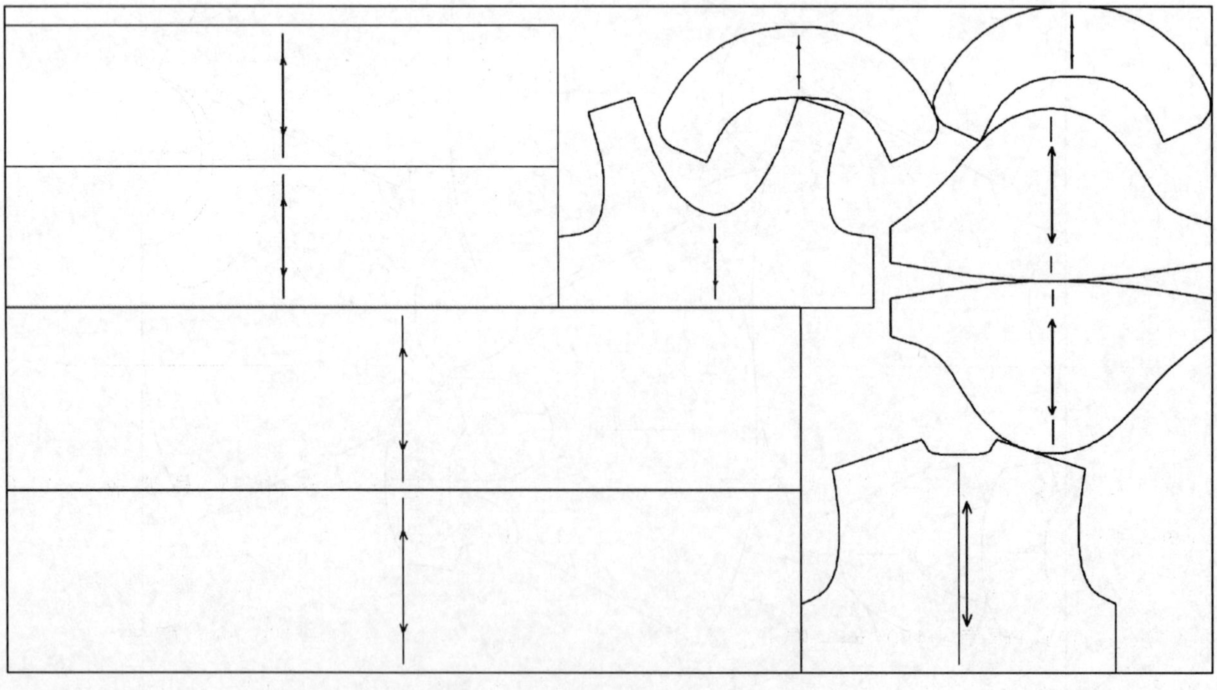

图 3-79 女童连身节裙 7Y 号一件排料图

**3. 女童连身节裙 7Y 号两件排料图(图 3-80)**

款式名：女童连身节裙。套数：7Y/2（总纸样数：20）。幅宽：150 cm；幅长：156 cm。利用率：84.83%（每套用料：78 cm）。

排料规则与技巧：利用先大后小，齐边平靠，弯弧相交，凹凸互套，紧密套排。

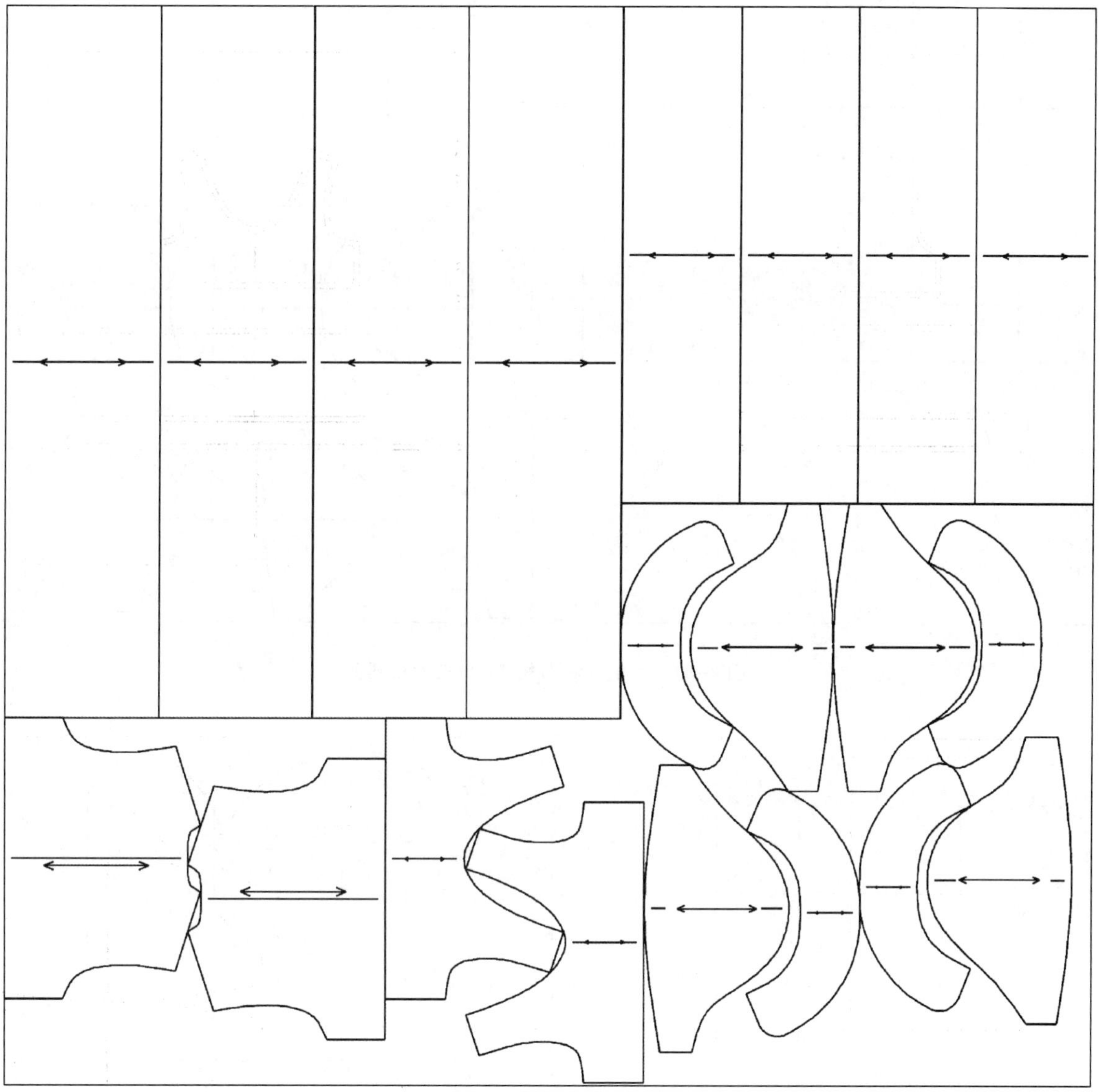

图 3-80　女童连身节裙 7Y 号两件排料图

**4. 女童连身节裙 7Y 号三件排料图(图 3-81)**

款式名：女童连身节裙。套数：7Y/3（总纸样数：30）。幅宽：150 cm；幅长：234 cm。利用率：84.83%（每套用料：78 cm）。

排料规则与技巧：利用先大后小，齐边平靠，弯弧相交，凹凸互套，紧密套排。

**5. 女童连身节裙 7Y 号四件排料图(图 3-82)**

款式名：女童连身节裙。套数：7Y/4（总纸样数：40）。幅宽：150 cm；幅长：312 cm。利用率：84.83%（每套用料：78 cm）。

排料规则与技巧：利用先大后小，齐边平靠，弯弧相交，凹凸互套，紧密套排。

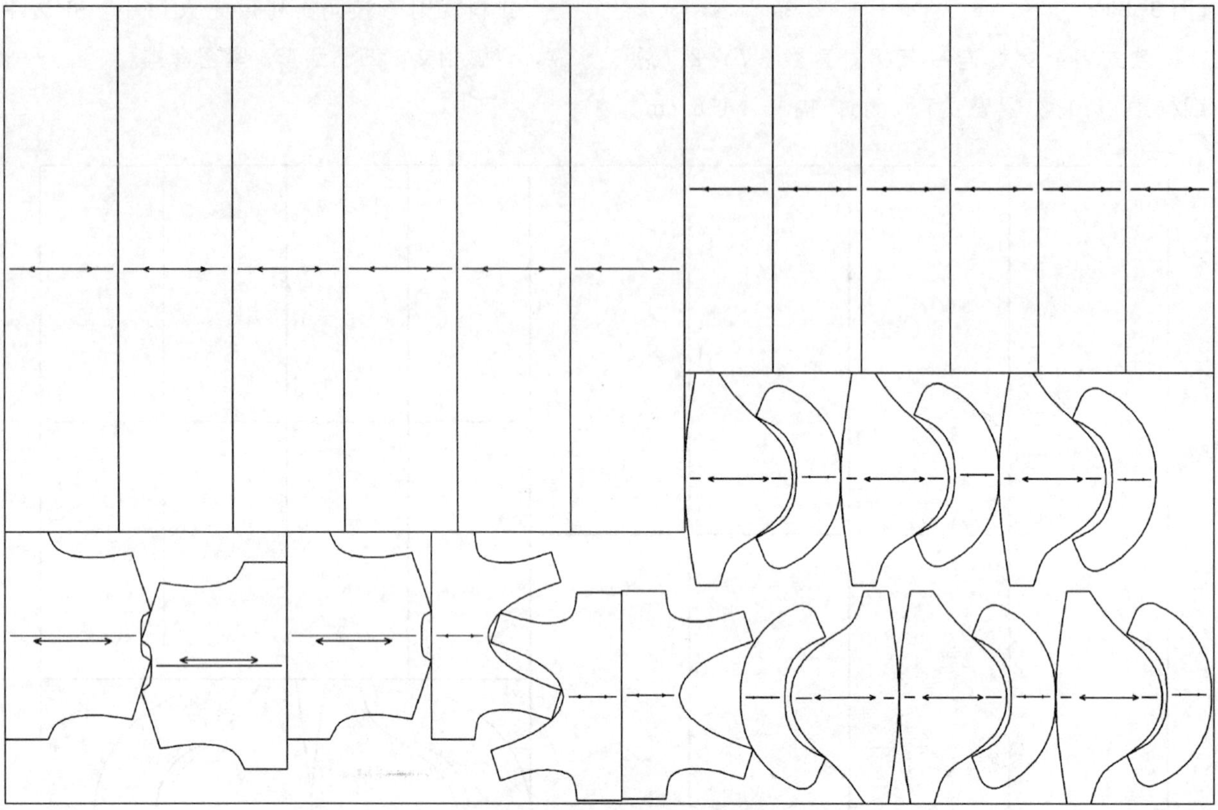

图 3-81 女童连身节裙 7Y 号三件排料图

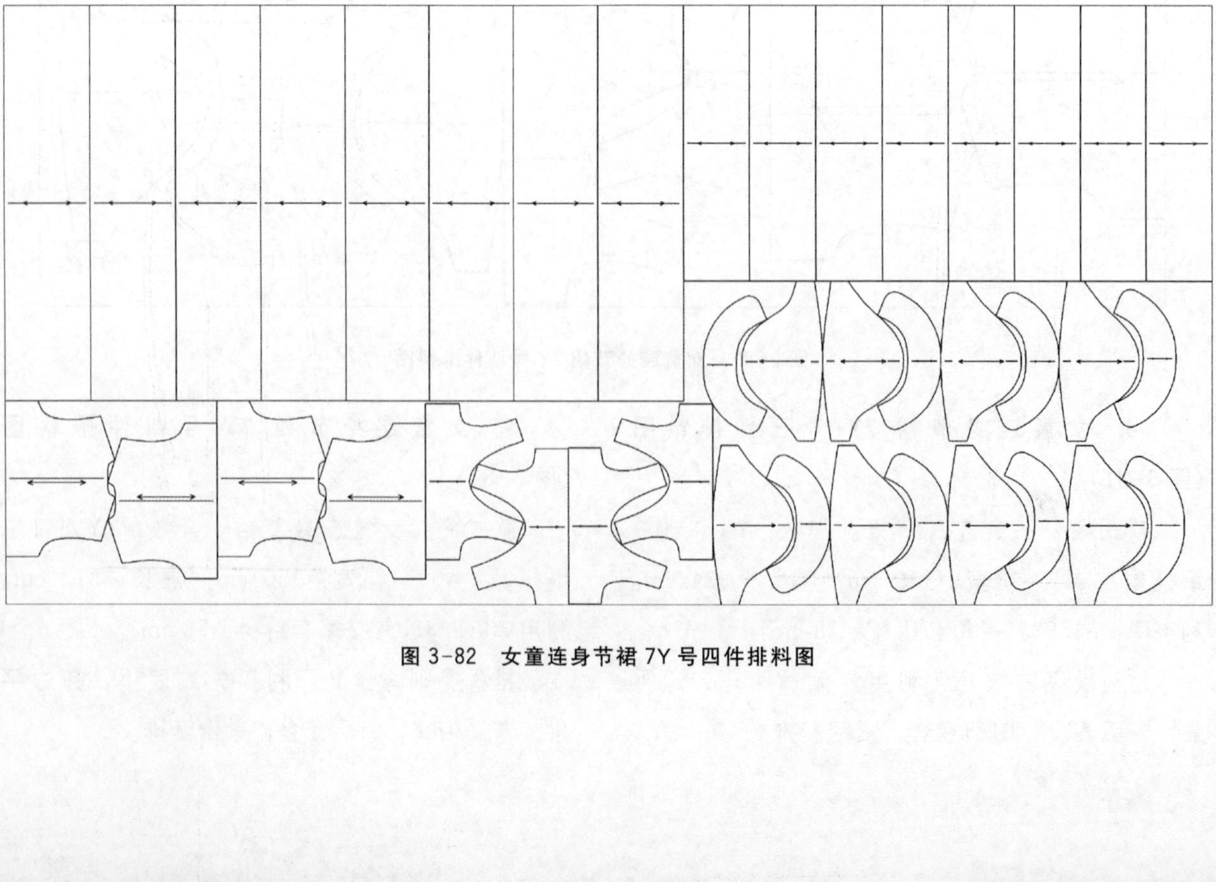

图 3-82 女童连身节裙 7Y 号四件排料图

## 三、女童坎袖褶裙排料实例

**1. 女童坎袖褶裙样板图（图 3-83）**

**2. 女童坎袖褶裙 5Y 号一件排料图(图 3-84)**

款式名：女童坎袖褶裙。套数：5Y/1（总纸样数：8）。幅宽：150 cm；幅长：51.32 cm。利用率：64.21%（每套用料：25.66 cm）。

排料规则与技巧：先大后小，利用相似斜度紧密套排，可进行整床倒插排料。

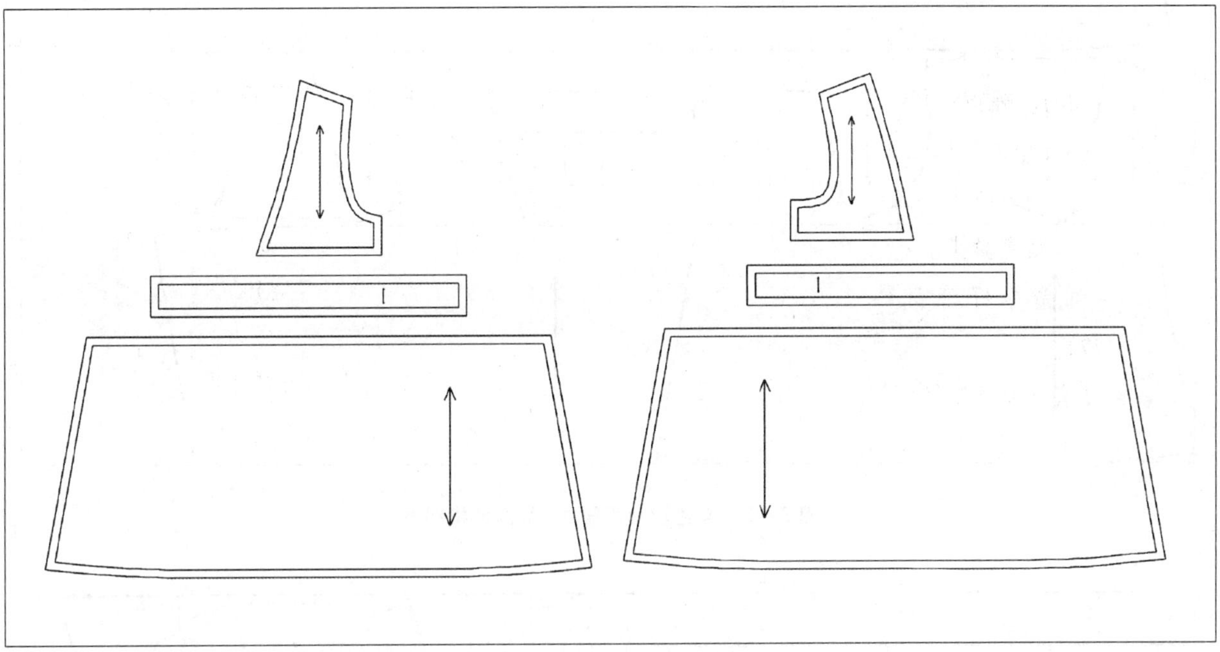

图 3-83　女童坎袖褶裙样板图

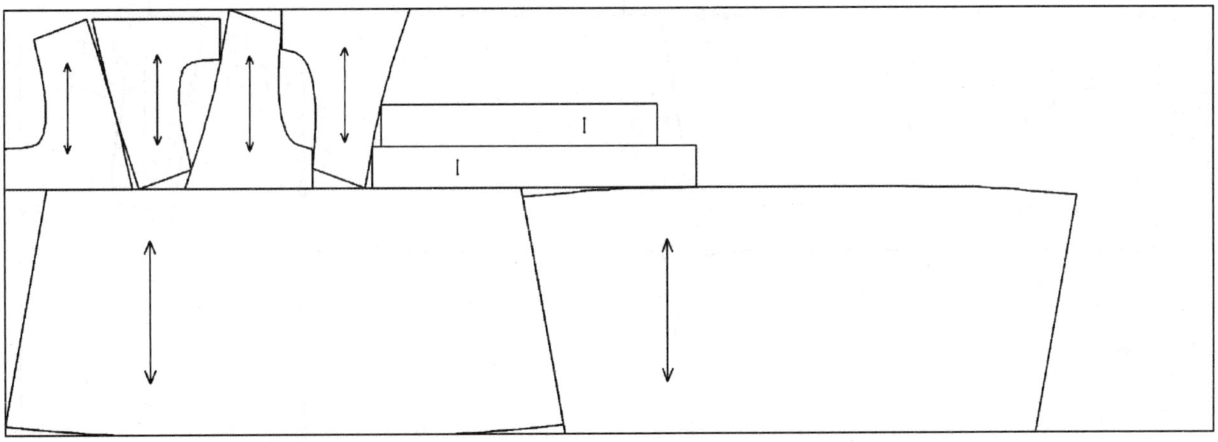

图 3-84　女童坎袖褶裙 5Y 号一件排料图

**3. 女童坎袖褶裙 5Y 号两件排料图(图 3-85)**

款式名：女童坎袖褶裙。套数：5Y/2（总纸样数：16）。幅宽：150 cm；幅长：81.02 cm。利用率：81.35%（每套用料：40.51 cm）。

排料规则与技巧：利用先大后小，相似斜度紧密套排。

**4. 女童坎袖褶裙 5Y 号三件排料图(图 3-86)**

款式名：女童坎袖褶裙。套数：5Y/3（总纸样数：24）。幅宽：150 cm；幅长：110.72 cm。利用率：88.11%（每套用料：36.91 cm）。

排料规则与技巧：先大后小，先经短后纬满，相似斜度紧密套排。

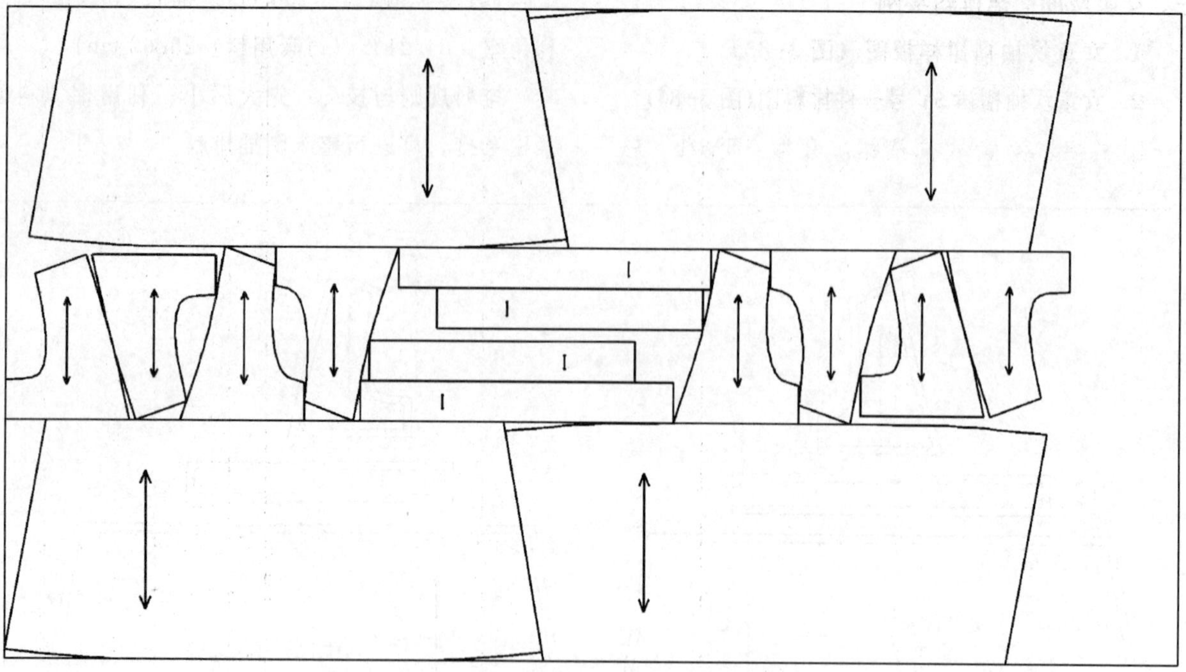

图 3-85 女童坎袖褶裙 5Y 号两件排料图

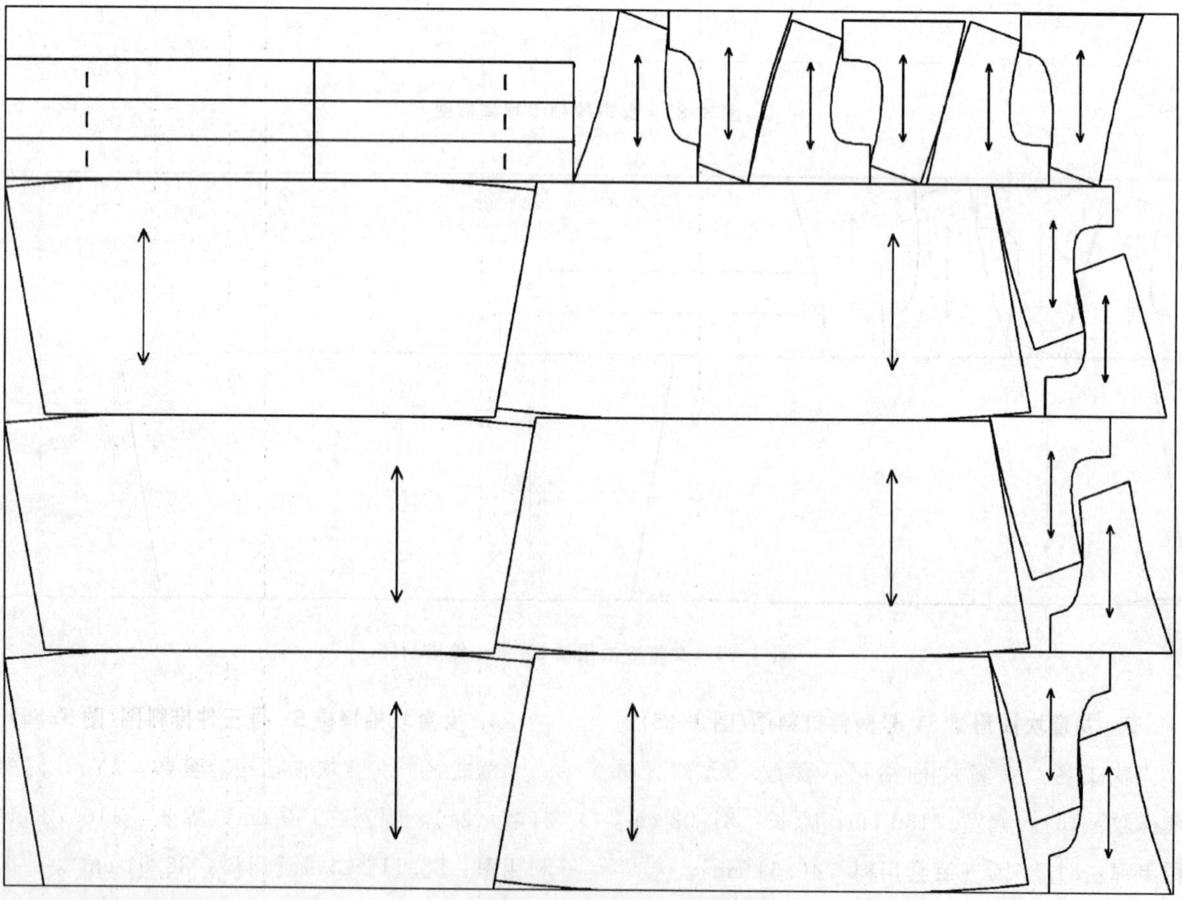

图 3-86 女童坎袖褶裙 5Y 号三件排料图

**5. 女童坎袖褶裙 5Y 号四件排料图（图 3-87）**

款式名：女童坎袖褶裙。套数：5Y/4（总纸样数：32）。幅宽：150 cm；幅长：149.39 cm。利用率：88.24%（每套用料：37.35 cm）。

排料规则与技巧：先大后小，先经短后纬满，相似斜度紧密套排。

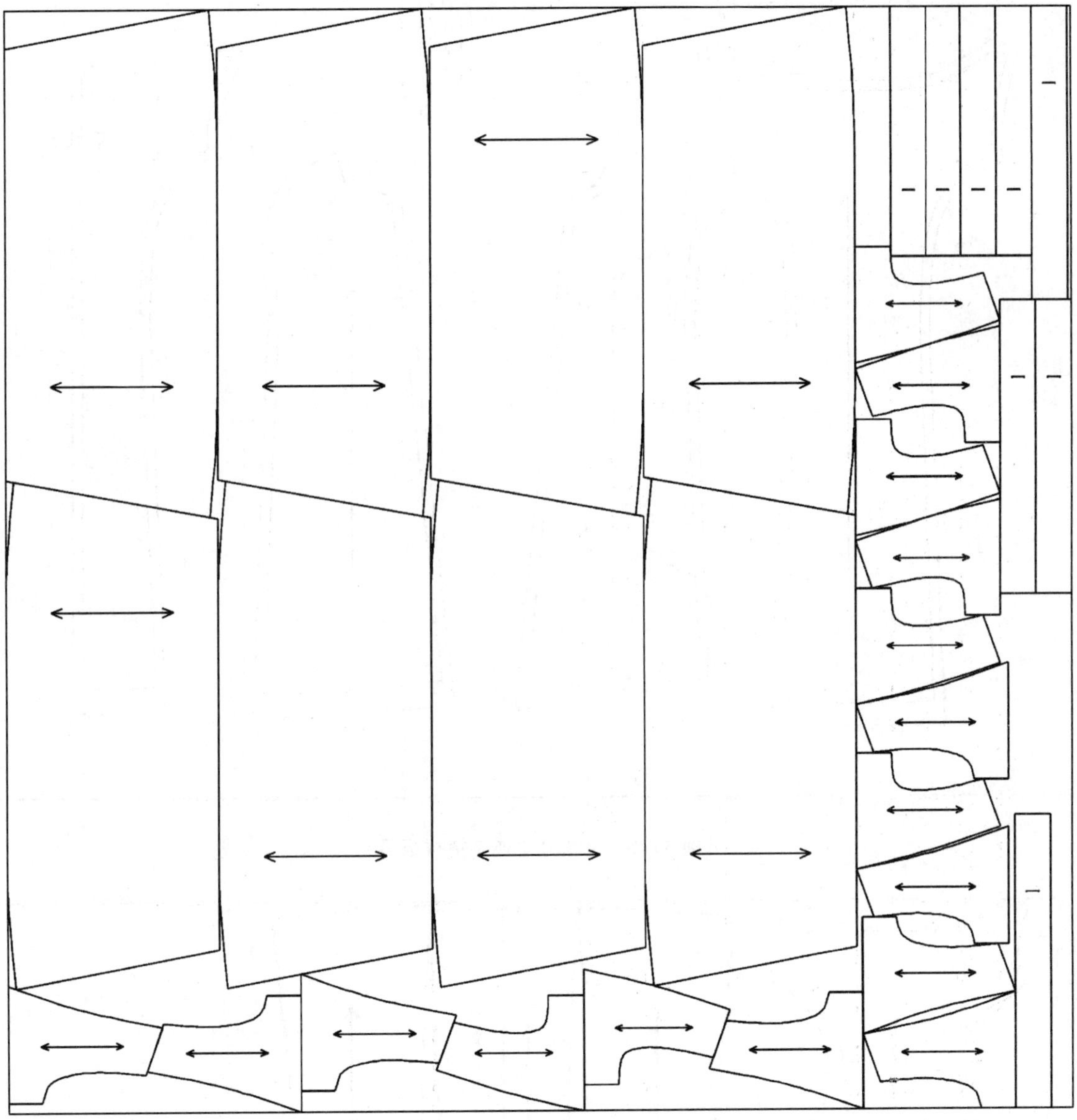

图 3-87 女童坎袖褶裙 5Y 号四件排料图

## 四、女童公主连衣裙排料实例

**1. 女童公主连衣裙样板图（图 3-88）**

**2. 女童公主连衣裙 6Y 号一件排料图（图 3-89）**

款式名：女童公主连衣裙。套数：6Y/1（总纸样数：12）。幅宽：150 cm；幅长：66.48 cm。利用率：67.36%（每套用料：66.48 cm）。

排料规则与技巧：利用弯弧相交，相似斜度紧密套排。

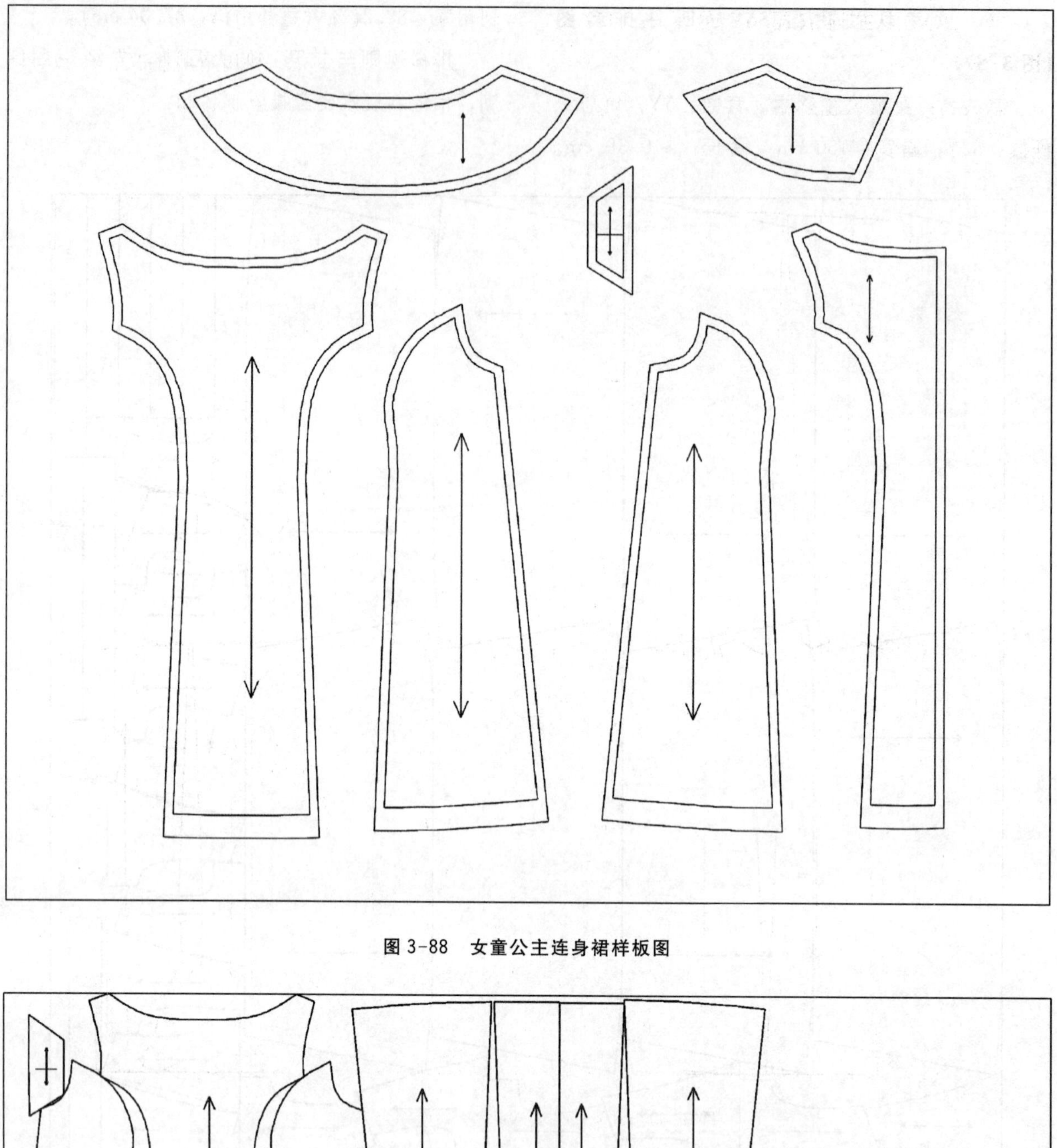

图 3-88　女童公主连身裙样板图

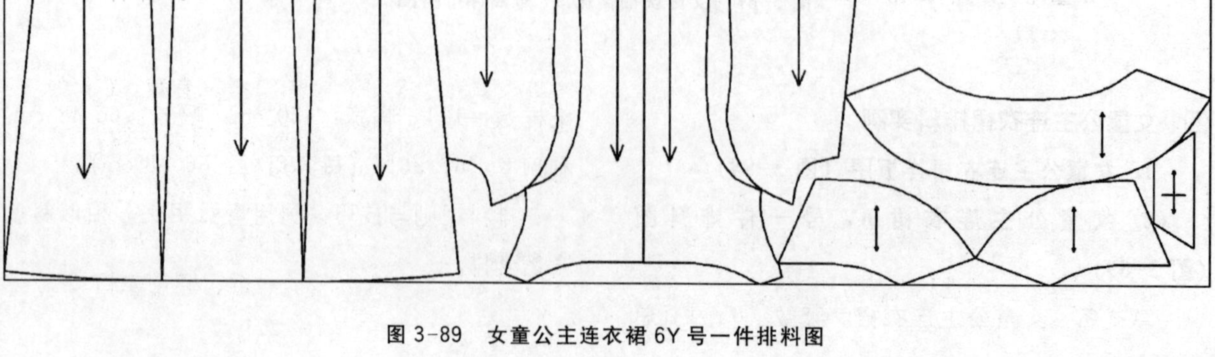

图 3-89　女童公主连衣裙 6Y 号一件排料图

**3. 女童公主连衣裙 6Y 号两件排料图（图 3-90）**

款式名：女童公主连衣裙。套数：6Y/2（总纸样数：24）。幅宽：150 cm；幅长：133.55 cm。利用率：67.06%（每套用料：66.77 cm）。

排料规则与技巧：利用弯弧相交，相似斜度紧密套排，可进行整床倒插排料。

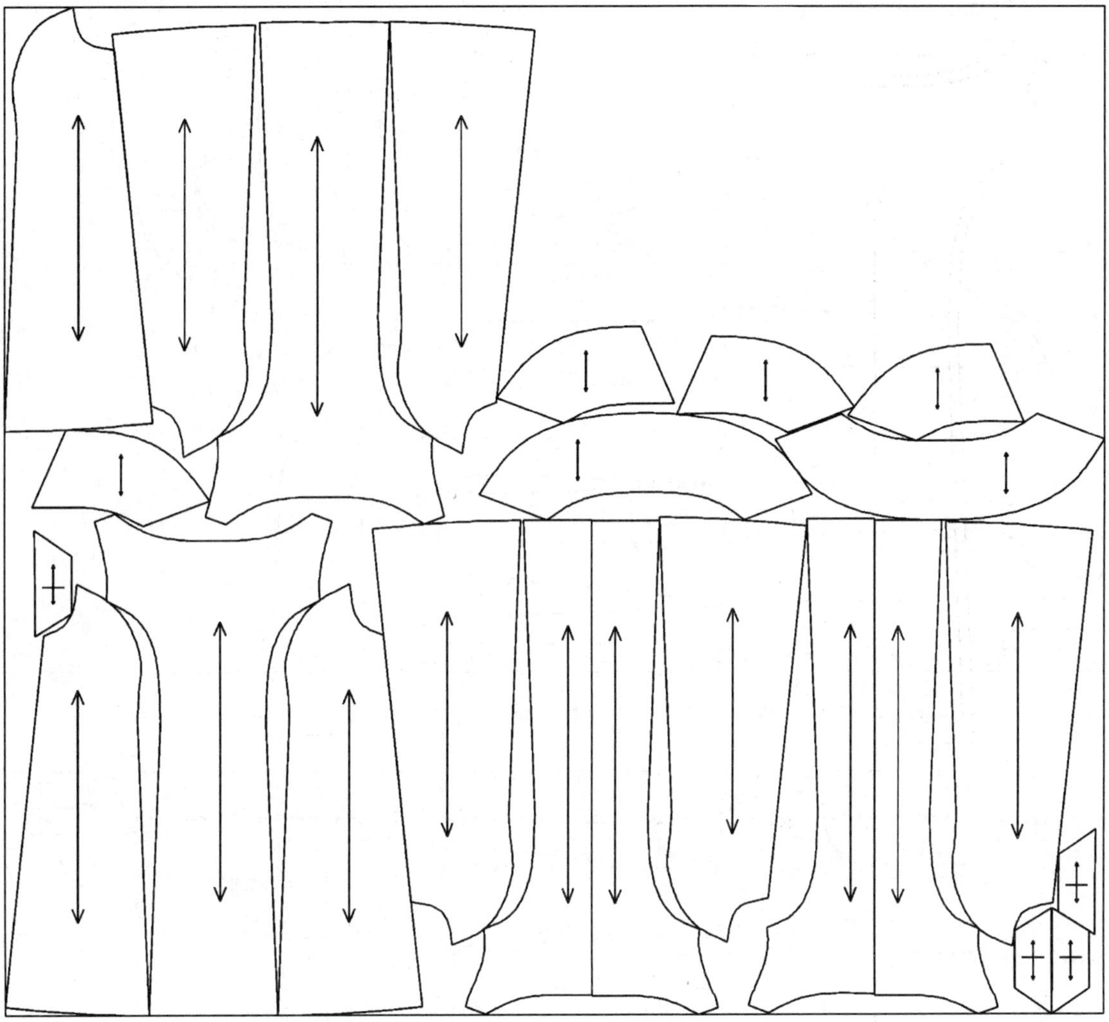

图 3-90　女童公主连衣裙 6Y 号两件排料图

**4. 女童公主连衣裙 6Y 号三件排料图（图 3-91）**

款式名：女童公主连衣裙。套数：6Y/3（总纸样数：36）。幅宽：150 cm；幅长：189.63 cm。利用率：70.85%（每套用料：63.21 cm）。

排料规则与技巧：先大后小，弯弧相交，相似斜度紧密套排，可进行整床倒插排料。

**5. 女童公主连衣裙 6Y 号四件排料图（图 3-92）**

款式名：女童公主连衣裙。套数：6Y/4（总纸样数：48）。幅宽：150 cm；幅长：222.31 cm。利用率：80.57%（每套用料：55.58 cm）。

排料规则与技巧：利用大片定局，小片填空，弯弧相交，先经短后纬满，紧密套排。

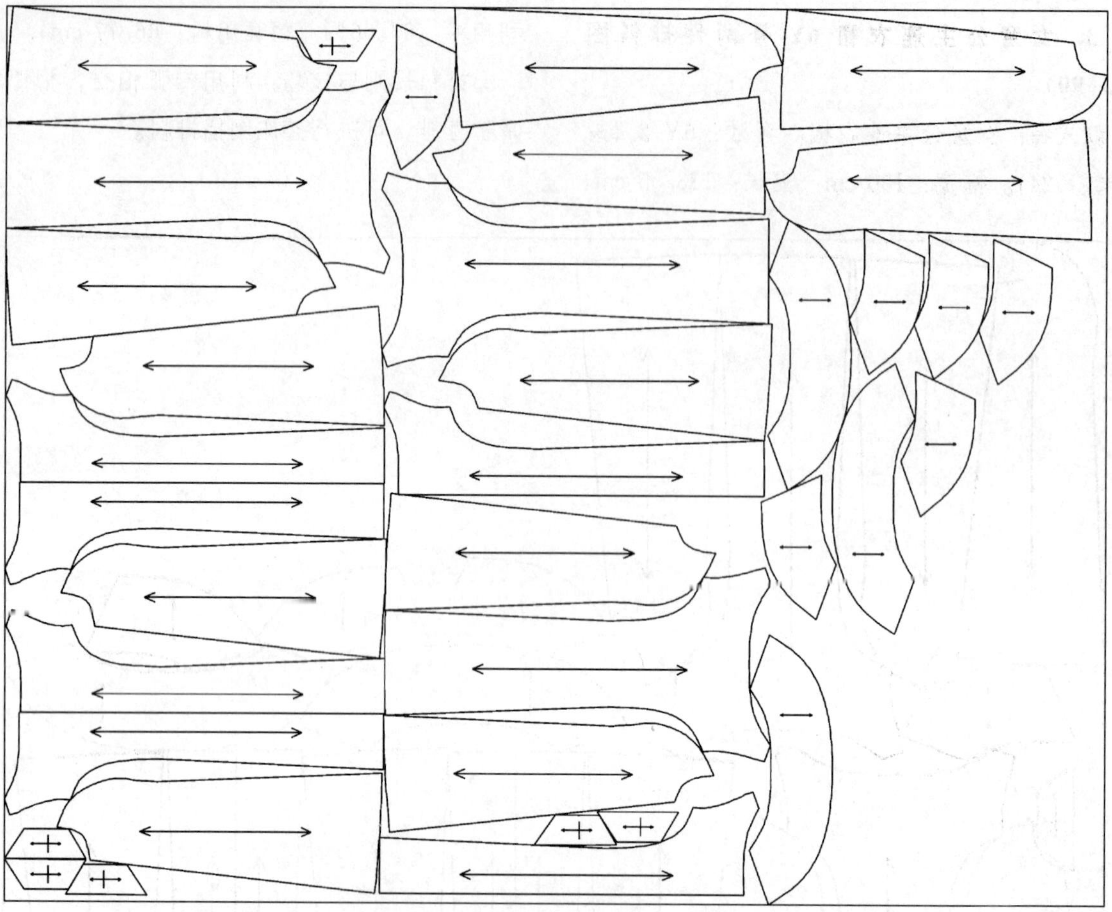

图 3-91 女童公主连衣裙 6Y 号三件排料图

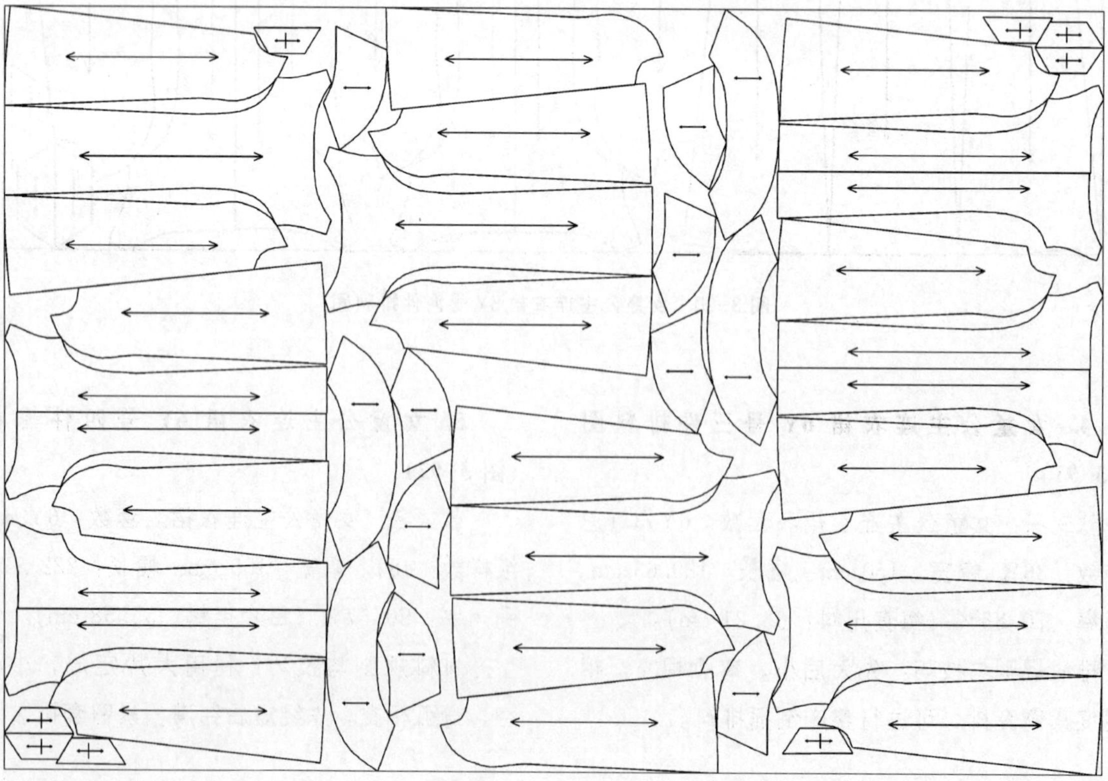

图 3-92 女童公主连衣裙 6Y 号四件排料图

**6. 女童公主连衣裙 6Y 号六件排料图 (图 3-93)**

款式名：女童公主连衣裙。套数：6Y/6（总纸样数：72)。幅宽：150 cm；幅长：335.14 cm。利用率：80.17%（每套用料：55.86 cm)。

排料规则与技巧：利用大片定局，小片填空，弯弧相交，先经短后纬满，紧密套排。

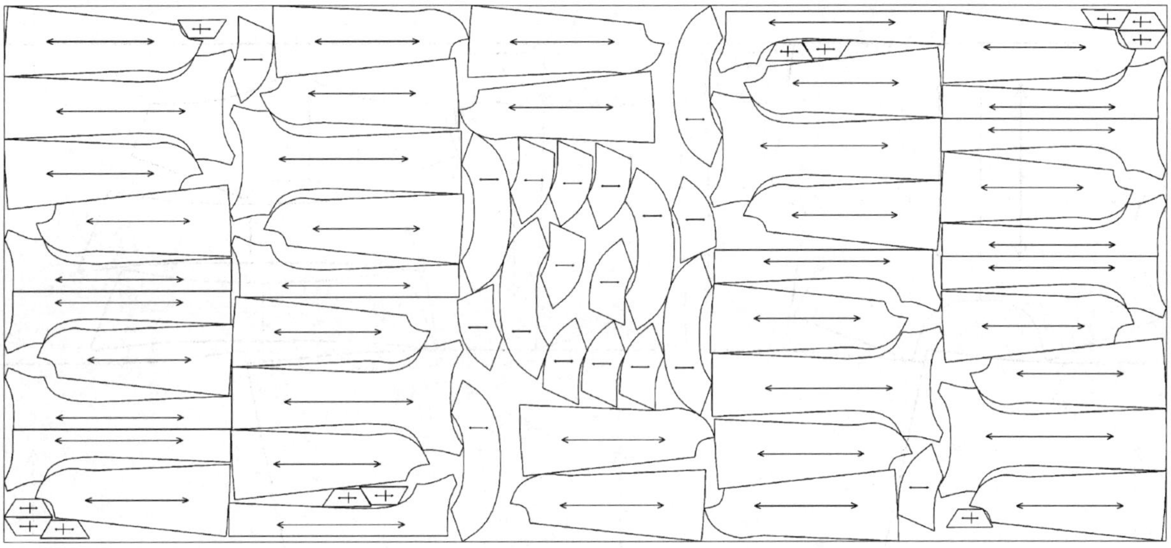

图 3-93　女童公主连衣裙 6Y 号六件排料图

## 五、女童牛仔连身裙排料实例

**1. 女童牛仔连身裙样板图（图 3-94）**

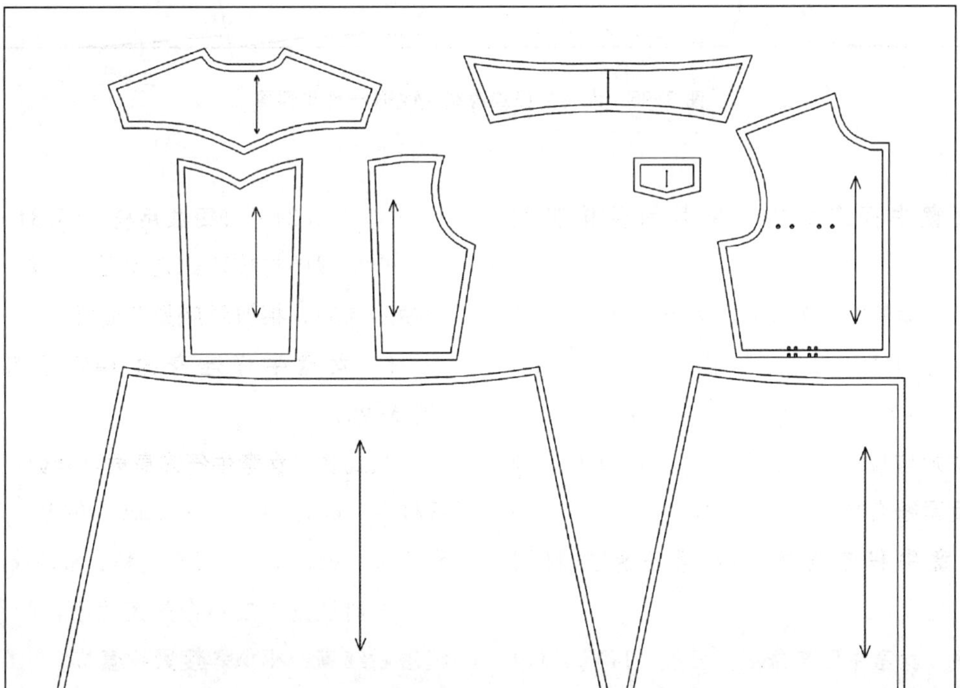

图 3-94　女童牛仔连身裙样板图

**2. 女童牛仔连身裙 14Y 号一件排料图(图 3-95)**

款式名：女童牛仔连身裙。套数：14Y/1（总纸样数：15）。幅宽：150 cm；幅长：89.57 cm。利用率：86.46%（每套用料：89.57 cm）。

排料规则与技巧：先大后小，凹凸互套，利用相似斜度紧密套排。

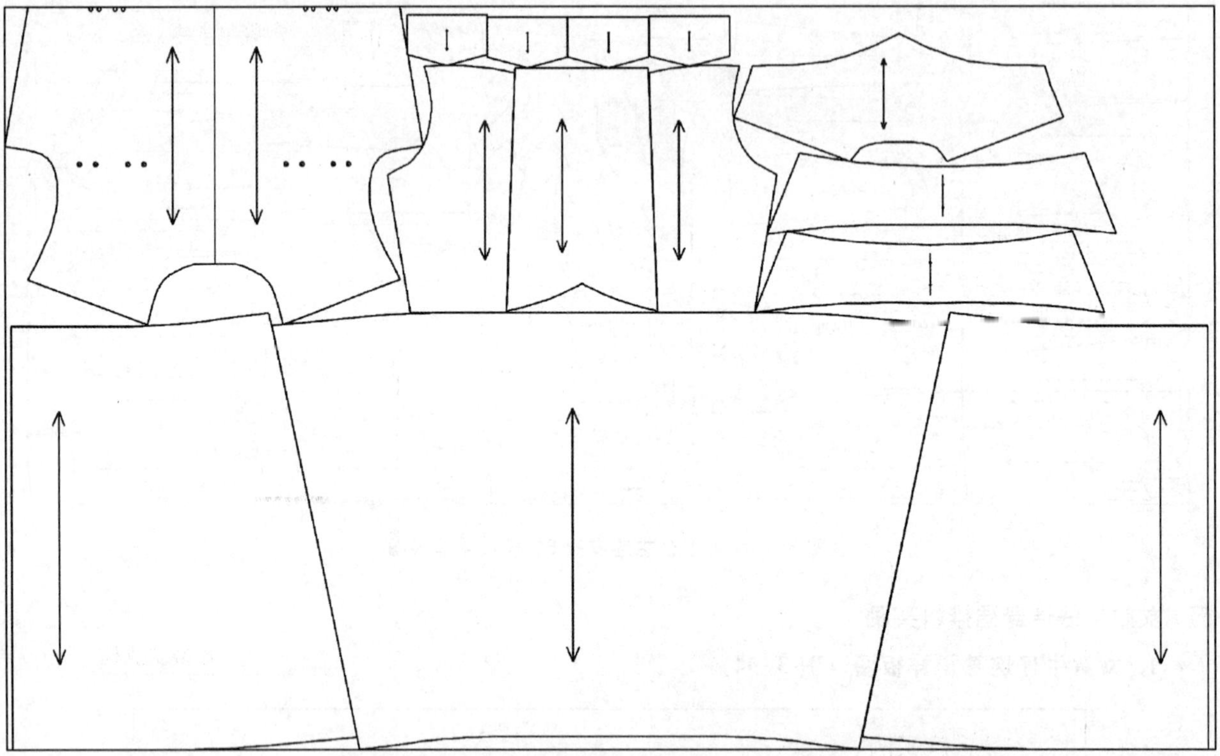

图 3-95 女童牛仔连身裙 14Y 号一件排料图

**3. 女童牛仔连身裙 14Y 号两件排料图(图 3-96)**

款式名：女童牛仔连身裙。套数：14Y/2（总纸样数：30）。幅宽：150 cm；幅长：172.59 cm。利用率：89.14%（每套用料：86.3 cm）。

排料规则与技巧：先大后小，凹凸互套，利用相似斜度紧密套排。

**4. 女童牛仔连身裙 14Y 号三件排料图(图 3-97)**

款式名：女童牛仔连身裙。套数：14Y/3（总纸样数：45）。幅宽：150 cm；幅长：257.43 cm。利用率：90.24%（每套用料：85.81 cm）。

排料规则与技巧：先大后小，凹凸互套，先经短后纬满，相似斜度紧密套排。

**5. 女童牛仔连身裙 14Y 号四件排料图(图 3-98)**

款式名：女童牛仔连身裙。套数：14Y/4（总纸样数：60）。幅宽：150 cm；幅长：340.39 cm。利用率：91.00%（每套用料：85.1 cm）。

排料规则与技巧：先大后小，凹凸互套，先经短后纬满，相似斜度紧密套排。

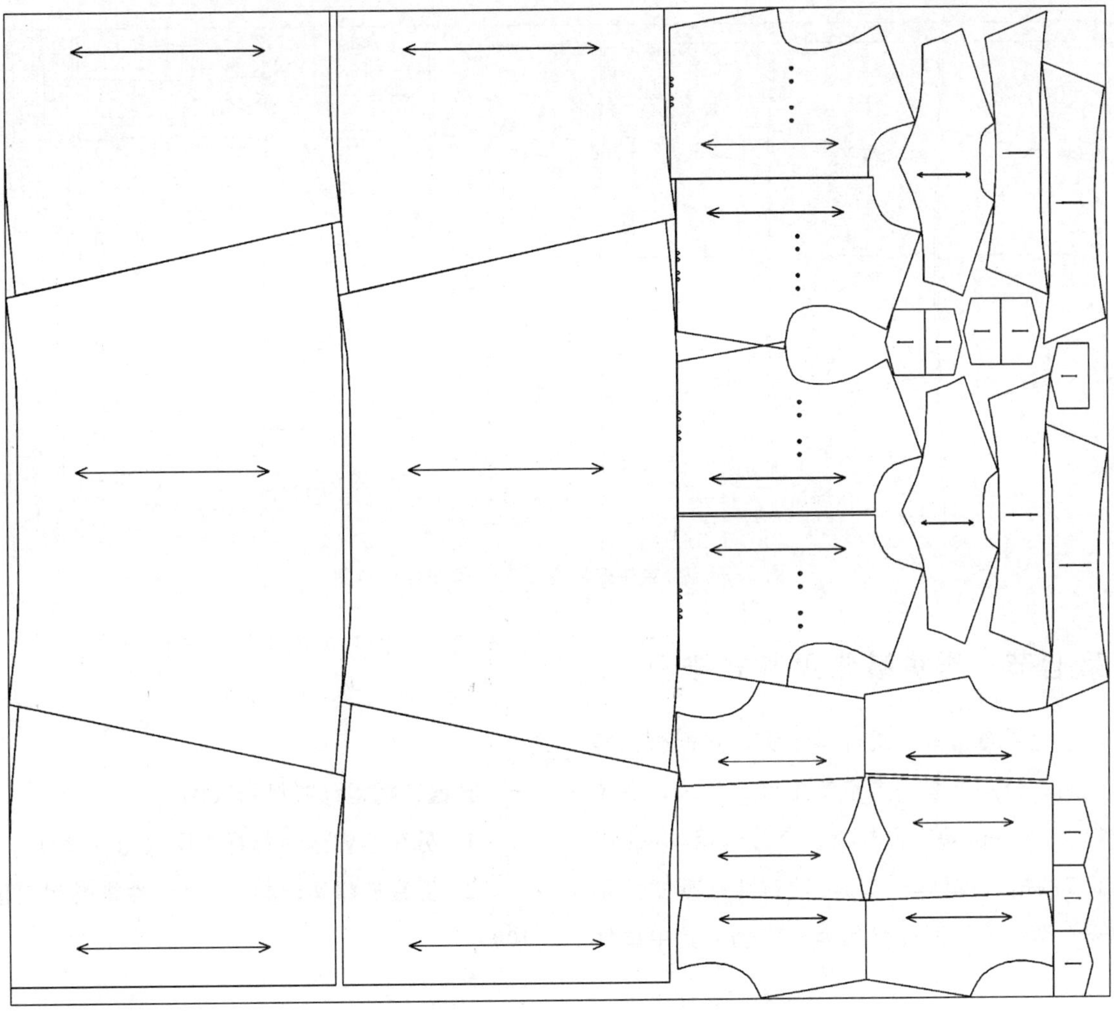

图 3-96　女童牛仔连身裙 14Y 号两件排料图

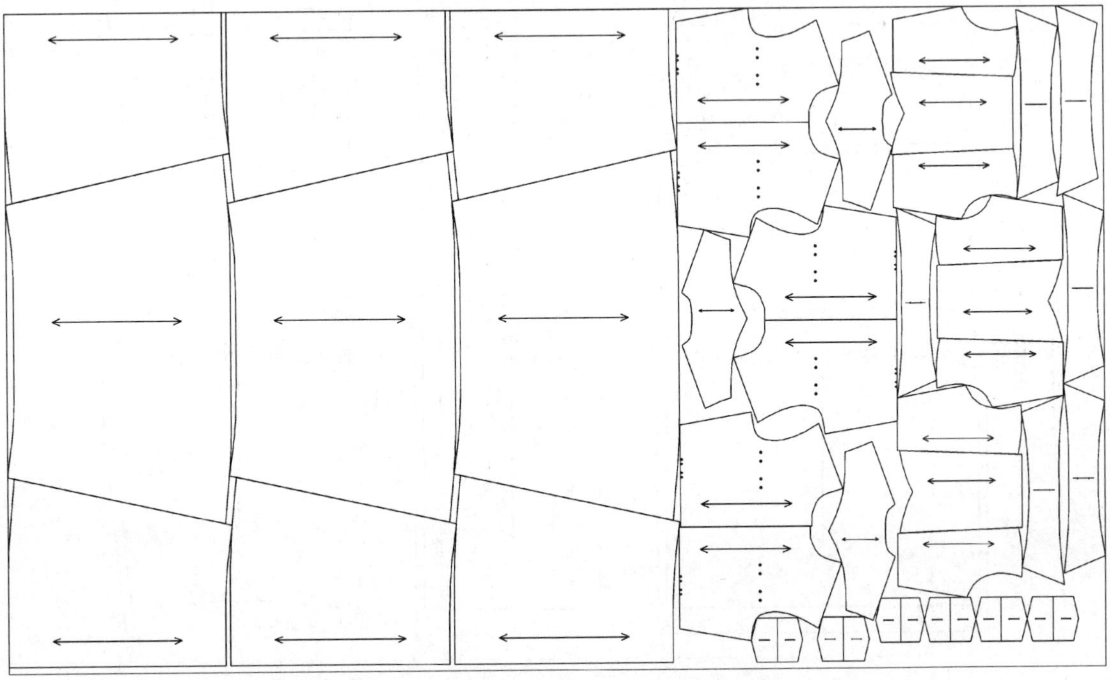

图 3-97　女童牛仔连身裙 14Y 号三件排料图

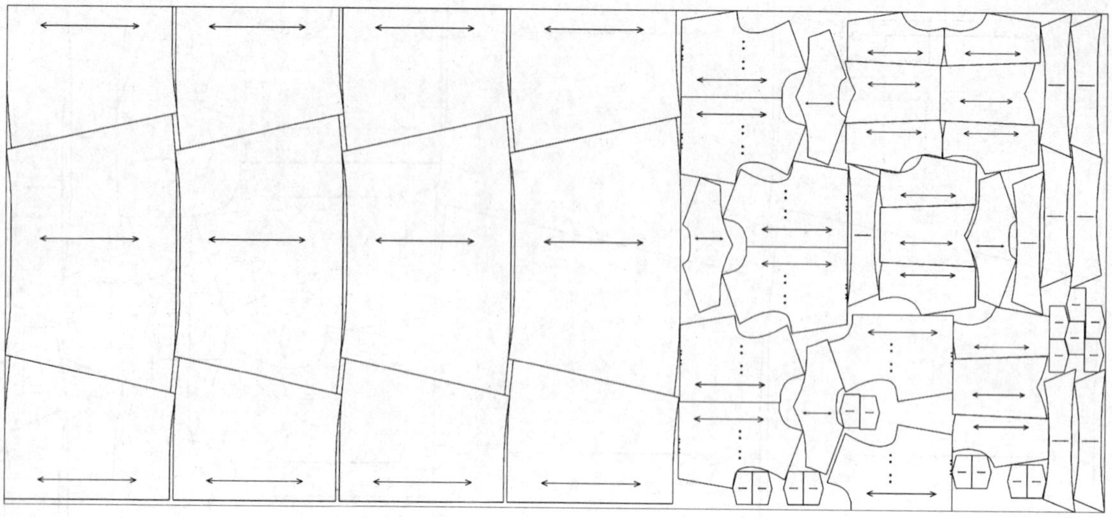

图 3-98 女童牛仔连身裙 14Y 号四件排料图

## 第七节 男童装常见款式排料

本节为男童常见款式排料示例，并配有完整的样板图。分别选取了男童常见五个款式，在统一的常规 150 cm 幅宽面料上，充分运用本章第1节～3节的排料规则与技巧，针对独立款式分别进行一件至四件不同规格的套排实例，其中单件排料适合定做和家庭生产，多件套排适合工业批量生产，以供学习和参考。

### 一、男童连帽运动衫排料实例

**1. 男童连帽运动衫样板图（图 3-99）**

**2. 男童连帽运动衫 7Y 号一件排料图（图 3-100）**

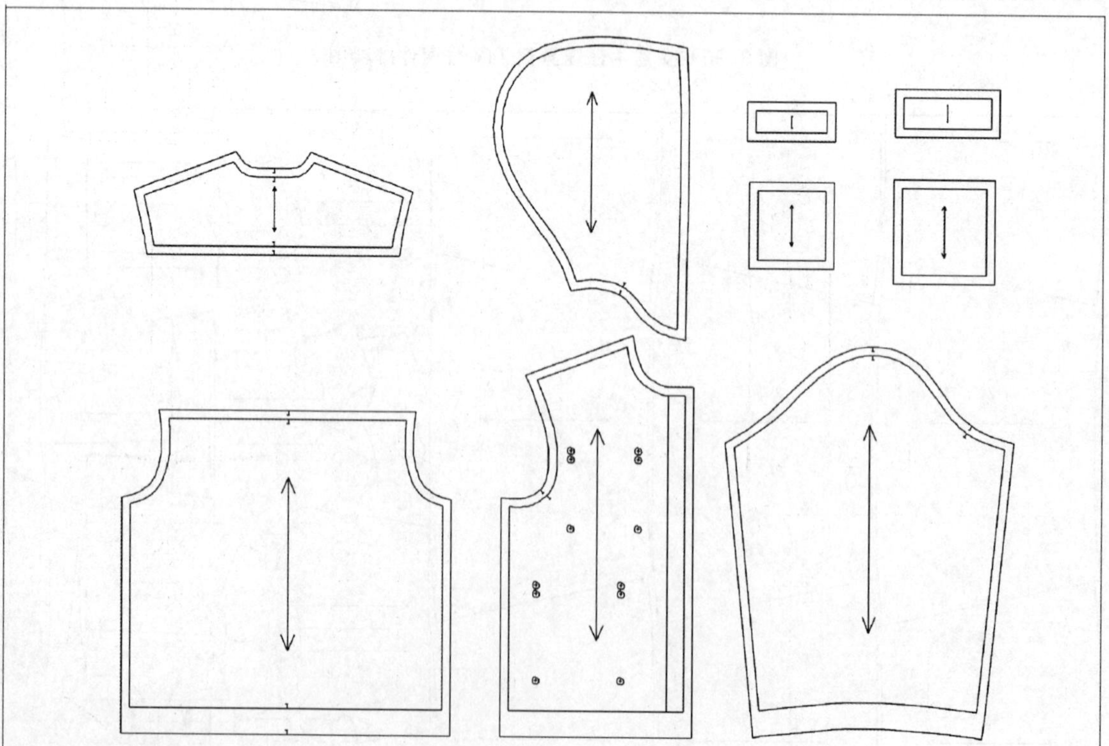

图 3-99 男童连帽运动衫样板图

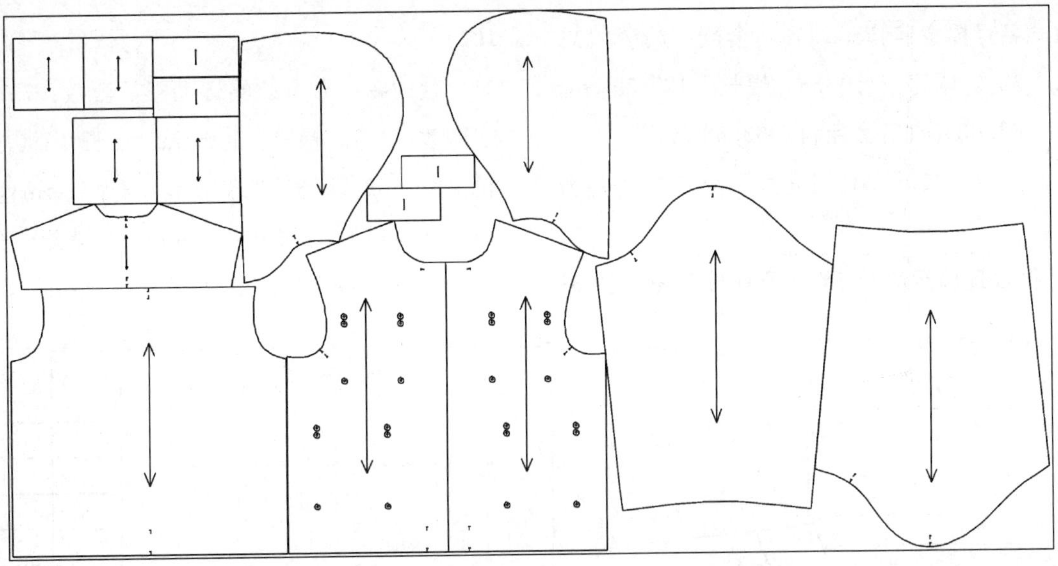

图 3-100　男童连帽运动衫 7Y 号一件排料图

款式名：男童连帽运动衫。套数：7Y/1（总纸样数：16）。幅宽：150 cm；幅长：75.96 cm。利用率：69.28%（每套用料：75.96 cm）。

排料规则与技巧：利用相似斜度紧密套排，先经短后纬满。

**3. 男童连帽运动衫 7Y 号两件排料图（图 3-101）**

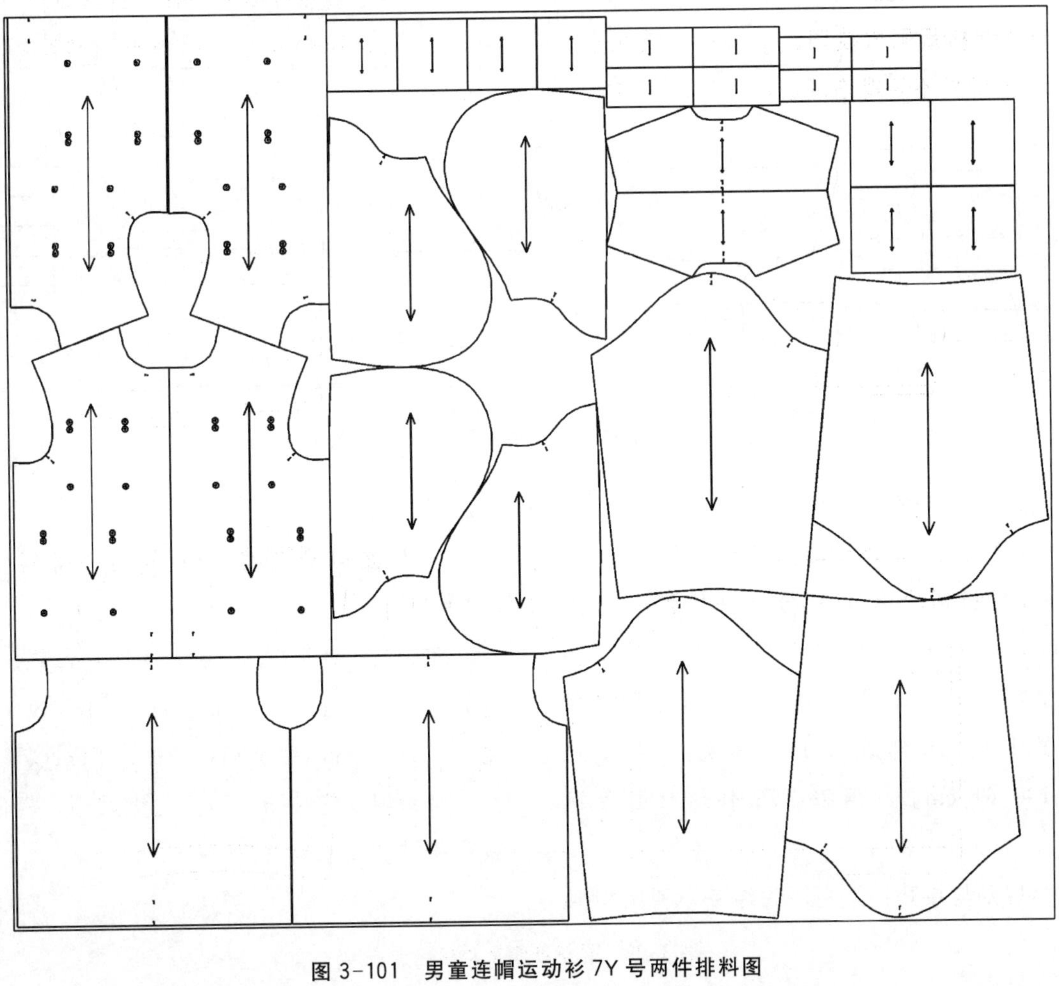

图 3-101　男童连帽运动衫 7Y 号两件排料图

款式名：男童连帽运动衫。套数：7Y/2（总纸样数：32）。幅宽：150 cm；幅长：127.39 cm。利用率：82.63%（每套用料：63.69 cm）。

排料规则与技巧：利用先大后小，相似斜度紧密套排。

**4. 男童连帽运动衫 7Y 号三件排料图（图 3-102）**

款式名：男童连帽运动衫。套数：7Y/3（总纸样数：48）。幅宽：150 cm；幅长：190.83 cm。利用率：82.74%（每套用料：63.61 cm）。

排料规则与技巧：利用规格搭配，先大后小，先经短后纬满，相似斜度紧密套排。

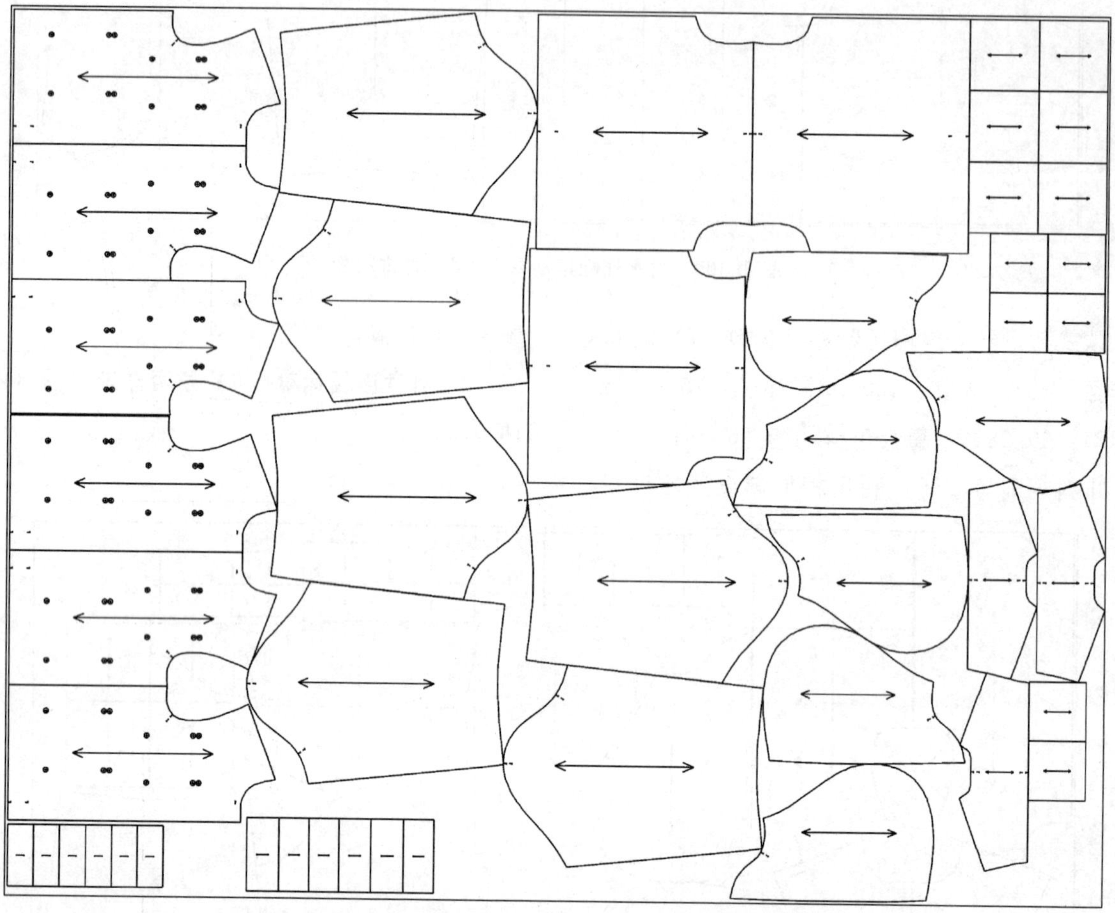

图 3-102 男童连帽运动衫 7Y 号三件排料图

## 二、男童披风外套排料实例

**1. 男童披风外套样板图（图 3-103）**

**2. 男童披风外套 11Y 号一件排料图（图 3-104）**

款式名：男童披风外套男童披风外套。套数：11Y/1（总纸样数：14）。幅宽：150 cm；幅长：100.61 cm。利用率：76.49%（每套用料：100.61 cm）。

排料规则与技巧：先经短后纬满，利用相似斜度紧密套排。

**3. 男童披风外套 11Y 号两件排料图（图 3-105）**

款式名：男童披风外套。套数：11Y/2（总纸样数：28）。幅宽：150 cm；幅长：188.26 cm。利用率：81.75%（每套用料：94.13 cm）。

排料规则与技巧：利用先大后小，相似斜度紧密套排。

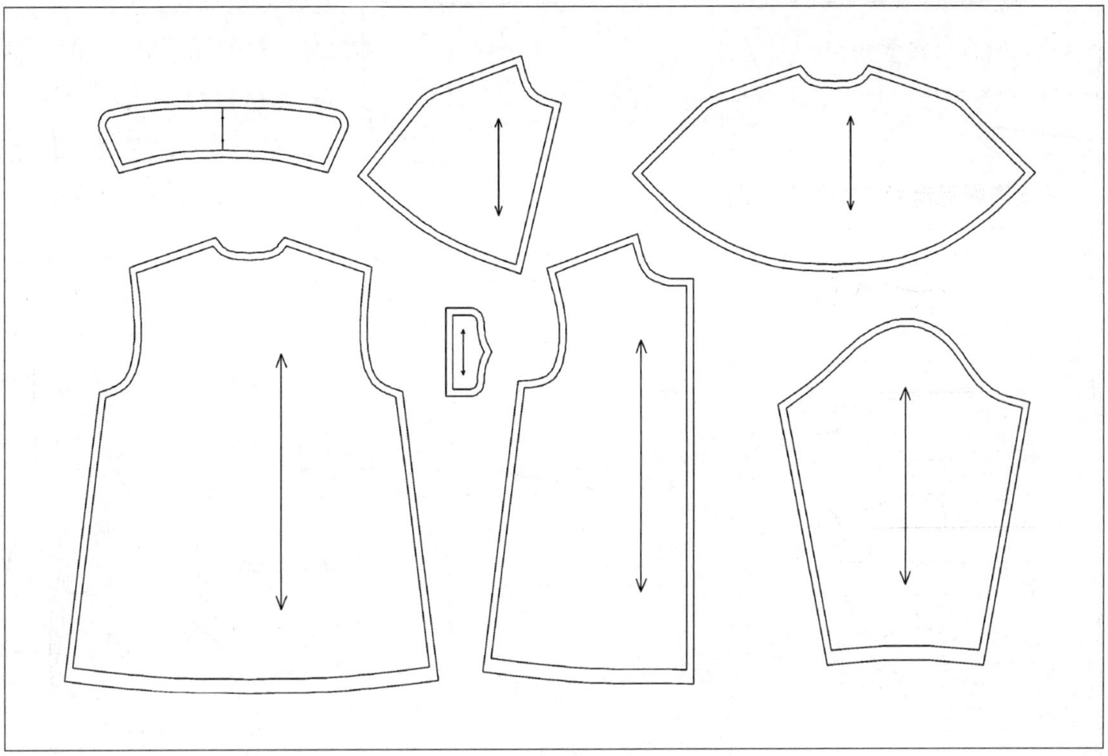

图 3-103　男童披风外套样板图

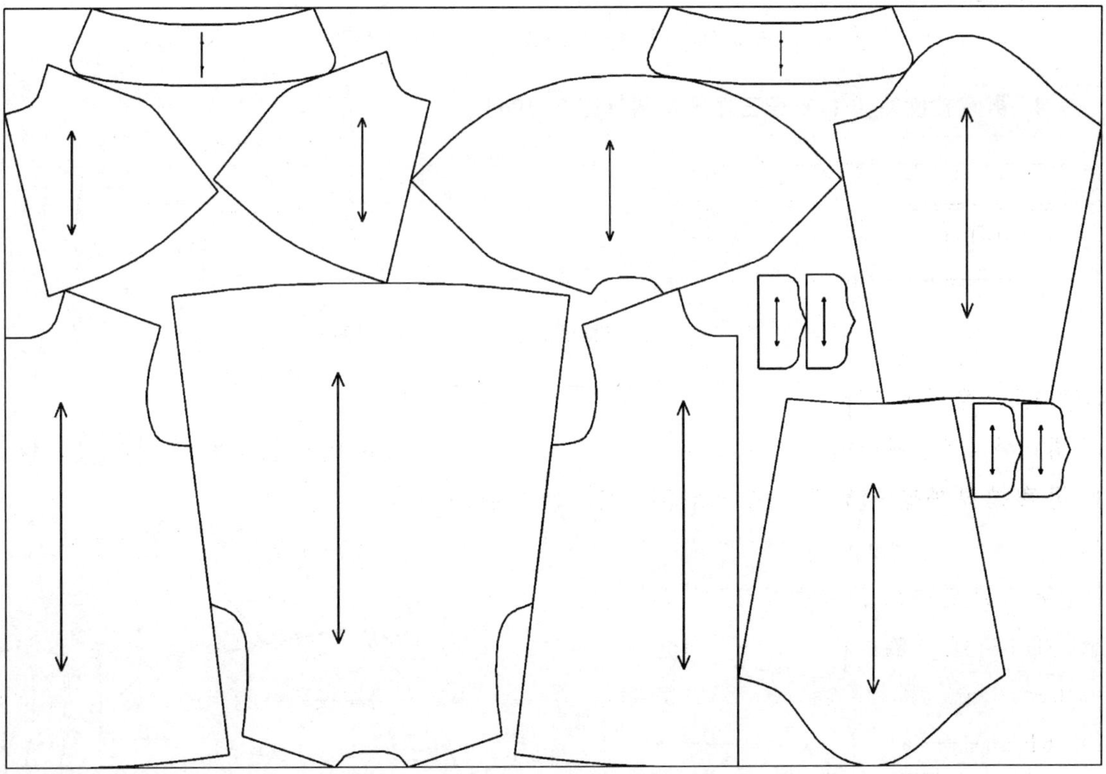

图 3-104　男童披风外套 11Y 号一件排料图

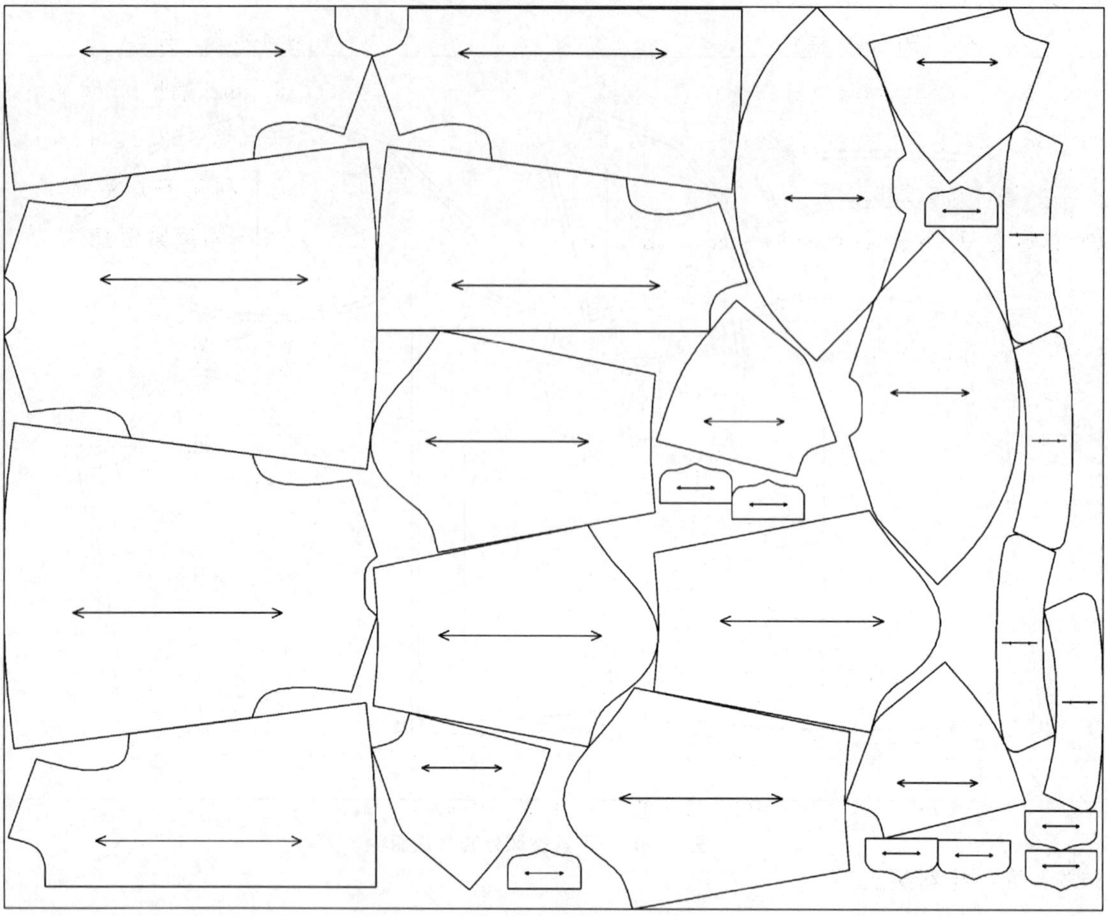

图 3-105 男童披风外套 11Y 号两件排料图

4. 男童披风外套 11Y 号三件排料图（图 3-106）

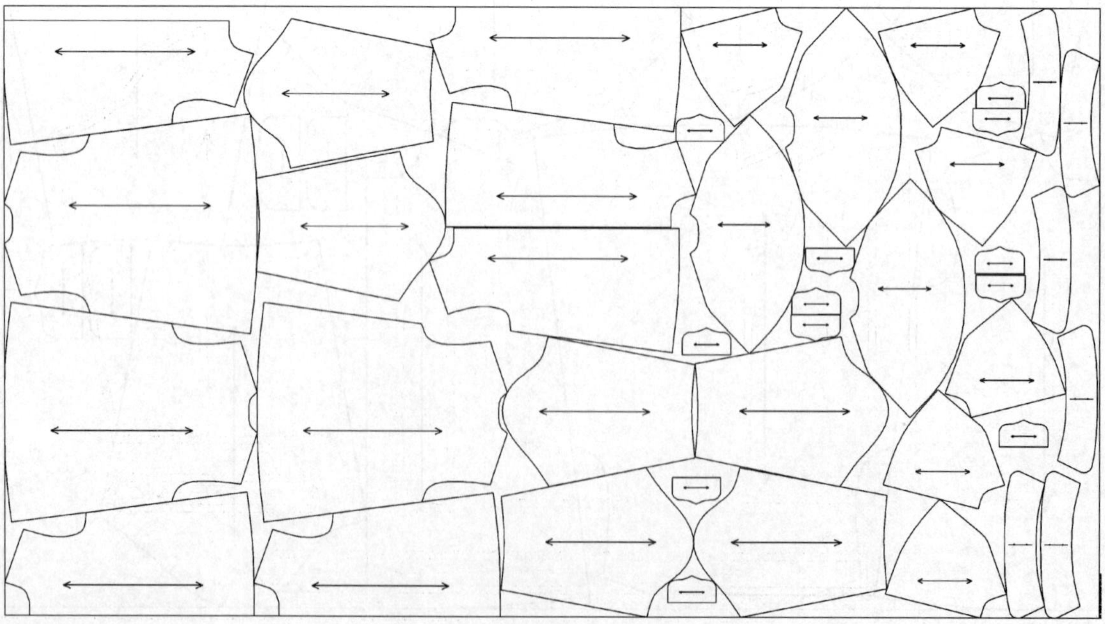

图 3-106 男童披风外套 11Y 号三件排料图

款式名：男童披风外套。套数：11Y/3（总纸样数：42）。幅宽：150 cm；幅长：278.22 cm。利用率：82.98%（每套用料：92.74 cm）。

排料规则与技巧：先大后小，先经短后纬满，相似斜度紧密套排。

**5. 男童披风外套 11Y 号四件排料图（图 3-107）**

款式名：男童披风外套。套数：11Y/4（总纸样数：56）。幅宽：150 cm；幅长：368.84 cm。利用率：83.46%（每套用料：92.21 cm）。

排料规则与技巧：利用齐边平靠，首尾平齐，先经短后纬满，相似斜度紧密套排。

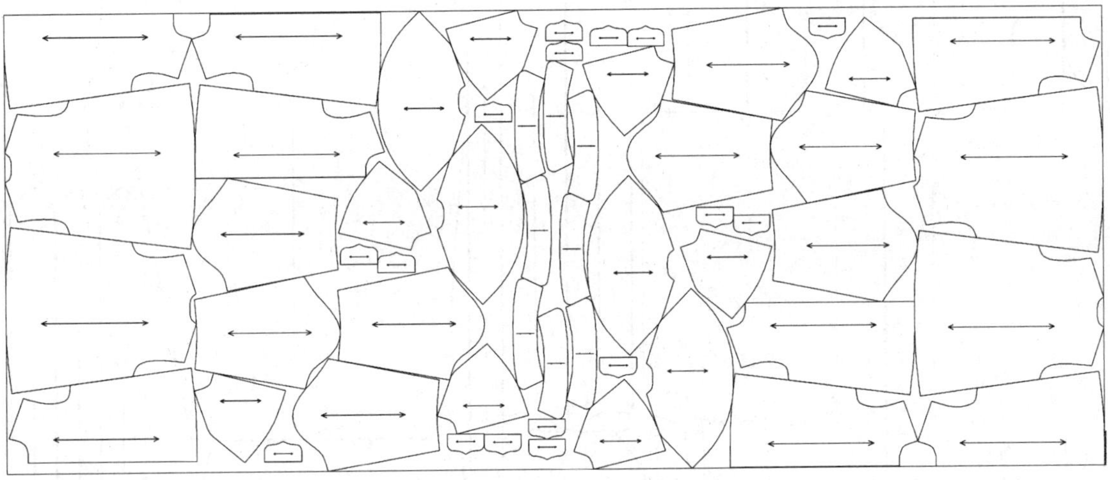

图 3-107　男童披风外套 11Y 号四件排料图

## 三、男童夹克衫排料实例

**1. 男童夹克衫样板图（图 3-108）**

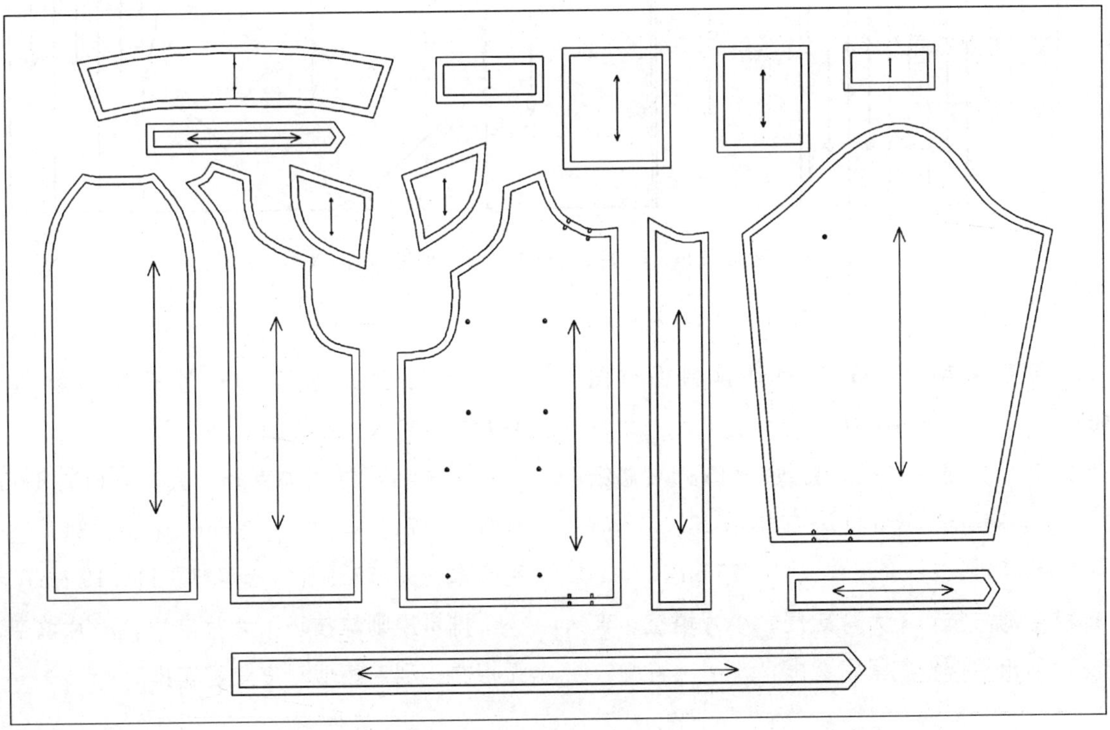

图 3-108　男童夹克衫样板图

**2. 男童夹克衫 14Y 号一件排料图（图 3-109）**

款式名：男童夹克衫。套数：14Y/1（总纸样数：39）。幅宽：150 cm；幅长：118.36 cm。利用率：86.39%（每套用料：118.36 cm）。

排料规则与技巧：大片定局，小片填空，先经短后纬满，利用相似斜度紧密套排。

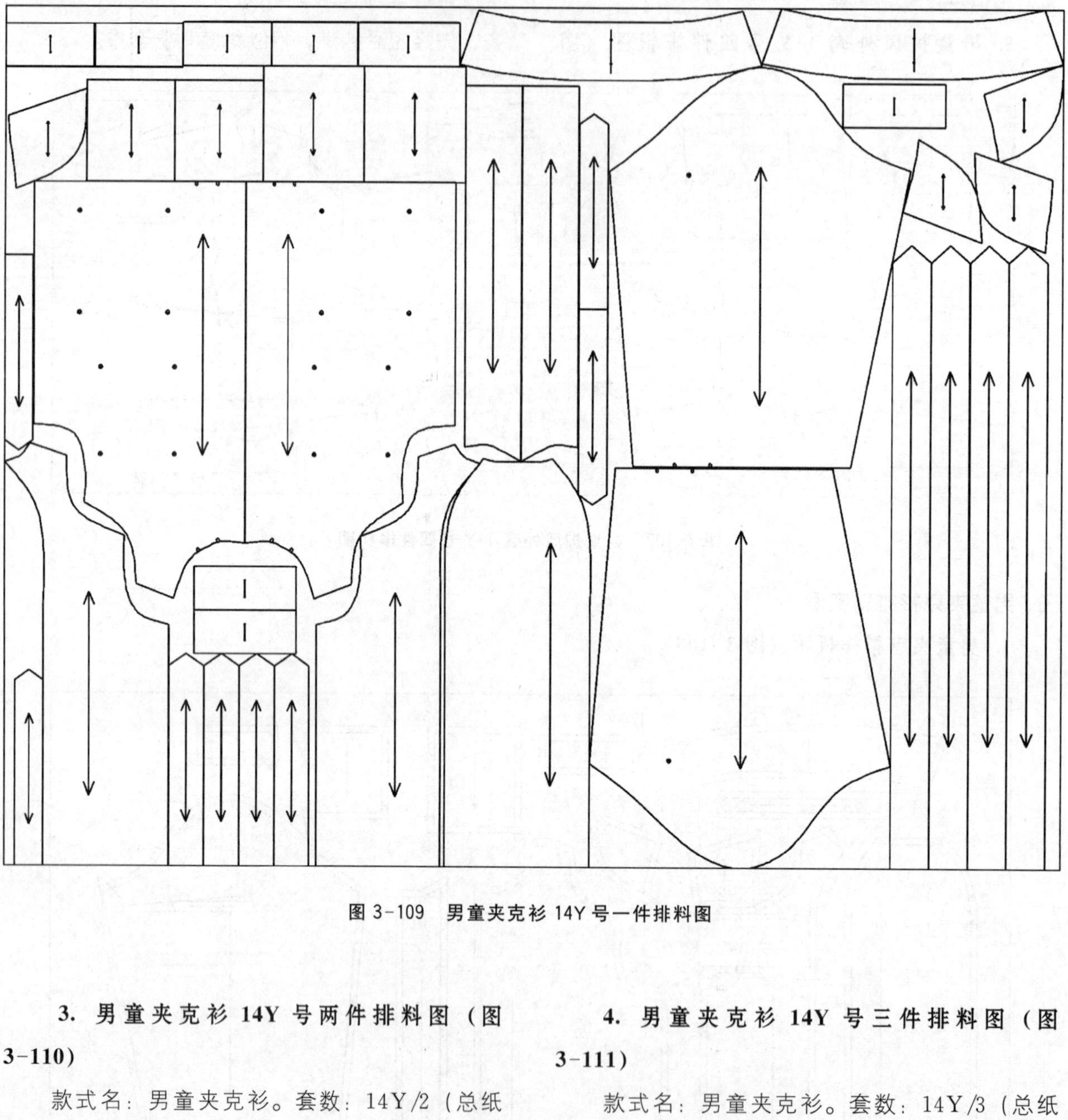

图 3-109 男童夹克衫 14Y 号一件排料图

**3. 男童夹克衫 14Y 号两件排料图（图 3-110）**

款式名：男童夹克衫。套数：14Y/2（总纸样数：78）。幅宽：150 cm；幅长：231.5 cm。利用率：88.34%（每套用料：115.75 cm）。

排料规则与技巧：大片定局，小片填空，弯弧相交，利用相似斜度紧密套排。

**4. 男童夹克衫 14Y 号三件排料图（图 3-111）**

款式名：男童夹克衫。套数：14Y/3（总纸样数：117）。幅宽：150 cm；幅长：345.58 cm。利用率：88.77%（每套用料：115.19 cm）。

排料规则与技巧：大片定局，小片填空，弯弧相交，利用相似斜度紧密套排。

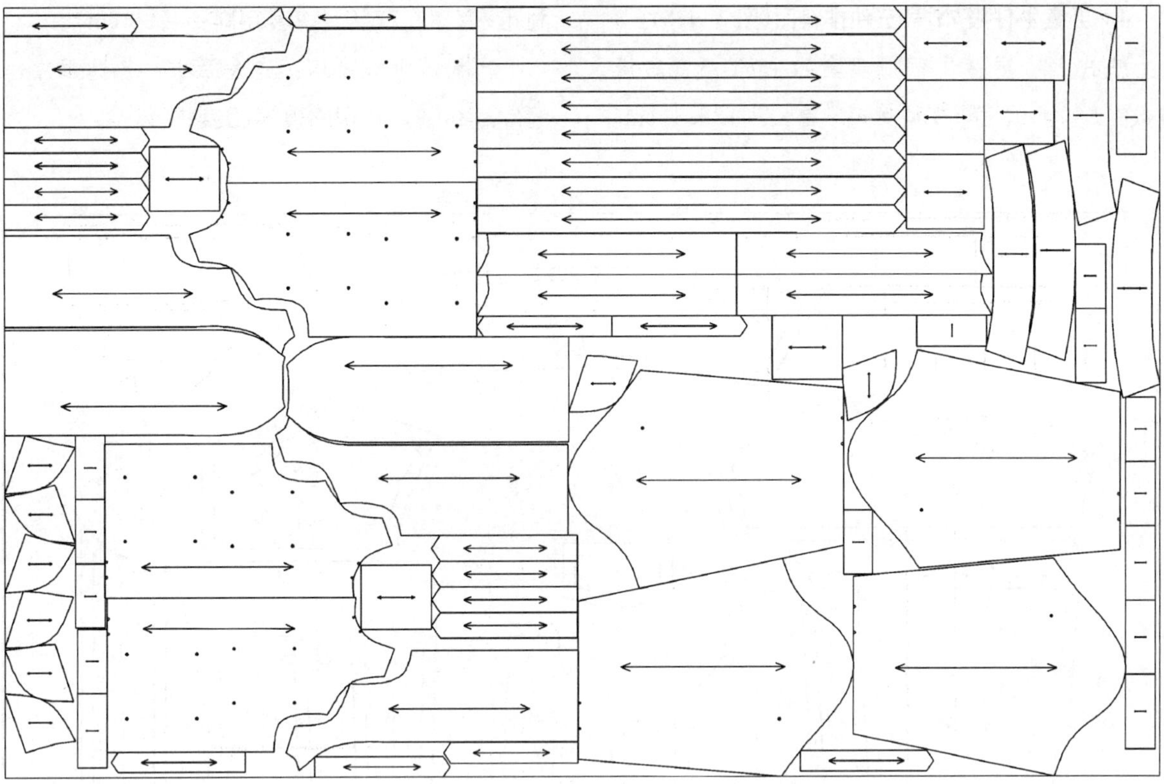

图 3-110 男童夹克衫 14Y 号两件排料图

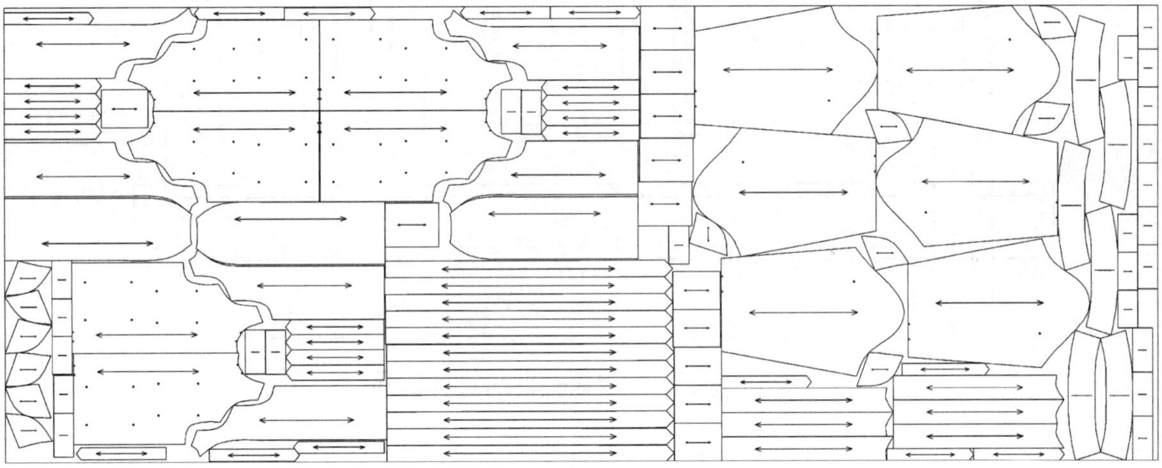

图 3-111 男童夹克衫 14Y 号三件排料图

## 四、男童牛仔服排料实例

**1. 男童牛仔服样板图（图 3-112）**

**2. 男童牛仔服 7Y 号一件排料图（图3-113）**

款式名：男童牛仔服。套数：7Y/1（总纸样数：22）。幅宽：150 cm；幅长：46.7 cm。利用率：82.28%（每套用料：46.7 cm）。

排料规则与技巧：先经短后纬满，利用相似斜度紧密套排。

**3. 男童牛仔服 7Y 号两件排料图(图 3-114)**

款式名：男童牛仔服。套数：7Y/2（总纸样数：44）。幅宽：150 cm；幅长：88.96 cm。利用率：86.38%（每套用料：44.48 cm）。

排料规则与技巧：利用先大后小，齐边平靠，相似斜度紧密套排，可进行整床倒插排料。

**4. 男童牛仔服 7Y 号三件排料图(图 3-115)**

款式名：男童牛仔服。套数：7Y/3（总纸样数：66)。幅宽：150 cm；幅长：128.4 cm。

利用率：89.77%（每套用料：42.8 cm)。

排料规则与技巧：先大后小，齐边平靠，先经短后纬满，相似斜度紧密套排。

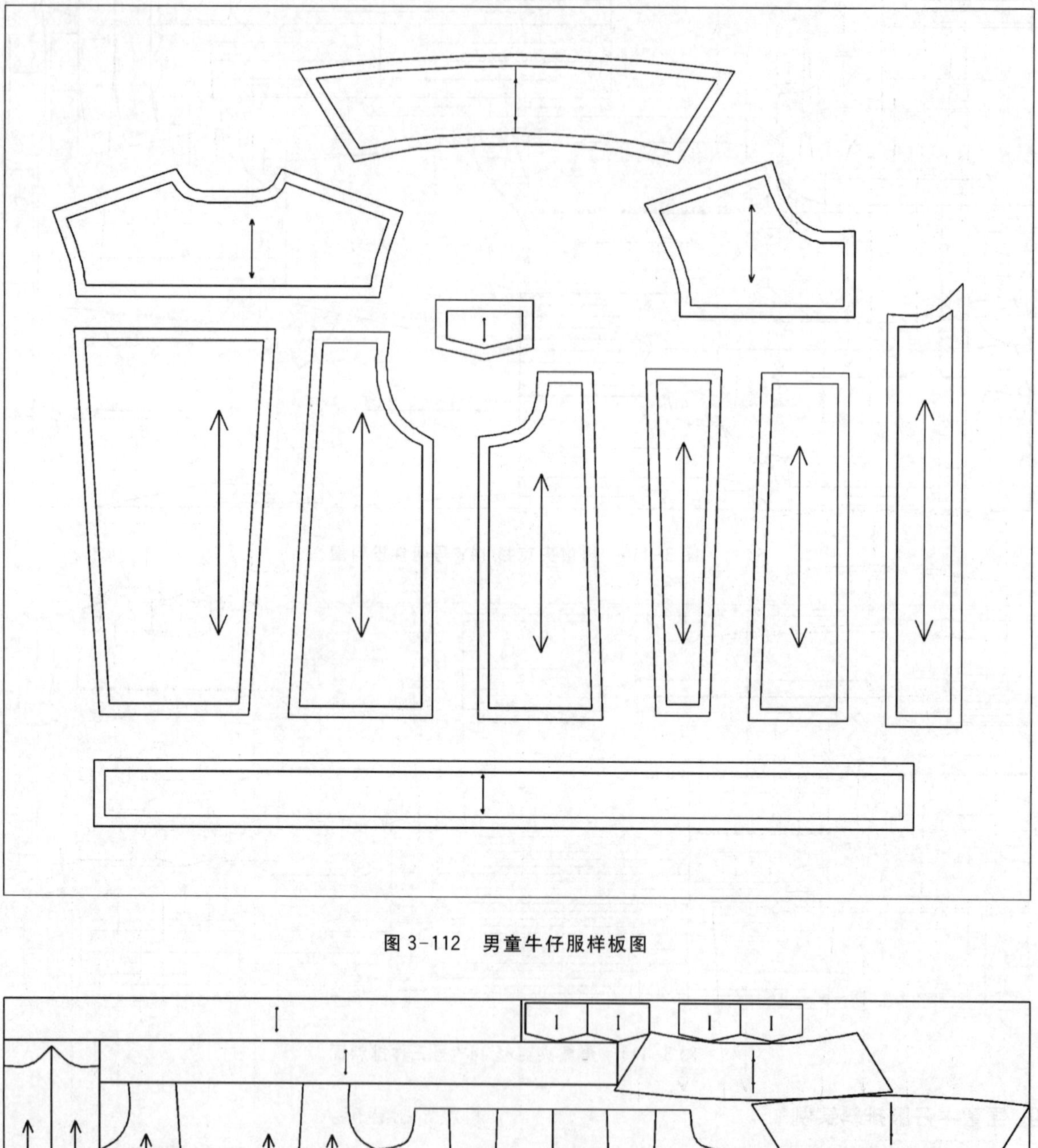

图 3-112 男童牛仔服样板图

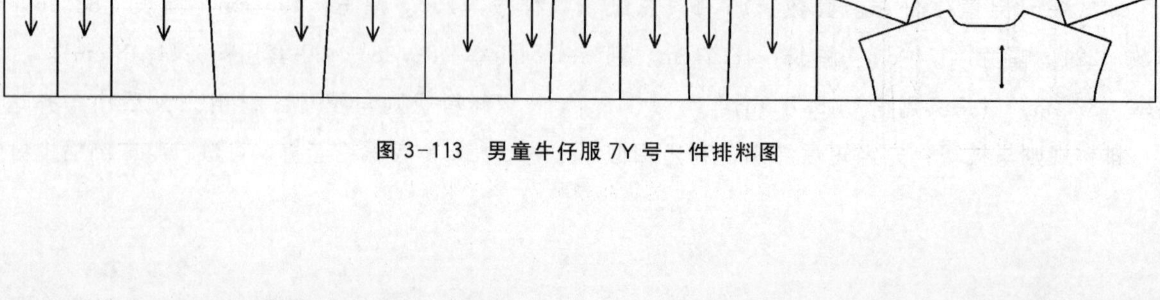

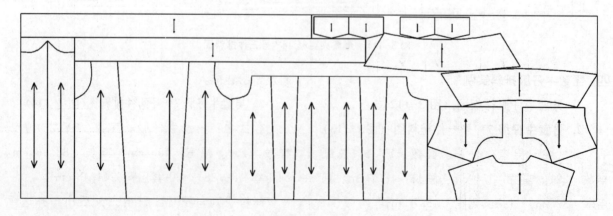

图 3-113 男童牛仔服 7Y 号一件排料图

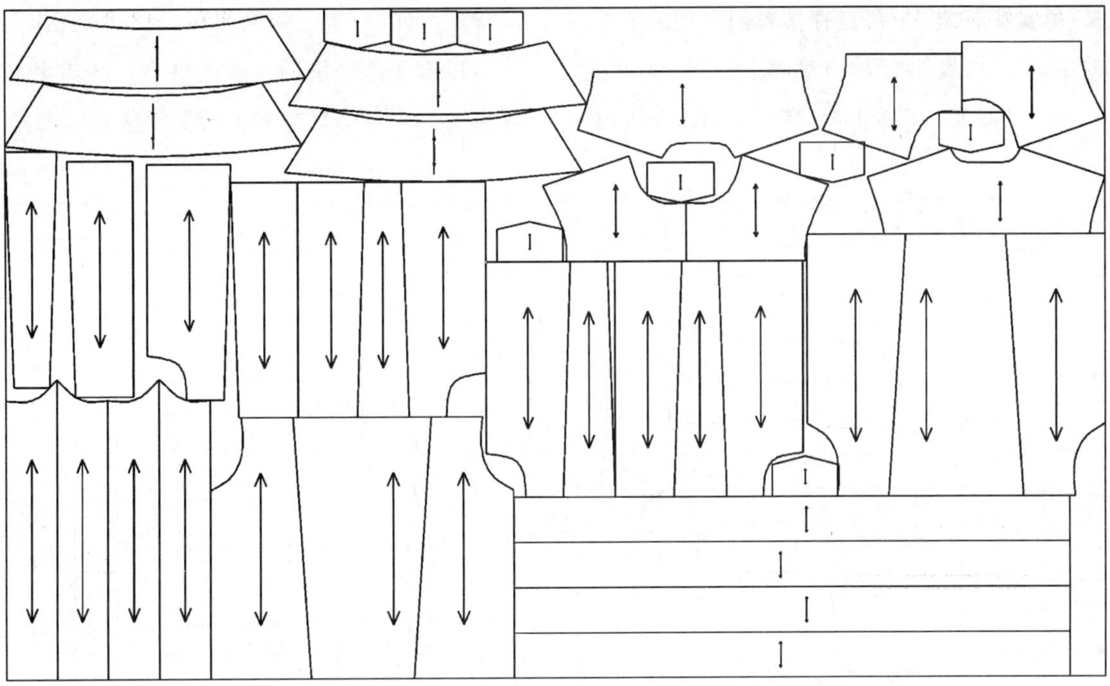

图 3-114　男童牛仔服 7Y 号两件排料图

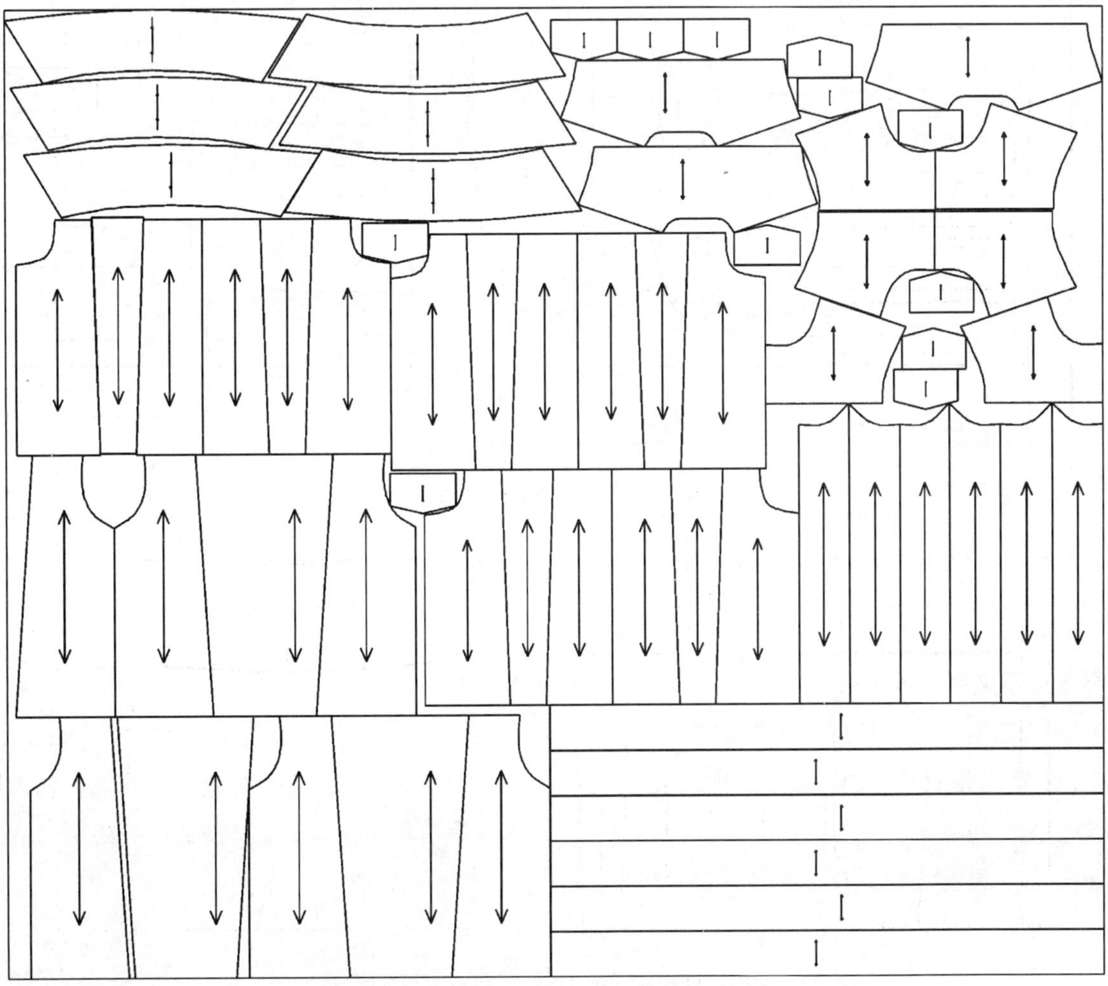

图 3-115　男童牛仔服 7Y 号三件排料图

**5. 男童牛仔服 7Y 号四件排料图（图3-116）**

款式名：男童牛仔服。套数：7Y/4（总纸样数：88）。幅宽：150 cm；幅长：172.26 cm。利用率：89.22%（每套用料：43.06 cm）。

排料规则与技巧：先大后小，齐边平靠，首尾平齐，先经短后纬满，相似斜度紧密套排。

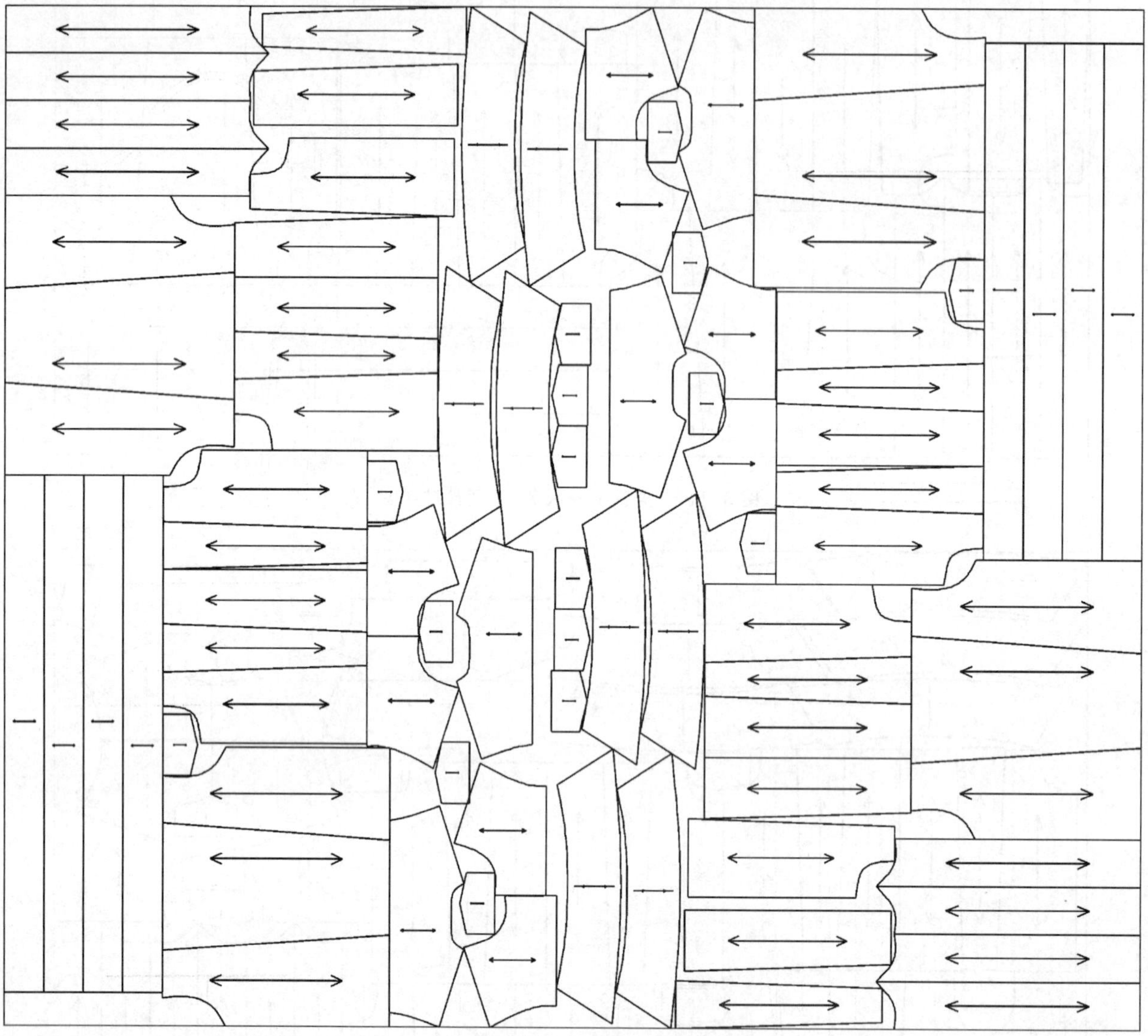

图 3-116　男童牛仔服 7Y 号四件排料图

## 五、男童连帽夹克排料实例

**1. 男童连帽夹克样板图（图 3-117）**

**2. 男童连帽夹克 15Y 号一件排料图（图 3-118）**

款式名：男童连帽夹克。套数：15Y/1（总纸样数：18）。幅宽：150 cm；幅长：93.24 cm。利用率：73.27%（每套用料：93.24 cm）。

排料规则与技巧：先经短后纬满，利用相似斜度紧密套排，可进行整床倒插排料。

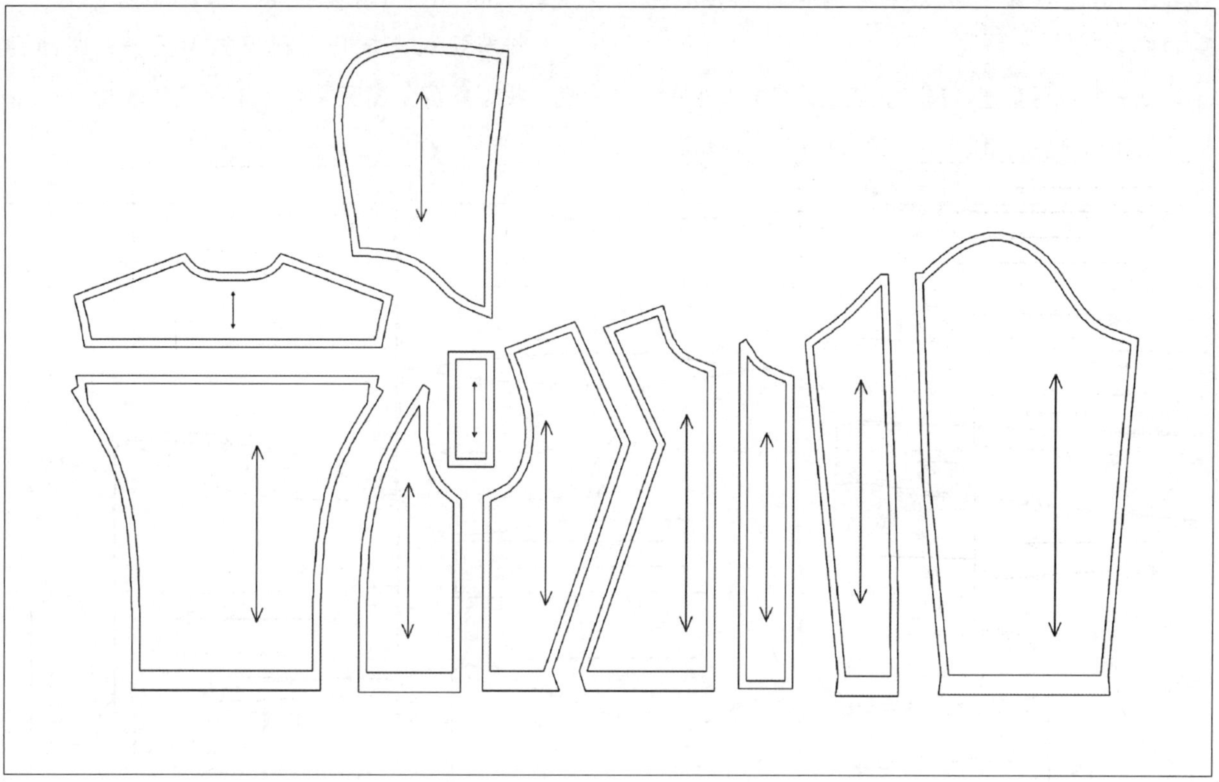

图 3-117　男童连帽夹克样板图

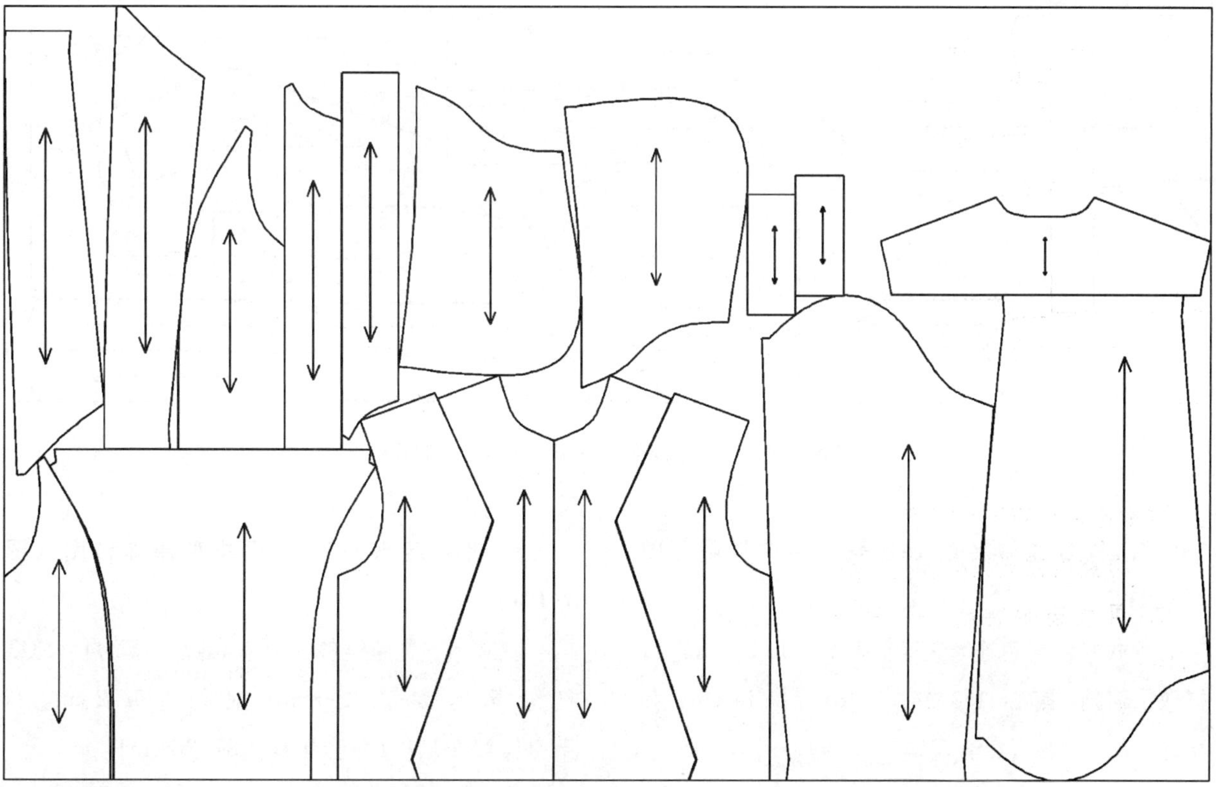

图 3-118　男童连帽夹克 15Y 号一件排料图

**3. 男童连帽夹克 15Y 号两件排料图（图 3-119）**

款式名：男童连帽夹克。套数：15Y/2（总纸样数：36）。幅宽：150 cm；幅长：170.39 cm。利用率：80.18%（每套用料：85.2 cm）。

排料规则与技巧：利用先大后小，凹凸互套，相似斜度紧密套排。

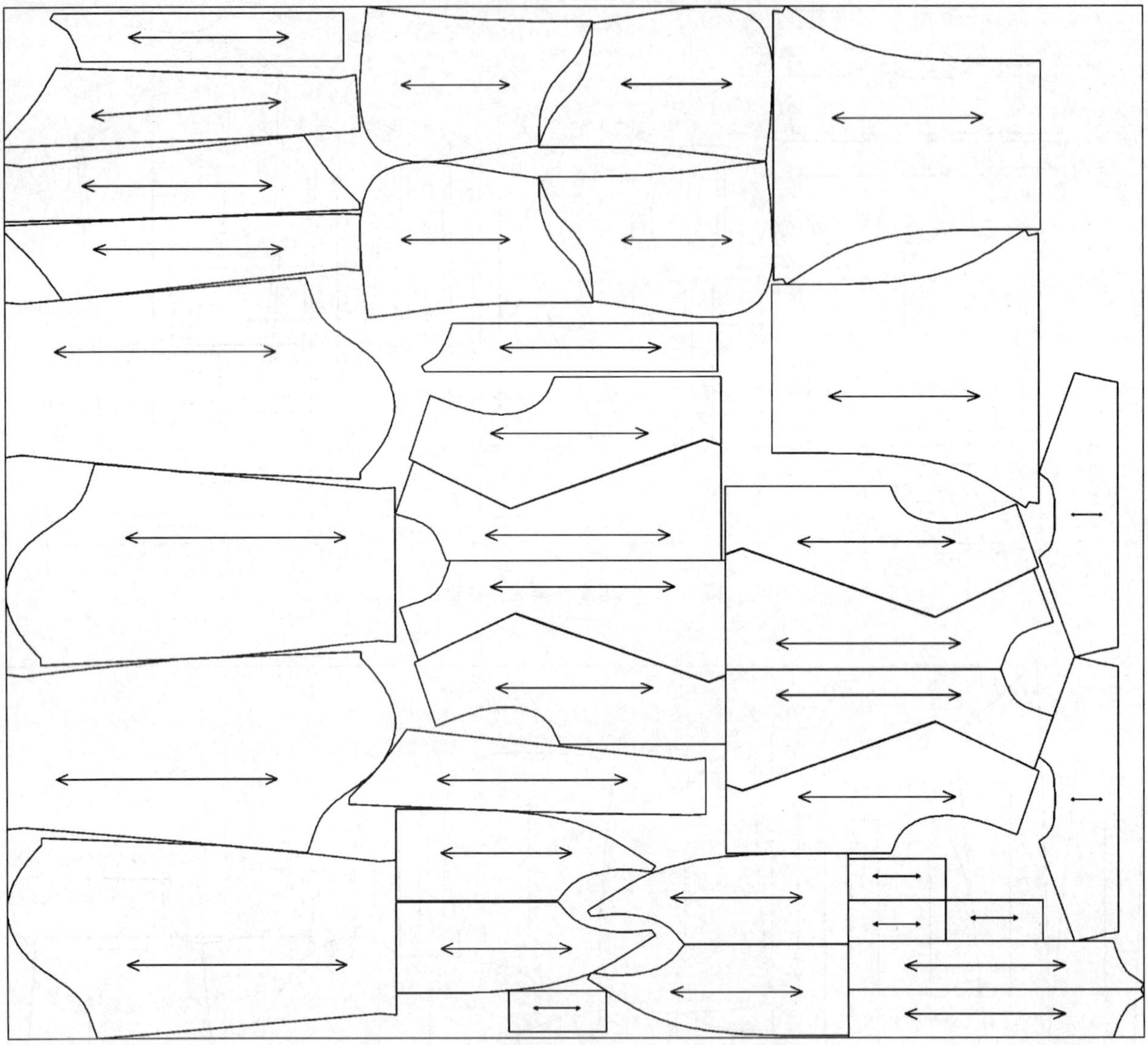

图 3-119 男童连帽夹克 15Y 号两件排料图

**4. 男童连帽夹克 15Y 号三件排料图（图 3-120）**

款式名：男童连帽夹克。套数：15Y/3（总纸样数：54）。幅宽：150 cm；幅长：239.79 cm。利用率：85.46%（每套用料：79.93 cm）。

排料规则与技巧：利先大后小，凹凸互套，首尾齐平，先经短后纬满，相似斜度紧密套排。

**5. 男童连帽夹克 15Y 号四件排料图（图 3-121）**

款式名：男童连帽夹克。套数：15Y/4（总纸样数：72）。幅宽：150 cm；幅长：325.12 cm。利用率：84.04%（每套用料：81.28 cm）。

排料规则与技巧：先大后小，凹凸互套，先经短后纬满，相似斜度紧密套排。

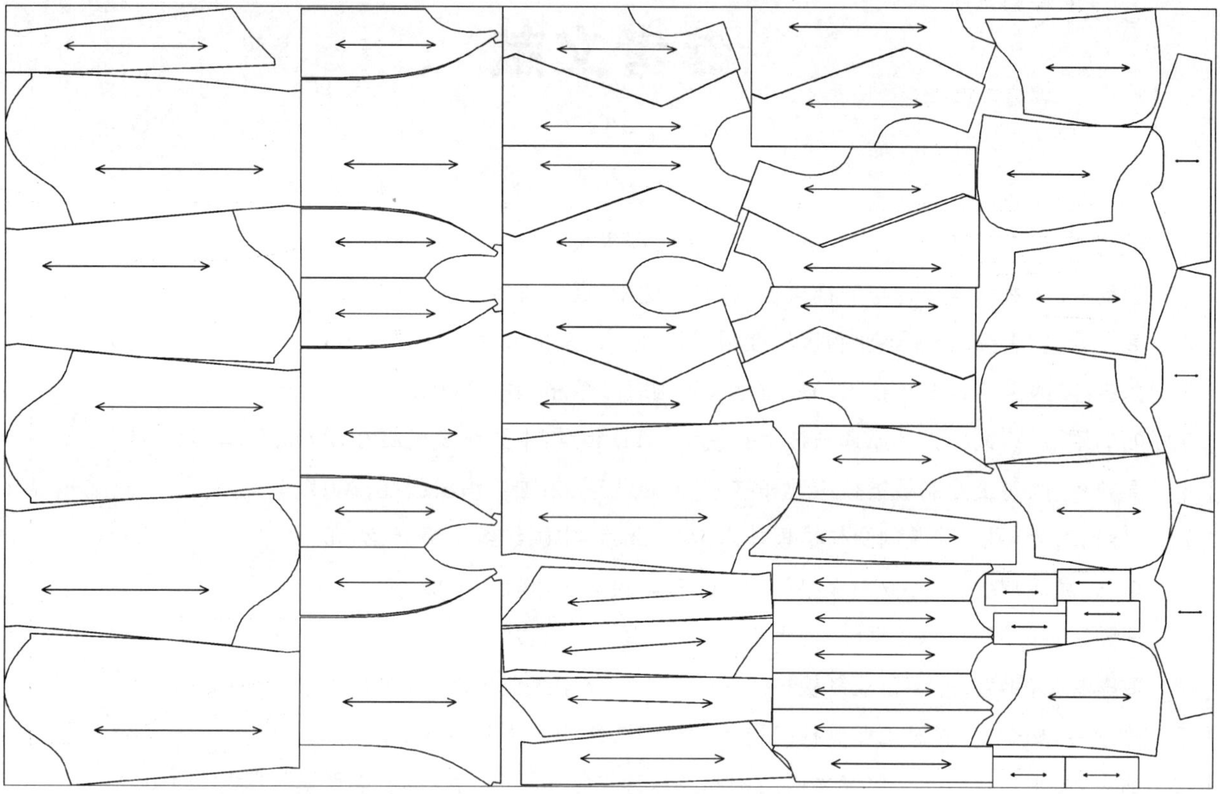

图 3-120　男童连帽夹克 15Y 号三件排料图

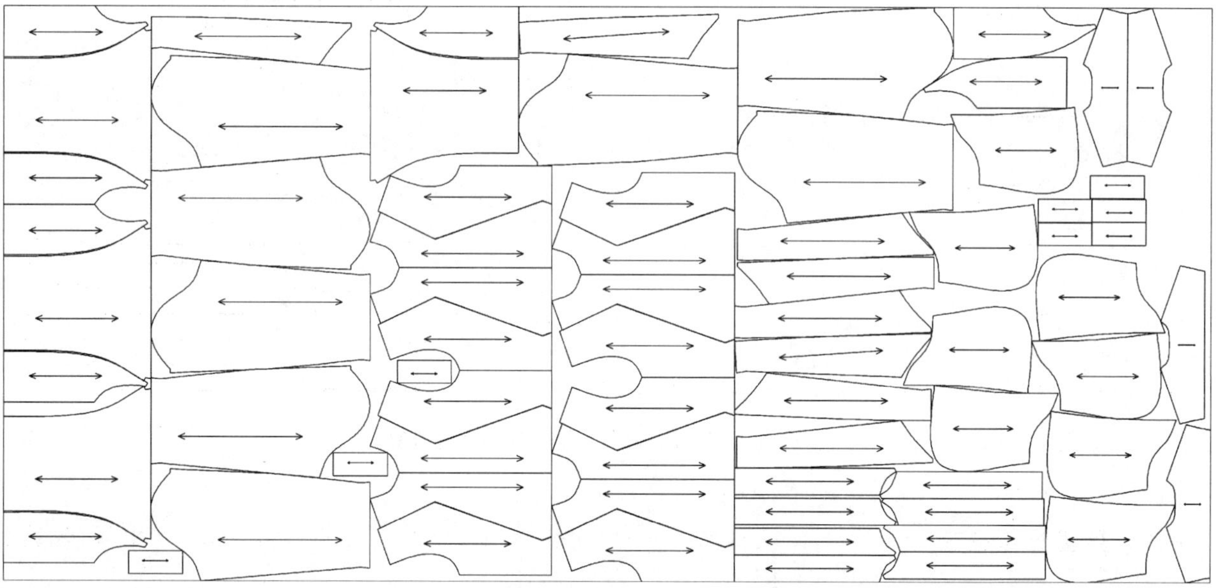

图 3-121　男童连帽夹克 15Y 号四件排料图

# 参考文献


[1] 娄明朗.最新服装制版技术[M].上海:上海科学技术出版社,2006.

[2] 顾韵芬.服装结构设计与制推板技术[M].沈阳:辽宁美术出版社,2002.

[3] 彭立云,徐春景.服装工业制板与推板[M].南京:东南大学出版社,2006.

[4] 魏雪晶.服装样板缩放技术[M].北京:中国轻工业出版社,2004.

[5] 刘瑞璞.服装纸样设计原理与技术女装编[M].北京:中国纺织出版社,2005.

[6] 周邦桢.服装工业制板推板原理和技术[M].北京:中国纺织出版社,2004.

[7] 王海亮,周邦桢.服装制图与推板技术[M].北京:中国纺织出版社,2005.

[8] 李正,顾鸿炜.服装工业制板[M].上海:东华大学出版社,2008.

[9] 刘国联.服装厂技术管理[M].北京:中国纺织出版社,1999.

[10] 戴孝林,许继红.服装工业制板技术[M].北京:化学工业出版社,2007.

[11] 吕学海,杨奇军.服装工业制板[M].北京:中国纺织出版社,2002.

[12] 邹平,吴小兵,朴江玉.服装平面结构制图原理与技术[M].上海:东华大学出版社,2010.